Gefühle –
Struktur und Funktion

Herausgegeben von
Hilge Landweer

Deutsche Zeitschrift
für Philosophie

Zweimonatsschrift
der internationalen
philosophischen Forschung

Sonderband 14

Gefühle – Struktur und Funktion

Herausgegeben von
Hilge Landweer

Akademie Verlag

Bibliografische Information der Deutschen Nationalbibliothek
Die Deutsche Nationalbibliothek verzeichnet diese Publikation in der
Deutschen Nationalbibliografie;
detaillierte bibliografische Daten sind im Internet über http://dnb.d-nb.de abrufbar.

ISBN 978-3-05-003612-0

© Akademie Verlag GmbH, Berlin 2007

Das eingesetzte Papier ist alterungsbeständig nach DIN/ISO 9706.

Lektorat: Mischka Dammaschke
Einbandgestaltung: Günter Schorcht, Schildow
Satz: Nina Trcka, Berlin
Druck und Bindung: Druckhaus „Thomas Müntzer", Bad Langensalza

Printed in the Federal Republic of Germany

Inhalt

Hilge Landweer

Struktur und Funktion der Gefühle.
Zur Einleitung

Warum noch eine Publikation über die Philosophie der Gefühle? Viele Monographien zu diesem Thema sind in den letzten Jahren und Monaten erschienen;[1] es wurden und werden zahlreiche Qualifikationsarbeiten veröffentlicht, die in diesem Bereich angesiedelt sind;[2] in Fachzeitschriften werden lebhafte Kontroversen über Gefühle in der Philosophie geführt. Was allerdings fehlt, ist ein Resümee der bisherigen Debatten und ihre Bündelung auf die strittigen Fragen hin – zu vielfältig sind die angesprochenen Probleme, zu wenig gesichtet ihre Konsequenzen für philosophische Fragen, die über Emotionen hinausgehen, zu wenig bekannt die Lösungen und Anknüpfungspunkte, welche die klassischen Emotionstheorien von Aristoteles über Spinoza bis hin zu Heidegger für aktuelle philosophische Kontroversen bieten. Ein weiteres Desiderat besteht in einer Öffnung der philosophischen Diskussion hin zu anderen Disziplinen, denn eine solche Öffnung kann zeigen, was die Philosophie zu den oft sehr fortgeschrittenen Debatten in anderen Disziplinen beitragen und wo sie umgekehrt auch von diesen profitieren kann.[3]

All diese Aspekte will der vorliegende Band in wichtigen Schritten voranbringen. Trotz der sehr unterschiedlichen philosophischen Schul-, gar Fachzusammenhänge, denen die Autorinnen und Autoren dieses Bandes entstammen, beherzigen sie alle ein wesentliches methodisches Prinzip: Ihre Arbeiten sind stets auch an konkreten Phäno-

---

[1] Für den deutschen Sprachraum sei hier lediglich exemplarisch auf Hastedt 2005, Hartmann 2005, Engelen 2007, Demmerling/Landweer 2007 verwiesen.

[2] Um exemplarisch nur die Arbeiten zu nennen, die im Umkreis der Autoren und Autorinnen dieses Bandes in diesem und dem letzten Jahr abgeschlossen wurden: Slaby 2007 (Diss. Osnabrück 2006), Vendrell Ferran 2007 (Diss. FU Berlin 2006) Newmark 2008 (Diss. FU Berlin 2006), Weber-Guskar 2007 (Diss. FU Berlin 2007), Renz 2007 (Habilitationsschrift Universität Zürich 2007).

[3] Achim Stephan und Henrik Walter verbinden in ihrem Band „Natur und Theorie der Emotionen" philosophische mit neurowissenschaftlichen Perspektiven (vgl. Stephan/Walter 2003), Rainer Maria Kiesow und Martin Korte berücksichtigen in ihrem „Emotionalen Gesetzbuch" neben kultur- und naturwissenschaftlichen Beiträgen auch juristische Aspekte (vgl. Kiesow/Korte 2005), und Agnes Neumayr führt in dem von ihr herausgegebenen Band „Kritik der Gefühle" philosophische, historische, politologische und soziologische Sichtweisen zusammen (vgl. Neumayr 2007).

menen orientiert, sie philosophieren nicht im ‚luftleeren' Raum. Sie fühlen sich einer Philosophie- bzw. Theorie-Auffassung verpflichtet, wonach die Theorie auf die Lebenspraxis bezogen sein muss.

Auch wenn die Philosophie der Gefühle inzwischen erhebliches Terrain in der philosophischen Fachdiskussion gewonnen hat, so ist doch oft unklar, welche Phänomene genau ihr Gegenstand sind, warum bestimmte Phänomene als Gefühle oder Emotionen verstanden werden, andere wiederum eher als körperliche Empfindungen oder auch als Überzeugungen. Die Beiträge dieses Bandes bemühen sich in diesem Zusammenhang um begriffliche Klärungen, aber sie untersuchen zudem einige der wichtigsten philosophischen Probleme, die in der Auseinandersetzung mit Gefühlen sichtbar werden.

Alle diese Probleme betreffen zentral die Struktur und Funktion der Gefühle. Deshalb wird in den ersten beiden Teilen dieses Bandes, *Grenzen des Kognitivismus* und *Fühlen und Weltbezug*, die Struktur der Gefühle behandelt, im dritten und vierten Teil, die sich auf die *Intersubjektivität der Gefühle* und *Gefühle und Moral* beziehen, werden verschiedene Funktionen von Gefühlen thematisiert. Als „Struktur" wird bekanntlich der Aufbau einer Sache verstanden, die Art und Weise, wie die Teile eines Ganzen untereinander und mit diesem Ganzen verbunden sind – und dies ist genau das, was in Bezug auf die Gefühle bereits auf elementarer Ebene strittig ist. Denn viele verschiedene Komponenten, Aspekte, Merkmale oder Eigenschaften scheinen ein Gefühl zu charakterisieren oder es sogar auszumachen. So erkennen heute zwar alle Autoren und Autorinnen an, dass Emotionen einen Sachbezug haben, dass sie auf etwas gerichtet sind (*Intentionalität*): Beispielsweise ärgert man sich *über etwas*, fürchtet sich *vor etwas*, freut sich *über etwas*. Aber wie genau diese intentionale Struktur, der Bezug auf Gegenstände und Sachverhalte in der Welt, zu verstehen ist und wie er mit anderen Aspekten zusammenhängt, die für die Gefühle auch wichtig sind, darüber herrscht keine Einigkeit.

Denn die Intentionalität ist nicht das einzige Merkmal von Emotionen; zu ihnen gehören Handlungstendenzen, der jeweilige Gefühlsausdruck, die Art und Weise, wie sie gefühlt werden, das heißt ihre spezifische Qualität im Erleben, und vielleicht auch, zumindest bei manchen Gefühlen, besondere körperliche Reaktionen wie das Rotwerden bei der Scham oder das Herzklopfen bei der Verliebtheit. Aber in welchem Sinne gehören die angeführten Merkmale zu einem Gefühl? In philosophischer Perspektive liegt das Problem genau darin, welche dieser Aspekte genuiner Bestandteil der Struktur der Gefühle sind, welche Aspekte notwendige Bedingungen dafür sind, von einem Gefühl sprechen zu können, und welche nicht. Kann es eine Scham ohne Rotwerden, eine Verliebtheit ohne Herzklopfen geben, und handelt es sich noch um ‚echte' Scham und um ‚wirkliche' Verliebtheit, wenn diese Reaktionen ausbleiben? Diese Fragen können verhältnismäßig leicht beantwortet werden, und auch faktisch werden sie in der neueren Diskussion durchaus mit einem breiten Konsens behandelt: Nein, das Rotwerden mag zwar sehr charakteristisch für Scham sein, aber es kann auch Ausdruck von Wut sein, und ebenso, wie Verliebtheit ohne Herzklopfen vorkommen kann, so auch ein Gefühl akuter Scham ohne Erröten.

Folgt man der Debatte innerhalb der Philosophie, so lässt sich feststellen, dass sich verschiedene Aspekte aufzählen lassen, die zu Gefühlen gehören, und es besteht darüber hinaus ein weitgehender Konsens darüber, welche Eigenschaften dies sind – vor allem ist dabei an den Gegenstandsbezug, den Gefühlsausdruck, Handlungsimpulse und die Qualität des jeweiligen Fühlens zu denken. Aber diese Aufzählung allein sagt noch nichts über die spezifische Emotions-Struktur aus, allenfalls über die einzelnen Fäden, die erst miteinander verwoben werden müssen, um die Struktur zu bilden, welche die Gefühle besitzen. Vielleicht ist aber sogar dieses ,harmlose' Bild von Fäden, die verwoben die Struktur ergeben, irreführend, denn es setzt voraus, dass die einzelnen Fäden wenigstens prinzipiell isolierbar sind, selbst wenn man zugesteht, dass möglicherweise das ganze Gebilde auseinander fällt, sobald ein Faden herausgezogen wird. Auch dies ist in der Philosophie der Gefühle strittig: ob Emotionen aus sogenannten „Komponenten" zusammengesetzt sind oder ob diese Redeweise von vornherein falsch ist, da Gefühle nur von ihrer Ganzheit her verstanden werden können. Einzelne Aspekte sind zweifellos analytisch zu unterscheiden, aber die eigentlich interessante Frage ist die nach dem Zusammenwirken oder der Zusammengehörigkeit der einzelnen Aspekte, ob sie kausal oder auf andere Weise verknüpft sind,[4] sowie danach, was das Gefühl ,organisiert' und zu dem macht, was es ist.

Welche Rolle, so wird beispielsweise gefragt, spielen charakteristische Handlungstendenzen für alle oder doch wenigstens für bestimmte Gefühle?[5] Kann man sich ein Schuldgefühl ohne den Impuls vorstellen, die eigene schädigende Handlung, wenn nicht ungeschehen, so doch wenigstens in irgendeiner Form wiedergutzumachen? Für Freude wiederum scheint keine spezifische Handlungstendenz typisch zu sein. Bereits an diesem einfachen Beispiel bestätigt sich, wie wichtig der Bezug auf konkrete Gefühle für die allgemeine Theorie der Gefühle ist, denn sonst könnten allzu leicht Handlungstendenzen zu definierenden Eigenschaften von Gefühlen erklärt und wichtige Gefühlsphänomene damit begrifflich bereits ausgeschlossen werden, deren Handlungsbezug nicht in allen Varianten immer gleich ist.

Aber auch der Strukturzusammenhang anderer Eigenschaften, die für die allermeisten Gefühle wesentlich zu sein scheinen, ist bei genauerer Betrachtung weniger eindeutig, als es auf den ersten Blick scheint. Dabei zielen die eigentlich brisanten Diskussionen nicht auf Aspekte, die recht einhellig als Begleitphänomene der Gefühle aufgefasst werden, etwa emotionsunspezifische körperliche ,Symptome' wie Schwitzen, sondern sie drehen sich um die Frage, wie Emotionen gefühlt werden, und damit darum, wie dieses Fühlen beschrieben und ob es gar begrifflich gefasst werden kann. In welchem Verhältnis steht es zur Intentionalität der Gefühle, was macht die eigentliche Affektivi-

---

[4] Vgl. Demmerling und Kettner in diesem Band.
[5] Vgl. Kettner in diesem Band.

tät aus?[6] Denn auch Gedanken, Wahrnehmungen und Wünsche beziehen sich auf Gegenstände, sodass die Intentionalität allein nicht das Merkmal sein kann, das Emotionen zu dem macht, was sie sind.[7] Allerdings ermöglicht der Gegenstandsbezug eine Abgrenzung der Emotionen von körperlichen Empfindungen wie Hunger, Durst oder Müdigkeit einerseits und reinen Stimmungen andererseits, so die Auffassung der meisten Autoren und Autorinnen innerhalb dieser Debatte.

Für all diese Fragen, welche die Struktur der Emotionen betreffen, sind in der Geschichte der Philosophie eine Vielzahl von Antworten gegeben worden, galt doch die Affektenlehre bis weit ins 18. Jahrhundert hinein als selbstverständlicher Bestandteil der allermeisten philosophischen Systeme. Sie hatte ihren Ort durchaus nicht nur in der Praktischen Philosophie und der Ethik, wie heute immer noch vielfach irrtümlich angenommen wird, sondern nahm einen zentralen Platz in der Metaphysik ein.[8] Deshalb wird in verschiedenen Beiträgen in allen Teilen dieses Bandes die Gefühlstheorie von einigen der wichtigsten „klassischen" Autoren wie Aristoteles, Spinoza, Rousseau, Hume, Kant, Heidegger und Sartre[9] vorgestellt und zu der aktuellen Debatte über Struktur und Funktion der Gefühle in Beziehung gesetzt.

Gehen wir von Problemen der Struktur zu solchen der Funktion über, so zeigt sich, dass bei den Emotionen ebenso wie bei anderen Gegenständen die Funktion zumeist nicht ganz unabhängig von der Struktur ist: Etwas kann oft nur dann eine bestimmte Funktion erfüllen, wenn es eine entsprechende Struktur hat. Ein Schraubenzieher taugt nur dann für seine Aufgabe, wenn er aus mindestens so hartem Material besteht wie die Schrauben, die er bewegen soll. In der Mathematik bezeichnet der Begriff „Funktion" die Abhängigkeit einer Größe von einer anderen, und auch in der Philosophie geht es bei der Frage nach der Funktion der Gefühle um das Verhältnis zweier ‚Größen': den Emotionen einerseits und dem Sozialen oder „der" Gesellschaft andererseits, wenn auch mit der komplizierten Besonderheit, dass Emotionen Teil des Sozialen sind.

Gefühle, das dürfte unstrittig sein, erfüllen eine zentrale Funktion für die Orientierung des Menschen in der Welt. Entsprechend wird in der Debatte um die Intentionalität der Gefühle häufig dieser Aspekt unterstrichen.[10] Besteht ihre Funktion damit wesentlich darin, eine Art Erkenntnismittel zu sein? Heideggers Analyse von Befindlichkeit, Verstehen und Rede legt einen solchen Zusammenhang, wenn auch deutlich vorsichtiger formuliert, nahe. Auch die in den letzten Jahren geführte Debatte um die Rationalität der Emotionen fragt, wenn auch anders motiviert, nach deren Funktion für den (und im) menschlichen Geist. Wie ist der Zusammenhang zwischen Überzeugung und Emotion? Löst eine bestimmte Überzeugung eine Emotion aus, oder verhält es sich eher

---

[6] Vgl. Slaby und Blume/Demmerling in diesem Band.
[7] Vgl. Weber-Guskar in diesem Band.
[8] Vgl. Newmark 2008.
[9] Zu Aristoteles, Hume, Kant und Sartre vgl. Wils, zu Spinoza vgl. Renz, zu Rousseau vgl. Schiemann und zu Heidegger vgl. Slaby, alle in diesem Band.
[10] Vgl. Slaby in diesem Band.

umgekehrt? Sind Emotionen gar Urteile eines bestimmten Typs?[11] Hier zeigt sich, wie eng Fragen nach der Funktion mit denen nach der Struktur der Gefühle verbunden sind.[12]

Die Funktion von Emotionen wird aber auch in der Philosophie bei Weitem nicht nur in deren Rationalitätsbezug gesehen. Denn Gefühle sind auf komplexe Weise in Prozesse der Interaktion eingebunden. Sie spielen eine zentrale Rolle für die Wahrnehmung von Situationen und anderen Personen, und wir reagieren unmittelbar mit Emotionen auf die Gefühle anderer.

In der Geschichte der Philosophie wurde dieser zuletzt genannte Aspekt vor allem anhand des Mitleids thematisiert. In der Tradition ist dieses Gefühl keinesfalls immer so positiv bewertet worden wie in der Mitleidskultur des Christentums. Als Schmerz über das Leid eines anderen galt das Mitleid schon Aristoteles als ein Unlustgefühl, das manche Autoren, etwa Spinoza[13], als ein überflüssiges, tendenziell negatives oder gar ‚unmännliches‘ Gefühl verstanden. In der modernen Ethik dagegen wird dem Mitleid zumindest für die Ausbildung des moralischen Wahrnehmungsvermögens eine wichtige Funktion zugestanden, auch wenn umstritten ist, ob und wenn ja, in welcher Weise, die Moral auf Mitleid als Gefühl aufbauen soll und kann.

Am Phänomen des Mitleids zeigt sich, dass seine Bewertung und damit die Beurteilung seiner Funktion für das menschliche Zusammenleben davon abhängt, wie seine Struktur beschrieben wird, ob es als ein eher natürliches Gefühl,[14] eher als eine geistige, zu kultivierende Haltung oder als ein primär intersubjektives Gebilde aufgefasst wird. Hier wird die enge Verbindung nicht nur von Anthropologie und Ethik bei den Affekten deutlich – dies ist die traditionelle Sicht –, sondern auch eine starke Beziehung zwischen der Philosophie des Geistes und der Praktischen Philosophie.

Bisher wenig untersucht ist in der Philosophie ein dem Mitleid benachbartes Phänomen. Wenn Menschen mit Gefühlen auf die Emotionen anderer reagieren, so handelt es sich dabei selbstverständlich nicht immer um Mitgefühl und Empathie. Fragt man nach der Funktion der Gefühle, so sind kontrastive Gefühle, Stimmungen jeder Art und emotionale Stellungnahmen ebenso in Betracht zu ziehen.[15] Wir können uns den Gefühlen derer, die unmittelbar anwesend sind, prinzipiell nur schwer entziehen, auch wenn unsere emotionale Antwort oft unterhalb der Schwelle unserer Wahrnehmung erfolgt. So

---

[11] Dies nimmt Martha Nussbaum 2001 an. Vgl. dazu Weber-Guskar in diesem Band.

[12] Vgl. dazu de Sousa 1987, aber auch neurobiologische Argumentationen wie bei Damasio 1999 und LeDoux 2001.

[13] Vgl. Renz in diesem Band.

[14] Vgl. Schiemann in diesem Band.

[15] In David Humes' Theorie der Affekte nehmen solche Interaktionen mit Emotionen, insbesondere Gefühlskontraste, einen breiten Raum ein; Hume diskutiert ausführliche Fallunterscheidungen (vgl. Hume 1978 (engl. zuerst 1739/1740)). In anderer Weise beschreibt Schmitz in seiner Atmosphärentheorie Gefühlskontraste und verwandte Phänomene. Dabei kommt der „leiblichen Kommunikation" eine besondere Rolle zu (vgl. Schmitz 1999 sowie kritisch dazu Blume/Demmerling in diesem Band).

sind wir beispielsweise unangenehm berührt, wenn jemand anderes in unserer Gegenwart einen heftigen Wutausbruch hat. Warum ist man davon affiziert, wenn man selbst
nicht der Anlass für die Wut ist? Das weist darauf hin, dass wir nicht nur mit Sprache
und körperlichem Ausdruck, sondern auch direkt mit Gefühlen interagieren, denn sonst
würde die Reaktion gelassener, eben gefühlsneutral, ausfallen.

Allerdings können diese intersubjektiven Prozesse zwischen den Emotionen verschiedener Personen noch weniger kontrolliert und bewusst gesteuert werden als die
eigenen Emotionen. Dennoch heißt das nicht, dass sie gewissermaßen naturwüchsig
zustande kämen. Vielmehr werden bestimmte Reaktionen in sozialen Prozessen kulti-
viert, andere werden zumindest in ihrem Ausdrucksverhalten reglementiert. In diesem
Sinne kann man von Gefühlskulturen sprechen.[16]

Dabei besteht die Funktion der Gefühle offensichtlich keinesfalls immer in der Her-
beiführung eines Zustandes der Harmonie – oft ist gerade das Gegenteil der Fall. Aber
was ist dann ihre soziale Funktion? Kann man negative Gefühle pauschal als dysfunkti-
onal bezeichnen, oder können vielleicht sogar destruktive und selbstdestruktive Gefühle
wie Hass, Neid und Eifersucht eine wesentliche soziale Funktion erfüllen?[17] Dies sind
Fragen, die bisher noch vorwiegend in der Soziologie, in der Biologie und erst allmäh-
lich auch in der Philosophie untersucht werden.

Die Fragen nach der *Struktur der Gefühle* stehen in den ersten beiden Teilen dieses
Bandes im Zentrum. Sie hängen eng mit dem Problem zusammen, ob Emotionen als
eine besondere Art von „Kognitionen" aufgefasst werden können oder nicht, und ob
Kognitionen dasjenige sind, was Gefühle wesentlich charakterisiert.[18] Damit verbunden
ist die Frage, wodurch einzelne Emotionen voneinander unterschieden werden können,
ob es der intentionale Gehalt ist oder anderes.

Der erste Teil dieses Bandes möchte die *Grenzen des Kognitivismus* ausloten. Starke
und schwache Varianten des Kognitivismus stehen im Zentrum der Überlegungen von
Christoph Demmerling. Leitend ist dabei der Gesichtspunkt, welche Sprachauffassung
zugrunde gelegt werden muss, wenn auch kleinen, noch nicht sprachfähigen Kindern
Emotionen zugeschrieben werden können sollen, und welche Konsequenzen das für den
Intentionalitätsbegriff hat. *Demmerling* entwickelt in diesem Zusammenhang Elemente
eines neuen, weiten Sprachbegriffs, der Propositionalität nicht wie die üblichen Sprach-
verständnisse voraussetzt. Dabei wird deutlich, welche weitreichenden Konsequenzen
die Philosophie der Gefühle für andere philosophische Fragen, hier für die der
Sprachphilosophie, hat.

Ursula Renz stellt Spinozas Theorie der Affekte vor, in der das eigentümliche Spannungsverhältnis zwischen der zufälligen Semantik der Emotionen und der Notwendig-

---

[16] Vgl. dazu Burkart und van den Berg in diesem Band sowie Landweer 2007.
[17] Vgl. Burkart, van den Berg und Kettner in diesem Band.
[18] Slaby argumentiert dafür, Sätze wie „Emotionen sind Urteile." oder „Emotionen sind kognitive
Zustände." als Gleichungen mit zwei Unbekannten zu lesen (vgl. Slaby 2004).

keit, mit der wir ihnen unterworfen sind, sichtbar wird. Spinozas Theorie kann als Antwort auf viele der Probleme gelesen werden, welche die heutige Diskussion über den Kognitivismus bestimmen. Denn Spinoza fasst Gefühle als Ereignisse auf, die zugleich eine körperliche und eine geistige Bewandtnis haben. Renz zeigt, dass sich Spinozas Überlegungen sowohl gegen einen physikalistischen als auch gegen einen kognitivistischen Reduktionismus einsetzen lassen.

Matthias Kettner untersucht das Verhältnis von Emotionen, Gründen und diskursiver Rationalität paradigmatisch anhand von Neid und Eifersucht. Im Mittelpunkt steht dabei die Klärung des Verhältnisses von intentionalem und propositionalem Gehalt, von Werturteil und „Affektation", dem unangenehmen oder angenehmen ‚Gefühl' im weitesten Sinne. Auch bei Kettner geht es um ein Ausbalancieren der Möglichkeiten des Kognitivismus und damit um die Frage, in welchem Verhältnis die verschiedenen Aspekte des Gefühls zueinander stehen.

Der zweite Teil behandelt den Zusammenhang von *Fühlen und Weltbezug*. Er wird eingeleitet mit einer kritischen Rekonstruktion von Heideggers Analyse der Befindlichkeit. *Jan Slaby* entwickelt im Anschluss an Heidegger ein Strukturschema, das eine erstaunlich aktuelle Lösung für die spezifischen Probleme der emotionalen Intentionalität vorstellt.

Anna Blume und *Christoph Demmerling* setzen sich in ihrem Beitrag kritisch mit der Gefühlstheorie von Hermann Schmitz auseinander, welche die leiblich-affektive Betroffenheit zu ihrem Ausgangspunkt nimmt und eigene Kategorien zur Beschreibung der leiblichen Dimension der Gefühle entwickelt. Hermann Schmitz fasst Gefühle als „räumlich ergossene Atmosphären" auf. *Blume* und *Demmerling* diskutieren seine Raumtheorie ebenso kritisch wie die Alternative, die Schmitz zu dem gängigen Intentionalitätsbegriff vorschlägt.

Den Abschluss dieses Teils bildet der Beitrag von *Eva Weber-Guskar* über „Emotionale Intentionalität", in dem sie sich kritisch mit den Gefühlstheorien von Martha Nussbaum und Peter Goldie auseinandersetzt, Autoren, die in der Debatte über Gefühle innerhalb der Analytischen Philosophie neue Akzente gesetzt haben und neben Hermann Schmitz auch in diesem Band als wichtiger Bezugspunkt für die meisten Beiträge eine hervorgehobene Rolle spielen.

Die zweite Hälfte des Bandes beschäftigt sich schwerpunktmäßig mit der *Funktion der Gefühle*, wobei alle Beiträge die Struktur der Gefühle so weit berücksichtigen, wie sie für deren Funktion von Belang ist.

Der dritte Teil dieses Bandes ist zentralen Aspekten der *Intersubjektivität der Gefühle* gewidmet. Er beginnt mit *Günter Burkarts* Analyse der „Distinktionsgefühle", das heißt jener Gefühle, mit Hilfe derer sich eine soziale Gruppe oder Klasse von einer anderen abgrenzt. In seiner Analyse wird deutlich, dass solche Abgrenzungsgefühle insgesamt zur Stabilität des gesellschaftlichen Gefüges beitragen und interaktiv auf die Gefühle der anderen, von denen man sich unterscheiden möchte, bezogen sind.

Karen van den Berg fragt nach der Funktion von Gewaltdarstellungen. Sie vergleicht Schmerzdarstellungen von Künstlern aus verschiedenen Epochen. *Van den Berg* versteht Schmerz dabei ausdrücklich nicht als reine Körperempfindung und argumentiert dafür, dass sogar Schmerz einen Weltbezug hat und damit eine wesentliche Orientierungsfunktion im menschlichen Leben erfüllt. Auch wenn sich nicht vorhersagen lässt, welche Emotionen durch die Darstellung von Schmerz im Zuschauer ausgelöst werden, zumal diese Reaktionen auch von je spezifischen „Schmerzkulturen" abhängig sind, so wird doch deutlich, dass Betrachter stets mit ihren Gefühlen auf die dargestellten Emotionen antworten, und dass für die Intersubjektivität der Gefühle der Medialität, der Darstellung und ihren Mitteln, eine zentrale Rolle zukommt.

Das Mitleid ist dasjenige Gefühl, das in der Geschichte der Philosophie für die Möglichkeit steht, die Gefühle anderer zu teilen, mit ihnen mitzufühlen. *Gregor Schiemann* untersucht die Struktur und Funktion des Mitleids in Rousseaus Schriften. Das Mitleid geht bei Rousseau aus einer angeborenen Disposition hervor, die beim Menschen gefördert oder unterdrückt werden kann. Während die Selbstliebe der Erhaltung des Individuums dient, erfüllt das Mitleid die Funktion der Erhaltung der menschlichen Art. Urteils- und Einbildungskraft, subjektive und kognitive Elemente wirken in diesem Gefühl zusammen. Dabei bewertet Rousseau das Mitleid nicht vom Standpunkt eines ethischen Prinzips, sondern nach seinen realen Bedingungen und Möglichkeiten. Schiemann zeigt, mit welchen Modifikationen der Rousseausche Mitleidsbegriff heutige Analysen des Mitleids um neue Aspekte erweitern kann.

Damit leitet der Beitrag von *Gregor Schiemann* bereits zum *vierten und letzten Teil* über, der das Verhältnis von *Gefühlen und Moral* zum Thema hat. Er wird eröffnet von *Jean-Pierre Wils*, der zeitdiagnostisch davon ausgeht, dass durch die Verunsicherung von Wahrnehmungsgewohnheiten Emotionen heute ihren Halt verlieren und damit nicht mehr der Orientierung dienen können. Dadurch werde auch das moralische Urteil geschwächt. *Wils* diskutiert das Verhältnis von Vernunft, Gefühl und Moral bei Aristoteles, Kant, Hume und Sartre und entwickelt aus seiner kritischen Auseinandersetzung eine kohärentistische Argumentation für die Berücksichtigung von Emotionen in ethischen Begründungsverfahren. Die Vernetzung von Kognitionen und Emotionen ermögliche nicht nur emotionale Korrekturen von Kognitionen und kognitive Korrekturen von Emotionen, sondern sie mache sie, so *Wils*, auch nötig.

Hilge Landweer beschäftigt sich aus der Perspektive der Rhetorik mit der Frage, wann moralische Normen faktisch gelten. Sie wendet sich gegen rationalistische Geltungsbegriffe und untersucht verschiedene Varianten der These, wonach die Moral in Gefühlen fundiert ist. Dabei kommt Gefühlen bei der Explikation von Situationen, die durch moralische Konflikte bestimmt sind, eine zentrale Funktion zu. Denn eine handlungsrelevante Umorientierung von moralischen Urteilen ist nur dann möglich, wenn sie nicht zu elementaren Unrechtsgefühlen in Widerspruch gerät. *Landweer* argumentiert für eine enge Verknüpfung von Rationalität und Emotionalität.

Neben den methodischen und methodologischen Gemeinsamkeit sind alle Beiträge dieses Bandes auf einen gemeinsamen Diskussionszusammenhang bezogen und knüpfen kritisch, die einen expliziter als die anderen, an zum Teil sogar gemeinsam erschlossene und diskutierte Bezugsautoren wie Martha Nussbaum, Peter Goldie oder Hermann Schmitz an. Dass dies möglich war, ergab sich daraus, dass Zrdavko Radman, Matthias Kettner und Hilge Landweer, anfangs noch zusammen mit Anton Leist, eine Serie von Tagungen zum Thema „Körper und Normativität" am International University Center in Dubrovnik veranstaltet haben. Die erste Idee zu diesem Band entstand 2004 bei einer dieser Tagungen, und erste Fassungen der meisten der hier versammelten Beiträge wurden zunächst in diesem Rahmen vorgestellt, später aber erheblich überarbeitet und erweitert. Alle Beiträge dieses Bandes sind Originalbeiträge.

Bei der technischen Erstellung dieses Bandes halfen Ina Gumbel, Ulla Bock und Nina Trcka. Ihnen allen sei herzlich gedankt. Meine Kollegin Ulla Bock sprang sehr kurzfristig ein, als buchstäblich alle Stricke rissen. Ganz besonders sei aber Nina Trcka gedankt, die mit hohem Engagement und äußerster Genauigkeit Korrektur las und die Druckdateien mit allen schwieriger Details bravourös erstellte. Mein Dank gilt auch Mischka Dammaschke vom Akademieverlag, der dieses Projekt von Anfang an voll unterstützte.

Literatur

Damasio, Antonio R. (1999), *Ich fühle also bin ich. Die Entschlüsselung des Bewusstseins*, München.

Demmerling, Christoph/Hilge Landweer (2007), *Philosophie der Gefühle. Von Achtung bis Zorn*, Stuttgart.

Engelen, Eva-Maria (2007), *Gefühle*, Stuttgart.

Hartmann, Martin (2005), *Gefühle. Wie die Wissenschaften sie erklären*, Frankfurt a. M.

Hastedt, Heiner (2005), *Gefühle. Philosophische Bemerkungen*, Stuttgart.

Hume, David (1978, engl. zuerst 1739/1740), *Ein Traktat über die menschliche Natur*, übers. v. Theodor Lipps und hrsg. v. Reinhard Brandt, Hamburg.

Kiesow, Rainer Maria/Martin Korte (Hg.) (2005), *Emotionales Gesetzbuch. Dekalog der Gefühle*, Köln.

Landweer, Hilge (2007), „Sozialität und Echtheit der Gefühle", in Agnes Neumayr (Hg.), *Kritik der Gefühle*, Wien (im Erscheinen).

LeDoux, Joseph (2001), *Das Netz der Gefühle. Wie Emotionen entstehen*, München.

Neumayr, Agnes (Hg.) (2007), *Kritik der Gefühle*, Wien.

Newmark, Cathrine (2008), *Pathos – Affekt – Gefühl. Philosophische Theorien der Emotionen von Aristoteles bis Kant*, Hamburg (Diss. FU Berlin 2006; im Erscheinen).

Nussbaum, Martha C. (2001), *Upheavals of Thought. The Intellingence of Emotions*, Cambridge.

Renz, Ursula (2007), *Die Erklärbarkeit von Erfahrung. Realismus und Subjektivität in Spinozas Theorie des menschlichen Geistes*, Habilitationsschrift Universität Zürich.

Schmitz, Hermann (1999), „Leibliche Kommunikation ohne und mit Wort", in Manfred
    Bauschulte/Volkhard Krech/Hilge Landweer (Hg.), *Wege, Bilder, Spiele. Festschrift zum
    60. Geburtstag von Jürgen Frese*, Bielefeld.
Slaby, Jan (2004), „Nicht-reduktiver Kognitivismus als Theorie der Emotionen", in *Hand-
    lung Kultur Interpretation*, 13. Jg. Heft 1, 50-85.
Slaby, Jan (2007), *Gefühl und Weltbezug*, Paderborn (Diss. Osnabrück 2006; im Erschei-
    nen).
Sousa, Ronald de (1987), *The Rationality of Emotion*, Cambridge/Mass.
Stephan, Achim/Henrik Walter (Hg.) (2003), *Natur und Theorie der Emotionen*, Paderborn.
Vendrell Ferran, Ingrid (2007), *Die Emotionen. Gefühle in der realistischen Phänomenolo-
    gie*, Berlin (Diss. FU Berlin 2006; im Erscheinen).
Weber-Guskar, Eva (2007), *Die Klarheit der Gefühle. Was es heißt, Emotionen zu verste-
    hen*, Diss. FU Berlin.

1. GRENZEN DES KOGNITIVISMUS

CHRISTOPH DEMMERLING

Brauchen Gefühle eine Sprache?
Zur Philosophie der Psychologie

Ein bestimmter Zweig innerhalb der philosophischen Diskussion über Gefühle ist von der Vorstellung beherrscht, dass gefühlsmäßige oder emotionale Reaktionen auf eine Lebenssituation mit propositionalen Einstellungen einhergehen. Um gefühlsmäßig auf eine Situation reagieren zu können, bedarf es bestimmter Überzeugungen, Wertungen oder Wünsche, es bedarf bestimmter Urteile, die einen in der betreffenden Situation relevanten Gegenstand oder Sachverhalt betreffen. Scham beispielsweise empfindet man dieser Auffassung zufolge nur dann, wenn man die Überzeugung hegt, dass man gegen eine Norm verstößt bzw. verstoßen hat, deren Befolgung man für gerechtfertigt und wichtig hält. Ohne das Urteil, dass die Wahrung der Privatsphäre einer Person einen wichtigen Wert darstellt, wird man keine Scham empfinden, wenn man sich beispielsweise ohne Wissen und Einwilligung dieser Person bei Gelegenheit zu einer Lektüre ihrer privaten Tagebücher und Briefe hinreißen lässt. Folgt man dieser Position, die häufig mit dem Etikett „Kognitivismus" versehen wird, wobei auch andere Bezeichnungen wie „epistemische Theorie der Gefühle" oder „propositionale Theorie der Gefühle" im Umlauf sind, dann gewinnt der Umstand, dass wir sprachliche und mit den Mitteln der Sprache urteilende Wesen sind, für unser Gefühlsleben eine maßgebliche Bedeutung.[1]

Ich werde im Folgenden der Einfachheit halber ebenfalls die Etiketten „kognitivistisch" bzw. „kognitiv" gebrauchen, obgleich diese Bezeichnungen ungenau sind. Ungenau sind sie, weil man in einem bestimmten Sinne alles, was wir erlebend verarbeiten – ganz gleich ob mit den Mitteln der Sprache oder auf der Basis szenischer, bildhafter Vergegenwärtigungen oder im Medium des Körpers bzw. Leibes, sofern man diesen als Resonanzboden auffasst, der unser Erleben strukturiert – als „kognitiv" be-

---

[1] Vgl. zur Formulierung einer paradigmatischen ‚kognitiven' Theorie Solomon 1993, dt. 2000. Kognitive Aspekte von Gefühlen werden in einer ganzen Reihe von Arbeiten thematisiert, die allerdings jeweils einen unterschiedlich starken Anspruch formulieren. Vgl. u. a. Lyons 1980 und Nussbaum 2001.

zeichnen kann.[2] Ungenau sind die Etiketten auch deshalb, weil der Kognitionsbegriff gelegentlich in einer Breite verwendet wird, die ihn semantisch entleert: Häufig werden bereits die Informationsverarbeitungsprozesse einfachster Organismen als ‚Kognition‘ bezeichnet. Ich verwende den Ausdruck im vorliegenden Zusammenhang in seinem anspruchsvollen Sinn: *Kognitivistisch* nenne ich eine Theorie der Gefühle dann, wenn ihr zufolge *satzartige* oder *urteilshafte* Elemente nicht nur für unsere Gedanken, sondern auch für unsere Gefühle konstitutiv sein sollen.

Derartige Positionen provozieren eine Vielzahl kritischer Reaktionen. Vereinfacht gesagt lassen sich zwei kritische Haltungen im Umgang mit dem gefühlstheoretischen Kognitivismus unterscheiden: Eine eher ablehnende Haltung, welche den mit Emotionen zumindest bei sprachlichen Wesen faktisch häufig einhergehenden Urteilen bzw. propositionalen Einstellungen keine oder allenfalls eine marginale Rolle zubilligt; und eine wohlwollende Haltung, der zufolge der Kognitivismus ein berechtigtes und richtiges Motiv zur Sprache bringt, dieses aber zu stark bzw. an falscher Stelle akzentuiert. Das richtige Motiv des Kognitivismus und seine falsche Verortung sind Thema der folgenden Überlegungen. Zunächst werde ich einige der geläufigen Einwände gegen den Kognitivismus präsentieren (1.), sodann möchte ich andeuten, worin die Überlegenheit kognitivistischer Positionen gegenüber anderen Optionen in der Gefühlstheorie besteht (2.). Im dritten Teil werde ich im Anschluss an entwicklungspsychologische Überlegungen für Differenzierungen plädieren, welche die Grundfrage meines Beitrags, ob Gefühle eine Sprache brauchen, betreffen (3.).

1. Zur Kritik kognitivistischer Gefühlsauffassungen

Der Kognitivismus tritt in unterschiedlich starken Varianten auf. Da diese Varianten jeweils unterschiedliche Ansprüche erheben, sind auch die Einwände, mit welchen sie sich konfrontieren lassen, unterschiedlicher Art.[3] Grob vereinfacht lassen sich starke und schwache Formen oder – wie ich auch sagen will – Formen eines ‚hartgesottenen‘ und eines ‚liberalen‘ Kognitivismus voneinander unterscheiden. Der hartgesottene

---

[2] Vgl. dazu Landweer 2001, 340.

[3] Meine folgenden Überlegungen argumentieren in einer sehr grundsätzlichen Perspektive. In feinerer Orchestrierung finden sich einige der Argumente sowie eine Vielzahl weiterer Einwände u. a. in folgenden Arbeiten: Griffiths 1997 kritisiert die „propositional attitude school" (vgl. 21ff.), da vor allem die evolutionäre Perspektive zu kurz kommt; Elster 1999 macht geltend, dass weder alle Emotionen, noch auch irgendeine Emotion vollständig mit den Mitteln des kognitivistischen Vokabulars beschrieben werden können. Ein Beispielbereich sind für ihn durch Kunstwerke ausgelöste Emotionen (vgl. 244ff.). Landweer 1999, 19ff. führt phänomenologische Einwände an, welche insbesondere den Stellenwert der Leiblichkeit für das Fühlen akzentuieren. Wollheim 2001 thematisiert die Genese von Emotionen und billigt Wünschen einen wichtigen Stellenwert im Zusammenhang mit Gefühlen zu, um Argumente gegen den Kognitivismus zu formulieren; Steinfath 2001, 117 unterstreicht, dass es sich bei Gefühlen nicht einfach nur um Urteile, sondern um „Weisen affektiven Involviertseins" handelt.

Kognitivismus verfolgt eine Strategie der Reduktion und behauptet, dass Gefühle Urteile sind, die sich im Rückgriff auf propositionale Einstellungen (sei es auf Überzeugungen, sei es auf Wünsche, sei es auf Überzeugungen in Verbindung mit Wünschen) mehr oder weniger vollständig erläutern lassen. Im Rahmen einer liberalen kognitivistischen Position wird lediglich die Auffassung vertreten, dass Urteile zwar zu den konstitutiven Elementen eines Gefühls gehören, wobei jedoch weitere Bestandteile hinzutreten müssen.

Ein Einwand gegen den hartgesottenen Kognitivismus, der auf der Hand liegt, besteht darin, dass sich Urteile beispielsweise über Verstöße fällen lassen, die wir selbst gegen von uns für wichtig erachtete Normen begehen (um noch einmal an das Beispiel der Scham anzuknüpfen), oder Urteile über die Bedrohlichkeit einer bestimmten Situation (um die Furcht als weiteres Beispiel anzuführen), ohne in Verbindung mit einem Gefühl erfahren zu werden. Viele Bergsteiger wissen um die Gefahren, die ihre Aktivität mit sich bringen kann, ohne sich deshalb vor dem Bergsteigen zu fürchten. Wenn Gefühle Urteile sein sollen bzw. weitgehend in Urteilen aufgehen, dann gerät die spezifische Differenz zwischen einem Gefühl und einem ‚normalen‘ emotionsfreien Urteil aus dem Blick. Im Übrigen weisen Gefühl und Urteil auch dort, wo sie gemeinsam vorkommen, nicht immer ein Verhältnis der ‚Passung‘ auf. Eine Emotion kann wider besseres Wissen in Form einer unmittelbaren Reaktion auf einen Gegenstand oder Sachverhalt auftreten, etwa dann, wenn die Furcht vor einer Spinne mit dem Urteil einhergeht, dass diese Spinne gar nicht gefährlich ist.

Es ist nach alledem nicht besonders sinnvoll, einen hartgesottenen Kognitivismus in der Gefühlstheorie zu vertreten. Gefühle können nicht im selben Sinne als geistige Zustände aufgefasst werden wie Gedanken. Anders als Gedanken oder Überzeugungen sind sie nicht einfach nur mit propositionalen Einstellungen verflochten, sondern mit weiteren Bestandteilen verknüpft. Man denke an die biologische Verfassung eines Organismus, man denke auch an den häufig von phänomenologischer Seite sowie innerhalb der neueren Philosophie des Geistes in der Debatte um die so genannten Qualia akzentuierten Umstand, dass sich Gefühle für denjenigen, der sie hat, immer auf eine bestimmte Weise ‚anfühlen‘, dass ihnen im Erleben eine bestimmte Art von Qualität zukommt. Liberale Varianten des Kognitivismus erkennen Einwände dieser Art an und präsentieren sich typischerweise als Variante einer *Komponententheorie* der Gefühle. Im Rahmen einer Komponententheorie der Gefühle – zu illustrativen Zwecken gehe ich im Folgenden von einer Drei-Komponententheorie aus – würde man beispielsweise eine Emotion wie diejenige des Zorns wie folgt analysieren können: Zum Zorn gehört in der einen oder anderen Weise die Überzeugung, dass mir oder jemandem, der mir sehr nahe steht, durch jemand anderen ein Unrecht widerfahren ist (1.), zu ihm gehört ein bestimmter, auf jeden Fall nicht im engeren Sinne mentaler Zustand körperlicher Erregung (2.), schließlich fühlt sich der Zorn für denjenigen, der ihn verspürt, auf eine bestimmte Weise an, ihm kommt eine bestimmte Art von phänomenaler Qualität zu (3.).

Komponententheorien stehen vor dem Problem, keine zufrieden stellende Antwort auf die Frage geben zu können, wie die verschiedenen Bestandteile, welche ein Gefühl konstituieren, miteinander zusammenhängen. Sie zerlegen in der Analyse, was in der Lebenserfahrung als Einheit gegeben ist. Sie laufen Gefahr, die verschiedenen Aspekte von Gefühlen zu atomisieren und als eigenständige Einheiten zu konzipieren. Der Hinweis auf dieses Problem stellt einen Standardeinwand gegen Komponententheorien dar. Gegenüber in der einen oder anderen Weise reduktiven Theorien, welche einen einzigen Aspekt von Gefühlen – beispielsweise physiologische Erregungsmuster, Gefühlsqualitäten oder Urteile – in den Vordergrund rücken und als ausschließlich maßgeblichen Aspekt betrachten, scheinen Komponententheorien auf den ersten Blick dennoch eine überlegene Option darzustellen, da sie der Komplexität von Gefühlen Rechnung zu tragen versuchen.[4] Gleichwohl müssen sie auf die Frage nach dem Zusammenhang der einzelnen Aspekte antworten. Sie stehen vor der Aufgabe, das Problem der emotionalen Synthesis zu lösen. Wer – um den Zorn als Beispiel anzuführen – gleichzeitig das Urteil fällt, dass ihm von dritter Seite ein Unrecht widerfahren ist, eine bestimmte Art von Erregungsprozess durchläuft und phänomenale Qualitäten einer bestimmten Art verspürt, dem ist nicht notwendigerweise ein Zorngefühl zuzuschreiben. Um berechtigterweise von einem Zorngefühl sprechen zu können, müssen die unterschiedlichen Bestandteile nicht einfach nur gleichzeitig auftreten, sondern in einer voneinander abhängigen Weise miteinander verwoben sein.

Um dieses Verwobensein zu explizieren, wird von vielen Theoretikern auf eine kausale Beziehung verwiesen. Eine der Komponenten wird jeweils als kausal durch eine der anderen verursacht aufgefasst. Im Rahmen der bislang von mir skizzierten Aspekte könnte man drei alternative Optionen ergreifen. Man könnte ein Urteil, eine körperliche Erregung oder eine phänomenale Qualität als relevante Ursache betrachten, durch welche dann bewirkt wird, dass sich die jeweils anderen Komponenten einstellen. Der Hinweis auf eine kausale Beziehung ist deshalb problematisch, da er eine ursprüngliche Trennung der verschiedenen Aspekte voraussetzen muss, ganz gleich, welche der vorhin genannten Optionen im Einzelnen ergriffen wird.

Ganz unabhängig davon gibt der Hinweis auf kausale Beziehungen zwischen den verschiedenen Aspekten eines Gefühls keine Antwort auf die gelegentlich als Individuationsproblem bezeichnete Frage, auf die Frage nämlich, wodurch ein Gefühl bestimmt wird und seine Identität erhält. In diesem Zusammenhang lassen sich erneut drei Optionen ergreifen. Es lässt sich jeweils ein Aspekt als für die Individuation maßgebliches Konstituens bzw. Element begreifen. Kognitivisten plädieren dafür, die propositionale Komponente als maßgebliches Element anzusehen, welches zur Bestimmung einer Emotion führt. Zwei alternative Optionen bestehen darin, die körperliche Erregung oder die phänomenale Qualität als jeweils maßgebliches Element zu betrachten. Um Etiketten zu haben: Die erste Strategie würde ich als naturalistisch, die zweite als phänomena-

---

[4] Vgl. dazu auch Ben-Ze'ev 2000, 49ff. und 73ff.

listisch bezeichnen. Alle drei der bislang genannten Strategien könnten im Rahmen einer Komponententheorie verfolgt werden. Man kann sich verschiedene Arten von Komponententheorien vorstellen, solche mit kognitivistischem, mit naturalistischem und mit phänomenalistischem Akzent.

Nebenbei sei angemerkt, dass sich nicht nur die kognitivistische, sondern auch die naturalistische und phänomenalistische Strategie hartgesotten verfolgen lassen. Ein hartgesottener Naturalist würde sagen, dass Gefühle körperliche Erregungen sind; ein hartgesottener Phänomenalist würde Gefühle mit phänomenalen Qualitäten und deren leiblichen Manifestationen identifizieren. Ganz gleich, ob es sich um die kognitivistische Favorisierung von Urteilen, die in naturalistischer Perspektive thematisierbaren Zustände des Körpers oder Gehirns oder aber um die phänomenalistische Auszeichnung von Empfindungsqualitäten handelt – in allen Fällen wird im Rahmen hartgesottener Auffassungen die Komplexität von Gefühlen verfehlt. Was das Problem der Individuation eines Gefühls betrifft, so könnte sich die Suche nach *dem* individuierenden Faktor als verfehlt erweisen, da auch in diesem Zusammenhang alle der jeweils relevanten Aspekte eine Rolle spielen und in diesem Sinne *gleichursprünglich* sind. [5]

Welche Einwände lassen sich – abgesehen von dem angesprochenen Standardeinwand gegen Komponententheorien – gegen einen im Rahmen einer Komponententheorie vertretenen (liberalen) Kognitivismus formulieren? Wenn propositionale Einstellun-

---

[5] Verschiedene Ansätze und Begriffe lassen sich für eine Entschärfung des Komponentenproblems benutzen. So stellen beispielsweise die Überlegungen von Ronald de Sousa eine Begrifflichkeit zur Verfügung, mit welcher sich diese Thematik aufnehmen lässt. Er benutzt den Begriff des Schlüsselszenarios bzw. der Schlüsselszenarien (de Sousa 1987, dt. 1997). Unsere Bekanntschaft mit Gefühlen und allen ihren Komponenten – so seine These – gehe auf Schlüsselszenarien zurück, auf wie er wörtlich sagt „kleine Dramen, in denen unsere natürlichen Fähigkeiten zu emotionalen Reaktionen zum ersten Mal aufgetreten sind." (Ebd. 89). Man könnte den Begriff des Schlüsselszenarios nun auch so verstehen, dass aus diesen Szenarien das Gesamtdeutungsmuster zur Interpretation eines Zustands erwächst, welches dann im späteren Leben in entsprechenden Situationen immer wieder aktiviert wird. Schlüsselszenarien können zunächst Szenen aus dem alltäglichen Leben sein, es können auch umfassendere Geschichten aus Kunst und Kultur sein. Ein Schlüsselszenario der Furcht könnte vom Situationstyp her für ein Kind darin bestehen, dass die Eltern weg sind und es dunkel ist. Die normalen und charakteristischen Reaktionen auf diese Situation wären ein Unwohlsein, eben die ganze Palette furchtsamer Erregungen und Empfindungen, dazu ein entsprechendes Ausdrucksverhalten (Schreien), was dann fast auch schon einer Handlung (im weiten Sinne) gleich- oder nahe kommt. Schreien führt dazu, dass die Eltern jetzt gleich wieder im Gesichtsfeld erscheinen. Das könnte ein Urszenario der Furcht sein. Natürlich kann das Kind das so nicht rekonstruieren oder beschreiben. Zu Beginn gibt es lediglich die Situation und eine Reaktion des Unwohlseins auf diese Situation. Das Kind wird einfach von der Furcht durchflutet, ohne die eigenen Gefühle differenziert individuieren zu können. Aber aus solchen Urgeschichten, so de Sousa, baut sich die Palette unseres Gefühlserlebens auf. Anhand solcher Szenarien lernen wir, Situationen und Reaktionsformen miteinander zu verbinden und einer einheitlichen Deutung zuzuführen. Im Lauf des Lebens wird das Erleben immer reichhaltiger und das Gefühlsspektrum differenziert sich weiter aus. Gleichwohl bilden nach wie vor die einmal erlernten Schlüsselszenarien die Basis dafür, dass wir unsere Gefühle in der Regel als Einheit erfahren.

gen zu den konstitutiven Aspekten eines Gefühls gehören sollen, dann – so könnte man einwenden – wird eine viel zu starke Bedingung für Gefühle bzw. Emotionen formuliert. Es erscheint nicht nur kontraintuitiv und widerspricht nicht nur unseren vorphilosophischen Intuitionen, Wesen, die nicht oder noch nicht über eine Sprache verfügen – zu denken ist an Tiere und kleinere Kinder – die Zuschreibung von Gefühlen zu verweigern. Die empirischen Evidenzen für das Vorliegen von Gefühlen bei nichtsprachlichen Wesen wird niemand ernsthaft bestreiten wollen und bestreiten können. Dass die Gefühlswelten sprachmächtiger Wesen mit den naturgeschichtlich tiefer verankerten Gefühlswelten sprachloser Wesen zusammenhängen und aus ihnen hervorgehen, dürfte ebenfalls unstrittig sein. Nimmt man solche Hinweise ernst, fällt es schwer, propositionalen Einstellungen – und sei es im Rahmen einer Komponententheorie auch nur als einem Element unter anderen – einen besonderen Stellenwert zuzuerkennen.

Auf einen derartigen Einwand reagiert der (liberale) Kognitivist häufig mit Differenzierungsvorschlägen. Er schränkt die Reichweite seiner Überlegungen auf eine bestimmte Klasse von Gefühlen ein, für welche er dann terminologisch den Ausdruck „Emotion" reserviert. Als Emotionen werden in diesem Zusammenhang nur ‚gerichtete' Gefühle bezeichnet, solche, die auf einen Gegenstand oder Sachverhalt bezogen sind. Zumindest für diese, so macht der Kognitivismus geltend, sind propositionale Einstellungen unabdingbar, da die Intentionalität einer Emotion nicht anders als im Rückgriff auf eine Proposition verständlich gemacht werden kann.[6] Man könnte nun die Favorisierung propositionaler Einstellungen im Kontext einer Analyse gerichteter Gefühle oder Emotionen gelten lassen, und gleichzeitig darauf hinweisen, dass auf diese Weise nur ein sehr kleiner Bereich unseres Gefühlslebens erfasst wird und die weniger komplexen Gefühle theoretisch mit den angeführten Mitteln nicht angemessenen auf den Begriff gebracht werden können. Man könnte aber auch einwenden, dass die Analyse nicht einmal auf gerichtete Gefühle zutrifft, zumal eine Reihe von Gefühlen, denen man zubilligen würde, intentional zu sein (denken wir beispielsweise an die Furcht), mit Sicherheit auch nicht- oder vorsprachlichen Wesen zugeschrieben werden können, bei denen propositionale Einstellungen im engeren Sinne *per definitionem* keine herausragende Rolle spielen.

Unser idealtypischer Kognitivist könnte darauf mit weiteren Manövern der Differenzierung reagieren. Er könnte möglicherweise zugestehen, dass nicht- oder vorsprachlichen Wesen beispielsweise Furcht zugeschrieben werden kann, dass sich aber das Spektrum der Furcht mit dem Eintritt in eine Sprache auf maßgebliche Weise erweitert. Er könnte auch den Objekt- oder Situationsbezug eines Gefühls von dessen Einkleidung in eine propositionale Struktur loslösen, müsste dann allerdings die Vorstellung aufgeben, dass Propositionen bzw. Urteile die semantischen Minima unserer Sprache sind. Unter der Hand hätte er sich dann vergleichsweise weit von seinem Ausgangspunkt

---

[6] Vgl. zum Beispiel Kenny 1963. Kenny benutzt das Kriterium der Gerichtetheit, um Gefühle von bloßen Körperempfindungen zu unterscheiden. Er ist zudem der Auffassung, dass wegen der Gerichtetheit von Gefühlen auch Propositionen involviert sind.

entfernt. Bevor ich diesem Gedanken weiter nachgehe, möchte ich nach einer Vergegenwärtigung der Schwierigkeiten kognitivistischer Theorien fragen, warum kognitivistische Theorien dennoch gelegentlich attraktiv erscheinen. Welche Gründe sprechen überhaupt für einen Kognitivismus nach Art der skizzierten Position?

2. Die Attraktivität kognitivistischer Gefühlsauffassungen

Um dies zu erläutern, soll die Aufmerksamkeit von Gefühlen auf Gedanken und Überzeugungen gelenkt werden. Die Frage, ob Gefühle eine Sprache brauchen und propositionale Einstellungen involvieren, lässt sich ebenfalls auf Gedanken bezogen stellen. Brauchen Gedanken eine Sprache und involvieren sie notwendigerweise propositionale Einstellungen? Die Zuschreibung von Gedanken an linguistische Kompetenzen zu binden, mag für viele eine Selbstverständlichkeit sein, ist aber in der Philosophie erst seit dem *linguistic turn* zu einem Gemeinplatz geworden (und, recht betrachtet, gegenwärtig schon keiner mehr). Gedanken galten lange als etwas, wozu der Geist eines Denkenden auf unmittelbare Weise Zugang hat und was sich auf zunächst nicht näher bestimmbare Weise im Bewusstsein eines Subjekts abspielt. Die Sprache wurde lediglich als ein Vehikel angesehen, mit Hilfe dessen der Gehalt der im Prinzip auch ohne Sprache artikulierbaren Gedanken sich nach außen transportieren ließ. Erst mit dem *linguistic turn* vollzog sich, was Michael Dummett einmal die „Verstoßung der Gedanken aus dem Reich des Bewusstseins" genannt hat. Fortan wurde die Sprache als eine unerlässliche Voraussetzung des Denkens angesehen. Für diese Sicht der Dinge sprechen zunächst einmal die mehr oder weniger offenkundigen Schwächen alternativer Sichtweisen. Bei allen Unterschieden im Einzelnen laufen sämtliche Erklärungsversuche des Denkens, die ohne die Sprache auskommen wollen, darauf hinaus, dem Geist in diesem Zusammenhang einen besonderen Stellenwert zuzuerkennen. Diese – ich folge dem üblichen Wortgebrauch – *mentalistische* Strategie besteht darin, auf innere Vorgänge zu rekurrieren, um zu erläutern, was Denken ist. Problematisch ist diese Vorstellung zunächst einmal deshalb, weil man, wenn man über den Geist spricht und über die verschiedenen Arten von Zuständen, in denen er sich befinden kann, man denke an Überzeugungen oder Wünsche, aber auch an Gefühle, nicht so richtig weiß, wovon eigentlich die Rede ist. Im Vergleich zu Überzeugungen sind Sätze vergleichsweise ‚handfeste' Entitäten, für die klare Individuationskriterien zur Verfügung stehen. Demgegenüber bleibt der Rekurs auf innere Vorgänge relativ unbestimmt. Die Identitätskriterien für einen inneren Vorgang sind alles andere als klar. Wir wissen nicht, wo zum Beispiel eine Überzeugung beginnt, wo sie aufhört, oder wann zwei Überzeugungen miteinander identisch sind, solange die betreffenden Überzeugungen nicht in Worte gekleidet werden. Zurück zu den Gefühlen.

Die Gründe, die trotz der bislang diskutierten Einwände für einen gemäßigten Kognitivismus in der Gefühlstheorie sprechen, sind genau der Art wie jene, die dafür sprechen, die Zuschreibung und Bestimmung von Gedanken mit der Interpretation sprachlicher Äußerungen zu verknüpfen. Auch kognitivistische Gefühlsauffassungen lassen sich zunächst einmal negativ rechtfertigen, das heißt, für sie sprechen die Schwächen alternativer Auffassungen. Werfen wir einen Blick auf zwei in der Diskussion verbreitete Optionen: auf Theorien *naturalistischen* Zuschnitts, und auf Ansätze *phänomenalistischen* Zuschnitts. Um Missverständnisse zu vermeiden: Mit der folgenden Kritik sollen naturalistische oder phänomenologische Optionen nicht *in toto* verworfen werden. Es geht mir lediglich darum, Schwächen anderer Positionen im Vergleich zur kognitivistischen Option vor Augen zu führen. Weder dürfen die biologisch-organischen Grundlagen von Gefühlen, noch auch deren phänomenale Qualitäten vernachlässigt werden, will man zu einer vollständigen Analyse von Gefühlen gelangen.

In einer vergröbernden und vereinfachenden Perspektive bezeichne ich alle diejenigen Ansätze als naturalistisch, denen zufolge Gefühle oder Emotionen im Wesentlichen aus den physischen Zuständen eines Organismus resultieren. Das Erklärungsziel naturalistischer Theorien gilt als erreicht, wenn Entstehung, Verlauf und Inhalt eines Gefühls zur Gänze mit den Mitteln eines kausalen Vokabulars zur Darstellung gebracht werden können. Schematisch betrachtet nehmen naturalistische Erklärungen häufig folgende Form an: Umweltfaktoren wirken in Form von Reizen auf einen Organismus ein, verursachen so einen körperlichen und meistens auch geistigen Zustand, der sich dann seinerseits im Verhalten des betreffenden Organismus ausdrückt, was uns als Beobachter der Lage dazu veranlasst, dem Organismus ein bestimmtes Gefühl (allgemeiner: eine bestimmte Art von Zustand) zuzuschreiben.[7] Kognitivistische Theorien sind naturalistischen Ansätzen aus vielen Gründen überlegen. Der einzige Grund, der im vorliegenden Zusammenhang geltend gemacht werden soll, ist derjenige, dass es unter den Voraussetzungen einer im skizzierten Sinne naturalistischen Theorie ein Geheimnis bleiben muss, wie Gefühle (oder – um bei der oben eingeführten Terminologie zu bleiben – Emotionen) auf etwas gerichtet sein bzw. von etwas handeln können. Es ist überhaupt nicht zu sehen, wie physische Zustände von etwas handeln können sollen. Dies wird deutlich in der inzwischen weit verzweigte Debatte um eine Naturalisierung von Intentionalität. In dieser Debatte geht es vorrangig um die Frage nach dem Gehalt so genannter „mentaler Repräsentationen".[8] Alle Argumente, welche in diesem Zusammenhang gegen naturalistische Verständnisse von Intentionalität vorgebracht worden sind, lassen sich auf gefühlstheoretischer Ebene wiederholen.

Phänomenalistische Ansätze – so ja die zweite der vorhin genannten Optionen – betrachten Gefühle oder Emotionen primär als Elemente, denen im Erleben von Subjekten eine bestimmte Art von phänomenaler Qualität zukommt. Das Problem der Ansätze, die beim Erleben ansetzen, besteht in ihrer introspektionistischen Erblast. Wenn man Emotionen primär als Elemente subjektiven Erlebens begreift, dann mö-

---

[7] So das ‚Strickmuster' behavioristischer Theorien, die über Jahrzehnte hinweg die psychologische Theoriebildung dominiert haben. Eine kurze Darstellung findet sich bei Lazarus 1991, 8-15.
[8] Vgl. zur Verteidigung naturalistischer Positionen Fodor 1987; ders. 1990; Millikan 1993; Dretske 1988. Zur Kritik: Keil 1993.

gen diese zwar durchaus einen bestimmten Gehalt besitzen, aber die Bestimmbarkeit dieses Gehalts bleibt einer intersubjektiven Prüfung entzogen. Damit bleiben auch die Individuationskriterien für eine Emotion im Dunkeln. Sie vermögen erst dann in das Licht einer Analyse zu treten, wenn sie mit den Mitteln der Sprache auf den Begriff gebracht werden. Der Status phänomenologischer Analysen, die ihrem erklärten Anspruch nach nicht-introspektionistisch sind, wäre zu diskutieren. Im Rahmen der Neuen Phänomenologie beispielsweise, die der leiblichen Manifestation von Gefühlen einen besonderen Stellenwert zuerkennt, wird der Leib von vornherein als ein kommunikatives ‚Organ' konzipiert, und nicht als ein Behälter, der als Körper den Geist enthält.[9] Der Leib und dasjenige, was mit oder an ihm erlebt wird, ist kein in sich geschlossenes und nach außen geschlossenes Etwas, sondern er steht in einer Beziehung zu anderen (zu anderen Leibern), aber auch in einer Beziehung zu seiner Umgebung insgesamt. Kann der (vom linguistischen Paradigma) angemahnten intersubjektiven Dimension von Gefühlen damit Rechnung getragen werden? Und in welchem Sinne kann man sich eine Verbindung der Perspektive des Erlebens mit einer intersubjektiven Perspektive denken?

Als Beispiele leiblicher Kommunikation, die zunächst ohne Worte erfolgt, werden häufig Wahrnehmung und Blick angeführt.[10] So kennt man das Phänomen des leiblichen Reagierens auf eine Situation, die kognitiv nicht oder *noch* nicht durchdrungen ist. Beispiele sind das schnelle ‚automatische' Ausweichmanöver des Autofahrers, der eine Gefahr wahrnimmt. Dieses Beispiel zeigt, und gleiches gilt für eine Vielzahl ähnlicher Fälle, in denen wir schnell und ‚gedankenlos' reagieren, dass wir in der Lage sind, Situationen und Sachverhalte auch ‚ohne Worte' zu analysieren und angemessen darauf zu reagieren. Über den Leib und seine Beziehung zu anderen ist mit derartigen Beispielen noch nichts gesagt. Einleuchtend wird die Rede vom Leib als einem kommunikativen ‚Organ', wenn wir das menschliche Ausdrucksverhalten in Betracht ziehen. In der äußeren Gestalt, durch Motorik, Mimik und Gestik teilt sich demjenigen, der die Gestalt wahrnimmt, immer etwas mit. Ausdrucksverhalten und Ausdrucksdeutung lassen auch jenseits der Worte ‚Zuschreibungen' von Gefühlen, von Gedanken, Einstellungen und Überzeugungen zu. Man könnte in diesem Zusammenhang von einer vor- oder nicht-propositionalen Form der Kommunikation sprechen. Dasjenige, was am eigenen Leib bzw. mit ihm erlebt wird, teilt sich in Form einer bestimmten Art von Ausdrucksverhalten anderen mit. In diesem Sinne kann

---

[9] Vgl. zu diesem Gesichtspunkt die Überlegungen von Landweer 1995, welche die interaktionistische Dimension des Leibes in den Vordergrund rückt, um das introspektionistische Erbe der Phänomenologie hinter sich zu lassen. Angelegt ist dieser Gedanke, wenn auch nicht so deutlich, bereits bei Schmitz 1990. Ausführliche Erörterungen zur einschlägigen Thematik des Verhältnisses Leiblichkeit und Gefühl finden sich in verschiedenen Bänden von Schmitz' *System der Philosophie*; vgl. Schmitz 1964, 1965, 1967, 1969. Zusammengefasst sind die wichtigsten Überlegungen in Schmitz 1998.

[10] Vgl. Schmitz 1998, 40ff.

man den Leib als ein kommunikatives ‚Organ' verstehen. Zeigt sich aber auf der Grundlage eines solchen Verständnisses, welches zum Teil explizit von einer Analogie zwischen Leib und Sprache Gebrauch macht und wo von einer ‚Grammatik' der Gefühle die Rede ist[11], nicht erneut, dass Gefühle eine Sprache brauchen, möglicherweise in einem Sinne, der sich von einem in der gegenwärtigen Sprachphilosophie üblichen Verständnis des Begriffs der Sprache entfernt?

3. Gefühle und Sprache

Für eine Antwort auf die Frage, ob Gefühle eine Sprache brauchen, kommt alles darauf an, wie der Begriff der Sprache jeweils verwendet wird. Verstehen wir den Begriff der Sprache in einem sehr weiten Sinn, dann setzen Gefühle eine Sprache voraus; verstehen wir ihn in einem sehr engen Sinn, dann setzen sie keine Sprache voraus. Mit dieser Antwort lassen sich die Vorteile einer moderat kognitivistischen Analyse bewahren und deren Nachteile vermeiden. Zunächst einige Worte zum Thema intentionale Gefühle und propositionale Einstellungen. Ich hatte oben bemerkt, die Gerichtetheit von Gefühlen könne einigen Kognitivisten zufolge allein im Rückgriff auf propositionale Einstellungen verständlich gemacht werden. Genau in dieser Behauptung scheint mir der falsche Akzent des Kognitivismus zu liegen. Auch wenn intentionale Zustände faktisch häufig mit propositionalen, aussageförmigen Strukturen einhergehen, ist es sinnvoll, sich intentionale Zustände nicht von vornherein mit propositionalen Strukturen verbunden zu denken. Was man benötigt, ist im Grunde ein Begriff von nicht-propositionaler, nicht im engeren Sinne sprachlicher Intentionalität. Ich muss gestehen, über einen solchen Begriff nicht in Form einer elaborierten Theorie zu verfügen, will aber auf zwei mögliche Bausteine für eine Theorie nicht-sprachlicher Intentionalität zumindest hinweisen.

Zum einen lässt sich die sinnliche Wahrnehmung eines externen Gegenstandes als intentionaler Zustand auffassen, der nicht propositionaler und nicht im engeren Sinne sprachlicher bzw. begrifflicher Natur ist.[12] Zum anderen lassen sich nichtsprachlichen oder vorsprachlichen Wesen Wünsche bzw. wunschartige Gebilde zuschreiben, deren Gehalt sich aufgrund eines Mangels an sprachlichen Fähigkeiten zwar keiner Selbstzuschreibung des betreffenden Wesens verdanken kann, gleichwohl aber werden diesen Wesen die Wünsche nicht nur zugeschrieben, sondern sie haben sie. Das heißt, sie verfügen nicht lediglich über eine – wie es in der Diskussion manchmal heißt – ‚Als-ob-Intentionalität'. Inwiefern sie tatsächlich Wünsche haben, zeigt sich daran, dass die betreffenden Wesen über eine Kenntnis der Erfüllungsbedingungen ihrer Wünsche

---

[11] Dazu Landweer 1995, 80ff.
[12] Zur Diskussion um die Nicht-Propositionalität der Wahrnehmung vgl. Schildknecht 2002, vor allem 145ff. Ein Plädoyer für einen nichtbegrifflichen Gehalt der Wahrnehmung im Anschluss an Gareth Evans und Christopher Peacocke formuliert Schildknecht 2003.

verfügen. Einem unruhigen und quengelnden Kind, welches noch über keinerlei Mittel zu sprachlicher Differenzierung verfügt, wird abwechselnd ein gelber Ball und ein grüner Bauklotz gereicht. Hält es den Bauklotz in Händen, weicht das Quengeln einer zufriedenen Beschäftigung mit dem Klotz, während das Reichen des Balls abermals mit heftigem Geschrei quittiert wird. Unser Kind will den Klotz, daran kann kein Zweifel bestehen, und es kann den Zustand, in dem dieser ‚Wunsch‘ erfüllt ist, von dem Zustand unterscheiden, in welchem der Wunsch nicht erfüllt ist, ohne sich den betreffenden Wunsch in Form einer propositionalen Einstellung zuschreiben und den Gehalt des Wunsches mit sprachlichen Mitteln individuieren zu können.[13] Mit diesen Hinweisen ist zumindest schon einmal deutlich geworden, inwiefern man die Intentionalität von Zuständen verständlich machen kann, ohne sich auf propositionale Einstellungen beziehen zu müssen. Ein im engeren Sinne sprachlastiger und auf Propositionen fixierter Kognitivismus, dem zufolge das Urteil die kleinste sprachliche (und kognitive) Einheit darstellt, kann also ohne Verluste verabschiedet werden. Der Intuition, dass auch nicht- oder vorsprachliche Wesen über Gefühle verfügen, kann Rechnung getragen werden, ohne in Anbetracht intentionaler Gefühle (bzw. Wünsche) in Erklärungsnot zu geraten.

Nun könnte man einwenden, dass sich die aus den Hinweisen auf die sinnliche Wahrnehmung und unser quengelndes Kind gewonnenen Einsichten nicht ohne weiteres auf das Gebiet der Gefühle übertragen lassen. Man mag zwar einräumen, dass in beiden Fällen sprachliche und propositionale Strukturen keine Rolle spielen (obgleich dies im Fall der Wahrnehmung strittig ist), aber in beiden Fällen verleiht der direkte Umgang mit der externen Umgebung dem Gehalt der Wahrnehmung bzw. des Wunsches Struktur. Deshalb kann die vorgeschlagene Analyse im Fall einfacher Gefühle Plausibilität beanspruchen, zumal, wenn diese direkt mit der Wahrnehmung eines Gegenstandes zusammenhängen. Ich denke nicht nur an Beispiele wie die angeführten, sondern auch an die Furcht des Kaninchens, in dessen Gesichtsfeld der Schatten eines Habichts erscheint. Was aber machen wir mit komplexeren Emotionen, denen wir in der Regel psychische Tiefe attestieren, und die zumindest ein paar Schritte von der externen Wirklichkeit entfernt sind, so dass es nicht einfach die äußere Umgebung ist, welche deren Gehalt strukturiert? Auch sie benötigen – so meine These – keine Sprache im engeren Sinne und kommen ohne Propositionen aus. Den Einwänden gegen einen Kognitivismus mit sprachlicher Schlagseite ist abermals Recht zu geben. Aber es bedarf eines (nicht-propositionalen) ‚funktionalen Äquivalents‘ der Sprache, oder – wie ich bereits gesagt hatte – einer Sprache im weiteren Sinne. Diese Idee erlaubt es, dem Unbehagen gegenüber naturalistischen und introspektionistischen Ansätzen Rechnung zu tragen, Gefühle im interaktionistischen Rahmen einer gemeinsamen Praxis anzusiedeln, ohne eine Sprache im Vollsinn voraussetzen zu

---

[13] Zur Unterscheidung verschiedener, nicht- bzw. vorsprachlicher und sprachlich strukturierter Formen von Intentionalität im Rückgriff auf derartige Beispiele vgl. vor allem Vogel 2001, 179f., dessen Überlegungen mein Vorschlag wichtige Impulse verdankt.

müssen. Abschließend möchte ich dieser Idee in flüchtigen Strichen Kontur verleihen, ohne sie im Rahmen dieses Beitrags ausführlich entfalten zu können.

Im Zusammenhang mit der Frage nach dem Verhältnis zwischen sprachlichen Artikulationsmöglichkeiten und Gefühlen dürfte es ein aussichtsreiches Vorgehen sein, jene Prozesse auf Begriffe zu bringen, im Verlauf derer aus sprachlosen Wesen, die Gefühle haben, der Sprache mächtige Wesen werden, die Gefühle haben, und zu sehen, ob Gefühle in diesem Zusammenhang Transformationen durchlaufen und wenn ja, welche. Die angeführten Prozesse sind in der Regel Thema empirischer Disziplinen wie der Entwicklungspsychologie und der Säuglingsforschung. Mir geht es im Folgenden darum, zu sehen, ob sich begriffliche Mittel finden lassen, welche der Vorstellung von einer Sprache im weiteren Sinne im Zusammenhang mit den Gefühlen entgegenkommen und dieser eine überzeugende Gestalt zu geben vermögen. Meine folgenden Überlegungen schließen an eine Reihe von Ergebnissen an, die Martin Dornes in verschiedenen Publikationen zur frühen Kindheit präsentiert hat.[14]

Mit Dornes gehe ich davon aus, dass kleine Kinder – und je nach biologischer Ausstattung in einem gewissen Rahmen auch Tiere – über eine Reihe von genetischen Dispositionen verfügen, angeborene Gefühle durch ein bestimmtes motorisches, gestisches und mimisches Verhalten auszudrücken. In der empirischen Forschung hat sich inzwischen die Auffassung durchgesetzt, dass es sich bei diesen ‚Affekten' – diesen Begriff verwende ich in Anlehnung an die in manchen Zweigen der Psychologie übliche Redeweise, der zufolge Affekte vergleichsweise primitiv strukturierte und präsymbolische Gebilde sind, die sich erst im Rahmen der Lebensgeschichte durch eine Vielzahl von Regulationen zu Gefühlen bzw. Emotionen auswachsen – um Ekel, Überraschung, Neugier/Interesse, Freude, Traurigkeit, Ärger und Furcht handelt.[15] Außerdem besteht in der einschlägigen Forschungsliteratur eine gewisse Übereinstimmung darüber, dass der mimische, in Bewegungen der Gesichtsmuskulatur verankerte Ausdruck von Gefühlen besondere Relevanz besitzt.[16] Weiterhin scheint die – bereits hinter Darwins Untersuchungen zum Ausdruck von Gefühlen stehende – Annahme sinnvoll zu sein, von einer (anfänglichen) Übereinstimmung zwischen Ausdruck und Gefühl auszugehen und den Schluss von einer bestimmten Art von Gesichtsausdruck auf einen bestimmten Affekt als gerechtfertigt anzusehen. Der Gefühlsausdruck ist nicht nur Anzeichen eines Gefühls, sondern in einem bestimmten Sinne auch dessen Produzent. Grob beschrieben dürfte man sich den Prozess der frühesten Affektartikulation wie folgt vorstellen: Aufgrund einer bestimmten Art von Situation wird beim Kind ein neuronales und sensorisches Erregungsmuster in Gang gesetzt, welches zu unwillkürlichen Bewegungen der

---

[14] Vgl. Dornes 1993; ders. 1997; ders. 2001. Den Hinweis auf die Arbeiten von Dornes verdanke ich Barbara Merker; was man philosophisch mit diesen Überlegungen anstellen kann, hat mir Matthias Vogel deutlich gemacht.

[15] Vgl. Ekman 1980.

[16] Vgl. dazu ebenfalls die Untersuchungen von Paul Ekman; ferner – wie auch zum Folgenden – Dornes 1993, 113ff.

Gesichtsmuskulatur führt, die im phänomenalen Erleben des Kindes als Gefühl verspürt werden. Diese noch rohen, vom Kind einfach nur erlebten Empfindungen werden in der Interaktion mit Betreuungspersonen zu Gefühlen moduliert. Meine These lautet, dass sich die Interaktion zwischen Erwachsenem und Kind als Sprache im weiteren Sinne auffassen lässt, und dass im Verlauf dieser Interaktion die präsymbolischen Daten der rohen Empfindungen sich mehr und mehr mit symbolischen Elementen vermischen. So wächst den Empfindungen ein Gehalt zu, der in der weiteren Entwicklung schließlich dem Kind selbst zugänglich wird und von ihm auch selbständig individuiert werden kann. Ich halte es deshalb für gerechtfertigt, von einer Sprache im weiteren Sinn zu sprechen, da in der Interaktion kommunikative Zwecke verfolgt werden, Elemente der Sprache im engeren Sinne wie Wörter und Sätze zumindest von einer Partei der Interaktion benutzt werden sowie das gesamte Repertoire der so genannten nonverbalen Kommunikation (Mimik, Gestik, Körpersprache bzw. leibliche Kommunikation) zum Einsatz kommt. Abschließend sei der angesprochene Interaktionsprozess in flüchtigen Strichen skizziert.

Einer der entscheidenden Schritte innerhalb der Entwicklung der emotionalen Welt des Kindes besteht darin, nicht nur eigene Gefühle zu verspüren, sondern sie auch im eigenen Umfeld, das heißt außerhalb seiner selbst erkennen zu können. In der Entwicklungspsychologie ist von einer Revolution im Alter von etwa neun Monaten die Rede. Ab dieser Zeit sollen Säuglinge in der Lage sein, sich mit anderen Menschen in einen Raum geteilter Aufmerksamkeit zu stellen.[17] Zeigt man auf einen Gegenstand, blicken sie nun nicht mehr den Finger an, sondern schauen auf das gezeigte Objekt. Auch Affekte aus der Umgebung werden nun aufgenommen und auf die eigene Situation bezogen. Eine zentrale Funktion könnte in diesem Zusammenhang dem so genannten *Spiegeln* zukommen. Das ist ein Konzept, welches auf den ungarischen Psychoanalytiker und Entwicklungspsychologen György Gergely zurückgeht.[18] Unter Spiegeln versteht man die mimischen, gestischen und vokalen – in der Regel markierten – Antworten von Betreuungspersonen auf das Verhalten von Kindern. Denken wir an ein Kind, welches voller Freude mit einem Löffel auf den Tisch schlägt. Wenn dieses Verhalten zum Beispiel von der Mutter mit einem Heben und Senken des Arms sowie der Lautfolge „KRAWUM" begleitet wird, liegt eine markierte Reaktion vor, durch welche das Kind die Freude als geteilte Freude erfährt und sich sein eigener Affekt moduliert und reguliert. Ein anderes Beispiel für eine markierte Reaktion ist die Lautfolge „BÄÄH" kombiniert mit einem übertriebenen Ekelgesicht, wenn das Kind einen unappetitlichen Gegenstand zum Mund führt. Die Idee besteht darin, dass Eltern bzw. Betreuungspersonen die Affekte des Kindes aufgreifen, sie markierend ‚spiegeln', sie dadurch für das Kind bemerkbar machen, sie mit einem Gehalt versehen und auf diese Weise das Erleben des Kindes strukturieren. Was der Säugling fühlt, ist ihm also zunächst gar nicht unmittel-

---

[17] Vgl. Tomasello 2002, 77ff.

[18] Gergely/Watson 1996; meine Darstellung folgt im Wesentlichen den Rekonstruktionen bei Dornes 2000, 194ff und bei Vogel 2001, 248ff.

bar zugänglich, sondern es erschließt sich ihm in der Interaktion mit seinen Betreuungspersonen, genauer: es erschließt sich und gewinnt Struktur durch die Reaktionen und Antworten der Betreuungspersonen auf das Ausdrucksverhalten des Säuglings.

Man mag die empirische Richtigkeit der vorgetragenen Überlegungen bezweifeln. Sie sind strittig. Der begriffliche Rahmen, welchen sie bereit stellen, scheint mir allerdings für eine Antwort auf die Ausgangsfrage nach den Gefühlen und der Sprache brauchbar zu sein. Dies deshalb, weil sie deutlich machen, inwiefern Objektbezug, Intentionalität, Sprache und propositionale Strukturen in Graden kommen und zwar im Rahmen sozialer Prozesse. Der Prozess der Individuation von Gefühlen vollzieht sich interaktionistisch.[19] Auch wenn am Beginn die Sprache in einem engeren Sinne, insbesondere auch in Form von propositionalen Strukturen, keine Rolle spielt, sind es doch mimische und gestische Elemente sowie Lautäußerungen, welche den Prozess der Gefühlsbildung strukturieren. Auf dem Wege der Internalisierung des in kommunikativen Situationen Erfahrenen und Gelernten werden vorsymbolische und präkognitive Formen sensorischen Erlebens bedeutungshaft und mehr und mehr mit Hilfe symbolischer Elemente artikulierbar. In dem angeführten Sinne brauchen Gefühle eine Sprache, und schwache Varianten des Kognitivismus verfolgen eine berechtigte Intuition. Man kann allerdings fragen, ob für die skizzierte Position das Etikett des Kognitivismus nicht seine Gültigkeit verliert. Der Kognitivist, den ich am Ende des ersten Abschnitts habe auftreten lassen, um Einwänden mit Differenzierungsvorschlägen zu begegnen, wäre – insbesondere dort, wo er sich von der Vorstellung verabschiedet, dass Propositionen die semantischen Minima unserer Sprache sind – möglicherweise keiner mehr. Zumindest keiner, mit dem nicht auch erklärte Gegner des Kognitivismus leben könnten, oder doch leben können müssten.

Literatur

Ben-Ze'ev, Aaron (2000), *The Subtlety of Emotions*, Cambridge/Mass.
Dornes, Martin (1993), *Der kompetente Säugling. Die präverbale Entwicklung des Menschen*, Frankfurt a. M.
Dornes, Martin (1997), *Die frühe Kindheit. Entwicklungspsychologie der ersten Lebensjahre*, Frankfurt a. M.
Dornes, Martin (2001), *Die emotionale Welt des Kindes*, Frankfurt a. M.
Dretske, Fred (1988), *Explaining Behaviour. Reasons in a World of Causes*, Cambridge/Mass.
Ekman, Paul (1980), „Biological and Cultural Contributions to Body and Facial Movement in the Expression of Emotions", in Amelie O. Rorty (Hg.), *Explaining Emotions*, Berkeley, 73-101.

---

[19] Vgl. dazu ebenfalls im Anschluss an entwicklungspsychologische Forschungen auch die Überlegungen von Todorov 1996, vor allem 76ff.

Elster, Jon (1999), *Alchemies of the Mind. Rationality and the Emotions*, Cambridge.

Fodor, Jerry A. (1987), *Psychosemantics. The Problem of Meaning in the Philosophy of Mind*, Cambridge/Mass.

Fodor, Jerry A. (1990), *A Theory of Content and other Essays*, Cambridge/Mass.

Gergeley, György/James Watson (1996), „The Social Biofeedback Theory of Parental Affect Mirroring: The Development of emotional Self-Awareness and Self-Control in Infancy", in *International Journal of Psychoanalysis* Nr 77, 1181-1212.

Griffiths, Paul E. (1997), *What Emotions Really are. The Problem of Psychological Categories*, Chicago.

Keil, Geert (1993), *Kritik des Naturalismus*, Berlin/New York.

Kenny, Anthony (1963), *Action, Emotion, and Will*, London.

Landweer, Hilge (1995), „Verständigung über Gefühle", in Michael Großheim (Hg.), *Leib und Gefühl. Beiträge zur Anthropologie*, Berlin, 71-86.

Landweer, Hilge (1999), *Scham und Macht. Phänomenologische Untersuchungen zur Sozialität eines Gefühls*, Tübingen.

Landweer, Hilge (2001), „Differenzierungen im Begriff ‚Scham'", in *Ethik und Sozialwissenschaften. Streitforum für Erwägungskultur* 12/3.

Lazarus, Richard S. (1991), *Emotion and Adaption*, New York.

Lyons, William (1980), *Emotion*, Cambridge.

Millikan, Ruth G. (1993), „Biosemantics", in dies., *White Queen Psychology and other Essays for Alice*, Cambridge/Mass., 83-101.

Nussbaum, Martha C. (2001), *Upheavals of Thought. The Intelligence of Emotions*, Cambridge.

Schildknecht, Christiane (2002), *Sense and Self. Perspectives on Nonpropositionality*, Paderborn.

Schildknecht, Christiane (2003), „Anschauungen ohne Begriffe? Zur Nichtbegrifflichkeitsthese von Erfahrung", in *Deutsche Zeitschrift für Philosophie* 51/3, 459-475.

Schmitz, Hermann (1964), *System der Philosophie. Die Gegenwart*, Bd. 1, Bonn.

- (1965), *System der Philosophie. Der Leib*, Bd. 2.1, Bonn.

- (1967), *System der Philosophie. Der leibliche Raum*, Bd. 3.1, Bonn.

- (1969), *System der Philosophie. Der Gefühlsraum*, Bd. 3.2, Bonn.

- (1990), *Der unerschöpfliche Gegenstand. Grundzüge der Philosophie*, Bonn.

- (1998), *Der Leib, der Raum und die Gefühle*, Ostfildern bei Stuttgart.

Solomon, Robert C. (1993), *The Passions. Emotions and the Meaning of Life*, Indianapolis [dt. (2000), *Gefühle und der Sinn des Lebens*, Frankfurt a. M.].

Sousa, Ronald de (1987), *The Rationality of Emotion*, Cambridge/Mass. [dt. (1997): *Die Rationalität des Gefühls*, Frankfurt a. M.].

Steinfath, Holmer (2001), *Orientierung am Guten. Praktisches Überlegen und die Konstitution von Personen*, Frankfurt a. M.

Todorov, Tzvetan (1996), *Abenteuer des Zusammenlebens. Versuch einer allgemeinen Anthropologie*, Berlin.

Tomasello, Michael (2002), *Die kulturelle Entwicklung des menschlichen Denkens*, Frankfurt a. M.

Vogel, Matthias (2001), *Medien der Vernunft. Eine Theorie des Geistes und der Rationalität auf Grundlage einer Theorie der Medien*, Frankfurt a. M.

Wollheim, Richard (2001), *Emotionen. Eine Philosophie der Gefühle*, München.

URSULA RENZ

Zwischen ontologischer Notwendigkeit und zufälliger Semantik.
Zu Spinozas Theorie der menschlichen Affekte

Eine philosophische Theorie der Gefühle kann unter verschiedenen Gesichtspunkten betrieben werden. So kann sie allgemein zu klären suchen, was Gefühle sind oder was es heißt, dass Menschen Gefühle, Stimmungen, Emotionen oder Affekte haben. Man könnte dies den ontologischen Gesichtspunkt nennen. Oder sie kann sich der Vielfalt spezifischer Emotionen zuwenden und untersuchen, wodurch sich Emotionen in ihrem Gehalt unterscheiden, und daran anknüpfend erklären, warum man in einer bestimmten Situation eher Scham, in einer anderen hingegen eher Neid empfindet. Diesen zweiten, mit der Unterscheidung und Identifizierung verschiedener Gefühlsphänomene befassten Zugang zum Problem der Gefühle könnte man in Abgrenzung vom ontologischen den semantischen nennen.[1]

Diese beiden Gesichtspunkte können auch dazu dienen, klassische Texte der philosophischen Tradition für die gegenwärtige Diskussion zu erschließen. Dabei wird man allerdings gezwungenermaßen von historisch bedeutsamen Fragen wie der historischen Diskurslage der Problematik absehen müssen.[2] Auf der anderen Seite sind auch nicht alle Texte für beide Komplexe gleichermaßen fruchtbar. Die aristotelische Affektenlehre beispielsweise, wie sie in der *Rhetorik* und in der *Nikomachischen Ethik* entwickelt wird, ist zwar reich an Einsichten in die Spezifika bestimmter Affekte, wie etwa des Zorns, der Eifersucht oder des Mitleids. Doch gibt weder sie selbst noch die in *De anima* entwickelte Seelenlehre eine das heutige Theoriebedürfnis einigermassen befriedigende Antwort darauf, weshalb menschliche Existenz überhaupt von Gefühlen geprägt – oder vielleicht besser: gefärbt – ist, und weshalb Menschen, deren Seele affiziert wird, nicht nur einfach gleichsam affektiv neutrale Erkenntnisse haben oder Vorstellungen entwickeln.

---

[1] Zur Frage, ob die unterschiedliche Semantik von Gefühlen von einem phänomenologischen oder einem kognitivistischen Ansatz besser erfasst werden kann, vgl. die Einleitung von Landweer und die Beiträge von Demmerling, Slaby und Blume/Demmerling in diesem Band.

[2] Für das 17. Jahrhundert vgl. dazu Lafond 1993, James 1997 sowie Moreau 1998.

Umgekehrt präsentiert etwa Martin Heidegger mit seinem in *Sein und Zeit* entwickelten Theorem von der irreduziblen Gestimmtheit des Daseins zwar eine anspruchsvolle ontologische These zum Zusammenhang von (menschlicher) Existenz und (menschlichem) Gefühlsleben, er sagt aber – mit Ausnahme der Angst oder der Neugier – vergleichsweise wenig dazu, wann wir uns wie fühlen, und warum wir uns in einer bestimmten Situation so und nicht anders fühlen.

Anders als bei diesen jeweils nur in einer Hinsicht befriedigenden Ansätzen, stellt Spinozas Affektenlehre eine Theorie dar, die durchaus in beiden Problemkomplexen mit Antworten aufwartet. Sie hält einerseits einen komplexen Affektbegriff sowie eine grundlegende ontologische Erklärung dafür bereit, warum wir notwendig Affekte empfinden. Andererseits entwickelt sie ein System von genetischen Prinzipien, welches die Entstehung von spezifischen Affekten im Detail nachvollziehbar und durchschaubar macht. Dabei liegt die besondere Raffinesse von Spinozas Affektenlehre in der Kombination seiner Antworten auf die beiden obigen Fragenkomplexe, sieht sich doch der aufmerksame und reflexive Leser der *Ethica* zusehends in der Situation, dass er auf der einen Seite zwar die unentrinnbare Notwendigkeit seiner Affekte anerkennen muss,[3] gleichzeitig aber auch vor Augen geführt bekommt, dass möglicherweise bestimmte Affekte, die er immer wieder hat, nur zufälligerweise so sind, wie sie nun gerade sind. Es ist nicht zuletzt diese doppelte Einsicht Spinozas, dass unsere Gefühle notwendig und kontingent zugleich sind, aufgrund der seine Theorie auch für die heutige Diskussion von Interesse sein könnte. So antizipiert sie nicht nur – wie schon öfters bemerkt wurde[4] – wichtige Momente von Freuds Psychoanalyse, sondern auch von Heideggers Analytik des Daseins[5] und von Wittgensteins sprachphilosophischer Psychologiekritik.[6] Und nicht zuletzt kann die Auseinandersetzung mit Spinozas Philosophie der Gefühle auch noch einen weiteren Gesichtspunkt berücksichtigen, der in letzter Zeit ebenfalls ein zentraler Gegenstand der zeitgenössischen philosophischen Diskussion war, nämlich die Frage nach dem Verhältnis von Gefühlen und Rationalität.

In der Folge werde ich Spinozas Gefühlstheorie unter allen drei genannten Gesichtspunkten – dem ontologischen, dem semantischen und dem rationalitätstheoretischen, mithilfe dessen Spinoza Affekte auch ethisch evaluiert – erläutern und diskutieren. Dabei werden als erstes der Begriff des Affekts selbst sowie die Fundierung der Affekte im Begriff des *conatus* erörtert (1.). Daran anschließend sollen die Prinzipien, nach denen sich die Semantik von spezifischen Gefühlen erklären lässt, in ihrem systematischen Zusammenhang dargestellt werden (2.). Der dritte Teil ist der Frage gewidmet, welchen Ort den Affekten im Bezug zu Spinozas Konzeption der menschlichen Vernunft zugewiesen werden muss (3.).

---

[3] Hampe 2004, 239 hat diese Bewegung als Dekonditionierung beschrieben.
[4] Vgl. dazu etwa Neu 1978, Heimbrock 1981 sowie zur Metadiskussion Rice 2003.
[5] Siehe zu Heidegger und Spinoza auch Pocai 2002.
[6] Siehe dazu auch Rust 1996.

1. Ontologie: Menschliche Affektivität und ihre Notwendigkeit

Auf die Frage, was Affekte, Emotionen, Stimmungen oder Gefühle für Spinoza der Sache nach sind, gibt es – je nach dem Anhaltspunkt im Text, auf den man sich stützt – mindestens vier verschiedene Antworten. Diese sollen in der Folge sukzessive skizziert werden. Es wird sich dabei zeigen, dass sie sich nicht etwa widersprechen, sondern wechselseitig ergänzen.

Erstens. Affekte werden von Spinoza grundsätzlich als *natürliche Ereignisse* beschrieben. Sichtbarer Ausdruck dieser Auffassung ist die geometrische Methode, an die er sich auch in der Affektenlehre, dem dritten Teil der *Ethica*, hält. Die Verteidigung dieser – auch für Zeitgenossen Spinozas seltsam anmutenden – Methode im Vorwort zum dritten Teil macht deutlich, was die Auffassung von der Natürlichkeit der Affekte impliziert und was nicht. Spinoza wendet sich mit dieser Auffassung gegen jene Auffassungen, die „die Ursache der Schwäche und Unbeständigkeit nicht im allgemeinen Vermögen der Natur, sondern ich weiss nicht in welchem Gebrechen der menschlichen Natur" suchen und die Affekte selbst daher „lieber beweinen, verlachen, verachten oder scharfsinnig durchhecheln".[7] Die Spitze dieser Polemik gewinnt an Schärfe und Deutlichkeit, sobald die Textstelle vor dem Hintergrund der rhetorischen und der moralistischen Tradition philosophischer Affektenlehren gelesen wird. Offensichtlich wendet sich Spinoza mit seinem geometrischen Ansatz direkt gegen eine philosophische Sicht auf die menschlichen Affekte, welche diese von Anfang an unter einem normativen Gesichtspunkt thematisiert, und sie von vorneherein als Schwäche oder Fehler der menschlichen Natur begreift oder sie gar als sündhaftes Verhalten beklagt.[8] Dieser implizit normativen Sicht auf die Affekte hält Spinoza eine Art *methodischen Naturalismus* entgegen:

---

[7] Deutsche Zitate der *Ethica* sind, wo nicht anders vermerkt, der Übersetzung von Bartuschat entnommen. Vgl. zu dieser Stelle, Spinoza, Ed. Bartuschat 1999 (lat. zuerst 1678), 219. Spezifische Lehrsätze werden zusätzlich mit den auf Bennett 1984 zurückgehenden Abkürzungen in Klammern genannt. 2p13c bezieht sich also auf das Corollarium (=Folgesatz) zur Proposition (=Lehrsatz) des zweiten Buches der *Ethica*. Da sich diese Darstellung in erster Linie an Philosophen richtet, die sich aus systematischem Interesse am Problem der Gefühle mit Spinozas Affektenlehre befassen, verzichte ich an den meisten Stellen darauf, den lateinischen Text zu zitieren. Philologisch relevante Informationen gebe ich nur dort ab, wo es aus inhaltlichen Gründen angezeigt ist. Wo durch die Übersetzung falsche Assoziationen nahegelegt werden, wie etwa bei den Ausdrücken des *conatus* und der *passiones*, verwende ich gleichwohl die lateinischen Termini. Mit dem deutschen Ausdruck Ethik referiere ich nicht auf sein Hauptwerk, sondern auf die im vierten und fünften Buch desselben entwickelte Moralphilosophie.

[8] In der Sekundärliteratur zu Spinoza wird dieser programmatische, um nicht zu sagen: polemische Zug von Spinozas Affektenlehre häufig unter dem Gesichtspunkt der Antirhetorik thematisiert, siehe dazu insbesondere Wiehl 1996 sowie ders. 2003. Zum allgemeineren Hintergrund vgl. Moreau 1998. In Renz 2005 wird die sogenannte Antirhetorik Spinozas nochmals anders gefasst und direkt mit den psychologischen Mechanismen, die er behauptet, in Verbindung gebracht.

„Es geschieht nichts in der Natur, was ihr selbst als Fehler angerechnet werden könnte; denn
die Natur ist immer dieselbe, und was sie auszeichnet, ihre Wirkungsmacht, ist überall ein und
dasselbe; d. h. die Gesetze und Regeln der Natur, nach denen alles geschieht und aus einer
Form in eine andere sich verändert, sind überall und immer dieselben. Mithin muss auch die
Weise ein und dieselbe sein, in der die Natur eines jeden Dinges, von welcher Art es auch sein
mag, zu begreifen ist, nämlich durch die allgemeinen Gesetze und Regeln der Natur."[9]

Dass Affekte natürliche Ereignisse sind, heisst also zunächst nur, dass sie denselben
notwendigen Gesetzen unterliegen wie die übrigen Naturereignisse auch, und dass sie
sich daher auch vollständig von diesen Gesetzen her begreifen können lassen müssen.

Zweitens. Affekte sind, wie die dritte Definition des dritten Buches klarstellt, „Affektionen des Körpers, durch die das Tätigkeitsvermögen des Körpers vergrössert oder ver-
ringert, gefördert oder gehemmt wird, und zugleich die Ideen dieser Affektionen."[10]
Wie Spinoza im anschließenden Satz klarstellt, umfasst diese Definition von Affekt
sowohl Erleidnisse (*passiones*) als auch die Handlungen (*actiones*) eines Dinges. Der
dritte Teil der *Ethica* beschränkt sich allerdings auf eine Erörterung der *passiones*, die
Differenz spielt daher innerhalb der eigentlichen Psychologie Spinozas keine Rolle. Sie
ist eigentlich nur im Blick auf den fünften Teil wichtig, wo es darum geht zu zeigen,
wie der *amor dei intellectualis* an die Stelle der *passiones* treten kann. Dieser kann
überhaupt nur dann etwas gegen die Affekte ausrichten, wenn er selbst ein Affekt sein
kann, denn nach dem siebten Lehrsatz des vierten Buches gilt, dass ein Affekt nur durch
einen anderen Affekt gehemmt oder aufgehoben werden kann.[11]

Für die Frage der Ontologie menschlicher Gefühle ist an dieser Stelle wichtiger, dass
Affekte als Affektionen des Körpers *und zugleich* (*et simul*) der Ideen derselben begriffen werden. Spinoza macht mit dieser Definition von Anfang an klar, dass die Affekte
stets eine doppelte Realität haben: eine körperliche und eine geistige oder ideelle.[12]

---

[9]   Spinoza, Ed. Bartuschat 1999, 221.
[10] Ebd. 223.
[11] 4p7, Spinoza, Ed. Bartuschat 1999, 393. Vgl. zum Verhältnis von Spinozas Terminologie zur
      Tradition auch Jaquet 2004, 67ff.
[12] An diese doppelte Bestimmung des spinozistischen Affektbegriffes knüpft auch Damasio an, der
      Spinozas Affektenlehre für seine neurophysiologisch untermauerte Gefühlstheorie in Anspruch
      nimmt. Scheinbar analog zur spinozistischen Doppelnatur der Affekte unterscheidet er dabei zwi-
      schen körperlicher Emotion und geistigem Gefühl, vgl. ders. 2003, 86. Leider legt er dabei im
      Grunde genommen auch die geistige Seite von Spinozas Affektbegriff körperlich resp. neurophy-
      siologisch aus, nämlich als homöostatisch bedingtes „maping" des Zustands des Körpers; ebd. 112.
      Dazu ist aus philosophischer Sicht zweierlei zu sagen: Erstens wird in dieser Interpretation die ei-
      gentlich geistige – oder wie ich an der Stelle bevorzugen würde: semantische – Seite der Affekte,
      über die sich Spinoza den grössten Teil des dritten Buches auslässt, gar nicht berücksichtigt. Zwei-
      tens setzt Damasios homöostatisches Modell eine kausale Wechselwirkung zwischen dem Zustand
      des Körpers und der Gefühlsqualität des Geistes voraus, was Spinozas 2p5 und 2p6 zufolge ausge-
      schlossen ist. Trotz seines Naturalismus begeht daher Spinoza jene Kategorienfehler nicht, die, wie

Aufgrund der weiter vorne in der *Ethica* vertretenen Auffassung einer absoluten Irreduzibilität verschiedener ontologischer Attribute sind die beiden Seiten menschlicher Affektivität auch nicht aufeinander zurückführbar. Die Affektionen des Körpers und ihre Ideen gehören vielmehr zwei referentiell opaken Kontexten an.[13] Spinozas Naturalismus ist daher nicht mit heutigen naturalistischen oder gar physikalistischen Ansätzen zu verwechseln. Dass Spinoza Affekte wie „Linien, Flächen oder Körper" betrachtet,[14] heißt nicht, dass er Phänomene, die wir intuitiv eher als psychische oder mentale Ereignisse auffassen würden, auf physikalisch bestimmbare Vorkommnisse reduziert – seien es nun Körper und Bewegungen wie im 17. Jahrhundert oder neuronale Prozesse wie im späten 20. Jahrhundert. Stattdessen hält er vielmehr an einem rigiden konzeptuellen oder metasprachlichen Dualismus fest. Dass Affekte als Affektionen des Körpers und zugleich Ideen dieser Affektionen bestimmt werden, besagt zunächst demnach nichts anderes, als dass es sich bei ihnen um ein einziges Ereignis handelt, das in zwei genuin verschiedenen Sprachen beschrieben werden kann, welche nichts miteinander zu tun haben.

Drittens. Affekte des Gemüts *(affectus animi)* können auch als komplexe Modi des Denkens begriffen werden, welche jeweils eine ganz bestimmte Idee – nämlich jene eines formal bestimmten Gegenstandes – zur notwendigen Voraussetzung haben.[15] Diese Bestimmung, wie sie dem dritten Axiom des zweiten Buches der *Ethica* zugrunde liegt, dient in der *Ethica* im Wesentlichen dazu, jeglicher Postulierung psychischer Vermögen den Boden zu entziehen, und zwar sowohl im Hinblick auf unsere Kognitionen als auch auf unsere Willensakte.[16] Wir wollen etwas nicht deshalb, weil wir über eine psychische Instanz zu wollen verfügen, sondern weil wir von der Idee eines bestimmten Dinges, das wir wollen, beherrscht sind. Ob es sich bei dieser Idee um eine propositionale Einstellung oder nur um eine Perzeption handelt, lässt Spinoza dabei offen. Zwar sagt er in Lehrsatz 49 des zweiten Buches deutlich, dass es zum Fällen eines Urteils keines zu den Ideen dazukommenden Affirmationsaktes bedarf, wie es Descartes glaubte. Mir scheint allerdings, dass er sich damit eher grundsätzlich gegen die Annahme einer kategorialen Unterscheidung zweier genuin verschiedener Typen von mentalen Akten aussprechen wollte, als für die Ansicht, alle Ideen seien Propositionen.[17]

Bennett und Hacker deutlich gemacht haben, Damasios Interpretation seiner neurophysiologischen Befunde zugrunde liegen; vgl. Bennett/Hacker 2003, 210f.

[13] Zur Deutung der Attribute als opake Kontexte siehe Jarrett 1991, sowie Della Rocca 1996a.

[14] Vgl. dazu den Schluss des Vorworts zum dritten Buch, Spinoza, Ed. Bartuschat 1999, 221.

[15] Vgl. dazu 2ax3: „Modi des Denkens, wie Liebe, Begierde oder was es sonst noch mit dem Ausdruck Affekte des Gemüts [affectus animi] bezeichnet wird, gibt es nur, wenn es in demselben Individuum die Idee des geliebten, begehrten usw. Dinges gibt. Eine Idee kann es dagegen geben, auch wenn es keinen Modus des Denkens gibt." Spinoza, Ed. Bartuschat 1999, 103.

[16] Vgl. dazu die Verwendung des Axioms in 2p11 sowie insbesondere in 2p49.

[17] Die Ansicht, dass Spinozas Ideen Propositionen von Sachverhalten seien, vertrat Curley 1969. Er wurde dafür v. a. von Wilson 1999 scharf kritisiert.

Stellt sich Spinoza, so fragt sich mit Blick auf 2ax3, auf die Seite des Kognitivismus? Auch das kann man so nicht sagen. Erstens spricht er hier nur von den *affectus animi* und hat damit offensichtlich nur die geistige Seite der Affekte im Blick.[18] Zweitens ist auffällig, dass er mit allen Axiomen des zweiten Buches auf empirische Sätze zurückgreift.[19] Wollte man nun auch dieses Axiom als empirischen Satz verstehen, so könnte man sagen, dass Spinoza im Grunde genommen einfach unsere kognitivistischen Intuitionen aufgreift, die unserem alltäglichen Reden über unsere Gefühle zugrunde liegen und, ganz unabhängig davon, als was Gefühle begriffen wurden, für viele traditionelle Affektenlehren einen wichtigen Anhaltspunkt bildeten. Wenn wir im Alltag über Gefühle räsonieren und versuchen, sie uns oder anderen plausibel zu machen oder gar zu legitimieren, dann beziehen wir uns häufig auf nichts anderes als das, was man in ziemlich unspezifischer Weise als intentionalen Gehalt von Gefühlen ansprechen könnte. Weshalb wir etwas begehren oder uns fürchten, erklären wir uns und anderen damit, dass wir explizit machen, *was* wir begehren oder *wovor* wir uns fürchten, und nachweisen, weshalb wir dies tun. Hingegen würde niemand sagen, dass er sich fürchte, weil er die Fähigkeit habe, sich zu fürchten.[20] Damit spielt Spinoza im Grunde genommen unsere alltäglichen Erwägungen über unsere Gefühle gegen die philosophischen Voluntaristen aus.

Es stellt sich nun die Frage, wie Spinoza diese kognitivistischen Intuitionen vor dem Hintergrund seiner eigenen Affektenlehre beurteilen würde. Grundsätzlich muss man annehmen, dass er ihnen, wenn er sie als Axiom an den Beginn seines zweiten Buches stellt, eine gewisse Plausibilität zugesteht, der er später im dritten Buch in der einen oder anderen Form auch Rechnung tragen muss. Wie sich dort zeigt, lässt sich aber seine eigene Affektenlehre keineswegs als einfacher Kognitivismus verstehen. So unterscheidet er zwar die einzelnen Affekte durchaus im Blick auf ihre intentionalen Gehalte, gleichzeitig macht er im Gegenzug aber auch klar, dass mindestens die evaluative Komponente von intentionalen Gehalten vom Affektgeschehen selber herrührt, und nicht etwa umgekehrt die Affekte die Existenz von etwas an sich Werthaftem voraussetzen. Oder wie in 2p9s formuliert wird: Wir begehren etwas nicht deshalb, weil wir es für gut halten, sondern wir halten es vielmehr für gut, weil wir es begehren.[21]

Spinoza spricht sich also je nach dem, welches Problem jeweils konkret zur Debatte steht, sowohl *für* als auch *gegen* kognitivistische Erklärungen menschlicher Emotionen aus. Für eine gewisse Plausibilität kognitivistischer Erklärungen spricht die empirische

---

[18] Zum historischen Kontext, auf den Spinoza über die Verwendung des Ausdrucks *affectus animi* Bezug nimmt, äußere ich mich ausgiebiger in Renz 2007, Kap. 2 des zweiten Teils.

[19] Gueroult 1974, 31.

[20] Da es hier um diesen Gegensatz geht, ist es auch nicht so entscheidend, welcher Spielart von Kognitivismus – ob einem wahrnehmungs- oder urteilsbasierten – Spinozas Kognitivismus zuzuordnen wäre. Grundsätzlich haben Spinozas Ideen Eigenschaften von beiden: Sie sind der Sache nach Repräsentationen und nicht Propositionen, umfassen aber gleichwohl einen Urteilsaspekt.

[21] Spinoza, Ed. Bartuschat 1999, 243.

Tatsache, dass Affekte häufig unter Bezugnahme auf Ideen oder Kognitionen von bestimmten Gegenständen oder Sachverhalten beschrieben und gerechtfertigt werden und dass wir damit besser fahren, als wenn wir auf abstrakte psychologische Vermögen verweisen. Dagegen, dass der Kognitivismus aufs Ganze gesehen recht hat, spricht jedoch, dass er die körperliche Bedingtheit von Emotionen unterschätzt und dass die Ideen, die unsere affektiven Reaktionen erklären sollen, die in ihnen repräsentierten Gegenstände oder Sachverhalte häufiger verzerrt als realitätsgetreu wiedergeben.

Damit ist aber auch klar, dass Spinoza mit seiner doppelten Definition des Affekts nicht nur einen physikalistischen, sondern auch einen kognitivistischen Reduktionismus ausschließt. Auch wenn er sich in seiner eigenen Affektenlehre vornehmlich mit der ideellen Seite der Affekte befasst, schließt er doch aus, dass sich Affekte auf Ideen reduzieren oder auch nur ausschließlich im Blick auf Ideen erklären ließen.[22] Man kann daher gegen einen einseitigen Kognitivismus genau dieselbe spinozistische These ins Feld führen wie gegen einen reduktivistischen Physikalismus: Affekte sind Ereignisse, die gleichzeitig eine körperliche und eine ideelle Bewandtnis haben.[23] Nur deshalb können sie auch, was dann in der ersten Hälfte des fünften Buches der *Ethica* vorgeführt wird, durch Erkenntnisse verändert werden – und zwar inklusive ihres phänomenalen Gehaltes.

Viertens. Affekte können schließlich als Ausdruck des *conatus* eines Dinges verstanden werden. Was dies heißt, soll in der Folge kurz skizziert werden. Dabei ist allerdings vorweg darauf hinzuweisen, dass der Begriff des *conatus*, obgleich er ein genuin ontologisches Prinzip benennt, auch für die Frage des Gehalts spezifischer Emotionen sowie für ihre Bewertung eine zentrale Rolle spielt.[24] Hier geht es vorerst nur um die ontologische Dimension des *conatus*. Spinoza behauptet im sechsten Lehrsatz des dritten Buches, dass „jedes Ding (…), soviel an ihm liegt, in seinem Sein zu verharren" strebe.[25]

---

[22] Spinozas Zurückweisung des Kognitivismus beträfe also auch einen nicht-reduktivistischen Kognitivismus, wie ihn Slaby in diesem Band vorschlägt.

[23] Vgl. dazu auch 3p11, Spinoza, Ed. Bartuschat 1999, 243. Jaquet 2004 spricht daher denn auch zu Recht von einem discours mixte.

[24] Vgl. dazu auch weiter unten.

[25] „Unaquaeque res, quantum in se est, in suo esse perseverare conatur." Spinoza, Ed. Bartuschat 1999, 238. Die Übersetzung des *quantum in se est* stellt vor gewisse Schwierigkeiten. Da Bartuschats Übersetzung an dieser Stelle interpretatorisch eingreift, ist im Text die Übersetzung von Jakob Stern wiedergegeben (Spinoza 1977 (lat. zuerst 1678), 273). Heikel ist ferner auch die Übersetzung des *conari*. Übersetzt man es mit „streben", so unterstellt man dem *conatus* bereits ein intentionales Moment, was nach Spinoza, wie soeben unter Punkt 3 gezeigt wurde, nicht der Fall ist. Der Ausdruck „tendieren" lässt jegliche energetische Komponente vermissen. Zum Substantiv „Trieb" gibt es kein entsprechendes Verb, das die entsprechende Tätigkeit als Aktivität und nicht nur als passives Getriebenwerden ausdrückt. Aus diesem Grund werde ich in der Folge häufig die lateinische Terminologie verwenden. – Das Verständnis des *conatus*-Theorems bereitet auch unabhängig von diesen Übersetzungsproblemen notorisch Schwierigkeiten und regt auch zu ausgedehn-

Wie der Ausdruck „jedes Ding" oder lat. „unaquaeque res" deutlich macht, stellt dieser Lehrsatz ein allgemeines Prinzip auf, das alles Seiende erfassen soll. Seiner Herkunft nach ist dieses Prinzip eine Ontologisierung des physikalischen Satzes von der Bewegungserhaltung, wie er von Descartes in seiner Physik behauptet wurde,[26] Spinozas Vorlage von 3p6 dürfte allerdings eher Claubergs Formulierung des Bewegungserhaltungssatzes sein. So bedient sich der oben zitierte Lehrsatz nicht nur der Wendung „unaquaeque res quantum in se est", die sich bei Descartes und Clauberg findet, sondern auch des Verbs „perseverare", das Clauberg anstelle von Descartes' „manere" verwendet, und das später auch bei Newton in analogem Zusammenhang auftaucht.[27] Bezeichnenderweise lässt Spinoza aber den typischen Problemhorizont der Bewegungserhaltung weg und ersetzt die mechanistische Beschreibung „in eodem *statu* perseverare" [Hervorh. v. Renz] durch die ontologische „in suo esse perseverare". Damit hat sich allerdings nicht nur der Kontext verändert, vielmehr ist auch der Gegenstand, auf den dieses Prinzip anzuwenden ist, ein anderer. Im Fokus stehen bei Spinoza nicht mehr Körper und ihre Bewegungszustände, aber auch nicht, wie es von biologistischen Auslegungen her häufig behauptet wird, organische Systeme und ihre Homöostase,[28] sondern schlicht Dinge und ihr Sein.

Nun stellt aber das Sein gar nicht für alle Dinge ein Problem dar, sondern nur für jene, die äußerlichen, potentiell zerstörenden Einwirkungen ausgesetzt sind.[29] Von einem Ding, das notwendig existiert, sprich: Gott, macht es wenig Sinn zu sagen, dass es dazu tendiere oder danach strebe, in seinem Sein zu verharren. Es tut dies zwar, aber nicht aufgrund eines besonderen Prinzips, sondern schlechthin. Dieser letzte Punkt ist nun für die Affektenlehre enorm bedeutsam. Mit seiner Ableitung der Affekte aus dem *conatus* macht Spinoza nämlich implizit geltend, dass unsere Emotionalität direkt mit der Endlichkeit unseres Daseins zusammenhängt. Dabei ist allerdings zu beachten, dass er die Endlichkeit eines Dinges nicht primär als zeitliche Begrenzung seiner Existenz denkt, sondern von dessen ontologischer Abhängigkeit von äußeren Dingen her begreift. Vor

---

ten Spekulationen an. Vgl. etwa Walther 1971, Bartuschat 1992, 133-142, Garber 1994, Della Rocca 1996b, Bove 1996, Garrett 2002 sowie Bittner 2003.

[26] Vgl. zu Descartes' §37 des zweiten Teils der Principia Philosophiae: „Harum prima [lex naturae] est, unamquamque rem, quatenus est simplex & indivisa, manere, quantum in se est, in eodem semper statu, nec unquam mutari nisi a causis externis." Descartes 1996, lat. zuerst 1644, 62. Claubergs Version ist Spinozas Formulierung noch ähnlicher: „Prima lex naturae: quod unaquaque res quantum in se est, semper in eodem statu perseveret; sicque quod semel movetur, semper moveri pergat." Clauberg 1968, lat. zuerst 1691, 102.

[27] Für eine genauere Einbettung von Spinozas *conatus*-Begriff in den historischen Kontext, vgl. Renz 2007, Kapitel 2 des vierten Teils. Zum begriffsgeschichtlichen Hintergrund des *perseverare*, das im 17. Jahrhundert dem ursprünglich theologischen Ausdruck des *conservare* Konkurrenz machte, vgl. Blumenberg 1996.

[28] Diese organizistische Auslegung findet sich explizit etwa bei Damasio 2003 (vgl. auch Fussnote 12), sie ist aber keineswegs ein Novum in der Spinozarezeption.

[29] Dass ein Ding nur von äußeren Ursachen zerstört werden kann, wird im vierten Lehrsatz des dritten Teils behauptet, vgl. Spinoza, Ed. Bartuschat 1999, 239.

diesem Hintergrund wird auch deutlich, weshalb wir an Gefühlen in gewisser Weise leiden: Wir leiden an ihnen, weil wir uns an ihnen unserer Abhängigkeit gewahr oder – wie es Spinoza im Zusammenhang mit der Begierde formuliert – bewusst werden. Die Rückführung der Affekte auf den *conatus* dient so gesehen einem doppelten Zweck, nämlich erstens zu erklären, weshalb wir notwendig Affekten unterworfen sind und zweitens plausibel zu machen, weshalb wir uns mit dieser Realität der Affekte befassen müssen.

Die vier soeben skizzierten Thesen ergeben zusammen genommen trotz ihres je verschiedenen Ausgangspunktes ein erstaunlich kohärentes Bild. So hat sich mehrfach gezeigt, dass Affekte für Spinoza weder rein kognitivistisch, noch rein physikalisch begriffen werden können. Ferner ist deutlich geworden, dass sie nicht auf irgendwelche Wesenseigenschaften des *homo sapiens* zurückzuführen sind, sondern auf die Existenzbedingungen endlicher Wesen. Schließlich überzeugen uns alle analysierten Bestimmungen davon, dass Emotionen notwendig zu unserem Dasein gehören. Es ist, so die fatal anmutende Quintessenz von Spinozas Ontologie der Affekte, unser unabwendbares Schicksal als endliche Dinge, dass wir Affekte haben und dass wir in unserem Denken durch sie bestimmt sind.

2. Semantik: Affektive Gehalte und ihre Zufälligkeit

Spinoza unterscheidet in der *Ethica* insgesamt über fünfzig verschiedene Affekte. Von diesen werden achtundvierzig am Schluss des dritten Buches nochmals in einem Katalog von Definitionen aufgeführt. Darin eingeschlossen sind allerdings nicht bloß solche Phänomene wie Mitleid, Zorn oder Hass, die wir heute eindeutig zum Feld der Emotionen zählen würden, sondern auch Charaktereigenschaften wie Grausamkeit, Kühnheit oder Ehrgeiz sowie Laster wie Trunksucht, Habsucht oder Lüsternheit. In den Erläuterungen zu einzelnen dieser Definitionen werden ferner auch noch Tugenden wie Milde, Mäßigkeit oder Keuschheit erwähnt. Angesichts dieser Vielfalt stellt sich leicht die Frage ein, wie man sich in diesem Dschungel noch zurechtfinden soll und wie Spinoza die Individuierung dieser Phänomene erklärt.

Dazu sind vorweg zwei Dinge festzuhalten: Erstens wäre es verfehlt, davon auszugehen, dass es sich bei den diese semantische Vielfalt erzeugenden Differenzierungen schlicht um Erfindungen Spinozas handelt. Im Gegenteil, wie Stephen Voss gezeigt hat, stammen die Namen und die grobe Reihenfolge von Spinozas Aufzählung aus der bereits 1650 erschienenen, von Descartes aber nicht mehr autorisierten lateinischen Übersetzung der *Passions de l'âme*.[30] Auch manche phänomenologisch nicht nachvollziehbare Kuriosität dürfte von dieser Quelle herrühren. Spinozas Erklärung der Diversität menschlichen Gefühlslebens kann daher im besten Falle als eine scharfsinnige Aneig-

---

[30] Voss 1981, 167.

nung und Neubegründung vorliegender Unterscheidungen gelten.[31] Zweitens macht Spinoza mehrfach deutlich, dass die Namen der Affekte nicht für die Sache genommen werden dürfen. Das zeigt sich sehr schön in einem Nachsatz zur Erläuterung der Definition von Scham: „Allein die Namen", so sagt er hier, „haben (...) mehr den Sprachgebrauch als die Sache im Blick."[32] Offensichtlich hält Spinoza die Nomenklatur der Affekte – und damit verbunden ihre Vielfalt – für ein Sekundärphänomen und betrachtet nur die drei Primäraffekte, nämlich Begierde (*cupiditas*) Trauer oder Unlust (*tristitia*) sowie Freude oder Lust (*laetitia*) als ursprüngliche, nicht aufeinander reduzierbare Phänomene.

Nun ist allerdings auch ein Sekundärphänomen erklärungsbedürftig. Wie kommt es, dass wir überhaupt so viele weitere Emotionen unterscheiden, wenn es sich dabei doch nur um Sekundärphänomene handelt? Dieser Frage begegnet Spinoza, indem er die verschiedensten Affekte auf ihre Genese und insbesondere auf diejenige ihrer intentionalen Gehalte hin analysiert. Diese Analyse zentriert sich im Großen und Ganzen um vier Prinzipien oder Mechanismen der Affektgenese: Das Prinzip der Selbsterhaltung, das Assoziationsgesetz, das Gesetz der Übertragung von Affekten auf Ähnliches und das Gesetz der Affektimitation. Im Folgenden sollen daher diese vier Prinzipien in ihren Funktionsweisen etwas eingehender dargestellt werden.

Erstens. Wie oben bereits gesagt, spielt die Annahme eines *conatus* auf mehreren Ebenen eine Rolle. Sie plausibilisiert nicht nur das Faktum menschlicher Affektivität ganz allgemein, sondern macht auch die drei Grundgehalte menschlicher Emotionen, so wie sie in den Primäraffekten ausgedrückt sind, erklärbar. Es lassen sich nämlich alle drei spinozistischen Primäraffekte der *cupiditas*, der *laetitia* und der *tristitia* in Bezug auf den *conatus* definieren. Wie Spinoza mehrfach explizit macht, besteht die *cupiditas* – und mit ihr sämtliche Formen des Wollens, Begehrens oder Strebens – in einem bewussten *conari*.[33] Schwieriger ist das Verständis der *laetitia* und *tristitia*. Sie werden definiert als Übergang zu einer größeren, bzw. verminderten Vollkommenheit (*perfectio*).[34] Nun lässt sich allerdings diese graduelle Vollkommenheit nach Spinoza auch nur im Blick auf die Wirkungs- und Seinsmacht eines Dinges begreifen (und nicht etwa, was die Etymologie auch suggerieren könnte, im Blick auf einen unterstellten Zweck, den ein Ding erfüllen muss).[35] *Laetitia* und *tristitia* können so gesehen als Ausdruck eines Wandels im *conatus* begriffen werden. Was damit gemeint ist, erläutert Spinoza durch eine Übersetzung in eine dynamische Begrifflichkeit, wonach *laetitia* und *tristitia*

---

[31] An anderer Stelle habe ich dafür argumentiert, dass die *enumeratio* nur dem nachträglichen Nachweis der Tauglichkeit von Spinozas Psychologie dient. Vgl. dazu Renz 2005, 345.
[32] Spinoza, Ed. Bartuschat 1999, 359.
[33] Zu den Übersetzungsschwierigkeiten vgl. Fussnote 25.
[34] 3p11s, Spinoza, Ed. Bartuschat 1999, 245.
[35] Siehe dazu auch den Appendix des ersten Buches (Spinoza, Ed. Bartuschat 1999, 79ff.) sowie die abschließende Erläuterung zu Affektdefinitionen (ebd. 271).

die Übergänge von einem Zustand kleinerer in einen Zustand größerer Existenz- und Wirkkraft bezeichnen resp. umgekehrt.[36] Es ist dabei allerdings wichtig, ihre transitorische Natur zu betonen: Wie Spinoza explizit sagt, versteht er unter Traurigkeit keinen Mangel an *perfectio*, sondern eine erlebbare Veränderung in derselben. Ein über eine kleine Seinsmacht verfügendes Wesen hat also nicht unbedingt kleinere Chancen, Freude oder Trauer zu empfinden, als eines mit großer Seinsmacht.

Die drei Emotionen, welche Spinoza für irreduzibel hält, hängen somit direkt mit dem *conatus* bzw. mit dem spezifischen Zustand des *conatus* eines Dinges zusammen. Alle anderen Affekte, auf die die *Ethica* zu sprechen kommt, sind entweder körperliche Variationen dieser Primäraffekte – so etwa die Fröhlichkeit (*hilaritas*) oder die Melancholie – oder aber sie entstehen dadurch, dass die Ideen der Affektionen komplexer werden. So lassen sich beispielsweise die zwei wichtigsten sekundären Affekte, nämlich die Liebe und der Hass, ihrerseits direkt aus den Primäraffekten ableiten. Sie werden erklärt als *laetitia* resp. *tristitia,* die mit einer gleichzeitigen Vorstellung einer externen Ursache der sie auslösenden Affektionen verbunden sind. Anders gesagt: Liebe und Hass involvieren Spinoza zufolge Kausalattribuierungen durch das erlebende Subjekt. Bezeichnenderweise kommt an diesem Punkt erstmals in der Erklärung der Genese eines Affekts ein kognitivistisches Moment ins Spiel. Es ist, so kann man vermuten, dieses Moment, das nach Spinoza die Differenz zwischen primären und abgeleiteten Affekten ausmacht. Diese Differenz hier anzusetzen, scheint *ex post* durchaus sinnvoll, kommt doch mit der Liebe und dem Hass tatsächlich erstmals so etwas wie ein intentionales Moment ins Spiel. Im Vergleich dazu weisen Freude und Trauer phänomenologisch betrachtet zwar durchaus eine Art Subjektzentrierung auf, gleichwohl sind sie aber eher den intentionslosen Stimmungen vergleichbar. Für Spinoza dürfte allerdings weniger diese Differenz der Phänomene von Belang sein als vielmehr die Tatsache, dass Affekte erst aufgrund von Kausalattribuierungen wie jenen, die Liebe und Hass entstehen lassen, ein psychisches Eigenleben entwickeln können.

Zweitens. Kurz nach der Definition von Liebe und Hass wird in Lehrsatz 14 das *Assoziationsgesetz* eingeführt. Es lautet wie folgt:

> „Wenn der Geist einmal von zwei Affekten zugleich affiziert worden ist, wird er später, wenn er von einem von ihnen affiziert wird, auch von dem anderen affiziert werden.“[37]

Dieses Gesetz macht die bereits in der Erkenntnistheorie diskutierte These, dass Erinnerung auf Assoziation beruht, für die Wiederholung von Affekten geltend. Es erklärt im Wesentlichen die affektive Reaktion auf Eindrücke, welche für sich genommen keinen oder einen anderen Affekt auslösen würden. In der Psychologie ist dieser Mechanismus vor allem aus dem Behaviorismus bekannt. Aber auch aus vielen biographischen Erzäh-

---

[36] Vgl. dazu die abschließende Erläuterung, Spinoza, Ed. Bartuschat 1999, 271.
[37] „Si mens duobus affectibus simul affecta semel fuit, ubi postea eorum alterutro afficietur, afficietur etiam altero.“ Spinoza, Ed. Bartuschat 1999, 248f.

lungen und der Literatur kennen wir solche Phänomene zuhauf: Die Lust beim Riechen eines bestimmten Parfüms lässt uns gleichzeitig den Hass auf einen Menschen, der dasselbe Parfum benützt hat, empfinden, etc. Der Erklärungswert dieses Prinzips für eine Affektenlehre liegt auf der Hand: Sowohl widersprüchlich anmutende als auch durch Suggestion oder Manipulation zustande gekommene Gefühle können unter Rekurs auf den Mechanismus der Affektassoziation erklärt und so ihres Widersinns bzw. ihrer scheinbaren Widernatürlichkeit entkleidet werden.

Spinoza erklärt u. a. auch eine bestimmte Form der Liebe mit Hilfe des Assoziationsgesetzes. Wie oben schon ausgeführt wurde, bestimmt er Liebe als Lust oder Freude, die mit der Vorstellung ihrer externen Ursache einhergeht. Der Gedanke an die externe Ursache einer lustvollen oder mit Freude verbundenen Affektion kann sich aufgrund des Assoziationsgesetzes auch auf einen Gegenstand beziehen, der gar nicht Urheber meiner Lust ist. Das Gefühl der Liebe kann daher auch entstehen, ohne dass wir die genaue Ursache unserer Lust wirklich kennen. Dass Spinoza hier – ohne vorerst große Worte darüber zu verlieren – zwei Formen der Liebe einführt, ist für die später im Buch eingeführte Tugendlehre von zentraler Bedeutung. Denn nach Spinoza besteht Tugend letztlich im *amor dei intellectualis,* der intellektuellen Liebe Gottes. Insofern nun Gott als erste Ursache sowohl unserer Existenz als auch unserer Essenz begriffen wird, befinden wir uns bei der Liebe zu ihm als unserer ersten Ursache nie im Irrtum. Diese wahre oder adäquate Liebe zu Gott als unserer ersten Ursache muss allerdings von der imaginären Liebe zu einer anthromorphen göttlichen Gestalt, die auf bloßer Assoziation beruht, dem Prinzip nach unterschieden werden können. Nur aufgrund der Differenz zweier Formen von Liebe ist die Unterscheidung zwischen einem von Spinoza kritisierten theologischen Anthromorphismus und einer rationalen Affirmation der einzigen, mit Gott identifizierten Realität durchzuhalten.[38]

Drittens. Viele Affekte, bei denen Assoziationen eine Rolle spielen, können allein aufgrund des Assoziationsgesetzes nicht erklärt werden. Wie kommt es beispielsweise, dass wir jemanden verabscheuen, der uns gar nichts angetan hat und dessen Tun uns auch in keiner Weise beeinträchtigt? Oder wie ist zu verstehen, dass man Hass auf ganze Bevölkerungsgruppen haben kann, obwohl man nur einzelne Menschen kennt, die dieser Gruppe angehören? Um solche Phänomene zu erklären, nimmt Spinoza einen weiteren Mechanismus der Affektgenese an, den ich hier als Gesetz der Affektübertragung aufgrund von Ähnlichkeit bezeichnen will. Er ist in seiner einfachsten Form in Lehrsatz 16 dargestellt:

---

[38] Welche Bedeutung diese Affirmation – und damit der *amor Dei intellectualis* – für die Ethik Spinozas hat, siehe unten.

> „Wir werden ein Ding allein aus dem Grund lieben oder hassen, dass wir es uns als etwas vor-
> stellen, das mit einem Gegenstand, der den Geist gewöhnlich mit Freude oder Trauer affiziert,
> irgendeine Ähnlichkeit hat, selbst dann, wenn dasjenige, worin das Ding dem Gegenstand ähn-
> lich ist, nicht die bewirkende Ursache dieser Affekte ist."[39]

Dieses Gesetz erklärt, weshalb Mechanismen der Affektassoziation auch bei imaginati-
ven Prozessen eine Rolle spielen, die auf bloßer Ähnlichkeit beruhen. Wollte man das
oben bereits verwendete Beispiel etwas weiterkonstruieren, so könnte man sich durchaus vorstellen, dass nicht erst der Geruch des Parfüms, sondern schon der bloße Gedanke, jemand könnte dasselbe Parfüm benutzen wie ein früherer Widersacher, völlig aus-
reicht, um Hass auf die Person auszulösen – und zwar ganz unabhängig davon, ob die
betreffende Person das Parfüm benutzt oder nicht. Im Gegenteil, wie das Adverb „allein" (solo), im zitierten Lehrsatz deutlich macht, schließt Spinoza sogar aus, dass es so
etwas wie ein inhaltliches Kriterium dafür gibt, wann die Vorstellung von Ähnlichkeiten unsere Haltung gegenüber bestimmten Dingen affektiv zu beeinflussen vermag und
wann nicht. Dieses Gesetz erklärt insbesondere die Genese von Vorurteilen gegenüber
Angehörigen von Gruppen, aber auch Phänomene wie Vorfreude oder Nostalgie.

Viertens. Zur Erklärung weiterer Phänomene, wie etwa der Möglichkeit von Gefühlsansteckung bei Mitleid oder der aemulatio – ein Affekt, der je nach dem mit „Eifersucht"
oder „Wetteifer" bezeichnet werden kann[40] – führt Spinoza im 27. Lehrsatz schließlich
noch das Gesetz der Affektimitation ein:

> „Wenn wir uns ein uns ähnliches Ding, mit dem wir nicht affektiv verbunden gewesen sind,
> als mit irgendeinem Affekt affiziert vorstellen, werden wir allein dadurch mit einem ähnlichen
> Affekt affiziert werden."[41]

Wie beim Übertragungsgesetz ist auch hier der Faktor Ähnlichkeit zentral, allerdings ist
nicht die Ähnlichkeit zwischen (vermeintlichen) Ursachen von Affektionen, sondern die
Ähnlichkeit zwischen dem intentionalen Gegenstand einer Imagination und dem Subjekt dieser Imagination selber gemeint. Diese beiden Gesetze sind daher letztlich weniger als Grundlage der semantischen Unterscheidung bestimmter Gefühle, sondern vielmehr als Aussage über die ungeheure Macht, die unsere Vorstellungskraft über unsere
Emotionen hat, aufzufassen.[42]

---

[39] „Ex eo solo, quod rem aliquam aliquid habere imaginamur simile objecto, quod mentem laetitia vel
tristitia afficere solet, quamvis id, in quo res objecto est similis, not sit horum affectuum efficiens
causa, eam tamen amabimus vel odio habebimus." (Spinoza, Ed. Bartuschat 1999, 252f.).

[40] Bartuschat übersetzt *aemulatio* mit Wetteifer. Mir scheint dies deshalb unbefriedigend, weil dieser
Ausdruck als Bezeichnung einer Emotion wenig greifbar bleibt. Die Übersetzung mit Eifersucht
dagegen rückt, aufgrund der Nähe von Neid und Eifersucht, eher die Hasskomponente in den Vordergrund, statt wie Spinoza die Begehrenskomponente.

[41] „Ex eo, quod rem nobis similem et quam nullo affectu prosecuti sumus, aliquo affectu affici imaginamur, eo ipso simili affectu afficimur." (Spinoza, Ed. Bartuschat 1999, 268f.).

[42] Eine Macht, die sich übrigens die heutige neuropsychologische Forschung in Versuchen immer
wieder zu Hilfe nimmt, allerdings meist ohne sie zu reflektieren. So werden Probanden, deren neu-

Mithilfe dieser vier Gesetzmäßigkeiten erklärt Spinoza *grosso modo* sämtliche Gehalte von affektiven Ideen. Dabei ist es allerdings wichtig, dass ihnen eine quasi mechanische Notwendigkeit unterstellt wird. So unterliegen Affekte nach Spinoza zwar weitgehend unseren Projektionen, diese zu beseitigen ist aber nicht einfach eine Frage unseres Wollens, noch unserer unmittelbaren Intentionen. Wir haben es nicht einfach in der Hand, nicht mehr von Projektionen beeinflusst zu werden. Das ist nicht zuletzt im Hinblick auf die bereits oben erwähnten kognitivistischen Intuitionen unseres alltäglichen Redens über Emotionen von zentraler Bedeutung: Offensichtlich gibt Spinoza diesen Intuitionen nur hinsichtlich ihrer allgemeinsten Voraussetzung, wonach wir Emotionen grundsätzlich als eine Art von Kognitionen begreifen können, recht. Affekte zu haben heißt, Ideen von geliebten, gehassten, begehrten und bemitleidenswürdigen Dingen zu haben. Das impliziert aber nicht, dass die kognitiven Gehalte selbst, die wir spezifischen Affekten zuweisen, einen Erkenntniswert haben. Im Gegenteil, diese Ideen sind, wie Spinoza in der allgemeinen Definition am Schluss der Affektenlehre nochmals deutlich macht, verworrene Ideen, durch die die Aufmerksamkeit des Geistes wie von außen in eine Richtung gelenkt wird.[43] So begegnet Spinoza insbesondere jenen Alltagsdeutungen, die letztlich auf scheinbar intrinsische Motivationen zurückgreifen, mit Reserve. Um etwa unseren Ehrgeiz zu rechtfertigen, würden wir in der Regel sachbezogene Ziele nennen oder allenfalls noch darauf verweisen, dass eine hohe Leistungsbereitschaft doch in sich einen Wert darstelle. Wir würden aber wohl kaum eingestehen, dass unser Ehrgeiz – wie es die Erklärung von Spinozas Affektenlehre nahe legt – der Effekt unserer Vorstellung davon ist, was anderen Leuten Freude bereitet. Unsere alltäglichen Rationalisierungen von Gefühlen basieren also nach Spinoza weitgehend auf einem internalistischen Selbstmissverständnis und nicht etwa auf adäquaten Erkenntnissen.[44]

Insgesamt, so kann man daher sagen, ist das Bild, das sich in Bezug auf die Gehalte und damit die Spezifikation von Affekten ergibt, vom rein ontologischen Blick auf unsere Emotionen ziemlich verschieden: Stellt die ontologische Betrachtung die menschliche Affektivität als ein unabwendbares Schicksal dar, welches dem Menschen aufgrund seiner Endlichkeit notwendig zukommt und das er überdies mit sämtlichen endlichen Wesen teilt, so erweist sich unter dem Blick einer genetischen Erklärung der Affektgehalte mancher scheinbar zwingende Affekt letztlich als Zufallsprodukt. Mag es auch absolut gesehen notwendig sein, dass wir Affekten unterliegen, mag es ferner aufgrund der mechanistischen Notwendigkeit, mit der sich bestimmte Affekte aus bestimmten Vorstellungen ergeben, unserem individuellen

---

ronale Aktivierungsmuster gemessen werden sollen, beispielsweise aufgefordert, intensiv an etwas Trauriges zu denken. Vgl. Damasio 2002.

[43] Spinoza, Ed. Bartuschat 1999, 369.

[44] Damit sei nichts darüber gesagt, ob Spinozas Erkenntnistheorie aufs Ganze gesehen eher einem internalistischen oder einem externalistischen Ansatz folgt. Die Haltung Spinozas zu dieser Frage ist komplex und keineswegs eindeutig. Vgl. dazu auch Della Rocca 1996b.

Wollen entzogen sein, was wir fühlen, so hängt es *de facto* letztlich doch von indivi-duellen und kulturellen Affektgeschichten ab, welche ihrerseits nur Konstrukte einer lebhaften Einbildung sein können.[45]

3. Ethik: Affekte und ihr Verhältnis zur menschlichen Vernunft

Wenn im ersten Kapitel davon gesprochen wurde, dass Spinoza sich im Vorwort zum dritten Buch dagegen wehrt, Affekte unter einem normativen Gesichtspunkt anzu-schauen, so stimmt das nur im Hinblick auf die ontologische Frage, was Affekte der Sache nach sind und damit eigentlich nur für das dritte Buch der *Ethica*. Affekte sind, so könnte man sagen, keine Wert- sondern Sachverhalte. Im darauf folgenden vierten Buch stellt Spinoza die Affekte dagegen sehr wohl in einen normativen Zu-sammenhang, und zwar konkret in eine Art *rationalitätstheoretischen* Zusammen-hang.[46]

Nun muss, wer sich aus einer philosophischen Perspektive mit der Frage nach dem Verhältnis von Affektivität und Rationalität befasst, mehrere Vorfragen zu klären. Erstens hat man sich darüber zu verständigen, wie die negative Antwort auf die Fra-ge: „Sind Affekte rational?" genau lauten würde. Hält, wer den Affekten Rationalität abspricht, diese für irrational oder für arational?[47] Dass wir hier zwei Varianten der Antwort unterscheiden können, erhärtet erstens den Verdacht, dass es sich bei der Frage nach der Rationalität von Dingen tatsächlich um ein normatives Problem han-delt. Heinrich Rickert hat seinerzeit die These aufgestellt, dass wir nur dort zwei bedeutungsverschiedene Wortnegationen bilden können, wo ein Wort auch als evalu-atives Prädikat verwendet werden kann.[48] Zweitens macht diese Differenz deutlich, dass wir es bei der philosophischen Debatte über die Rationalität von Gefühlen mit ganz verschiedenen Problemen zu tun haben. So ist die Aussage „Gefühle sind irrati-

---

[45] Vgl. zu diesem Punkt auch Hampe 2004, der die ganze spinozistische Affektenlehre unter dem Stichwort der Dekontingentierung von Affekten aufrollt.

[46] Bartuschat 1999, 91, vertritt gar die These, dass das Verhältnis von Vernunft und Rationalität im Mittelpunkt der *Ethica* als einer Ethik stehe. Dabei analysiert er dieses Verhältnis allerdings von einem anderen Gesichtspunkt her als ich, nämlich von der Frage, über welche der drei spinozisti-schen Erkenntnisgattungen der Leser in den drei letzten Büchern der *Ethica* jeweils Einsicht in die Natur der Affekte bekommt. Demgegenüber geht es mir hier darum zu zeigen, wie es Spinoza im vierten Buch – nachdem er im dritten Buch dafür plädiert, Affekte als wertindifferente Dinge zu betrachten – gelingt, sie einer systematischen Evaluation zu unterziehen.

[47] Siehe zu dieser Unterscheidung auch de Sousa 1987, 5.

[48] Vgl. dazu etwa Rickert 1980, zuerst 1909, 204: „So wird der Unterschied zwischen Sein und Wert ganz im Allgemeinen also dadurch deutlich, dass wir nur von einer Negation des Seins und nicht von einem negativen Sein reden können, (...) während wir beim Werte sowohl eine Negation des Wertes überhaupt, das Nichts, als auch einen negativen Wert, den Unwert, erhalten." Man mag daran zweifeln, ob das durchgängig so ist oder nicht, als heuristisches Werkzeug ist die Beobach-tung auf jeden Fall von Nutzen.

onal" als eine Antwort auf die Frage begreifen, ob Gefühle an sich betrachtet bestimmten normativen Rationalitätsstandards genügen, wobei diese Standards sowohl
allgemeingültig als auch für jeden Affekt verschieden gedacht werden können[49]. Die
andere Aussage „Gefühle sind arational" ist dagegen eher eine Antwort auf die meta-
ethische Frage, ob es überhaupt sinnvoll ist, diese normativen Standards auf Affekte
anzuwenden. Wer diese Frage verneint, muss noch nicht der Ansicht sein, dass es in
jedem Fall sinnlos ist, die Frage nach der Rationalität von Gefühlen aufzuwerfen,
wohl aber, dass Rationalität ihnen nur relativ zu einem ihnen selbst äußerlichen Gesichtspunkt zugemessen werden kann.[50] Ganz unabhängig davon, stellt sich schließlich auch die Frage, was für einen Rationalitätsbe-griff man im Blick auf Affekte
anwenden möchte. Dabei wird vermutlich, wer einen formalen Rationalitätsbegriff
zugrunde legt, den verschiedenen Affekten eher gerecht als derjenige, der ihn inhaltlich konkretisiert. Im Gegenzug wird letzterer die verschiedenen Affekte eher einer
vergleichenden Evaluation unterziehen können.

Mit dieser Skizze im Hintergrund lässt sich nun Spinozas Ansatz sehr schön nach-
zeichnen. Grundsätzlich geht er, wie schon mehrfach betont wurde, davon aus, dass
Affekte arationale und nicht etwa irrationale Phänomene sind. Damit entspricht er
weitgehend unserer modernen Intuition, wonach man für Gefühle nichts kann und es
daher auch nicht fair ist, wenn man für bloße Gefühle, denen keine Taten folgen, zur
Verantwortung gezogen wird. Dennoch hält Spinoza es aber offenbar im Blick auf das
Leiden, das uns unsere Emotionen verursachen, für geboten, einen Maßstab
aufzustellen, der es erlaubt, vorweg zu sagen, welche unserer Emotionen wir wenn
möglich vermeiden sollten und welchen wir uns dagegen getrost aussetzen dürfen.
Damit ist noch nichts darüber gesagt, ob und wie wir Affekte tatsächlich vermeiden
können und wie wir ihnen, wenn sie uns denn erfassen, begegnen können. Die Antwort
auf diese Frage möchte ich hier ausklammern, und stattdessen nur darauf hinweisen,
dass Spinoza selbst am Schluss seiner *Ethica* explizit zum Ausdruck bringt, dass der
Weg in jene Freiheit, die uns Macht über die eigenen Affekte gibt, sehr schwer ist.

Bevor sich hingegen die Frage nach der Realisierbarkeit des ethischen Programms
der *Ethica* überhaupt stellen lässt, müssen wir verstehen, wie ein solches überhaupt
begründet wird. Nur das ist denn auch das Ziel dieses Kapitels. Angesichts des methodischen Naturalismus des dritten Buches ist das allerdings kein einfaches Unterfangen.
Es ist keineswegs absehbar, wie sich überhaupt ein Gesichtspunkt entwickeln und begründen lässt, der die normative Begründung von Affekten ermöglicht. Spinozas argumentative Situation scheint in diesem Punkt ziemlich prekär: Wenn Affekte an sich
betrachtet wertindifferent und arational sind, dann kann das, wie oben gezeigt wurde,
nur unter Bezugnahme auf einen externen Bezugspunkt geschehen. Wo dieser aber

---

[49] Vgl. zu letzterem de Sousa 1987, 5f.
[50] Kettner spricht im Zusammenhang mit der Frage nach der Rationalität von einem Herrschaftsver-
      hältnis (in diesem Band, 57). Ich würde das nur für jenen Fall gelten lassen, wo man davon aus-
      geht, dass Affekte nicht intrinsisch rational sein können.

herkommen sollte, ist nicht klar, scheint doch gerade der Beginn des vierten Buches einem grundsätzlichen Wertrelativismus das Wort zu reden. So macht Spinoza etwa im Vorwort zum vierten Teil deutlich, dass die Ausdrücke ‚gut‘ und ‚schlecht‘ nichts Positives an den Dingen bezeichnen.[51] In den Definitionen hält er diese Ansicht präzisierend fest, dass die Ausdrücke „gut" und „schlecht" nur relativ zu unserer Kenntnis der Nützlichkeit eines Dinges sinnvoll ausgesagt werden können.[52] Schließlich wiederholt er im achten Lehrsatz, die schon in der Anmerkung zum neunten Lehrsatz des dritten Buches geäußerte antiplatonische Auffassung, dass die Erkenntnis des Guten und des Schlechten ihrerseits nur Affekte von Freude und Trauer sind, derer wir uns bewusst sind.[53]

Es ist naheliegend, dass Spinoza hier nochmals auf den Begriff des *conatus* zurückgreifen wird. Die Frage ist allerdings, wie er das tut. Man könnte vermuten, dass der *conatus* schlicht dazu benutzt wird, die grundsätzliche Subjektrelativität evaluativer Prädikate auszuheben. Gut wäre demnach nicht einfach, was ich für mich als nützlich betrachtete, sondern vielmehr, was sich tatsächlich als für mich nützlich erwiese. So rekonstruiert würde die spinozistische Ethik als eine Art Utilitarismus verstanden, der auf ein rein strategisches Verständnis von Rationalität zurückgriffe. Diese Rekonstruktion wird Spinozas Position jedoch nur halbwegs gerecht, sucht er doch gerade über die Frage der Nützlichkeit ein Rationalitätsideal zu entwickeln, das erstens nicht nur strategisch verstanden wird, sondern auch eine inhaltliche Bestimmung des höchsten Gutes erlaubt, und das zweitens das moralische Urteil über Nutzen und Schaden einer Sache im Letzten doch als ein Akt jedes Einzelnen auffasst, der nicht an Dritte delegierbar ist.

Es ist daher wichtig festzuhalten, dass die *Ethica* den *conatus* nicht einfach zum Bezugspunkt evaluativer Prädikate, sondern gleichzeitig auch zur Grundlage einer Tugendlehre macht, und zwar einer Tugendlehre, die auf einen objektiven Tugendbegriff abzielt. Keine Tugend, so sagt Spinoza in Lehrsatz 22, könne vor dem *conatus* begriffen werden.[54] Und in Lehrsatz 24 setzt er „unbedingt aus Tugend handeln" nicht nur mit „nach der Leitung der Vernunft handeln" gleich, sondern auch mit „leben" und „sein eigenes Sein erhalten".[55] Wie das Adverb „unbedingt" anzeigt, ist hier ein Ideal von tugendhaftem Handeln im Blick, das den *Begriff* von Tugend formaliter definiert. Dieser Begriff ist objektiv in dem Sinne, dass er im Prinzip auf alle mit einem *conatus* ausgestatteten Dinge anwendbar ist. Tugend besteht im erfolgreichen *conari* eines jeden Dinges, und wenn wir im Blick auf den Menschen das Handeln aus Vernunft für absolut tugendhaft halten, so ist das nach Spinoza genau deshalb möglich, weil es mit seinem erfolgreichen *conari* identifiziert werden kann.

Dieser formale Begriff von Tugend wird nun von Spinoza in den Lehrsätzen 26-28 inhaltlich konkretisiert, und zwar dadurch, dass er erstens die Frage nach der Tugend

---

[51] Spinoza, Ed. Bartuschat 1999, 379.
[52] Ebd. 381.
[53] Ebd. 395.
[54] Ebd. 417.
[55] Ebd.

auf die Tugend des Geistes zuspitzt, und dass er zweitens diesen Begriff dann schritt-
weise auf das höchste Gut des Geistes, nämlich die Erkenntnis Gottes, bezieht.[56] Wie
genau das im Detail geschieht, kann hier nicht gezeigt werden. Für die Frage nach der
normativen Beurteilung von Affekten ist nur ein Punkt von Bedeutung, nämlich die
Tatsache, dass Spinoza auf dem Weg zur Bestimmung dieses höchsten Gutes ein inhaltlich konkretes, normatives Kriterium etabliert, das auch auf an sich wertindifferente und
arationale Dinge anwendbar ist und das es erlaubt, solchen Dingen einen objektiven
Wert zuzumessen. Dieses liegt in der Frage, ob etwas unserem Erkennen (*intelligere*)
dient oder uns daran hindert:

> „Nur von dem wissen wir, dass es unbestreitbar gut oder schlecht ist, was wirklich dem Einse-
> hen dient oder was uns daran hindern kann einzusehen.“[57]

Es ist hier zu beachten, dass sich Spinoza zwar auf eine restriktive Aussage beschränkt, dass er sich aber gleichzeitig sehr entschieden ausdrückt. So betont er auf
der einen Seite, dass es keinen anderen Maßstab gibt, wonach Dinge auf ihren Wert
hin beurteilt werden können, als derjenige, der in der Frage nach dem Nutzen oder
Schaden für unsere Erkenntnis liegt, gleichzeitig hält er aber daran fest, dass dieser
Maßstab zu einem sicheren und unbestreitbaren Urteil[58] über gut und schlecht ver-
hilft.

Als moderner philosophischer Leser könnte man gegen diesen Maßstab einwenden,
dass er nur deshalb unbestreitbare Urteile ermöglicht, weil Spinoza immer schon
davon ausgeht, dass wir im Streben nach Erkenntnis nicht auf Sand bauen, sondern,
insofern wir jede Idee auf Gott beziehen können, über wahre Ideen verfügen.[59] Tatsächlich vertritt Spinoza einen starken und metaphysisch untermauerten erkenntnistheoretischen Realismus. Allerdings kann man dabei von jeglichem Theismus über
weite Strecken absehen. Gott steht nämlich in der *Ethica* in erster Linie für die Einheit der Realität – jener Realität, die wir zu erkennen suchen, der wir aber gleichzeitig
auch angehören und die uns mit mechanistischer Zuverlässigkeit diversen Zwängen
aussetzt und in unserem Sein und Wirken bestimmt. Diese Realität ist nach Spinoza
ein Absolutes, das heißt. sie hat Bestand unabhängig davon, ob wir sie erkennen oder
nicht. Gleichzeitig hält er sie aber auch für durchgängig erkennbar und zwar haben zu
ihrer Erkenntnis mindestens im Prinzip auch endliche Wesen Zugang, sofern sie nur
nicht einfach von ihren zufälligen ersten Erfahrungen aufs Ganze schließen. Diesen

---

[56] Siehe dazu 4p28: „Das höchste Gut des Geistes ist die Erkenntnis Gottes und die höchste Tugend
des Geistes, Gott zu erkennen.“ (Spinoza, Ed. Bartuschat 1999, 421).

[57] Ebd. 421.

[58] Im lateinischen Text steht hier die Phrase *certo scimus*. Wer weiß, welchen Stellenwert der Begriff
der *certitudo* bei Spinoza hat (vgl. dazu etwa 2p49s, Spinoza, Ed. Bartuschat 1999, 201ff.), der
kann abschätzen, dass mit dem Anspruch eines sicheren und unbezweifelbaren Urteils eher zu wenig als zu viel versprochen wird.

[59] Vgl. dazu auch 2p32, welcher Lehrsatz die Grundlage bildet für die in 2p34 vertretene These, dass
wir wahre Ideen haben können.

metaphysisch untermauerten erkenntnistheoretischen Realismus, so ist dem Einwand des modernen Lesers zuzustimmen, müssen wir in der Tat akzeptieren, wenn wir Spinozas Argumentationen folgen möchten. Wichtig ist dabei jedoch, dass klar ist, dass dieser Realismus weder einem naiven Alltagsrealismus entspricht, der davon ausgeht, dass die Welt da draußen so ist, wie wir sie sehen, noch einen Gott im theologischen oder religiösen Sinne als Garanten braucht.

Es stellt sich zum Abschluss noch die Frage, wie das Kriterium, ob etwas dem Erkennen dienlich oder hinderlich ist, dazu eingesetzt werden kann, um Affekte in moralischer Hinsicht zu beurteilen. Spinoza trägt auch diese Frage nicht direkt an die Affekte heran. Stattdessen entwickelt er zunächst eine Sozialphilosophie, die die Frage nach gut und schlecht im Blick auf interpersonelle Beziehungen erörtert. Worum es dabei geht, kann hier nur kurz skizziert werden. Es sind im Wesentlichen zwei Thesen von Belang: Erstens geht Spinoza davon aus, dass Dinge, die in ihrer Natur übereinstimmen, einander nützlich und nicht schädlich sind. Diese These dient Spinoza vor allem dazu, zu zeigen, dass Menschen einander, wenn sie aus Vernunft handeln, nicht – wie Hobbes behauptete – schädlich, sondern nützlich sind. Zweitens macht er geltend, dass Affekte die Gefahr in sich bergen, dass Menschen zu Opponenten oder Konkurrenten statt zu Freunden werden. Vor dem Hintergrund der im zweiten Abschnitt diskutierten Gesetze der Affektgenese ist das nur zu plausibel, hat Spinoza doch dort gezeigt, dass Menschen aufgrund von Affektübertragung und Affektimitation schon bei kleinstem Anlass dazu neigen, andere zu Unrecht zu hassen, oder aber genau das zu wollen, was ein anderer hat. Insbesondere den letzten Mechanismus setzt die Ausrichtung der Tugend auf Erkenntnis außer Kraft. Erkenntnis ist nach Spinoza das einzige Objekt, das einem niemand wegnehmen kann und das sich auch nicht schneller verbraucht, wenn man es teilt.

Von hier aus ist nun der Weg frei für eine systematische moralisch-rationalistische Evaluation der einzelnen Affekte. Einerseits können Primäraffekte und ihre Varianten daraufhin beurteilt werden, ob sie uns in körperliche Dispositionen versetzen, die Erkenntnis ermöglichen, oder ob sie eine solche vielmehr verhindern. Spinoza spricht in diesem Zusammenhang auch von der Fähigkeit (aptitudo), eines Körpers, vieles auf einmal zu tun und zu erleiden,[60] der eine aptitudo des Geistes, vieles zugleich wahrzunehmen, entspricht.[61] Erzeugen also Affekte eine körperliche Disposition, die es ermöglicht, dass ein Mensch auf vielfache Weise affiziert wird, so können sie als nützlich und gut bewertet werden. Eine solche Einschätzung ist oft nur vergleichsweise möglich. So ist etwa die hilaritas oder Fröhlichkeit, welche in einer gleichmäßigen Affektion des Körpers besteht, uneingeschränkt nützlich und gut, dagegen ist Lust, die sich nur auf einen Körperteil bezieht, zwar nicht einfach schlecht, aber doch weniger gut als die Fröhlichkeit. Im Gegensatz dazu können soziale Affekte direkt

---

[60] 2p13s, Spinoza, Ed. Bartuschat 1999, 127.
[61] 4p38, ebd. 447f.

daran gemessen werden, ob sie die Menschen entzweien. Dieser Effekt ist nach Spinoza eindeutig, und daher erlauben die sozialen Affekte nicht nur graduelle Aussagen, sondern auch absolute. So hält Spinoza etwa in Lehrsatz 45 unmissverständlich fest, dass Hass – und mit ihm sämtliche Arten des Hasses, wie Neid, Verachtung und Rache – niemals gut sein kann. Und zwar ist dies nicht deshalb unmöglich, weil Hass dem anderen weh tut, sondern weil er mich dazu bringt, etwas zu wollen – nämlich den anderen zu zerstören – was mir schadet.

Damit dürfte klar geworden sein, wie Spinoza versucht, Affekte gleichzeitig in ontologischer Hinsicht zwar als arationale, natürliche Ereignisse zu bestimmen, sie aber in moralischer Hinsicht daraufhin zu beurteilen, wie sie sich zum Handeln aus Vernunft verhalten. Sein Verfahren mag uns in einigen Punkten problematisch, in anderen mindestens dunkel erscheinen. Wie kann man, so fragt sich etwa, dem Geist für sich genommen einen *conatus* zuschreiben, wenn der Geist mit dem Körper numerisch identisch ist? Und ist es tatsächlich vertretbar, den *conatus* zugleich als Erklärungsprinzip für die Faktizität der Affekte und als Grundlage jeglicher Tugend anzunehmen? Begeht Spinoza damit nicht in der Grundlegung seiner Ethik einen naturalistischen Fehlschluss? Oder ist allenfalls sein Naturbegriff doch nicht so normfrei, wie er im Vorwort zum dritten Teil dargestellt wird? Und können wir schließlich einen metaphysisch untermauerten Erkenntnisrealismus derart, wie Spinoza ihn mit dem Substanzmonismus vorschlägt, philosophisch tatsächlich ernst nehmen?

Diese und weitere Voraussetzungen mögen heutigen Lesern äußerst problematisch erscheinen und sie zur Zurückweisung von Spinozas philosophischem Ansatz bewegen. Und doch ist, was dabei herauskommt, verblüffend einfach, klug und weise zugleich.

Literatur

Bartuschat, Wolfgang (1992), *Spinozas Theorie des Menschen*, Hamburg.
Bennett, Jonathan (1984), *A Study of Spinozas Ethics*, Indianapolis.
Bennett, Maxwell R./Peter M. S. Hacker (2003), *Philosophical Foundations of Neuroscience,* Oxford.
Bittner, Rüdiger (2003), „Spinoza über den Willen", in Achim Engstler/Robert Schnepf (Hg.), *Affekte und Ethik. Spinozas Lehre im Kontext*, Hildesheim, 200-214.
Blumenberg, Hans (1996), „Selbsterhaltung und Beharrung. Zur Konstitution der neuzeitlichen Rationalität", in Hans Ebeling (Hg.), *Subjektivität und Selbsterhaltung. Beiträge zur Diagnose der Moderne,* Frankfurt a. M., 144-207.
Bove, Laurent (1996), *La stratégie du conatus. Affirmation et résistance chez Spinoza,* Paris.
Clauberg, Johann (1968, lat. zuerst 1691), *Opera Omnia Philosophica*, Hildesheim (Reprint der Ausgabe Amsterdam 1691).
Curley, Edwin M. (1969), *Spinoza's Metaphysics. An Essay in Interpretation,* Cambridge/Mass.

Czelinski, Michael/Thomas Kisser/Robert Schnepf/Marcel Senn und Jürgen Stenzel (Hg.) (2003), *Transformationen der Metaphysik in die Moderne. Zur Gegenwärtigkeit der theoretischen und praktischen Philosophie Spinozas*, Würzburg.

Damasio, Antonio (2003), *Looking for Spinoza. Joy, Sorrow and the Feeling Brain*, Orlando.

Della Rocca, Michael (1996a), *Representation and the Mind-Body Problem in Spinoza*, Oxford.

Della Rocca, Michael (1996b), „Spinoza's Metaphysical Psychology", in Don Garrett (Hg.), *The Cambridge Companion to Spinoza*, Cambridge Mass., 192-267.

Descartes, René (1996, lat. zuerst 1644), „Principia Philosophiae", in Charles Adam/Paul Tannery (Hg.), *Œuvres de Descartes*, Paris (Reprint).

Garber, Daniel (1994), „Descartes and Spinoza: On Persistence and Conatus", in *Studia Spinozana* 10, 43-67.

Garrett, Don (2002), „Spinoza's Conatus Argument", in Olli Koistinen/John Biro (Hg.), *Spinoza: Metaphysical Themes*, Oxford, 127-157.

Gueroult, Martial (1974), *Spinoza. Ethique II. L'Âme*, Bd. 2, Paris.

Hampe, Michael (2004), „Baruch de Spinoza – Rationale Selbstbefreiung", in Dominik Perler/Ansgar Beckermann (Hg.), *Klassiker der Philosophie heute*, Stuttgart.

Heimbrock, Hans-Günther (1981), „Selbsterkenntnis als Gotteserkenntnis. Spinozas Affektenlehre im Zusammenhang mit der neueren psychoanalytischen Narzissmustheorie", in Ingrid Craemer-Ruegenberg (Hg.), *Pathos, Affekt, Gefühl*, Freiburg, 205-230.

James, Susan (1997), *Passion and Action. The Emotions in Seventeenth-Century Philosophy*, Oxford.

Jaquet, Chantal (2004), *L'unité du corps et de l'esprit. Affects, actions et passions chez Spinoza*, Paris.

Jarrett, Charles (1991), „Spinoza's Denial of Mind-Body Interaction and the Explanation of Human Action", in *The Southern Journal of Philosophy* 29, 465-485.

Lafond, Jean (1993), „Die Theorie der Leidenschaften und des Geschmacks", in Jean-Pierre Schobinger (Hg.), *Grundriss der Geschichte der Philosophie. Begründet von Friedrich Ueberweg. Die Philosophie des 17. Jahrhunderts* 2/2, Basel, 167-198.

Moreau, Pierre-François (1998), „Les passions: problématique générale", in *Documents Archives de Travail & Arguments* (D.A.T.A.) no. 18, Saint Cloud, 1-12.

Neu, Jerome (1978), *Emotion, Thought and Therapy. A Study of Hume and Spinoza and the Relationship to Philosophical Theories of the Emotions to Psychological Theories of Therapy*, London.

Pocai, Romano (2002), „Emotionale Selbstbestimmung. Überlegungen zu Heidegger und Spinoza", in Achim Engstler/Robert Schnepf (Hg.), *Affekte und Ethik. Spinozas Lehre im Kontext*, Hildesheim, 359-374.

Renz, Ursula (2005), „Der mos geometricus als Antirhetorik. Spinozas Gefühlsdarstellung vor dem Hintergrund seiner Gefühlstheorie", in Paul Michel (Hg.), *Unmitte(i)lbarkeit. Gestaltungen und Lesbarkeit von Emotionen*, Freiburg, 333-349.

Renz, Ursula (2007), *Die Erklärbarkeit von Erfahrung. Realismus und Subjektivität in Spinozas Theorie des menschlichen Geistes* (Manuskript: Habilitationsschrift, eingereicht an der Universität Zürich).

Rice, Lee (2003), „Reflections on Spinozistic Therapy", in Michael Czelinski/Thomas Kisser/Robert Schnepf/Marcel Senn und Jürgen Stenzel (Hg.), *Transformation der Metaphysik in die Moderne. Zur Gegenwärtigkeit der theoretischen und praktischen Philosophie Spinozas*, Würzburg, 100-111.

Rickert, Heinrich (1980, zuerst 1909), „Zwei Wege der Erkenntnistheorie. Transcendentalpsychologie und Transcendentallogik", in Werner Flach/Helmut Holzhey (Hg.), *Erkenntnistheorie und Logik im Neukantianismus*, Hildesheim, 449-508.

Rust, Alois (1996), *Wittgensteins Philosophie der Psychologie*, Frankfurt a. M.

Sousa, Ronald de (1987), *The Rationality of Emotion*, Cambridge/Mass.

Spinoza, Benedictus de (1925, lat. zuerst 1678), *Opera,* hrsg. v. Carl Gebhardt, Heidelberg.

Spinoza, Benedictus de (1977, lat. zuerst 1678), *Die Ethik*, lat.-dt., revidierte Übersetzung v. Jakob Stern, Stuttgart.

Spinoza, Baruch de (1999, lat. zuerst 1678), *Ethik in geometrischer Ordnung dargestellt Sämtliche Werke* Bd. 2, lat.-dt., neu übersetzt, herausgegeben und mit einer Einleitung versehen v. Wolfgang Bartuschat, Hamburg.

Voss, Stephen H. (1981), „How Spinoza enumerated the Affects", in *Archiv für Geschichte der Philosophie* 63.

Walther, Manfred (1971), *Metaphysik als Anti-Theologie. Die Philosophie Spinozas im Zusammenhang der religionsphilosophischen Problematik*, Hamburg.

Wiehl, Reiner (1996), „Die Vernunft in der menschlichen Unvernunft. Das Problem der Rationalität in Spinozas Affektenlehre", in ders., *Metaphysik und Erfahrung. Philosophische Essays*, Frankfurt a. M., 277-332.

Wiehl, Reiner (2003), „Psychodynamik als Metaphysik und wissenschaftliche Psychologie. Überlegungen zum Verhältnis von Emotionalität und Subjektivität", in Michael Czelinski/Thomas Kisser/Robert Schnepf/Marcel Senn und Jürgen Stenzel (Hg.), *Transformationen der Metaphysik in die Moderne. Zur Gegenwärtigkeit der theoretischen und praktischen Philosophie Spinozas*, Würzburg, 52-63.

Wilson, Margaret Dauler (1999), „Objects, Ideas, and 'Minds': Comments on Spinoza's Theory of Mind", in dies., *Ideas and Mechanism. Essays on early modern philosophy*, Princeton, New Jersey, 126-140.

MATTHIAS KETTNER

Neid und Eifersucht.
Über ungute Gefühle und gute Gründe[*]

1. Semantische Unbestimmtheit und theoretischer Bezugsrahmen

Philosophische Verhältnisbestimmungen von Emotionalität und Rationalität sind fast immer verkappte Variationen der Denkfigur von Herr und Knecht. Herrsein über die Leidenschaften oder ihr Knecht – im Widerstreit dieser Devisen arbeitet das „Denken des Denkens" seine Hassliebe zur Emotionalität ab. Alle Vernunftbegriffe, die die philosophische Tradition artikuliert hat, enthalten implizit oder explizit auch Konzepte der Emotionalität. Letztlich soll Vernunft die Leidenschaften sich unterwerfen, sie in Dienst nehmen – die platonische Tradition. Oder aber erkennen, dass Vernunft den Leidenschaften immer schon unterworfen und von ihnen in Dienst genommen worden ist – das ist die andere, die antiplantonische Tradition David Humes und des gesamten englischen Empirismus. Mit dem *linguistic turn* der Philosophie unseres Jahrhunderts interessiert dann zunehmend, wie Herr und Knecht sprechen und wie sie miteinander reden. Jeder ernstzunehmende Versuch, sich unter Bedingungen der sprachpragmatischen Wende in der Philosophie erneut über Emotionalität und Rationalität zu verständigen, muss die befremdliche Tatsache würdigen, dass in den sprachlichen und begrifflichen Ressourcen unserer Alltagssprache Emotionalität zwar gleichsam überall vorkommt, aber kaum je eine deutliche Bestimmtheit gewinnt. Keineswegs steht fest, wovon man redet, wenn die Rede von Empfindung, Gefühl, Emotion ist.[1] Die Stoa bringt die Hass-

---

[*] Für diesen Text habe ich Abschnitte aus Matthias Kettner, „Geschlechtsspezifischer Neid", in Johannes Cremerius u. a. (Hg.), *Literarische Entwüfe weiblcher Sexualität* (= *Freiburger Literaturpsychologische Gespräche* Bd. 12), Würzburg 1993, 53-72 sowie aus ders., „Kommunikative Vernunft. Gefühle und Gründe", in Gertrud Koch (Hg.), *Auge und Affekt. Wahrnehmung und Interaktion*, Frankfurt a. M. 1995, 123-146 übernommen, erheblich überarbeitet und erweitert.

[1] Vgl. z. B. den Artikel „Gefühl", *Historisches Wörterbuch der Philosophie*, hrsg. v. Joachim Ritter. Zu Aristoteles' grundlegender Unterscheidung von Empfindung und Gefühl vgl. Dorschel 1994. Einen geistreichen und konzisen Überblick über die Paradigmen, die das Nachdenken über Gefühle im Rahmen der kaum je radikal in Frage gestellten Voraussetzungen 1. der Einteilung des Men-

liebe der Vernunft zum Affekt auf den Begriff der Ataraxie, des Ideals der Apathie, des
Freigewordenseins von Affekt, das (laut Chrysippos) den Weisen auszeichne. Sie vindi-
ziert die Affekte der Vernunft – Affekte gelten als Urteile – und wertet sie zugleich ab –
Affekte gelten als unvernünftige Vernunft, als verfehlte, weil von Ungestüm und Hef-
tigkeit verzerrte Urteile.[2] Dem Intellektualismus der Stoa – der Stoiker Zenon zum Beispiel meinte, Affekte seien fehlerhafte *Verstandesurteile*, die Geldgier zum Beispiel sei
identisch mit der Annahme, dass das Geld etwas Schönes ist – gelten Gemütsbewegungen zwar nicht rundweg widernatürlich, aber nur suboptimal vernünftig. Die Betonung
der Beziehung zum *Willen* statt, wie bei den Stoikern, zum Urteilen findet in Thomas
von Aquins Affektenlehre eine geschichtlich folgenreiche, weil offenbar kulturspezifisch einleuchtende Klärung: Als natürliche Regungen sind Affekte unmittelbar weder
gut noch böse (ethische Indifferenz) und liegen der freien Willensentscheidung *voraus*,
sind ihr jedoch *unterworfen*, können daher zwar das menschliche Handeln nicht direkt,
wohl aber durch Zustimmung des Willens bestimmen. Sie haben ein Eigenleben auch
gegen den Willen, der Wille hat aber einen regelnden Einfluss auf sie – ein (wie Augus-
tinus im Anschluss an Aristoteles sagt) politisches Verhältnis. Seit dem 13. und 14.
Jahrhundert gewinnt das lateinische ‚affectus‘ zunehmend die Bedeutung eines Gat-
tungsbegriffs für alle nichtrationalen und darum oft als passiv verstandenen seelischen
Phänomene – was Descartes dann erlaubt, in seinem 1649 veröffentlichen Traktat *Les
passions de l'âme*, 1723 ins Deutsche übersetzt als *Die Leidenschaften der Seele*, unter
diesen nicht nur momentane Gefühls(er)regungen wie Staunen, Begehren, Freude und
Trauer abzuhandeln, sondern auch habituelle Verhaltensneigungen wie Großherzigkeit
und Demut, übermäßige wie Liebe und Hass, und ethisch suspekte Begierden, zum
Beispiel Stolz.

Um die nun folgenden Überlegungen ein wenig in Schutz zu nehmen vor dem An-
schein des *l'art pour l'art*, der sich einstellen muss, wenn man (vielleicht als Spät-
Wittgensteinianer) glaubt, im vorfindlichen Sprachgebrauch seien doch schon alle
Schätze der Emotionsvokabulare versammelt und müssten nur noch verlesen werden,
genügt ein ernüchternder komparativer Blick auf die Bedeutungsgeschichte von deutschen Ausdrücken wie Gefühl, Leidenschaft, Empfindung und verwandten Ausdrücken
in anderen europäischen Sprachen. Diese Geschichte belegt die willkürliche Vieldeutigkeit, die weit eher theoretische Vorlieben als sachgemäß phänomenologisch ausweisba-

---

schen in Körper und Seele, 2. der Hineinverlegung der Gefühle in die Seele und 3. der Verteilung
der Gefühle innerhalb der Seele auf eine Skala zwischen Sinnlichkeit und Geist angenommen hat,
gibt Schmitz 1989, 19–26.

[2] Zur Assimilationsthese von Affekten und Urteilen vgl. Solomon 1988. In Solomons letztem Hauptwerk (Solomon 2006) wird die Angleichung an Urteile eingebettet in eine Theorie über den Beitrag
des Gefühlslebens zum guten Leben, also ethisch kontextuiert. Eine Verteidigung der Assimilationsthese von Affekten und Urteilen auf hohem Explikationsniveau gibt, in Aktualisierung
der stoischen Tradition, Nussbaum 2001.

re Unterscheidungen reflektiert, eine Polysemie, die aus der ursprünglichen griechischen *pathos*-Semantik nach und nach hervorgetrieben wurde.[3]

In der für das Deutsche maßgeblichen Begriffsgeschichte markiert Kant deutlich das Auseinandertreten von einerseits *Affekten*, die Kant als Gefühle der Lust und Unlust zusammengruppiert, die einen gleichsam anspringen (Eruptivität der Affekte) und der vernünftigen individuellen Autonomie Abbruch tun können, und andererseits *Leidenschaften* (zum Beispiel Hass) als dominierenden habituellen Begierden, als gleichsam chronifizierten Wünschen.

Wissenschaftssprachen, zum Beispiel die der modernen Emotionspsychologie, wenn denn ihre theoretischen Begriffe Aufschlusskraft auch jenseits der Skinner-Boxen und Einwegscheiben behalten sollen, können ihre semantische Kontinuität mit der Alltagssprache nicht abschütteln. Die freie Definierbarkeit wissenschaftsinterner *termini technici* befreit nicht aus dieser semantischen Verlegenheit. Es ist eine interessante Beobachtung, dass ebenso wenig wie in der philosophischen Terminologie in der wissenschaftlichen Thematisierung des Emotionalen feststeht, wovon eigentlich geredet wird, wenn von Empfindung, Gefühl, Emotion die Rede ist.[4] Allerdings gibt es plausible und weniger plausible Vorschläge. Der terminologische Vorschlag,[5] emotionale Zustände einzuteilen in *Stimmungen* (dauerhafte emotionale Tönungen des Erlebnisraumes), *Gemütshaltungen* (enger an bestimmte Situationen und Verhaltensmuster gekoppelte Empfindungen) und *Gefühlsregungen* im engeren Sinne (aktuelle, flüchtige Zustände, die im Verhältnis zu den anderen genannten Gruppen eher ein „Figur"-Verhältnis haben sollen) erscheint mir heuristisch sinnvoll, weil er Temporalität als Differenzierungsaspekt benutzt, was bei Subjektivitätsphänomenen aufgrund der wesentlichen zeitlichen Bestimmtheit von Subjektivität generell angezeigt ist, aber selten gewürdigt wird. Der Begriff der *Gemütsbewegung*, den ich im Folgenden einführe und synonym auch *Emotion* nenne, trägt der zeitfigurhaften Bestimmtheit von, wie gerne missverständlich gesagt wird, „emotionalen Zuständen", die als bloße Verlaufskurven von Empfindungs-

---

[3] Dass die bemerkte semantische Unbestimmtheit und das methodologische Prius von Begriffsklärungen, das darum beachtet werden müsste, nicht nur babylonische Kommunikationsschwierigkeiten innerhalb der Wissenschaften hervorruft, sondern auch dramatische Forschungsprobleme, lässt sich an der *Schulangstforschung*, die Mitte der 70er Jahre grassierte, belegen, „in der in aller Regel gemessene Erregungszustände als ‚Angst' interpretiert wurden, woraus man dann entsprechende Schlüsse zog, die auch durchaus anderer Deutung zugänglich waren" (Drinck 1989, 53). Symptomatisch ist auch die viel beachtete Diskussion zwischen Zajonc und Lazarus über die Frage, ob alle affektiven Prozesse wesentlich ein kognitives Moment beinhalten. Diese Diskussion ist wegen unklarer terminologischer Vorentscheidungen letztlich völlig fruchtlos geblieben. Während Lazarus die Beurteilung eines Ereignisses als positiv oder negativ für *kognitiv* hält („we cognize an event as pleasant or unpleasant", Lazarus 1984, 126), bezeichnet Zajonc dieselbe Reaktion als eine *affektive* (soll heißen: kognitionsindifferente) Reaktion (vgl. Lazarus 1982, 1984; Zajonc 1980, 1981, 1984).
[4] Vgl. Mandl/Huber 1983, 4f. Interessant sind auch die 92 (!) Definitionsversuche bei Kleinginna/Kleinginna 1981.
[5] Ewert 1965.

größen vorgestellt noch vollkommen abstrakt blieben, durch Hereinnahme des Handlungsbezugs solcher „Zustände" Rechnung. Die Zeitfiguren von Handlungszusammenhängen – man kann sich zum Beispiel nicht fünf Sekunden lang in jemanden verlieben (wohl aber fünf Sekunden lang ein Gefühl des Verliebtseins empfinden) – sind konkreter gestaltet, was der nivellierenden Rede von Zuständen entgeht. Bei einer musikalischen Bewegung würden wir ja auch nicht von „Musikzuständen" sprechen, sondern von Entwicklung, Komposition, Zeitgestalt.[6]

Erstens. Die wissenschaftliche Thematisierung des Emotionalen geht das thematische Präzisierungsproblem auf zwei Weisen an. Die gängige und gemeinhin für „tief" gehaltene ist die, bestimmte Bezugsprobleme, meistens funktionale Fragestellungen, festzusetzen, auf die hin eine wissenschaftliche Thematisierung des Emotionalen ihre thematisch-operativen Begriffe passend zuschneidet.[7] Freilich zerfällt so das diffuse thematische Ausgangsfeld der Emotionalität in Teilaspekte, die ihrerseits dann wieder große Reintegrationsprobleme aufwerfen.[8]

Als Perspektive für Reintegrationsversuche von funktionalistisch aufgeteilten Teilaspekten der wissenschaftlichen Thematisierung von Emotionalität, wo diese überhaupt unternommen werden, gilt in der Emotionspsychologie, nicht anders als in anderen Human- und Biowissenschaften, eine *evolutionistische* Theorieperspektive als die aussichtsreichste. Evolutionistische Ansätze sind Varianten funktionalistischer Ansätze, sofern das Evolutionskonzept über die Funktion der Steigerung des komparativen Reproduktionserfolgs eingeführt wird. Existenz, Wirkungsweise und Eigenart von Emotionalität werden aus sozio-bio-psycho-evolutionärer Zweckdienlichkeit erklärt – teleonomisch, aus permanenten Anpassungsleistungen aller ko-evolvierenden Systeme, aus denen eine Zweckmäßigkeit ohne vorausbestimmte Zwecke resultiert. Ich gestehe, dass mir die Gefühlserklärungen, die aus der evolutionären Psychologie bisher vorliegen, nicht sehr erhellend vorkommen. Zum Beispiel leitet eine verbreitete soziobiologisch-evolutionäre Erklärung der Emotion „Eifersucht" deren Entstehung und vergleichsweise größere Ausprägung bei Männchen aus dem adaptiven Gewinn ab, der darin liegt, dass die Emotion Eifersucht bei Männchen zu einer vergleichsweise erhöhten, daher besser funktionierenden Vaterschaftsgewissheit geführt habe als bei nicht eifersüchtigen Männchen.

Zweitens. Die zweite Hauptstraße für die wissenschaftliche Thematisierung des Emotionalen sucht den Weg im Bereich der sozialen Kommunikation. Emotionen werden

---

[6] Eine sehr ausführliche und aufschlussreiche Analyse der Schwierigkeiten der Gegenstandsklärung in psychologischen und philosophischen Emotionstheorien gibt Kochinka 2004, bes. 135-144.

[7] Vgl. z. B. Mandler 1984, 87–110 zu Positionen von James, Cannon, Schachter u. a.

[8] Reflektierte psychologische Emotionsforscher wie Klaus Scherer sehen diese Reintegrationsprobleme sehr genau und halten sie sogar für auf weiteres unlösbar. Das schließt Optimismus im Ausblick auf die Bedeutsamkeit der Emotionspsychologie im Zusammenhang der anderen psychologischen Forschungsbereiche keineswegs aus, vgl. den Überblick über „Theorien und aktuelle Probleme der Emotionspsychologie" von Klaus Scherer (Scherer 1990, 1–29).

dann, vor aller funktionalen Charakterisierung, als wieder erkennbare Ausdrucksklassen gefasst, und der Ausdruck selber wird, in den besten dieser Ansätze, an öffentlich verifizierbaren und deshalb intersubjektiv mehr oder weniger reliabel identifizierbaren Körperzuständen festgemacht, bevorzugt an der Gesichtsmimik.

Eine emotionale Ausdrucksgestalt A1 zählt dann als Ausdruck einer „grundlegenderen" Emotion E1 im Vergleich zur Ausdrucksgesalt A2 einer Emotion E2, wenn Personen A1 verlässlicher und über mehr kulturelle Differenzen hinweg wiedererkennen können als A2. Wenn sich für A1 eine robuste querkulturelle Erkennbarkeit herausstellt, für A2 aber nicht (eine empirische Frage), wäre eine nahe liegende Erklärungshypothese die, dass A1, nicht aber A2 sozioevolutionär eine prominentere funktionale Rolle gespielt hat als A2 (wiederum eine empirische Frage). Die funktionale Charakterisierung des Emotionalen erfolgt in dieser Erklärungsstrategie aber erst mittelbar, das unterscheidet Weg 1 von Weg 2.

Gewiss sind wir emotionstheoretisch mit der Frage nach „Grundgefühlen" noch nicht so weit wie bei den drei Grundfarben Rot, Gelb und Blau. Doch spricht vieles empirisch dafür, mit der Forschungsgruppe um Paul Ekman die unendlichen Nuancen des Gefühlslebens der Menschen auf dem methodologischen Weg über die Wiederkennbarkeit von emotionalen Ausdrucksgestalten in einige wenige Hauptfamilien zusammenzufassen.[9] Auf die – nicht definitive – Liste von transkulturell wiedererkennbaren – nicht wechselseitig exklusiven – Grundgefühlen gehören *Zorn* (mit vielfältigen Abwandlungen und Legierungen wie Wut, Empörung, Groll, Aufgebrachtheit, Entrüstung, Verärgerung, Erbitterung, Verletztheit, Verdrossenheit, Reizbarkeit, Feindseligkeit, Hass, Gewalttätigkeit), *Trauer* (Leid, Kummer, Freudlosigkeit, Trübsal, Melancholie, Selbstmitleid, Einsamkeit, Niedergeschlagenheit, Verzweiflung, Depression), *Furcht* (Angst, Furchtsamkeit, ängstliche Nervosität, Besorgnis, Bestürzung, Bangigkeit, Bedenklichkeit, Gereiztheit, Grauen, Entsetzen, Schrecken, Panik), *Freude* (Glück, Vergnügen, Behagen, Zufriedenheit, Seligkeit, Entzücken, Erheiterung, Fröhlichkeit, Stolz, Sinneslust, gute Laune, Erregung, Verzückung, Befriedigung), *Liebe* (Akzeptanz, Freundlichkeit, Vertrauen, Güte, Zugewandtheit, Hingabe, Anbetung, Vernarrtheit, Agape), *Überraschung* (Schock, Erstaunen, Verblüffung, Verwunderung), *Ekel* (Verachtung, Geringschätzung, Verschmähen, Widerwillen, Abneigung, Überdruss), und *Scham* (Schuld, Verlegenheit, Kränkung, Reue, Demütigung, Bedauern, Zerknirschung).[10]

Die folgenden analytischen Überlegungen setzen allerdings nicht bei einem dieser Grundgefühle an, sondern beziehen sich auf die miteinander verwandten, komplexeren, nicht elementaren Gefühlsbewegungen des Neids und der Eifersucht. Neid- und Eifersuchtgeschichten können bekanntlich alle im vorigen Absatz genannten „Grundgefühle" enthalten. Als Partituren auf der Klaviatur der Grundgefühle vorgestellt wären Neid und Eifersucht gewiss Kompositionen, die den gesamten Klangraum ausschöpfen können.

---

[9] Ekman 2004.
[10] Griffiths 1997.

Und noch eine skeptische Vorbemerkung: Für Verhältnisbestimmungen von Emotionalität und Rationalität ist aus dieser Perspektive so lange wenig zu erwarten, wie wir über keine gute evolutionistische Theorie der Rationalität selber verfügen. „Würden Sie Gefühle irrational nennen?" fragt Dieter E. Zimmer den Soziobiologen Edward O. Wilson, und der Interviewte entgegnet: „Nicht ganz, sie haben die Rationalität des Überlebens."[11] Das Unbefriedigende solcher Antworten liegt nicht allein darin, dass sie pauschal sind und dass ihnen die verbreitete Überzeugung entgegensteht, gerade die menschliche Emotionalität in ihrer zähen Schwererziehbarkeit, gleichsam in ihrer Nichtmodernisierbarkeit, werde unserer Gattung noch das Genick brechen. Das Unbefriedigende liegt besonders darin, dass gar nicht abzusehen ist, wie solche Antworten ent-pauschalisiert werden *könnten*. Denn was die so genannte Rationalität des Überlebens sein soll, wissen wir nicht so genau, und Antworten der Art, auch die Rationalität selbst diene dem Überleben, habe also die Rationalität des Überlebens, würde die Sache nicht besser machen. Wilsons Auskunft eignet sich aber sehr gut, um eine grundsätzliche Schwierigkeit bewusst zu machen, die dann entsteht, wenn wir Emotionsphänomenen, um sie wissenschaftlich bestimmter zu thematisieren, funktionale Bezugsprobleme zuordnen, seien dies nun Bezugsprobleme in intrapersonalen (zum Beispiel „wie fungiert Emotionalität bei der Aufrechterhaltung organismischer Homöostasen?"), in interpersonellen (zum Beispiel „wie fungiert Emotionalität in der *face-to-face*-Kommunikation?") oder in phylogenetischen Bezugsrahmen („wie fungiert Emotionalität in der Evolution der Arten?").

Das Problem, auf das wir hier aufmerksam werden, ist das folgende. Alle funktionalistischen Bezugsrahmen, die sich in Begriffen von einer Mittel-Zweck-Rationalität interpretieren lassen, die bestimmte Erfolgsgrößen optimiert, widersprechen (wie besonders der Emotionspsychologe Dieter Ulich kritisiert) unserem Alltagserleben von Emotionalität. Denn unsere alltagspraktischen Konzeptualisierungen haben, wie Ulich bemerkt, keinen Platz für Fragen nach dem „Wozu?" von bestimmten Stimmungen und Gefühlen.[12] Wozu man dies und jenes tut, fragt man sich ständig. Aber wozu man dies und jenes emotional erlebt (etwa, um zu überleben?), normalerweise nicht.

Ulichs Beobachtung ist zutreffend. Das Problem einer Kluft zwischen Alltagskonzeptualisierung und Wissenschaftskonzeptualisierung besteht. Allerdings sehe ich nicht, dass wir vermeiden können, einen distanzierenden Bezugsrahmen einzuführen, der das unmittelbare Selbstverständnis der Person, die etwas fühlt, überschreitet. Denn wenn wir *mehr* in Erfahrung bringen wollen als das, was schon in Erfahrung gebracht ist, indem eine Person fühlt, was sie einfachhin fühlt, dann muss irgend ein theoretischer – und das heißt immer auch: distanzierender – Bezugsrahmen eingeführt werden. Doch ist Ulich darin zuzustimmen, dass solche theoretischen Bezugsrahmen, die auf Zweck-

[11] Zimmer 1988, 257.
[12] Ulich 1982.

Mittel-Rationalität abstellen, den Kontakt – die semantische Kontinuität – mit der alltagssprachlich ausgelegten Lebenswelt wohl zu schnell abbrechen.

Auch mein Vorschlag, Emotionalität von vornherein aus einer rationalitätstheoretischen Perspektive zu thematisieren, kann das semantische Unbestimmtheitsproblem nicht auflösen und das Bezugsrahmenproblem nicht umgehen, vielleicht aber angemessener behandeln, das heißt mit mehr theorietechnischer Kontrolle über Abblendungen, Ausblendungen, Vorder- und Hintergrundbildungen der themakonstitutiven Begriffe. Wenn wir Emotionalität in Bezug setzen zu einem kommunikativen Rationalitätskonzept, fragen wir nicht nach *anderen* Teilaspekten neben denen, die die üblichen Bezugsprobleme der Emotionspsychologie aus dem diffusen Phänomenbereich der Emotionalität herausschneiden, sondern wir setzen einen Bezugsrahmen, der es erlaubt, den alltagssprachlich ausgelegten Phänomenen das erste Wort zu geben, ohne ihnen damit auch schon das letzte Wort lassen zu müssen.

2. Emotionen im diskursiven Raum der Gründe

Diskursive Rationalität als Bezugsrahmen für die Thematisierung von Emotionalität zu wählen heißt, die Verknüpfungen von Emotionalität mit Gründen zu untersuchen, gleich welcher Art. Gründe, die die Optimalität von Zuordnungen von Mitteln zu Zielvorgaben repräsentieren, *zweckrationale* Gründe, sind ja nicht die einzige Art von Gründen, die in unseren diskursiven Praktiken des Problematisierens und Rechtfertigens von Geltungsansprüchen zirkulieren.

Den Begriff einer *diskursiven* Rationalität verwende ich in einem ziemlich losen Sinne, weil ich mich auf die Diskussion von Konstruktionsproblemen von typendifferenzierenden Rationalitätstheorien, wie sie insbesondere Karl-Otto Apel und Jürgen Habermas vorschweben, hier nicht einlassen kann.[13] Die rationalitätstheoretische Pointe, die mit dem Begriff bezeichnet ist, liegt in der Auffassung, dass Rationalitätszuschreibungen jedweder Art, ob wir nun Überzeugungen, Handlungen, Wertsetzungen, Charakterzüge, Projekte und was auch immer „rational" nennen, letzten Endes auf keinen anderen mundanen oder extramundanen Grundlagen ruhen als auf dem zeitlich fortlaufenden, personell offenen Verständigungsprozess darüber, in welchen Hinsichten etwas als Grund bzw. als der bessere oder schlechtere Grund, relativ zu anderen Gründen, soll gelten dürfen. Den Begriff einer diskursiven Rationalität möchte ich so einführen: Vernunftgebrauch im basalen Sinne können wir als eine Praxis der gemeinschaftlichen Orientierung begreifen. Diskurstheoretisch betrachtet, erreicht diese Orientierungspraxis ihre allgemeinste Form dort, wo sie sich vollzieht durch das Bewerten von Gründen an anderen Gründen. Vernunftgebrauch dient Personen dazu, sich in einem rationalen Bezugssystem („space of reasons") zu orientieren. Die Leistung, uns durch das Bewerten von Gründen an anderen Gründen

---

[13] Apel 1994; Habermas 1981, 1984, 1986; Seel 1988.

zu orientieren, vollbringen wir in unterschiedlichen Formen, deren paradigmatische Form das argumentierende Denken oder denkende Argumentieren darstellt. Die durch Vernunftgebrauch bezweckte Orientierung besteht darin, dass wir uns auf möglichst überzeugende Weise darüber verständigen, welche Gründe in Bezug auf etwas für uns Infragestehendes relevant und welche von den relevanten Gründen dann besser, welche schlechter als andere sind, schlechter bzw. besser in ein- und derselben bestimmten Hinsicht – nämlich immer in Hinsicht auf ein bestimmtes Tun, das als effektiv und stimmig und deshalb eben auch kontrastiv als ineffektiv und unstimmig erfahren werden kann. Jeder von mir für gut gehaltene Grund ist ein Grund, aus dem ich etwas richtig finde; er zeigt sich also in einer Richtigkeitsüberzeugung. Meine Gründe, insofern ich sie für gute halte, sind meine Richtigkeitsüberzeugungen.[14]

Das Herstellen von Einverständnis über Ordnungsverhältnisse zwischen Gründen als besseren oder schlechteren Gründen ist offensichtlich eine Zwecktätigkeit. Es dient dem Zweck, rationale Ordnungen zwischen Gründen zu bestimmen. Allerdings ist diese Zwecktätigkeit eine kommunikative, nämlich durch kommunikatives Handeln verfolgte Zwecktätigkeit, da eine Person allein nicht zu einem Einverständnis kommen kann, es sei denn im Sinne eines fiktiven Dialogs mit einem *alter ego*. Diese kommunikative Zwecktätigkeit fällt offenbar nicht einfach mit zweckrationaler Mittelwahl von Handelnden zusammen, deren individueller Willkür die Wahl freisteht, worauf ein jeder mit seinem Handeln abzwecken möchte. Hingegen steht es in der Verständigung über die rationale Güte von Gründen den Bewertern von Gründen gerade nicht in individueller oder gemeinsamer Willkür frei, diesen oder jenen Grund gut oder schlecht zu finden bzw. zu machen.

Noch einmal: *Zweckrationale* Gründe sind nur eine bestimmte Art von Gründen unter anderen. Dieter Ulichs Problem der phänomenologischen Befremdlichkeit, emotionales Erleben über den Leisten von Wozu-Fragen, Wozu-gut-Fragen oder auf Wozu-wie-gut-Fragen zu schlagen, wird innerhalb des diskursrationalen Bezugsrahmens insofern entschärft, als von vornherein keine bestimmte Sorte von Gründen theoretisch privilegiert wird. Die Privilegierung von zweckrationalen Gründen innerhalb rationaler Erklärungen oder Rechtfertigungen spiegelt, das vielleicht darf man mit Max Weber und mehr noch mit Norbert Elias sagen, eine bestimmte Selektionsrichtung, die der okzidentale Rationalisierungsprozess nun einmal eingeschlagen hat. Die versachlichte, also *unpersönlich* gemachte Berechenbarkeit in gleichsam linientreu rationalisierten lebensweltlichen Zusammenhängen treibt das emotionale Erleben und dessen womöglich abweichende intrinsische Rationalität zwangsläufig in den Untergrund. Wenn es dann auch noch in der Theorie über den Leisten der Zweck-Mittel-Rationalität gezogen werden soll, ist besondere Vorsicht angebracht gegen einen in einzelwissenschaftlicher nicht weniger als in philosophischer Theoriebildung typischen Fehler, den man den

---

[14] Kettner 1996, 1999.

Fehler der Reduktion der Phänomene durch theoriestrategische Vorentscheidungen nennen kann.

Der Vorbehalt gegen die theoriestrategische Vorentscheidung für Zweckrationalität verweist eine zweckrationale Bewertung von Emotionen auf den bescheidenen Platz, der ihr gebührt. Einigermaßen modulare Emotionen wie Angst, Ekel und Überraschung, aber auch komplexe und erstreckte wie Neid und Eifersucht können unter Umständen zweckvoll oder zweckwidrig sein, soweit sie zweckvolles Verhalten hervorrufen oder aber in Gang befindliches zweckvolles Verhalten beeinträchtigen. Vielleicht treibt Furcht zur schnellen Flucht, die angebracht wäre, vielleicht lähmt sie aber auch. Aber die Gemütsbewegungen sind deshalb nicht selbst schon zweckvolles Verhalten in dem Sinne, wie es Verhalten ist, das wir *absichtlich tun oder lassen* können. Gemütsbewegungen sind Aktivitäten, aber keine Handlungen, da es keine für sich genommen willkürlich möglichen Aktivitäten sind, wie sie es als Handlungen sein müssten. Eine Emotion zu haben, emotional etwas Bestimmtes zu erleben, ist nicht etwas, das man absichtlich tun oder absichtlich lassen kann. Gewiss, man kann sich absichtlich in- eine Lage bringen, wo einen, wie man weiß, starke Gefühle erwarten (zum Beispiel durch Besuch des Endspiels der Fußballweltmeisterschaft). Und das kann man absichtlich auch mit anderen Personen tun, man kann Furcht erregen, jemandem einheizen usw.[15] Aber sich mit der Absicht, starke Gefühle[16] zu fühlen oder zu erregen, in eine hierfür günstige Lage zu bringen, ist nicht dasselbe wie mit Absicht starke Gefühle fühlen. Ersteres ist eine mögliche Handlung, letzteres nicht.[17]

Für die Untersuchung von Verknüpfungen zwischen Emotionalität und Gründen finde ich zwei Frageformate hilfreich. Gemütsbewegungen von Personen gründen unter Umständen in etwas, haben Gründe. Also kann man zu fragen versuchen, aufgrund wovon eine Person emotional erlebt, was sie emotional erlebt:

Aus welchen Gründen G hat eine Person P die Emotion E?

Gemütsbewegungen von Personen rechtfertigen unter Umständen etwas, sie können den Personen, die sie erleben, bestimmte Beweggründe geben (zum Beispiel Beweggründe zu Handlungen, Wünschen, weiteren Gemütsbewegungen) und bestimmte Bewertungsgründe zur Bewertung von anderen Gründen. Die große Freude kann Grund sein, ein großes Fest zu geben und die Lage rosig zu sehen. Das Fest kann zu groß, die Sicht allzu rosig

---

[15] Für Akte des Ausdrucks von Gemütsbewegungen gibt es auch keine diese Akte bestimmenden performativen Verben (vgl. Fiehler 1990, 40f.).

[16] Für Aristoteles sind Affekte – er nennt: Begierde, Zorn, Furcht, Mut, Neid, Freude, Freundschaft, Hass, Sehnsucht, Eifersucht, Erbarmen – *Bewegungen der Seele*, die von Lust oder Schmerz begleitet sind. Aristotelische Affekte bewegen den Menschen von Natur aus, aber die aus solchen Bewegungen hervorgehenden Taten sind darum nicht auch schon als unfreiwillige zu bezeichnen (vgl. *Nikomachische Ethik*, III, 1111 a21-b3, und V, 1135 b21).

[17] Außerdem enthalten Emotionen in der Regel Elemente wie Überzeugungen, Bewertungen und Wünsche, die man nicht auf Geheiß tun kann, weil man sie nicht willentlich im Griff hat, siehe Lyons 1980, bes. 114.

sein. Es liegt oft nahe, den Zusammenhang von Gemütsbewegungen, Beweg- und Bewertungsgründen als Normierung zu beschreiben: Gefühle sind sozusagen mit sozialen Normen verwoben, die Anlässe, Ausdrucksformen und Anschlussverhalten in ein „rechtes Verhältnis" bringen. Ich finde die Redeweise von „Normen" in diesem Zusammenhang eher soziologisch aufschlussreich, halte die Verwobenheit von Gefühlen und Gründen aber für das allgemeinere Phänomen. So kann man zu fragen versuchen, zu was dies, dass eine Person emotional erlebt, was sie emotional erlebt, ihr den Grund gibt:

Zu was gibt die Emotion E der Person P Gründe?

Die Eifersucht des Hotelbesitzers Paul in Claude Chabrols Film *Die Hölle* (1994) zum Beispiel gibt Paul Gründe, überzeugt zu sein, dass seine Ehefrau Nelly ihm untreu ist. Pauls Eifersucht gibt ihm Beweggründe, bestimmte Hotelgäste zu verfolgen, und Gründe für weitere Gefühle wie Aufregung und Panik in bestimmten Situationen. Über die Gründe, aus denen Paul eifersüchtig ist, erfährt man im Film nicht sehr viel mehr, als dass die Welt, wie sie sich der Eifersüchtige auslegt, ihm allenthalben gerade diejenigen Verdachtsgründe zuspielt, die seine Eifersucht braucht, um ihm nicht unberechtigt zu erscheinen. So wächst seine Eifersucht immerzu.

Dass freilich selbst eine detailliertere Ausfüllung dieses *good reason essays* wenig Gutes über die Güte der Gründe, die bei dieser Eifersucht im Spiel sind, ans Licht bringt, verwundert nicht, da der Film einen Eifersuchts*wahn* in Szene setzt. Doch um diese Emotion in Bezug zur diskursiven Vernunft zu bringen, benötigen wir kein positives (oder, wie hier, negatives) Ergebnis einer Rationalitätsbeurteilung. Der Bezug besteht schon dann, wenn ein Rationalitätsurteil bezüglich dieser Emotion *überhaupt möglich* ist. Eifersucht im besonderen Fall kann angemessen oder unangemessen sein bzw. bloß so erscheinen, je nach den Gegebenheiten der Situation, auf deren Grundlage die Person ihre Eifersucht als gerechtfertigte Eifersucht verteidigen würde, wenn sie sie rechtfertigen wollte und könnte.

Der Eifersüchtige kann mit seiner Eifersucht recht haben oder unrecht, nicht nur in dem Sinne, dass diese Gemütsbewegung zu haben ihm gut tut oder schlecht, also erwünschte oder unerwünschte Konsequenzen für ihn hat, sondern durchaus in dem nichtkonsequentialistischen Sinn, den wir meinen, wenn wir urteilen, dass eine Person unter den gegebenen Umständen „allen Grund" (oder eben „keinen Grund") hatte für ihre Eifersucht.

Dass Personen zu Recht oder zu Unrecht die Emotionen haben (und dann auch: ausdrücken, ausagieren, behandeln) können, die sie haben, dass also die gehabte Gemütsbewegung *selbst* der primäre logische Gegenstand von Rationalitätsurteilen sein kann (egal wie vielfältigen kontextuellen Relativierungen solche Urteile unterworfen werden müssen), dieser Gedanke ist strikt zu unterscheiden von einem durch viele psychologische Untersuchungen sich aufdrängendes Missverständnis, als würde nur die Dysfunktionalität oder Funktionalität von Emotionen *im Verhältnis zu* psychologisch andersartigen, intrinsisch rationalitätsfähigen Prozessen (etwa so genannten „Kognitionen") beurteilt.[18]

---

[18] Unzählige psychologische Untersuchungen arbeiten ja Fragestellungen klein, die nach störenden oder fördernden *Einflüssen* von Emotionen auf Prozesse der Vigilanz, des Gedächtnisses, des prob-

3. Tatsachenbezug und Weltbezug von Emotionen

Wie andere Emotionen, hat die Eifersucht Bezug *auf eine Lage der Dinge,* Bezug darauf, was dem Eifersüchtigen tatsächlich der Fall zu sein scheint. So enthält die Eifersucht ein kognitives Moment, Urteile, aber weniger als Quelle von Wissen über Sachverhalte in der Welt, vielmehr als Bewertung oder Einschätzung dessen, wie man sich selbst als in einem bestimmten Weltausschnitt situiert denkt mit den persönlichen Belangen, die man hat.

Es empfiehlt sich, mit dem Prädikat „kognitiv" vorsichtig zu verfahren, wenn diese Qualifikation etwas besagen können soll. Charakterisierungen von x als „kognitiv" erweisen sich bei näherer Betrachtung oft als trübe Gemengelagen weiterer Charakterisierungen wie etwa, x sei begrifflich verfasst, x sei sprachlich repräsentiert, x sei propositional geformt.[19]

Ein Bekenntnis zum emotionstheoretischen Kognitivismus ist nur soviel wert wie der Versuch, einen emotionsspezifischen *Geltungsanspruch* auszubuchstabieren. Der Verweis auf Überzeugungs-Wunsch-Kopplungen, auf in Emotionen involvierte Propositionen (oder komponentale propositionale Einstellungen), auf eine Passung in der Richtung des Gefühls zur Welt („mind-world relation of fit") tut es jedenfalls nicht. Gibt es einen ausweisbaren Sinn, in dem wir Emotionen *sozusagen* für wahr oder falsch halten können, der dem Sinn ähnlich genug ist, in dem wir *buchstäblich* Aussagen für wahr oder falsch halten können? Jemand, der um seine tot geglaubte Mutter trauert, trauert irrtümlicherweise, falls sie (wider Erwarten) gar nicht tot ist. Diese Faktenabhängigkeit der Trauer macht die Trauer aber nicht zu einem „falschen" Gefühl. Es gibt aber noch einen interessanteren zweiten und dritten Sinn, in dem die Person mit ihrem Gefühl der

---

lemlösenden Denkens, etc. fragen; vgl. z. B. Dörner/Reither/Stäudel 1983, Eagle 1983 und Ulich/Mayring/Strehmel 1983. – Dass kognitive Prozesse durch emotionale (störend oder fördernd) beeinflusst werden, dass emotionale durch kognitive bestimmt werden, dass beide einander wechselweise bestimmen, dass es sich nicht um zwei unterschiedliche Arten seelischer Prozesse, sondern um zwei Aspekte ein und desselben Vorgangs handelt, alle diese Auffassungen haben ihre theoretischen Positionen gefunden; vgl. den knappen Überblick in Kaufmann-Hayoz 1991.

[19] Die Selbstbeschreibung als emotionstheoretischer Kognitivist nötigt einen oft zu Erläuterungen, dass und inwiefern dies nicht reduktionistisch gemeint sei, fast so, als erwarte man, eine nichtkognitivistische Position werde ebenso uninteressant gefunden wie eine nur kognitivistische. Jan Slaby erläutert am Beispiel einer Episode moralischer Empörung seine interessante „nicht-reduktiv kognitive" emotionstheoretische Position: Die heftige Emotion der Empörung ist in der betreffenden Situation auf empörende Handlungen gerichtet und stellt diese als moralisch verwerflich dar. „Es waren nicht zwei mentale Vorgänge – ein Werturteil *und* ein heftiger Empfindungszustand – sondern nur *ein* Prozess. Empfindung und Werturteil waren *ein und dasselbe,* die Empfindung hat das Werturteil *realisiert.* (...) Empfindungen, körperliche Erregungen oder Veränderungen, affektive Zustände usw. *Gefühle* selbst können kognitive Funktionen erfüllen: Sie können *als* die phänomenal-qualifizierten Zustände, die sie sind, *Urteile* sein – Vorgänge, die die Person darüber *informieren,* wie es mit ihr im Hinblick auf für ihr Wohlergehen relevante Gegebenheiten bestellt ist" (Slaby 2004, 61).

Trauer (um die wirklich tote Mutter) richtig liegen oder falsch liegen kann. Ihr Gefühl sagt etwas *über den Wert von Müttern unter Menschen* aus – und es sagt etwas aus über die lebenswichtige Identität, das Geflecht dessen, was *dieser Mensch* (der Trauernde) für wichtig, richtig und wahr hält im Vollzug dieses seines Lebens.[20]

Mir erscheint der Vorschlag sinnvoll, Emotionen zu konzeptualisieren als eine (noch zu qualifizierende) Art wertender Stellungnahme der Person dazu, wie sie selbst sich in einem bestimmten Weltausschnitt situiert. So wird das durch nichts weiter als ideengeschichtliche Trägheit begründete Vorurteil vermieden, dass Gemütsbewegungen nur „innere", nur „subjektive", nur „mentale", nur „private" seelische Vorgänge seien. Dieses Erbteil des Cartesianismus ist sicher unhaltbar.[21]

Um die Begrifflichkeit, mit der wir über Gefühlsregungen nachdenken, aus ihrem Krypto-Cartesianismus herauszuführen, wäre intensiver über die Leiblichkeit von Kommunikation (in Abhebung von der gängigen Unterscheidung verbaler vs. präverbaler Kommunikation) nachzudenken. Denn die Leiblichkeit von Kommunikation ist für die Konstitution von Gemütsbewegungen, die als solche interpretiert werden können – zunächst von anderen, dann auch von einem selbst – genetisch auf andere Weise wesentlich als für die Konstitution von Äußerungen, für deren Interpretation von Anfang an sekundäre Symbolsysteme (wie die Verbalsprache) erlernt werden müssen. Diesen Gesichtspunkt von ontogenetisch unterschiedlichen und einander überformenden Entwicklungspfaden von semiotischen Systemen unterschiedlicher Zeichenarten muss ich hier auf sich beruhen lassen.

Sollten wir sagen, die „leibliche Kommunikation ‚überbrückt' die Trennung von Subjekt und Objekt: sie macht die Gefühle anderer in der eigenleiblichen Resonanz indirekt erlebbar"?[22] Doch warum nur „indirekt" erlebbar? Vielleicht wäre von Emotionen zu sagen, nicht wesentlich anders als wir von Gedanken sagen, dass zwei Personen unter geeigneten Umständen *dieselbe Gemütsbewegung erleben* (vergleiche: *denselben Gedanken erfassen*) können. Die eigenleibliche Resonanz eines jeden wäre in solchen Fällen die Manifestation ein und derselben Gemütsbewegung. Zwei Personen können von derselben Angst ergriffen werden. Vielleicht sogar von derselben eifersüchtigen Regung: Wenn Peter genau so wie Paul auf Peer eifersüchtig ist, der ihnen Patricia ausspannt, die ein jeder der beiden, nichts voneinander wissend, für einzig ihm zugewandt hält.

---

[20]   Diese drei Aspekte der Rede von „wahr" und „falsch", bezogen auf Gefühle, lese ich aus Nussbaums beherzt kognitivistischen Ausführungen heraus (Nussbaum 2001, 46–47, 47 Anm. 43).

[21]   Einen m. E. hoffnungslosen Versuch, auf der Linie der Kurt Lewinschen feldtheoretischen Psychologie dieses Problem durch Unterscheidung von „subjektiven", „objektiven" und „abstrakten Valenzen" im Weltverhältnis der Person zu lösen, macht Rolf Oerter 1983. Vielversprechender sind avanciert empiristische Konzeptualisierungen, die stark von der naturalistischen Emotionsausdrucksforschung von Paul Ekman inspiriert sind, z. B. bei Krause 1990. – Ethnomethodologisch inspirierten Soziologen scheint der Kehraus mit cartesianischen Prämissen vergleichsweise leicht zu fallen (vgl. Coulter 1979).

[22]   Landweer 1995, 83.

Eifersüchtig zu sein setzt aufgrund des Weltbezugs der Emotion eine ganze Menge von Dingen voraus, die einem selbst oder einer anderen (zweiten, dritten) Person Ansatzstellen zu kritischen Nachfragen geben. So sind beispielsweise gewisse Urteile über Eigenschaften von Objekten vorausgesetzt, Urteile, die die Person akzeptiert haben *müsste* (wie wir meinen), sofern sie die fragliche Gemütsbewegung wirklich hat. Tatsachenurteile etwa (die die Person als wahr akzeptiert haben müsste) haben als Bestandteile von Emotionen keine anderen epistemischen oder logischen Eigenschaften wie emotionslos für sich genommen.[23] Sie können wahr oder falsch sein. Auch deontische Urteile, zum Beispiel Urteile darüber, zu was jemand rechtlich oder moralisch verpflichtet ist oder was sich aus Anstand nicht gehört, können Bestandteil von Emotionen sein. Wer voller Empörung über eine bestimmte Rechtsverletzung ist, zum Beispiel über Steuerflucht, müsste das betreffende Gesetz selber als rechtsgültig beurteilt haben. Sonst nehmen wir ihm die Empörung nicht ab – oder verstehen sie als eine bloße Pose und Rhetorik. Evaluative Urteile, zum Beispiel evaluative Urteile im Modus der ersten Person, die eine positive oder negative Wertschätzung dieser Person zur Sprache bringen, können ebenfalls in Emotionen eingehen. Wovor es mich ekelt, muss mir abstoßend vorkommen. Den Erfolg, um den ich dich beneide, muss ich nicht unbedingt mögen, aber wenn ich Neid fühle, kann ich dies, dass du ihn hast, nicht mögen. Deine Eifersucht mag dir in einer merkwürdigen Verbindung mit anderen Persönlichkeitsanteilen eine Quelle von Genugtuung und positiven Selbstwertschätzungen sein (zum Beispiel Selbstgerechtigkeit), aber wenn es Eifersucht ist, muss es in dieser Gemütsbewegung auch etwas geben, was dir nicht gefällt. Falls gilt, dass zu jeder Emotion naturgemäß eine (primitive) positive oder negative Empfindung gehört, wäre dasjenige, was ein (primitives) evaluatives Urteil zur Sprache bringt, sogar ein notwendiges Moment jeder Emotion.

Nicht nur Tatsachenurteile, alle Arten von Urteilen (wie die gerade unterschiedenen deontischen und evaluativen) können zur Spezifizierung von Emotionen beitragen. Tatsachenurteile – diese These wäre im Durchgang durch viele Gefühlsgeschichten zu prüfen – tragen sogar vergleichsweise wenig zur Spezifizierung besonderer Emotionen

---

[23] Vgl. das Beispiel von Lyons 1980, 73: John liebt Frieda u. a., weil er glaubt, dass sie scheu ist, und dass scheue Menschen gemeinhin liebenswürdiger und gefühlvoller sind als Extravertierte. – Die Vorstellung, Liebe beruhe auf Gründen, unter denen sich auch Tatsachenurteile finden müssen, erscheint zwar zunächst merkwürdig. Sind die Gründe, mit denen eine Person X die Frage, warum sie Y liebe, beantwortet, nicht „bloße Rationalisierungen"? Aber dann gäbe es neben diesen noch *andere* Gründe – die *wahren*. Sicher würde John nicht aufhören, Frieda zu lieben, wenn er erführe, dass sein Tatsachenurteil, dass scheue Menschen gemeinhin liebenswürdiger und gefühlvoller sind als Extravertierte, *de facto* falsch ist. Die uns heute selbstverständliche, kulturspezifische Form von personalen erotischen Liebesbeziehungen lässt freilich sehr viel Spiel dafür, was für Gründe wir als gute Gründe gelten lassen, und was nicht. Von der Tatsache etwa, dass Y aus reichem Hause kommt, würden viele urteilen, dass sie X keinen guten Grund gibt, Y zu lieben. Aber es wäre sehr merkwürdig, wenn X bekennte, sie liebe Y „ganz ohne Grund". Der Satz vom Grund gilt auch für die Liebe.

bei. Denn dasselbe Tatsachenurteil (zum Beispiel in Chabrols oben erwähntem Film das Tatsachenurteil des Hotelbesitzers, „dass innerhalb einer Woche schon zum fünften Mal ein Unbekannter Blumen schickt") kann ja in ganz unterschiedlichen Emotionen vorkommen, zum Beispiel auch im Stolz. Dasselbe Tatsachenurteil wird ganz unterschiedliche Muster von emotionsrelevanten Gründen ergeben, je nachdem, ob wir es einbetten in ein *good reason essay* zum emotionalen Erleben des Ehemannes (Eifersucht) oder einbetten in ein *good reason essay* zum emotionalen Erleben der Frau, die die Blumen erhält (Geschmeicheltsein und Stolz).

Worauf es mir ankommt: Tatsachenurteile spielen in *beiden* Fällen eine emotionsformative Rolle[24] – und bieten dadurch einen Ansatzpunkt für die *Kritik* der Gemütsbewegungen, in denen eine Person aus eben diesen Gründen glaubt, sich zu befinden. Wie wir solche emotionsformativen Tatsachenurteile wiederum aus bestimmten anderen Gründen, alles in allem betrachtet, bewerten – zum Beispiel als „bloße Einbildung", weil gar keine Blumen geschickt wurden, sondern nur die Rede davon war; oder als „irrtümlich", weil die Blumen mit einer Widmung an eine ganz andere Person ankamen; oder als „voreilig", weil der Absender der Blumen der Sohn eines Gärtners ist und unterschiedslos Blumen verschenkt – dies spiegelt sich dann auch in der Art und Weise, wie wir über die aufgrund solcher Tatsachenurteile formierten Gemütsbewegungen selbst denken. Wir sagen dann zum Beispiel, dass die Frau voreilig geschmeichelt war, fälschlicherweise stolz darauf war, bewundert zu werden, oder dass die Eifersucht des Mannes „auf bloßer Einbildung" beruht.

Natürlich können wir die Emotionen, die einer hat, nicht nur aus ihren *formativen* Gründen kritisieren, sondern auch aus Gründen, die sich auf *Konsequenzen* aus Art und Ausmaß einer Emotion beziehen: Wer eifersüchtig ist, tendiert in der Konsequenz, je stärker eifersüchtig desto mehr, zu irrationalen Urteilen über mögliche Rivalen/Rivalinnen, die Eifersucht scheint eine Emotion zu sein, die mehr als andere Gemütsbewegungen Bewertungsgründe für Gründe gibt, die aus der Sicht unbeteiligter Dritter keine guten Bewertungsgründe sind. Die Irrationalität solcher Urteile und die Intensität der Emotion können sich wechselseitig so aufschaukeln, dass wir unter Umständen sagen würden, die Emotion selbst ist irrational geworden. Wir nennen sie etwa „irrsinnige Eifersucht", weil sie zu irrsinnigen Konsequenzen geführt hat.

Die Frage, was Emotionen von anderen Klassen psychologischer Charakterisierungen unterscheidet, ist zu unterscheiden von der Frage, was zwei Emotionen E1 und E2 unterscheidet, sei es der Art nach oder im Einzelfall ihrer Realisierung im Gefühlsleben bestimmter Personen. Hedonistische Werturteile, das heißt an Lust/Unlust orientierte Stellungnahmen in der Dimension angenehm/unangenehm, diskriminieren ebenso wenig wie Tatsachenurteile fein genug zwischen Emotionen, die wir narrativ und phänomenologisch sehr gut unterscheiden können. Unlustvoll empfunden werden zum Bei-

---

[24] Konditionierte Reflexe und Wunschdenken können ebenfalls wichtige Rollen in der Ätiologie emotionaler Zustände und Verläufe spielen, vgl. Lyons 1980, 72.

spiel Neid und Eifersucht gleichermaßen. Es kann mir genauso unangenehm sein, jemanden um etwas zu beneiden, wie es mir unangenehm ist, auf jemanden eifersüchtig
zu sein. Eifersucht und Neid sind beide unangenehme Gefühle. Wie sie sich unterscheiden, möchte ich in einem Exkurs zur Strukturanalyse von Neid und Eifersucht klären
und danach zu der Frage zurückkehren, unter welchen Gesichtspunkten (wenn nicht
unter dem Gesichtspunkt des Unangenehmen und Angenehmen) wir Emotionen kon-
traststärker spezifizieren können.

4. Strukturanalyse der Emotionen Neid und Eifersucht

Was ist Neid? Umgangsprachlich meinen wir mit „Neid" nicht einen der Grundaffekte
(wie Wut, Freude, Ekel, Trauer), sondern ein komplexes Gefühl oder die Disposition, es
zu haben, als Charakterzug von Personen. Die Stärke des Neidgefühls kann vom leichten Anflug bis zur psychisch und auch physisch überwältigenden Intensität reichen (dies
wird deutlich in Redewendungen wie „gelb vor Neid werden", „vor Neid platzen" u. a.).
Der Stimmungscharakter von Neid lässt sich am besten als *flottierende Destruktivität*
beschreiben, die sich gegen das Selbst oder gegen Andere richten kann, oder gegen
beide.[25]

Anders als Stimmungen sind Neidgefühle – wie alle Gemütsbewegungen – stets auf
etwas gerichtet, also nie ohne intentionalen Gehalt. Wer neidisch ist, hat es auf etwas
oder jemanden abgesehen. Komplex ist Neid nicht allein wegen der Vielfalt der möglichen Ausdrucksformen dieser Destruktivität, sondern mehr noch wegen der Verfassung
des intentionalen Gehalts von Neidgefühlen. Denn erstens ist Neid ein *selbstreflexives*
Gefühl: Im Neiden geht es dem Neider um sich (oder einen Aspekt seiner) selbst. Zweitens gehen in die Entstehung von Neidgefühlen *Vergleiche* ein, und zwar *intersubjektive*
Vergleiche: dem Neider geht es um sich in Hinsichten der Ungleichheit seiner selbst zu
anderen. Drittens enthalten Neidgefühle *Wertschätzungen.* Diese haben eine komplexe
Struktur: Logisches Objekt der Bewertung ist nicht nur ein Zustand von mir und ein
Zustand von einer anderen Person, sondern ich bewerte zudem das Verhältnis der ersten
zur zweiten Bewertung (= Bewertung der Differenz von bewerteten Zuständen ver-

---

[25] Eine interessante, allerdings zirkuläre sozialpsychologische Definition geben Hupka u. a.: „In our
    view, envy is characterized by the emotions, cognitions, and behavior associated with [*Spezifische
    Ätiologie von Neid:*] the appraisal of threat and the invidious [*Zirkel: Neid wird über „neidischen
    Vergleich" definiert!*] comparison of one's qualities and achievements with another's, [*Intentionale
    Struktur von Neid:*] accompanied with the implicit or explicit wish to maintain or reestablish equal-
    ity with the envied one. [*Unterbestimmtheit der Äußerungsform von Neid:*] Any response in such a
    situation, whether it is the expression of anger, backbiting, complaints, sadness, dislikes, gossip,
    spite, tears, or wishes, is defined as envy. In the case of romantic envy, the invidious comparison
    applies to perceived aspects of courting relationships and pair bonding." (Hupka u. a. 1985, 425).
    Aber: Sollte man nicht besser den Neid, der sich auf geschätzte Qualitäten von intersubjektiven *Be-
    ziehungen* richtet, in denen man selbst involviert ist, als Eifersucht anstatt als Neid bezeichnen?

schiedener Personen). Der Neider bewertet eine Ungleichheit seiner selbst zu anderen derart, dass er selbst sich dabei abwertet. Neid ist kein monologischer Gefühlsmodus, sondern setzt Einbezogensein eines *Anderen* in den Neid voraus, *an* dem ich selbst eine abschätzige Anschauung *von* mir selbst gewinne.

Viertens ist der Objektbezug, also das, worum eine/r/s im Neidgefühl eines andern beneidet wird, so *arbiträr-variabel*, so quecksilbrig, wie sonst nur noch bei der Angst und dem sexuellen Begehren, den beiden anderen großen, wesentlich phantasiegetriebenen emotionalen Weltbezügen. Und ebenso wie diese (Angst und sexuelles Begehren) ist der Neid, weil wesentlich durch Phantasie angetrieben, auch hochgradig symbolfähig.[26] Alles Mögliche kann zum Objekt von Neid werden, wenn dieses wenigstens zwei Bedingungen erfüllt: Es zu haben muss im subjektiven Blick des Neiders wertvoll (schätzenswert, begehrenswert, glücksbringend, lustvoll, etc.) sein; und es muss einer anderen Person zu eigen sein oder ihr *eher* erreichbar als einem selbst.[27] Unter diesen Bedingungen kann Neid durch alles erregt werden, was als ein Glücksgut subjektiv gelten mag – „bis zum Neid auf Gott, seine Position und Idee"[28]. Man kann anderen Personen sogar den Neid, den sie erregen, neiden oder zum Beispiel einer Katze die selbstgenügsame Freiheit von Neid, die sie an den Tag legt. Neid erscheint uns nicht als ein Prärogativ des Menschen, sondern als eine Emotion, die wir in sehr einfachen Ausprägungen mit vielen Tieren teilen: Sprichwörtlich ist der „Futterneid" der Tiere (und Menschen).

Aus den angeführten vier Struktureigenschaften von Neid (Selbstreflexivität, intersubjektive Vergleiche, mehrstufige Wertschätzungen, arbiträrer Objektbezug) ergeben sich die psychoanalytisch interessanten Eigenschaften von Neid. Das sieht man, wenn man sich den Gedanken, in dem die wesentliche Form eines jeglichen Neidgefühls vollständig artikuliert werden kann, in einer möglichst sparsamen Formulierung klarmacht:

> *Du hast etwas Wertvolles, was nicht zu haben mich spürbar weniger wert macht als ich wert sein will.*

Mit Neid kommen zum einen die narzisstischen Dynamiken der Libido ins Spiel (Selbstideale, Auf- und Abwertungen, Über- und Unterschätzungen). Zudem aber öffnet

---

[26] „Hallo, Mond, ich beneide dich, du kalter Hurenbock", entfährt es dem resigniert-verdrossenen Brick in Tennessee Williams Theaterstück *Cat on a hot tin roof.*
[27] Der anderen Person *eher* als einem selbst. Nicht: der anderen Person im *Gegensatz* zu einem selbst. Die letzte Formulierung ist zu stark. Das übersieht Gonzalo Fernández, der eine der interessantesten Monographien zum Thema Neid geschrieben hat. Zwar akzentuiert Fernández zu Recht, dass objektive Knappheit eines Gutes keine notwendige Bedingung dafür ist, dass Neid auf Besitzer dieses Gutes aufkommt. Aber er übertreibt, wenn er nun statt Knappheit eines Guts dessen subjektive *Unerreichbarkeit* einsetzt: „Neid ist das Missbehagen, das angesichts eines fremden, höheren, begehrten, unerreichbaren und nicht assimilierbaren Glücks empfunden wird" (Fernández 1987, 107). M. E. genügt als eine der notwendigen Bedingungen von Neid, dass der Neider sich selber dem Genuss eines geschätzten Guts ferner glaubt als eine andere Person.
[28] Fernández 1987, 9.

Neid den (narzissmustheoretisch analysierbaren) Funktionskreis *intra*personeller Selbstwertregulierungen für den (objekttheoretisch analysierbaren) Funktionskreis der Regulierung *inter*personeller Interaktion und schließt darüber hinaus beide Funktionskreise mit dem (triebtheoretisch analysierbaren) Funktionskreis der Aggression zusammen.[29]

Anthropologen, die sich mit der historischen und systematischen Rekonstruktion der „spärlichen Literatur"[30] über Neid abgeplagt haben, sind sich einigermaßen einig über den *universalen* und zwar universal *negativen* Charakter von Neid:

> „Nicht alle Kulturen haben Begriffe wie Hoffnung, Liebe, Gerechtigkeit, Fortschritt, aber so ziemlich jede, selbst die des einfachen Naturvolkes, fand es notwendig, den Mitmenschen und seinen Gemütszustand zu bezeichnen, der es nicht ertragen kann, dass ein anderer etwas ist, kann, hat, gilt, das er selber entbehrt, und der deshalb einen Lustgewinn darin findet, es beim andern zerstört zu sehen", obwohl er selbst es dadurch auch nicht bekommt.[31]

Neid erscheint als zugehörig zur menschlichen „Natur",[32] tritt in allen Kulturen und Zeiten auf (wie zum Beispiel Geisteskrankheiten oder Inzesttabus) und ist in fast allen Kulturen (zumindest in einigen seiner Ausdrucksformen) als ein radikal bösartiges Gefühl geächtet worden.

Warum geächtet? Vier Erklärungshypothesen finde ich plausibel: Die soziale Ächtung des Neids verdankt sich den unbändigen destruktiven Triebkräften, die er entfalten kann. Ein weiterer Faktor liegt vielleicht in der mysteriösen Ziellosigkeit des Neids, fehlt dieser Untugend aus dem Katalog der Todsünden doch, anders als den übrigen, ein allgemein einsichtiges konsumatorisches Triebziel.[33] Das macht sie diffus bedrohlich, wie der „scheele Blick" des Neiders Unheil verheißt. Zur sozialen Ächtung und Tabuierung von Neidgefühlen trägt *drittens* wohl auch die doppelt selbstquälerische Natur des Neidgefühls bei: Schon das innere Erlebnis tangiert das Selbstwertgefühl auf unangenehme Weise, es degradiert das Selbst – Neid kann zum verzehrenden und blockieren-

---

[29] Sinngemäß deckt sich das mit der folgenden sozialpsychologischen Bestimmung von Neidzuschreibungen: „a person is perceived as envious when his action is seen as an inappropriate attempt to demean another in order to protect his selfworth" (Silver/Sabini 1978, 109).

[30] Fernández 1987, 103. Als Klassiker gilt Schoeck 1966, ein materialreiches, m. E. aber in der Argumentation sehr unhistorisches Werk. Sehr aufschlussreich dagegen Foster 1972.

[31] Schoeck 1966, 22.

[32] Eine Zusammenstellung von Literatur zu historisch differenzierten Lesarten von Neid findet sich im Anmerkungsabschnitt 6 von Ivan Illichs interessantem Buch *Gender. Eine historische Kritik der Gleichheit* (Illich 1980, 139f.). Illich, dem weniger an einer Psychologie des Neides als an der sozialen Konstitution spezifisch des modernen neidischen Individuums gelegen ist („Besitzindividualismus"), verweist auf Dumouchel/Dupuy 1979: Unter den Bedingungen der kapitalistischen Moderne sei jede wirtschaftliche Entscheidung durchdrungen von einer Vorstellung der Knappheit und impliziere somit eine Art von habsüchtigem Neid, den es in der Vergangenheit kaum gab. „Moderne *produktive* Institutionen fördern und verschleiern gleichzeitig neidischen Individualismus, den die *subsistenzorientierten* Institutionen aller anderen Gesellschaften zu vermindern und bloßzustellen suchten" (Illich 1980, 139).

[33] Vgl. dazu Silver/Sabini 1978, bes. 106f.

den Unlustgefühl werden. Infolge der sozialen Ächtung (des Gefühls) bricht es die Achtung (desjenigen, der das Gefühl zeigt) aber noch einmal: die in der Verachtung des Anderen enthüllte Inferiorität des Selbst ist noch einmal Degradierung des Selbst.[34] Also muss das Selbst Neidgefühle abwehren, um sich Unlust zu ersparen. *Viertens* schließlich lässt sich Neid gewöhnlich nicht in soziale Reziprozität verwandeln: wer neidet, möchte in der Regel keinen Gegenneid erregen.[35] Also ist es in der Regel besser, Neid gar nicht erst fühlen zu müssen.

Aber Neid erregen? Dass Neider zu allem fähig sind, ist ein Topos in der Folklore der ganzen Welt.[36] Neid zu erregen, kann daher Angst machen, kann aber auch Lust wecken, nämlich die narzisstische Lust des Stolzes. Wo solche Lust zu leicht die unerwünschten Schatten der Neidaggression oder der aggressiven Konkurrenz nach sich zieht, hat die konventionelle Sittlichkeit sie stets als Untugend gegeißelt. Man denke an das Laster *superbia*, den hochmütigen (im Unterschied zum wohlverdienten) Stolz. Doch wurde stets auch versucht, auf sicheren Wegen die mächtige Energie des Neids der Ökonomie der sozial vermittelten Selbstachtung zuzuführen, sie zu sublimieren, sie sozialdienlich zu machen. „Besitzstolz" ist in einer Gesellschaft, deren Organisationsprinzip um den vorteilhaften Tausch von Waren kreist, eine Kategorie nicht der verpönten, sondern der lizensierten Neiderregung.

Dass man sich am Neid der andern freuen kann, ja freuen darf, veranschaulicht überaus treffend eine Szene aus Prosper Mérimées Novelle *Eine tragische Leidenschaft*. Die Szene, in der ein junger Mann mit seiner schönen Geliebten im Theater sitzt, führt das Motiv des neiderregenden Besitzstolzes symptomatisch ins Feld des erotischen Markts aus, auf dem, solange dieser Markt patriarchalisch überformt ist, die Frauen es sind, die getauscht werden:

---

[34] Wollte oder müsste der Neider die (vermutete) Überlegenheit des Anderen ausgerechnet durch Aufdeckung seiner inferioren Gefühle auch noch zum Ausdruck bringen, so käme dies einer Bestätigung dessen gleich, wovor er sich am meisten fürchtet. – Hierin liegt der Übergang vom Phänomen des Neids zum Phänomen der Selbstironisierung: Redewendungen wie die, dass man „ja richtig neidisch werden könnte", u. ä. sind ebenso legitime wie harmlose Ausdrücke, die es erlauben, in ein und demselben Atemzug Missgunst *und* Anerkennung zu artikulieren und beides zugleich selbstironisch zu neutralisieren. Wir vermeiden es, Neid zu zeigen, weniger aus moralischen als vielmehr aus Gründen der Eitelkeit: Neid zu zeigen würde ein implizit bewusst gewordenes Minderwertigkeitsgefühl explizit öffentlich machen (vgl. Berking 1991).

[35] Vgl. Schoeck 1966, 18.

[36] In seiner Abhandlung von 1919 über „Das Unheimliche" schreibt Freud über die verbreitete Angst vor dem bösen Blick: „Die Quelle, aus welcher diese Angst schöpft, scheint niemals verkannt worden zu sein. Wer etwas Kostbares und doch Hinfälliges besitzt, fürchtet sich vor dem Neid der anderen, indem er jenen Neid auf sie projiziert, den er im umgekehrten Falle empfunden hätte. Solche Regungen verrät man durch den Blick, auch wenn man ihnen den Ausdruck in Worten versagt (...). Man fürchtet also eine geheime Absicht zu schaden, und auf gewisse Anzeichen hin [z. B. „böser Blick"] nimmt man an, dass dieser Absicht auch die Kraft zu Gebote steht." (Freud 1919, 253).

„Er blickte verstohlen über das volle Haus und gewahrte mit Genugtuung eine Anzahl Opern-
gläser von Bekannten auf seine Loge gerichtet. Der Gedanke, dass seine Freunde ihm sein
Glück neideten und ihn viel weiter wähnten, als er war, gewährte ihm höchste Befriedigung."

Die notwendige Kontrolle (Anreizung, Unterdrückung, Zügelung, Lenkung, Kanalisie-
rung, Verschiebung) sowohl der Anlässe des Beneidens wie auch der Lust und der
Angst des Beneidetwerdens sowie der im Ausdruck von Neid erweckbaren Energien, all
dies fordert zur Ausbildung vielfältiger Abwehr- und Bewältigungsformen auf. Solche
lassen sich auf allen unterscheidbaren Aggregierungsstufen des sozialen Lebens nachweisen: im individuellen Seelenleben nicht minder als in den konventionellen Regeln
für zulässigen und verpönten Ausdruck von Missgunst im geselligen Leben, in stam-
mesgesellschaftlichen Initiationsriten,[37] in universalen Deutungsmustern der Gerechtig-
keitsmoral,[38] in ökonomischen Institutionen des Wirtschaftens und anderen. Doch liegen solche Abwehr- und Bewältigungsformen keineswegs offen zutage. Neid ist ein
Tabuthema. Über Eifersucht, das strukturell komplexere, ontogenetisch weniger primitive Gefühl, lässt sich reden. Über Neid nicht. Deshalb wird oft in der Sprache von
Eifersucht beschrieben, was der Sache nach Neidphänomene sind. Solchen Um-
Schreibungen begegnet man allerorten. Man sieht durch Neid hindurch wie durch Glas,
außer man rennt dagegen, zum Beispiel in Gestalt des „Sozialneids" ganzer Bevölkerungsgruppen oder als vandalistischer[39] Exzess. Neid produziert, nach Mario Erdheims
Wort, seine eigene „gesellschaftliche Unbewusstheit". Das setzt sich bis in die geistes-
und sozialwissenschaftlichen Theorien hinein fort.

Auch Freud hat sich im allgemeinen mit Eifersucht, Rivalität, ödipalen, also triadi-
schen Konstellationen viel mehr beschäftigt als mit den strukturell primitiveren des
Neids.[40] Mit Ausnahme der Kleinianer, für die Neid eine angeborene Reaktion zu sein
scheint,[41] hat die psychoanalytische Theorie Neid direkt eigentlich nur als Geschwister-
neid thematisiert und, innerhalb der Theorie der psychosexuellen Ontogenese, als den
Penisneid der Frau. Allenfalls lässt sich noch Freuds kulturtheoretisches Denkmodell
des Vatermords in der Urhorde als ein indirektes Lehrstück über Neid und dessen de-
struktiv-konstruktive Ambivalenz lesen. Denn nicht zuletzt aus Neid aufs väterliche
Monopol heterosexueller Befriedigung töten die Brüder den Vater – nicht aus Eifersucht, denn dazu fehlt ihnen die *Gewissheit eines berechtigten Anspruchs* auf die Gunst
der Frauen, während Neid gleichsam „nicht nach dem Recht, sondern einfach nach der
Begehrbarkeit des Versagten fragt",[42] gleichgültig, ob das Gut deshalb entbehrt wird,

---

[37] Sehr aufschlussreich hierzu: Bettelheim 1975.
[38] Die Umdeutung von legitimen Forderungen sozialer Gerechtigkeit in Rationalisierungen von Res-
sentiments der Ungleichen, Schwachen, Unterlegenen, etc. ist ein beliebtes Thema der „Moral-
Entlarvung", von Nietzsche bis Schoeck.
[39] Vgl. Schoeck 1966, 70.
[40] Vgl. Spielman 1971, bes. 65.
[41] Deren Auffassungen ich aber nicht teilen kann, vgl. die m. E. überzeugende Kritik bei Joffe 1969.
[42] Simmel 1922, Kap. 4, 211.

weil der Andere es hat und einem weggenommen hat oder ob der Andere es an einen abtreten könnte oder sollte.

Soviel zum Neid. In den Abschnitten 2 und 3 habe ich die Emotion Eifersucht bereits als Beispiel herangezogen. Eifersucht ist eine analytisch interessante Emotion, weil sie komplex ist und von Abwertungen verstellt wird. Auch Peter Goldie beschließt seinen philosophischen Kontextualisierungsversuch von Emotionen mit einer Analyse von Eifersucht. Ihm zufolge kann man eifersüchtig sein, ohne auf eine bestimmte Person eifersüchtig zu sein, und die Eifersucht kann auch in einer von erotischen Beziehungsqualitäten freien Beziehung auftreten.[43] Ersteres halte ich für einen Grenzfall, Goldies Beispiel für randständig („I might be jealous because my wife is spending so much time at her work"), trotzdem ist der Vorschlag überzeugend, als Bezugsobjekt der Eifersucht nicht direkt eine Einzelperson, sondern *eine Geschichte* anzunehmen. Der unglücklich verheiratete Posdnyschew ist auf den Geiger Truchatschewskij eifersüchtig, aber nicht auf Truchatschewskij *als solchen*, sondern auf ihn als auf die Person, die in einer bestimmten Geschichte, die Posdnyschew teils wirklich erlebt, teils zu erleben sich einbildet, eine bestimmte Rolle spielt.[44] Auch Goldies zweite These erscheint mir phänomenologisch falsch. Wie weit können sich Eifersuchtsgefühle von allem Erotischen entfernen? Gewiss, „a student might be jealous because her tutor is now neglecting her philosophical ideas and giving all her attention to the ideas of a new student", doch ist zweifelhaft, ob wir wirklich auch dann noch von Eifersucht sprechen würden, wenn jene Aufmerksamkeit, deren Umlenkung sie hervorruft, frei von jeglicher libidinösen Besetzung wäre?

Man könnte meinen, gerade Eifersuchtsgefühle fielen besonders leicht und besonders weit aus jedem Rationalitätsbezug heraus. Eifersüchtige sind oft auf erschreckende Weise parteilich, das heißt sie bewerten, was sie nicht wollen, das man ihnen antue, völlig anders, als wenn sie selbst diejenigen sind, die anderen das Nämliche antun. Und wenn Eifersuchtsgefühle von Personen Besitz ergreifen, neigen diese Personen leichter zu destruktivem und selbstdestruktivem Verhalten als bei vielen anderen Arten von Gefühlen, Neid vielleicht ausgenommen. Eifersüchtige geraten schnell in ein Weltverhältnis so hinein, dass die Welt, wie sie für den Eifersüchtigen dadurch aussieht, dass er eifersüchtig ist, kaum noch kognitive Widerlager für Korrekturen enthält, so dass eine eifersüchtige Welterfahrung mehr als andere – zum Beispiel eine traurige, freudige oder von Ekel bestimmte Welterfahrung – sich zirkulär bestätigen, immunisieren und verfestigen kann. In Tolstois *Kreutzersonate* (Abschnitt 25) erinnert sich Posdnyschew, der im Eifersuchtswahn seine Frau erstochen hat, wie seine eifersüchtigen Ahnungen sich zu einer überwertigen Idee verdichten:

> „Seit ich im Zug saß, konnte ich meiner Einbildung nicht mehr Herr werden, und sie begann
> mir ununterbrochen mit außergewöhnlicher Deutlichkeit meine Eifersucht entflammende Bil-

---

[43] Goldie 2000, 224f.

[44] Mein Beispiel ist einer der genauesten literarischen Analysen pathologischer Eifersucht entnommen, das mir bekannt ist, Leon Tolstois später Erzählung *Die Kreutzersonate*.

der vorzuzeichnen, eines nach dem anderen, und alle bezogen sich auf dasselbe – auf das, was während meiner Abwesenheit dort vorging und wie mir die Treue brach. – Ich brannte vor Unwillen und Zorn und berauschte mich an meiner Erniedrigung, indem ich diese Bilder betrachtete, und vermochte nicht, den Blick von ihnen abzuwenden, vermochte sie nicht auszulöschen und zu bannen. Und nicht genug daran: je mehr ich mir solche Phantasiegebilde ausmalte, desto mehr glaubte ich an ihr wirkliches Vorhandensein. Die Deutlichkeit, mit der diese Bilder mir vor Augen traten, dienten mir gleichsam als Beweis, dass das, was ich mir einbildete, Wirklichkeit war. Irgendein Teufel ersann geradezu wider meinen Willen die entsetzlichsten Dinge und flüsterte sie mir ins Ohr."

Gegen den *deus malignus* Eifersucht verschlägt keine kartesische Selbstvergewisserung. Eifersucht lässt sich sowenig kontextfrei moralisch bewerten wie andere Gefühlsbewegungen. Man kann nicht einmal sagen, dass Eifersüchtige diejenigen, denen ihre Eifersucht gilt, dadurch eo ipso verdinglichen, wie Besitztümer behandeln oder auf unrechte Weise in ihrer Freiheit einschränken.[45] Moralisch zu verantworten haben wir das, was wir durch unsere Eifersucht anrichten: wie die Konsequenzen unseres eifersüchtigen Tuns und Lassens anderer, die im Rahmen unserer Moralauffassung zählen, zum Guten oder zum Schlechten geraten. Eine solche Bilanz muss nicht immer ein negatives Ergebnis haben. Womöglich wurde am Ende eine hochbedeutsame Beziehung gerettet, wurde mehr Leid durch weniger Leid abgewendet, ist Lebenssinn erhalten, sind Achtung und Selbstachtung bewahrt worden. Womöglich bleiben aber auch am Ende alle Betroffenen oder sogar Unbeteiligte verletzt oder tot auf dem Schlachtfeld von Racheaktionen, die von unkontrollierbaren Verlustängsten und Rivalitätskämpfen ihre Antriebe beziehen.[46]

Machen wir uns auch hier wieder aus der Sicht eines Eifersüchtigen den Gedanken klar, in dem die wesentliche Form einer jeglichen Eifersuchts-Emotion vollständig artikuliert werden kann.[47] In einer möglichst sparsamen Formulierung kann er lauten:

Du entziehst mir eine exklusive Wertschätzung und gibst sie einer anderen Person, was mich spürbar weniger wert macht, als ich sein will.

Eifersuchtsgeschichten sind Dreiecksgeschichten mit mindestens einem Verlierer. Daher das Gefühlsmoment der Verlustangst. Wäre dem Eifersüchtigen A an der Wertschätzung von B nicht sehr stark gelegen oder wäre die Wertschätzung (aus der Sicht

---

[45] Vgl. Goldies Ehrenrettung der Eifersucht gegen Taylors moralisierende Pauschalverurteilung, Goldie 2000, 238; Taylor 1988.

[46] In literarischen Darstellungen von Eifersucht stehen Fridolin und Albertine in Arthur Schnitzlers *Traumnovelle* exemplarisch für einen guten Ausgang einer Eifersuchtsgeschichte – die Personen haben etwas über sich und ihre Beziehung erfahren, was ihnen helfen kann, die Freiheit erotischer Anziehungen anzuerkennen, Schnitzler 1992 (zuerst 1926). Einen mörderischen und selbstdestruktiven Ausgang – solche Ausgänge überwiegen in der „Eifersuchtsliteratur" – erzählt Tolstois *Kreutzersonate*, das große Vorbild freilich bleibt Shakespeares *Othello*.

[47] Eine reichhaltige Kasuistik von Eifersuchtsgeschichten gibt die Paartherapeutin Hildegard Baumgart (vgl. Baumgart 1985, bes. 286–364). – Den Zusammenhang von exklusiver Wertschätzung und Intimbeziehungen habe ich an einer Romananalyse beschrieben (vgl. Kettner 1991).

von A) nicht exklusiv, das heißt andere ausschließend, dann wäre die Gemütsbewegung grundlos. Da die Beziehung, in der die Wertschätzung für A liegt, exklusiv ist, droht A zu verlieren, was C gewinnt, das macht C und A zu Rivalen. In Verlustangst gründende Aggression gegen den Rivalen ist für viele Eifersuchtsgeschichten prägend. Dass die Beziehung, in der die Wertschätzung für A liegt, von A nicht kontrolliert werden kann, sondern von B verändert wird, bedeutet für A Abhängigkeit von B, nicht aber für B Abhängigkeit von A, also eine Machtasymmetrie, die sich im Extrem zum Ausgeliefertsein steigert. Hierin gründende Ohnmachtsgefühle geben typischerweise ihrerseits Grund zu Rückzug oder, einmal mehr, zu Aggression, diesmal gegen B, oder verschoben, gegen C. Die Beziehung, in der die Wertschätzung für A lag, von B auf C übertragen vorgestellt, stattet C mit etwas Wertvollem aus, das nicht mehr zu haben A spürbar weniger wert macht, als A wert war und eigentlich auch weiterhin sein will. An dieser Stelle der Analyse wird der Übergang zur Emotion des Neides innerhalb der komplexeren Emotion der Eifersucht deutlich. Der mit dem in Eifersucht eingebetteten Neid einhergehende Selbstwertverlust ist eine Möglichkeit weiterer Gründe für aggressives Verhalten (gegen B oder C oder von A gegen sich selbst). Das Aggressionspotential der Emotion Eifersucht ist beträchtlich. Tatsächlich operieren alle emotionsreformerischen Programme zur Abschaffung von Eifersucht daran, Beziehungsintensitäten zu verringern (zum Beispiel durch Verteilung erotischer Beziehungen auf viele Personen), Exklusivität durch Inklusivität zu ersetzen (zum Beispiel durch Ächtung von „Besitzdenken") und drohende Machtasymmetrie durch wechselseitige Zugeständnisse in eine reziproke, vermeintlich erträglichere Form zu bringen.

5. Individuierung von Emotionen durch gefühlte Handlungstendenzen

Ich nehme nun die Frage wieder auf, unter welchen Gesichtspunkten sich Emotionen möglichst kontraststark spezifizieren lassen und vertrete die These, dass wir, wenn wir zwischen zwei Emotionen E1 und E2 unterscheiden wollen, auch charakteristische Handlungstendenzen unterscheiden können sollten, die die Personen, die die Emotionen haben, als mit diesen Emotionen verknüpfte Handlungstendenzen für sich fühlen. Emotionen können nicht verschieden und doch in allen charakteristischen Handlungstendenzen gleich sein.

Psychotherapeutische Erfahrungen legen es nahe, dass die kontraststärkste Weise, Emotionen zu spezifizieren, in der Ausweitung des hedonistischen thematischen Fokus (Lust/Unlust) auf *handlungsnahe* Fragen besteht. Die Frage „was hat die Person P (in der Situation S) erlebt?" ist nicht vollständig beantwortet, solange Ps Antwort nicht klar macht, wie P selbst sich (in S) gefühlt hat. Und Emotionen signalisieren – als Ausdruck, Anzeige, Symbol, Signal oder in welchen semiotischen Kategorien auch immer –, wie jemand sich bei etwas fühlt. („Emotions tell you how you feel.") *Dies, wie ich mich bei etwas fühle* (zum Beispiel beim nächtlichen Warten auf den Bus mit jemandem, dem ich nicht bei Nacht über den Weg laufen möchte), ist nun seinerseits ein Teil (Metonym) einer Motivationslage bzw. einer Intentionalitätsstruktur. Deshalb erfährt man am besten, wie jemand sich bei etwas gefühlt hat, wenn man fragt, *wonach ihm dabei zumute war* bzw. *was er gerne gemacht hätte* (zum Beispiel ganz unauffällig im Boden versinken).

Solche Verweise auf Handlungsimpulse sollten wir berücksichtigen, wo wir von „Intentionalität" sprechen. Dass die non-technische Bedeutung von „Intention" einfach „Handlungsabsicht" ist, ist vielleicht doch kein semantischer Zufall. Die intentional erlebte Welt ist die Welt so interpretiert, dass sie einer handlungsfähigen Person Beweg- und Bewertungsgründe gibt. Ich möchte nicht die sehr starke These behaupten, dass Emotionen Handlungstendenzen *sind*,[48] sondern nur die etwas schwächere These, dass wir Emotionen in Supervenienzbeziehungen zu Handlungstendenzen konzeptualisieren und daher die Individuierungsfrage, was für eine Emotion eine bestimmte Emotion ist, am besten mit der Bestimmung der Handlungstendenzen der betreffenden Emotionen zu beantworten versuchen.

Emotionen in Supervenienzbeziehungen zu Handlungstendenzen zu konzeptualisieren heißt, von der Annahme auszugehen, dass eine Emotion E1 dann, wenn sie sich von einer anderen Emotion E2 unterscheidet, nicht genau dieselben Handlungstendenzen wie E2 haben kann. Anders gesagt: Es ist nicht möglich, Differenzen zwischen Emotionen ohne Differenzen ihrer Handlungstendenzen zu machen; aber es ist möglich, dass ein und dieselbe Emotion mit einer Reihe unterschiedlicher Handlungstendenzen einhergeht.

Aber kann jemandem aus Wut nicht ebenso „zum Heulen zumute" sein wie aus Trauer? Der Einwand, dass *dieselbe* Handlungstendenz dasjenige sein kann, wozu *verschiedene* Emotionen einem Grund geben können, übersieht, dass die These nur behauptet, nicht alle Handlungstendenzen der sie fühlenden Personen könnten gleich sein, wenn die Emotionen, in denen sie gründen, nicht gleich sind. Die Gemütsbewegungen werden um so deutlicher und voneinander unterscheidbar, je mehr Handlungstendenzen die sie fühlende Person mit ihnen in Verbindung bringt. Dem Wütenden ist vielleicht nicht nur zum Weinen, sondern auch zum Zuschlagen zumute, dem Trauernden vielleicht zum Versteinern. Das letzte Beispiel zeigt, dass wir uns für gefühlsindividuierende Handlungsimpulse nicht auf das Vokabular von Handlungen, die wir tatsächlich ausführen können, beschränken sollten, sondern zudem die metaphorische und phantastische Handlungssprache zulassen sollten, über die wir alltagssprachlich verfügen.

6. Die Rationalität einer Emotion wird durch ihre Gefühlsgründe bestimmt

Die Beispiele für die Gemütsbewegung Eifersucht haben schon gezeigt, dass die Gemütsbewegungen einer Person (1.) formative Gründe haben und (2.) konsequentiell der Person auch Beweggründe, sich so und so zu verhalten, und Bewertungsgründe, Gründe so und so zu bewerten, geben können. Zusammenfassend können wir solche Gründe

---

[48] Wie Frijda 1986 offenbar meint; vgl. Scherer 1990, 351.

„Emotionsgründe" nennen. Unter beiden Aspekten lassen sich die Emotionen einer Person im Rahmen von Problematisierungs- und Begründungspraktiken diskursiv transparent machen, zumindest erlauben sie den Versuch.

Dasselbe gilt noch von einem weiteren Aspekt, nämlich (3.) dem Verhältnis der beiden erstgenannten Aspekte zueinander. Was ich aufgrund der Emotion E dachte, empfand, phantasierte, tat usw. – stand das in einem *irgendwie berechtigten* Verhältnis zu den Gründen für meine Gemütsbewegung? Gegen Gründe, die unter den drei Aspekten angeführt werden können, können denkbare Gegengründe erwogen werden. Das genügt als Erweis der Behauptung, dass Emotionen eine Erscheinungweise diskursiver Rationalität sind.

Wie steht es um die Verallgemeinerbarkeit oder interpersonelle Projizierbarkeit von Emotionsgründen? Wir können verschiedenartige Beschränkungen unterscheiden. Betrachten wir eine vitale Empfindung (die als solche noch keine Emotion ist): Dass eine Heißhungerempfindung zum Beispiel als ein guter Grund dafür gelten darf, einen Wunsch nach Nahrungsaufnahme zu haben, wird sich auf alle Menschen beziehen lassen, die die Eigenschaft haben, dass sie eine normale physiologische Konstitution und keine besonderen Gegengründe gegen Nahrungsaufnahme haben (etwa Gründe, die sich aus Diät-Programmen ergeben). Stellen wir uns aber Wesen vor, die zwar Vernunft, aber keine Mägen hätten und sich nicht einmal denken können, wie es für sie wäre, Mägen zu haben, weil sie keine Nahrung aufnehmen müssen, dann endet die Projizierbarkeit dieser rationalen Bewertung des betreffenden Grundes. Das Beispiel muss als Andeutung des großen Stellenwerts *biologischer Constraints* für die Verallgemeinerbarkeit von Gründen genügen. Nehmen wir also an, wir beziehen uns nur auf Wesen, denen wir eine natürliche organismische Konstitution und Lebensformen unterstellen, die wir für menschentypisch halten.

Wie steht es dann mit spezifisch *kulturellen Constraints* für die Verallgemeinerbarkeit spezifisch von Emotionsgründen? Können wir Heutigen zum Beispiel die Gefühlsgründe von Odysseus, die das inständige Flehen des Geists des toten Kriegsgefährten Elpenor ihm dafür gibt, Elpenors Leichnam feierlich zu bestatten, nachvollziehen und rational bewerten?

> Es „kam die Seele von unserem Gefährten Elpenor.
> Denn er ruhte noch nicht in der weitumwanderten Erde,
> Sondern wir hatten den Leichnam in Kirkes Wohnung verlassen,
> Weder beweint noch begraben, uns drängten andere Sorgen.
> Weinend erblickte ich ihn und fühlete herzliches Mitleid; (...)
> Darauf begann er mit schluchzender Stimme: (...) erfindungsreicher Odysseus,
> Ach ein feindlicher Geist und der Weinrausch war mein Verderben!
> Schlummernd auf Kirkes Palast, vergaß ich in meiner Betäubung,
> Wieder hinab die Stufen der langen Treppe zu steigen,
> Sondern ich stürzte mich grade vom Dache hinunter; der Nacken
> Brach aus seinem Gelenk und die Seele fuhr in die Tiefe.
> Doch nun fleh ich dich an bei deinen verlassenen Lieben,
> Deiner Gemahlin, dem Vater, der dich als Knaben gepfleget,

Und bei dem einzigen Sohne Telemachos (...) gedenke meiner, o König:
Laß nicht unbeweint und unbegraben mich liegen,
Wann du scheidest, damit dich der Götter Rache nicht treffe,
Sondern verbrenne mich samt meiner gewöhnlichen Rüstung,
Häufe mir dann am Gestade des grauen Meeres ein Grabmahl,
Dass die Enkel noch hören von mir unglücklichem Manne!
Dieses richte mir aus und pflanz auf den Hügel das Ruder,
Welches ich lebend geführt in meiner Freunde Gesellschaft.
– Also sprach er; und ich antwortete wieder und sagte:
Dies, unglücklicher Freund, will ich dir alles vollenden.
– Also saßen wir dort und redeten traurige Worte."[49]

Wir erfassen hier Gründe der feudalistischen Familienliebe, Gründe der archaischen
Pietät, Gründe der Heroensorge um die rühmliche Erinnerung unter den Nachkommen,
Gründe der Solidarität unter Kriegsgefährten. Diese Gründe kommen einer kulturspezi-
fischen Erinnerung von Verbindendem gleich, einer Wiedervergegenwärtigung von
solchen Wertorientierungen, die zur Identität von Mitgliedern ein und derselben Kultur
gehören. Dass Elpenor die Gründe, seiner Bitte zu entsprechen, Odysseus *in Gestalt von
emotionalen Bewertungen* gibt, und nicht einfach auf den Zorn der Götter hinweist, den
Odysseus doch sicher, klug wie er ist, wird vermeiden wollen, macht die Gründe zu
überzeugenden Beweggründen für Odysseus. Dass Elpenor seine Gründe in Gestalt von
emotionalen Bewertungen geben *kann*, verdankt sich der Tatsache, dass die bestimmten
Wertorientierungen, die diese Gründe wiedervergegenwärtigen, kulturell konventionell
repräsentiert sind, nicht individuell idiosynkratisch, und dass beide, Elpenor und Odysseus, einander als Repräsentanten eben jener Kultur begegnen. Kurz gesagt: Elpenor
kann Odysseus durch Appell an dessen Gefühle gute Beweggründe geben (ihn rituell zu
beerdigen), *weil* die Gefühle, an die Elpenor appelliert, soziale Bindungskräfte[50] in der
Kulturgemeinschaft sind, mit der beide identifiziert sind.[51]
Wir können genügend kulturhistorische Vertrautheit herstellen, um die kulturrelati-
ven spezifischen Prämissen zu rekonstruieren, die *zwischen* unser Verständnis von Familienliebe, Pietät, Ruhmsucht und Soldatensolidarität und das von Odysseus und Elpenor treten. Es gibt keinen guten Grund für uns, zu denken, dass es unmöglich ist, dass

---

[49] *Odyssee*, XI. Gesang, 50–80, in der Übertragung von J. H. Voß. Das Beispiel stammt von Roger
Scruton 1980, der damit auf den Beitrag hinweisen will, den die *Konventionalisierung* von Emotionen – die übrigens auch erlaubt, von „Gefühlsregeln" zu sprechen, d. h. von Regeln, die regeln,
was jemand bei welchen Gelegenheiten hinsichtlich wovon und wem gegenüber fühlen *sollte* – zur
symbolischen Reproduktion einer kulturell geteilten Lebenswelt beiträgt: Emotion als Erinnerung
kulturspezifisch (d. h. relativ) authentischer Wertorientierungen.

[50] Vgl. Brandstätter 1990, Abschnitt 4, 454–456.

[51] Eine ähnliche kulturanthropologische Ansicht über Emotionen entwickelt Robert Solomon, der
Emotionen als „Brennpunkte unserer Weltanschauung" charakterisiert. „Als Brennpunkt unserer
Weltanschauung ist eine Emotion ein Netzwerk von Begriffs- und Wahrnehmungsstrukturen, innerhalb dessen Gegenstände, Menschen und Handlungen Bedeutung erlangen und ihnen ein Platz
in einem dramatischen Szenarium zugewiesen wird." (Solomon 1981, 240).

wir selbst jene Prämissen hätten. Die Welt, in der Elpenors Gefühlsgründe für Odysseus ihre zwingende Berechtigung haben, ist eine mögliche Welt, die wir grauenhaft finden mögen, aber dennoch konkret durchdenken können, etwa indem wir unserer *education sentimentale* mit geeigneter fiktionaler Literatur und historischer Belehrung nachhelfen. Unsere Verständigung über gute Gründe ist *vis-à-vis* Odysseus' Gefühlsgründen in keiner prinzipiell anderen Lage als der, in der wir sind, wenn wir zum Beispiel die Überzeugungsgründe rekonstruieren, mit denen antike Philosophen für ihre Philosopheme argumentierten. Angenommen aber, Lebensformen oder organismische Konstitution derer, deren Gefühlsleben wir nach seinen Emotionsgründen in unserem Raum der Gründe erfassen und beurteilen wollen, weichen immer mehr von dem ab, was wir als menschentypisch gelten lassen wollen, dann werden zuerst die Rationalitätsbeurteilungen haltlos werden und irgendwann wird selbst die verlässliche Identifizierbarkeit von Gefühlsregungen zusammenbrechen.

7. Emotion, Empfindung und Affektation

Eifersüchtig sein impliziert nicht, dass es ein ganz bestimmtes Gefühl, genannt Eifersuchtsgefühl gibt, das jede eifersüchtige Person gleich empfinden müsste. Wenn A auf B eifersüchtig ist und C auf D, folgt nicht, dass es ein Gefühl gibt, das A genau so empfinden müsste, wie C es empfindet. Begleiten können alle möglichen Empfindungen (oder „Gefühle" in einem losen Sinne des Wortes „Gefühl") die Emotion des Eifersüchtigseins, zum Beispiel Kopfschmerz, und kein einziges zeigt sicher das Eifersüchtigsein an. Eifersüchtigsein ist nicht identisch mit dem Empfinden/Fühlen eines bestimmten Gefühls.[52]

Nur *irgend* ein Gefühl, das zu fühlen unangenehm ist und das eine Person, die sich als eifersüchtig erlebt, in direkten Zusammenhang mit ihrer Eifersucht bringt, muss es wohl geben. Denn wenn eine Emotion erlebt wird, muss irgendetwas empfunden/gefühlt werden, und wenn irgendetwas empfunden/gefühlt wird, lässt sich stets fragen, ob das angenehm oder unangenehm ist.

Man kann über diese hedonistische Wertdimension noch hinausgehen. Von dem Marburger Psychologen Werner Traxel stammt der sachlich interessante (obgleich heute vergessene) Versuch, unter Wahrung der Phänomene – das heißt unter Einteilungsaspekten, die auf wirklichen Erlebnismerkmalen beruhen und insofern auch etwas Reales bezeichnen – „die Gesamtheit der emotionalen Qualitäten bzw. der Motivierungen" auf drei voneinander unabhängige „Erlebnisrichtungen", nämlich des *Angenehm-Unangenehmen,* der *Unterwerfung-Überhebung* und des *Grads der Aktivierung* zu bringen.[53] „Dabei sind die beiden ersten Dimensionen als bipolare Achsen zu denken, wäh-

---

[52] Vgl. Dorschel 1994, 163.
[53] Traxel 1962, 160.

rend einiges dafür spricht, dass die dritte Achse als unipolar anzunehmen ist"[54]. Je weiter ein Gefühl vom Nullpunkt der beiden bipolaren Koordinaten entfernt ist, um so ausgeprägter sind seine Gefühlsqualität, seine Eindeutigkeit und die Klarheit der emotionalen Stellungnahme, die die bestimmte, diesem Gefühl entsprechende Handlungsrichtung für die Person, die es hat, angibt. Interessanterweise lässt sich Traxel von dem in der Begriffsgeschichte der *passiones* mitgeschleppten Semantik der Passivität nicht in die Irre führen. Gefühle, Emotionen, sind Handlungsdispositionen, Motivierungen, also aktivisch, antreibend. Im Ausgang

> „von Erfahrungstatsachen (...) finden wir als Motivationserlebnisse zweifellos bestimmte Emotionen vor, die (...) als Antriebe zum Handeln erlebt werden, denen das Moment der Aktivität zukommt und die je nach ihrer Qualität mit verschiedenen Handlungsweisen in Beziehung stehen. (...) Dabei ist von besonderer Bedeutung, dass Emotionen nicht für sich existieren, sondern an bestimmte Inhalte des Wahrnehmens oder Vorstellens, an Objekte, geknüpft sind. Denn hierdurch erhalten sie erst ihren Bezug zur Umwelt des Individuums und ihre Funktion in seinem Leben".[55]

Tatsächlich lassen sich im Rahmen der drei Dimensionen – Lust, Macht, Aktivierung – viele Beziehungen psychologisch plausibel interpretieren, die bestehen zwischen Angst, Scham, Kummer, Schreck, Neid, Traurigkeit, Reue, Gleichgültigkeit (im Quadranten von Submission und Unangenehm), Abscheu, Überdruss, Eifersucht, Ungeduld, Hass, Misstrauen, Zorn, Trotz, Verachtung, Ehrgeiz (im Quadranten von Dominanz und Unangenehm), Anteilnahme, Sehnsucht, Dankbarkeit, Staunen, Verehrung, Hoffnung, Zufriedenheit, Zärtlichkeit, Zufriedenheit (im Quadranten von Submission und Angenehm), Neugierde, Begehren, Schadenfreude, Stolz, Kampflust, Übermut, Begeisterung, Freude, Triumphgefühl (im Quadranten von Dominanz und Angenehm).

Was wir von einer Emotion wie Eifersucht zu fassen bekommen im unmittelbaren Empfinden, hat nicht mehr, wie die volle Emotion, drei Aspekte, unter denen es nach seinen Gründen diskursiv transparent werden kann, sondern nur noch einen: Ein Gefühl des Angenehmen oder Unangenehmen zu empfinden kann einem konsequentielle Gründe (= Gründe zu etwas) *geben* – das Unangenehme gibt uns normalerweise Gründe, es irgendwie loswerden zu wollen[56] – aber es beruht seinerseits nicht mehr so auf formativen Gründen, wie die volle Emotion. Denn eine qualitativ bestimmte Empfindung ist, was sie ist, gleichgültig dagegen, ob ich weiß, auf welchen Gründen sie beruht oder ob sie überhaupt Gründe hat. Daher greifen hier auch keine möglichen Gegengründe. Etwas als angenehm oder unangenehm zu empfinden, ist jenseits diskursiver Kritik, weil es keine bestimmten Gründe als Grundlage hat oder braucht.

Das aktuale Empfinden eines Gefühls als angenehm oder unangenehm können wir „Affektation" nennen und kommen so zu der Behauptung: *Keine Gemütsbewegung*

---

[54] Traxel 1962, 160.
[55] Ebd. 157f.
[56] Auf diesem Gedanken basiert die Strukturanalyse von Emotionen in dem sehr interessanten Buch von Patricia S. Greenspan (dies. 1993).

ohne irgendeine Affektation. Den eifersüchtigen Hotelbesitzer Paul in Chabrols Film zum Beispiel macht der Gedanke rasend, seine Frau Nelly könnte ihn mit jenem bestimmten Gast, der ihr fünfmal die Woche Blumen schickt, betrügen. Dass die Affektation, die qualitative Empfindung des Rasendwerdens, sich für die Person selbst auf jenen Gedanken – dass da ein Mann ist, der Nelly fünfmal die Woche Blumen schickt – bezieht, dadurch unterscheidet sich das emotionsfreie einfach Im-Sinn-Haben oder Fassen jenes Gedankens von dem emotionalisierten Im-Sinn-Haben oder Fassen desselben Gedankens dann, wenn der Gedanke ein Element der Emotion Eifersucht geworden ist (wie bei Paul). Gleichgültig, ob sich die Affektation auf eine Überzeugung, etwas sei der Fall, bezieht, oder auf eine Phantasie oder auf eine Vorstellung, was sein könnte – eine Emotion muss einen *intentionalen Gehalt* haben, in den sich die Affektation einschreibt: die intentionale Struktur der Emotion. Und dieser intentionale Gehalt seinerseits muss einen *propositionalen Gehalt* enthalten. Wie bereits gesagt: Wie andere Emotionen, hat auch Eifersucht „Bezug auf eine Lage der Dinge", das heißt Bezug auf dies und jenes, was dem Eifersüchtigen tatsächlich der Fall zu sein scheint, zum Beispiel dass seine Frau öfters lange Bootsfahrten mit einem Freund unternimmt.

8. Affektation, intentionaler Gehalt und propositionaler Gehalt

Mit der etwas hilflosen Metapher vom „Sicheinschreiben der Affektation" meine ich, dass der intentionale Gehalt der Gemütsbewegung nicht nur kontingent mit der Affektation verbunden ist, etwa wie der Anblick eines verschmähten Nahrungsmittels ein automatisiertes Ekelgefühl auslösen mag. Vielmehr artikuliert der intentionale Gehalt der Gemütsbewegung nur dasjenige, was die Affektation in sinnlicher aber objektlos-subjektiver Gewissheit nur erst unmittelbar indiziert. Der intentionale Gehalt kann verbunden sein mit einer Komponente, der Wahrheitsbedingungen im üblichen Sinne zugeschrieben werden, das heißt mit einem *propositionalen* Gehalt:

> Jemand kann sich davor, *dass der Nikolaus Schläge austeilen wird* (= propositionaler Gehalt) so fürchten (dies enthält eine Affektation des Unangenehmen), dass er *sich am liebsten verkriechen würde* (= intentionaler Gehalt).

Die begriffliche Verfassung von Gemütsbewegungen lässt sich dann folgendermaßen schematisch darstellen. Der Gedanke, dass eine Person P die Gemütsbewegung E hat oder fühlt, hat die folgenden Strukturmomente, die das Profil bilden, an dem die diskursrationale Modellierung von Gemütsbewegungen in unserem Raum der Gründe ansetzen kann.
Die Elemente:
Personen P_1, ...
Ein angenehmes oder unangenehmes Gefühl a (= „Affektation")
Ein intentionaler Gehalt i (von a)

Ein propositionaler Gehalt p von i

Ein Werturteil w (über p (von i (von a))), das von P selbst akzeptiert wird.

Die emotionskonstitutive Verbindung:

P fühlt a, und P kann i als i von a explizieren, und P kann in Form von w einen auch für andere Personen nachvollziehbaren Zusammenhang von p mit i und mit a artikulieren.

9. Die Analogie von Emotionen und Werturteilen

Bewertungen, Werturteile, können sich, anders als bloße Tatsachenurteile, positiv oder negativ auf die Sachverhalte beziehen, denen sie gelten. Typischerweise enthalten sie Prädikate, die Ansatzpunkte sowohl für Beurteilungen nach deskriptiven Standards *wie auch* für solche nach evaluativen Standards bieten. Gleiches gilt für Emotionen. Wenn ich sage: „Ich fand es absolut grauenhaft, wie du diese wunderbare Bachmotette 230 mit dem unverschämten Titel *Lobet den Herrn alle Heiden* runtergesungen hast", dann habe ich drei Werturteile in diese Äußerung eingebettet:

- dass „Lobet den Herrn alle Heiden" ein unverschämter Titel ist.
- dass die Bachmotette 230 wunderbar ist.
- dass ich absolut grauenhaft fand, wie du die Motette heruntergesungen hast.

Nur das dritte Werturteil artikuliert ein emotionales Erleben. Denn es drückt aus, wie ich persönlich etwas angenehm oder unangenehm erlebe, und damit nicht nur wie bei den beiden anderen Werturteilen, wie etwas nach unpersönlich verwendeten (das heißt nicht *wesentlich* damit, wie *ich selbst* fühle, verknüpften) Wertungsmaßstäben oder Schätzungsmustern einzuschätzen ist.

„Ich fand es absolut grauenhaft, wie du die Motette heruntergesungen hast!" Diese Äußerung könnte ich als Kritik an meinem Adressaten meinen. Die Äußerung ist jedenfalls kein Bericht über eine introspektive Gefühlswahrnehmung. Es wäre eine subjektivierende („psychologisierende") Antwort, welche die Bedeutung meiner Äußerung als Artikulation meines Ärgers verfehlen und allenfalls als Ironie passen würde, wenn mein Adressat mir darauf entgegnen würde: „Hast du beim Konzert ein so unangenehmes Gefühl bekommen?"

Indem ich mich über den gefühllosen Gesang ärgere, erstreckt sich die Affektation, das bloß subjektive Moment meiner Emotion, mein unangenehmes Empfinden, auf das, was ohne meinen Ärger ein unpersönliches Werturteil hätte sein können, nämlich darauf, dass eine Motette auf eine Weise gesungen wurde, die sie wirklich nicht verdient hat. Dieses Werturteil gehört jedenfalls zu dem intentionalen Gehalt meiner Gemütsbewegung von Ärger. („Mir war dabei zumute, als sollte ich dich kräftig durchschütteln.") Emotionen wären gleichsam persönlich animierte Werturteile.

10. Schlussbemerkung: Emotionalisierte Werturteile und Rationalität

Hier bietet sich ein interessanter Ausblick auf rationalitätsbezogene Funktionen von Emotionen, trotz der anfangs bemerkten Schwierigkeiten einer funktionalistischen Charakterisierung von Emotionen.

Wenn es so ist, dass auch der Sinn der Verbindlichkeit von Handlungsweisen, also deontische Urteile, als intentionale Gehalte von Emotionen in diese eingebunden sein können – Urteile, dass die und die unter den und den Umständen das und das tun oder lassen sollen –, dann machen Emotionen es offenbar schwerer oder leichter, einer Handlungsforderung zu entsprechen, indem sie sie zu einem Gegenstand der Lust oder Unlust machen. Das deontische Urteil „Du darfst die Straße nur bei grüner Ampel überqueren!" hat andere verhaltenssteuernde Konsequenzen, wenn es so stark internalisiert wurde, dass die Übertretung der Regel Schuldgefühle hervorruft (zum Beispiel bei Kindern), als dasselbe Urteil, wenn es bloß als begründet anerkannt wird (zum Beispiel von Erwachsenen). Das deontische Urteil „Niemand darf erniedrigenden Strafen ausgesetzt werden." hat andere Konsequenzen, wenn seine Durchkreuzung Empörungsgefühle hervorruft (zum Beispiel bei Erwachsenen), als dasselbe Urteil, wenn es bloß als begründet anerkannt wird (zum Beispiel von Kindern).

Wenn der *globale* vernünftige Wert von Emotionen in dieser Rolle der Ergänzung von andernfalls leidenschaftslosen Urteilen liegt,[57] dann schätzen wir offenbar in den Emotionen ein Element der Unfreiheit. Ihr „funktionaler Anpassungswert", wenn ihnen denn ein solcher zugesprochen werden soll, hängt daran, dass sie als Zustände beschränkter Freiheit interpretiert werden. Innerhalb des Bezugsrahmens diskursiver Vernunft formuliert, besteht ihr globaler Funktionssinn darin, dass sie den Emotionsgründen, die sie auf sich ziehen, fühlende Körper verschaffen.[58]

---

[57] Vgl. Greenspan 1993, 10f. Auch Hilge Landweer hat verschiedentlich analysiert, wie ein nichtrationalistisches Modell der Normgeltung durch die Verwobenheit von Gefühlen mit deontischen Urteilen plausibilisiert werden kann. Vgl. Landweer in diesem Band.

[58] Dieses Ergebnis ist anschlussfähig an die drei halbwegs konsistenten Charaktere emotionalen Erlebens, die Werner Traxel aus der Emotionspsychologie herauspräpariert hat: „[1] Subjektivität. Emotionen werden als *Zustände des Ichs* erlebt, im Unterschied zu Wahrnehmungen, Vorstellungen usw., in denen ich-unabhängige Inhalte gegeben sind. [2] Universalität. Es gibt keine spezifischen Sinnesorgane für Emotionen. Diese können vielmehr durch alle anderen psychischen Vorgänge (Wahrnehmungen, Vorstellungen, Gedanken) ausgelöst werden. [3] Aktualität. Emotionen sind immer nur aktuelle Erlebnisse; d. h. es gibt von ihnen keine Erinnerungsbilder. Emotionen können nicht wie Objekte vorgestellt werden. Bei Erinnerungen bleiben Emotionen entweder aus oder sie werden selbst (wenn auch meist abgeschwächt) wieder aktuell" (Traxel 1983, 14).

Literatur

Apel, Karl-Otto (1995), „Rationalitätskriterien und Rationalitätstypen. Versuch einer transzendentalpragmatischen Rekonstruktion des Unterschiedes zwischen Verstand und Vernunft", in Axel Wüstehube (Hg.), *Pragmatische Rationalitätstheorien*, Würzburg.

Baumgart, Hildegard (1985), *Liebe, Treue, Eifersucht. Erfahrungen und Lösungsversuche im Beziehungsdreieck*, München.

Berking, Helmuth (1991), „Neid. Statt eines Editorials", in *Ästhetik & Kommunikation*, Heft 77, 11–15.

Bettelheim, Bruno (1975), *Symbolische Wunden. Pubertätsriten und der Neid des Mannes*, Frankfurt a. M.

Brandstätter, Hermann (1990), „Emotionen im sozialen Verhalten", in Klaus R. Scherer (Hg.), *Psychologie der Emotion. Enzyklopädie der Psychologie*, Bd. 3, Göttingen, 423–471.

Coulter, Jeff (1979), *The Social Constitution of Mind*, London.

Dörner, Dietrich/Franz Reither/Thea Stäudel (1983), „Emotion und problemlösendes Denken", in Heinz Mandl/Günter L. Huber (Hg.), *Emotion und Kognition*, München, 61-84.

Dorschel, Andreas (1994), „Empfindung, Gefühl und Emotion", in Karl-Otto Apel/M. Kettner (Hg.), *Mythos Wertfreiheit? Neue Beiträge zur Objektivität in den Human- und Kulturwissenschaften*, Frankfurt a. M., 157–174.

Drinck, Mathias (1989), *Systemtheoretisch orientierte Modelle von Emotion und Kognition. Einige Folgerungen für Pädagogik und Psychotherapie*, Dissertationsschrift, Bonn.

Dumouchel, Paul/Jean-Pierre Dupuy (1979), *L'enfer des choses: René Girard et la logique de l'économie*, Paris.

Eagle, Morris N. (1983), „Emotion und Gedächtnis", in Heinz Mandl/Günter L. Huber (Hg.), *Emotion und Kognition*, München, 85-122.

Ekman, Paul (2004), *Gefühle lesen*, München.

Ewert, Otto (1965), „Gefühle und Stimmungen", in *Handbuch der Psychologie*, Bd. 2, Göttingen, 229–271.

Fernández, Gonzalo (1987), *Der gleichmacherische Neid*, München.

Fiehler, Reinhard (1990), *Kommunikation und Emotion*, Berlin.

Foster, George M. (1972), „The Anatomy of Envy: A Study in Symbolic Behavior", in *Current Anthropology*, vol. 13, no. 2, 165–186.

Freud, Sigmund (1919), „Das Unheimliche", in ders., *Gesammelte Werke*, Bd. XII, Fankfurt a. M.

Frijda, Nico H. (1986), *The Emotions*, Cambridge.

Goldie, Peter (2000), *The Emotions. A Philosophical Exploration*, Oxford.

Greenspan, Patricia S. (1993), *Emotions and Reasons. An Inquiry into Emotional Justification*, New York.

Griffiths, Paul E. (1997), *What Emotions Really Are: The Problem of Psychological Categories*, Chicago.

Habermas, Jürgen (1981), *Theorie des kommunikativen Handelns*, Bd. 1, Frankfurt a. M.

Habermas, Jürgen (1984), „Aspekte der Handlungsrationalität", in ders., *Vorstudien und Ergänzungen zur Theorie des kommunikativen Handelns*, Frankfurt a. M., 441–472.

Habermas, Jürgen (1986), „Untiefen der Rationalitätskritik", in ders., *Die neue Unübersichtlichkeit*, Frankfurt a. M., 132–137.

Hupka, Ralph B. u. a. (1985), „Romantic Jealousy and Romantic Envy", in *Journal of Cross-Cultural Psychology*, vol. 16, no. 4, 423–446.

Illich, Ivan (1980), *Gender. Eine historische Kritik der Gleichheit*, Hamburg.
Joffe, Walter G. (1969), „A Critical Review of the Status of the Envy Concept", in *International Journal of. Psycho-Analysis*, 50, 533–545.
Kaufmann-Hayoz, Ruth (1991), *Kognition und Emotion in der frühkindlichen Entwicklung*, Berlin.
Kettner, Matthias (1991), „Kontingente Intimität. Milan Kunderas ‚Unerträgliche Leichtigkeit des Seins'", in J. Cremerius u. a. (Hg.), *Freiburger Literaturpsychologische Gespräche*, Bd. 10, *Literatur und Sexualität*, Würzburg, 111–152.
Kettner, Matthias (1996), „Gute Gründe. Thesen zur diskursiven Vernunft", in Karl-Otto Apel/M. Kettner (Hg.), *Die eine Vernunft und die vielen Rationalitäten*, 424–464.
Kettner, Matthias (1999), „Second Thoughts about Argumentative Discourse, Good Reasons, and Communicative Rationality", in Solveig Boe/Bengt Molander/Brit Strandhagen (Hg.), *I foerste, andre og tredje person. Festskrift til Audun Oefsti*, Trondheim, 223–234.
Kleinginna, Paul R./Anne M. Kleinginna (1981), „A Categorical List of Emotion Definitions, with Suggestions for a Consensual Definition", in *Motivation and Emotion* 5, 345–370.
Kochinka, Alexander (2004), *Emotionstheorien. Begriffliche Arbeit am Gefühl*, Bielefeld.
Krause, Rainer (1990), „Psychodynamik der Emotionsstörungen", in Klaus R. Scherer (Hg.), *Psychologie der Emotion. Enzyklopädie der Psychologie*, Bd. 3, Göttingen, 630–705.
Landweer, Hilge (1995), „Verständigung über Gefühle", in Michael Großheim (Hg.), *Leib und Gefühl. Beiträge zur Anthropologie*, Berlin.
Lazarus, Richard S. (1982), „Thoughts on the Relation Between Emotion and Cognition", in *American Psychologist* 37, 1019–1024.
Lazarus, Richard S. (1984), „On the Primacy of Cognition", in *American Psychologist* 39, 124–129.
Lyons, William (1980), *Emotion*, Cambridge.
Mandl, Heinz/Günter L. Huber (Hg.) (1983), *Emotion und Kognition*, München.
Mandler, Georg (1984), *Mind and Emotion*, New York.
Nussbaum, Martha C. (2001), *Upheavals of Thought. The Intelligence of Emotions*, Cambridge.
Oerter, Rolf (1983), „Emotion als Komponente des Gegenstandsbezugs", in
Scherer, Klaus R. (Hg.) (1990), *Psychologie der Emotion. Enzyklopädie der Psychologie*, Bd. 3, Göttingen.
Schmitz, Hermann (1989), *Leib und Gefühl. Materialien zu einer philosophischen Therapeutik*, Paderborn.
Schnitzler, Arthur (1992, zuerst 1926), *Traumnovelle*, Frankfurt a. M.
Schoeck, Helmut (1966), *Der Neid*, Freiburg.
Scruton, Roger (1980), „Emotion, Practical Knowledge and the Common Culture", in Amélie Oksenberg Rorty (Hg.), *Explaining Emotions*, Berkeley, 519-536.
Seel, Martin (1988), „Die zwei Bedeutungen ‚kommunikativer' Rationalität", in Axel Honneth/Hans Joas (Hg.), *Kommunikatives Handeln*, Frankfurt a. M., 53–72.
Silver, Maury/John Sabini (1978), „The Perception of Envy", in *Social Psychology*, vol. 41, no. 2, 105–117.
Simmel, Georg ([2]1922), *Soziologie. Untersuchungen über die Formen der Vergesellschaftung*, München/Leipzig.
Slaby, Jan (2004), „Nicht-reduktiver Kognitivismus als Theorie der Emotionen", in *Handlung Kultur Interpretation*, Jg. 13, Heft 1, 50–85.

Solomon, Robert C. (1981), „Emotionen und Anthropologie: Die Logik emotionaler Welt-
    bilder", in Gerd Kahle (Hg.), *Logik des Herzens. Die soziale Dimension der Gefühle,*
    Frankfurt a. M., 233–253.
Solomon, Robert C. (1988), „On Emotions as Judgments", in *American Philosophical
    Quarterly* 25, 183–191.
Solomon, Robert C. (2006), *True to Our Feelings: What Our Emotions are Really Telling
    Us,* Oxford.
Spielman, Philip M. (1971), „Envy and Jealousy: An Attempt at Clarification", in *PAQ*, 40,
    59–82.
Taylor, Gabriele (1988), „Envy and Jealousy: Emotions and Vices", in *Midwest Studies in
    Philosophy* 13, 233–249.
Traxel, Werner (1962), „Grundzüge eines Systems der Motivierungen", in *Archiv für die
    gesamte Psychologie* 114, 143-172.
Traxel, Werner (1983), „Zur Geschichte der Emotionskonzepte", in Harald A. Euler/Heinz
    Mandl (Hg.), *Emotionspsychologie,* München, 11–18.
Ulich, Dieter (1982), *Das Gefühl,* München.
Ulich, Dieter/Philipp Mayring/Petra Strehmel (1983), „Stress", in Heinz Mandl/Günter L.
    Huber (Hg.), *Emotion und Kognition,* München, 183-216.
Zajonc, Robert B. (1980), „Feeling and Thinking: Preferences Need No Inferences", in
    American Psychologist 35, 151–175.
Zajonc, Robert B. (1981), „A One-Factor Mind about Mind and Emotion", in *American
    Psychologist* 36, 102–103.
Zajonc, Robert B. (1984), „On the Primacy of Affect", in *American Psychologist* 39, 117–
    123.
Zimmer, Dieter E. (1988): *Die Vernunft der Gefühle.* München.

2. FÜHLEN UND WELTBEZUG

JAN SLABY

Emotionaler Weltbezug.
Ein Strukturschema im Anschluss an Heidegger

In Abhandlungen über Emotionen aus dem Bereich der analytischen Philosophie werden seit den 60er Jahren des 20. Jahrhunderts einige Vorschläge diskutiert, wie sich die unterschiedlichen Typen von Emotionen formal charakterisieren und dadurch präzise individuieren lassen. Das zentrale Argument der kognitivistischen Theorien gegen *feeling*-Theorien der Emotionen, wie sie etwa von David Hume und William James vertreten werden, bezieht sich auf dieses sogenannte *Individuierungsproblem*: Werden die unterschiedlichen emotionalen Zustände einzig auf die Weise charakterisiert, dass es sich jeweils auf eine bestimmte Weise anfühlen soll, in diesen Zuständen zu sein, so ist nicht zu sehen, wie sich die Vielfalt der sprachlich unterscheidbaren Emotionstypen systematisch und in intersubjektiv nachvollziehbarer Weise erfassen lassen soll. Zwischen Emotionen wie Wut und Empörung, Neid und Eifersucht, Scham und Schuldgefühlen muss sich genauer differenzieren lassen als durch einen vagen Hinweis darauf, wie sich diese Emotionen jeweils „anfühlen". Anthony Kenny hat die Kategorie des *formalen Objekts* einer Emotion eingeführt, um zu zeigen, dass es stattdessen die intentionalen Gehalte sind, durch die Emotionstypen differenziert werden.[1] Wut und Empörung, Eifersucht und Neid etc. unterscheiden sich hinsichtlich ihres jeweils spezifisch wertenden Bezugs auf Begebenheiten in der Welt. Das ausgezeichnete Individuationskriterium ist folglich die *allgemeine evaluative Charakteristik* der für einen Emotionstyp jeweils angemessenen Bezugsgegenstände.

Schon viele Jahre bevor Kenny die analytische Debatte über Emotionen mit seinen Überlegungen wesentlich belebte, hatte Heidegger eine Analyse der Affektivität vorgelegt, die Kennys Einsichten nicht nur enthält und phänomenologisch reichhaltiger entwickelt, sondern sie zudem in wichtiger Weise in den größeren Kontext des Welt- und Selbstbezugs von Personen insgesamt integriert. Die Idee des formalen Objekts taucht, wenn auch unter einem anderen Titel, nahezu in Reinform auf; darüber hinaus thematisiert Heidegger den charakteristischen emotionalen *Selbstbezug* ebenso wie den konsti-

---

[1] Vgl. Kenny 1963, 189.

tutiven Zusammenhang von Affektivität und *Bedeutsamkeit* – zentrale Aspekte, die in vielen analytischen Behandlungen der Emotionen noch weitgehend unterbelichtet sind. Zudem nimmt Heidegger keine übertrieben scharfe Trennung zwischen den auf konkrete Begebenheiten bezogenen Emotionen und den in ihrem Weltbezug deutlich unspezifischeren Stimmungen vor, sondern geht von *einer* Grundkategorie der Affektivität, „Befindlichkeit", aus, die sich auf unterschiedliche Weise manifestiert. Es ist ein lohnenswertes Unterfangen, die Idee einer formalen Charakteristik von Emotionstypen anhand der Furcht-Analyse in *Sein und Zeit*[2] zu erörtern. Darüber hinaus kann eine Vergegenwärtigung von Heideggers umfassender Konzeption der Affektivität charakteristischen Engführungen in der aktuellen Debatte gezielt entgegenwirken.[3] Die folgende Rekonstruktion des § 30 von *Sein und Zeit* stellt zugleich eine Terminologie bereit, die zur präzisen Thematisierung der allgemeinen Struktur aller affektiven Zustände beim Menschen, insbesondere der Emotionen, dienen kann.

1. Heideggers Strukturanalyse der Furcht

Heidegger analysiert die Furcht anhand dreier Hinsichten, die jeweils für ein wesentliches Strukturmoment von Emotionen und Stimmungen stehen. In seiner Terminologie handelt es sich um das *Wovor* der Furcht, um das *Fürchten* selbst sowie um das *Worum* der Furcht. Heidegger betont zu Beginn explizit, dass mit diesen drei Hinsichten „die Struktur der Befindlichkeit überhaupt zum Vorschein"[4] komme. Was sich in der Furcht-analyse zeigt, soll sich also auch auf die anderen „Modi" der Befindlichkeit anwenden lassen.

Das „Wovor" der Furcht ist unschwer als das zu erkennen, was in vielen Behandlungen des Themas unter dem Stichwort der Intentionalität einer Emotion thematisiert wird. Wer sich fürchtet, fürchtet sich jeweils *vor* etwas. „Das Wovor der Furcht, das ,Furchtbare', ist jeweils ein innerweltliche Begegnendes von der Seinsart des Zuhandenen, des Vorhandenen oder des Mitdaseins."[5] Damit meint Heidegger: Wer sich fürchtet, fürchtet sich vor etwas, bei dem es sich Heideggers Systematik zufolge entweder um Gebrauchsgegenstände (Zuhandenes), um Naturgegenstände (Vorhandenes) oder um andere Personen (Mitdasein) handelt. Anstelle einer langatmigen Aufzählung und

---

[2] Heidegger 1927.

[3] Solche Engführungen stellen m. E. sowohl die stark kognitivistischen Ansätze von Martha Nussbaum 2001 und Robert Solomon 1976, 1988 als auch die sogenannten Mehr-Komponenten-Theorien der Emotionen dar (Lyons 1980, Ben Ze'ev 2000, Voß 2004). Erstere vernachlässigen die Phänomenologie des affektiven Erlebens weitgehend, während letztere das spezifisch Gefühlsmäßige tendenziell zu einer abtrennbaren Begleiterscheinung erklären. Peter Goldie kritisiert solche Komponententheorien zu Recht als phänomenologisch unplausible „add-on views" (vgl. Goldie 2000, 4 u. 40f.).

[4] Heidegger 1927, 140.

[5] Ebd.

Beschreibung der zahlreichen unterschiedlichen Dinge, auf die sich unser Fürchten beziehen kann, nimmt Heidegger eine abstrakte Charakterisierung dieser Gegenstandsklasse vor – es gelte, „das Furchtbare in seiner Furchtbarkeit phänomenal zu bestimmen"[6].

Er fragt also genau wie später Kenny, wie alles das insgesamt beschaffen sein muss, mit dem wir im Fürchten konfrontiert sind. Heidegger sucht nach nichts anderem als nach dem *formalen Objekt* der Furcht. Dies hat er bereits uninformativ aber strukturell angemessen als das „Furchtbare" – man könnte vielleicht auch sagen: das Furchterregende – charakterisiert. Nun kommt es darauf an, den Charakter der „Furchtbarkeit" näher zu bestimmen. Und das läuft auf eine allgemeine inhaltliche Bestimmung der Gesamtklasse aller Begebenheiten, vor denen wir uns fürchten, hinaus: Wie muss etwas beschaffen sein, damit es zu einem *angemessenen* Gegenstand unserer Furcht werden kann?

Heideggers Antwort: „Das Wovor der Furcht hat den Charakter der Bedrohlichkeit."[7] Bedrohlich ist etwas, das in irgendeiner Form „abträglich", also im weitesten Sinne schädlich ist, das sich aus einer gewissen „Gegend" nähert, aber noch nicht in eine beherrschbare Nähe gerückt ist. In diesem Herannahen „strahlt die Abträglichkeit aus und hat den Charakter des Drohens"[8]. Das Herannahen kann nur dann ein drohendes sein, wenn es innerhalb der „Nähe" erfolgt – etwas, das zwar hochgradig schädlich sein mag, wird solange nicht zu etwas Bedrohlichem, wie es in der Ferne verbleibt und uns daher nicht unmittelbar angeht. Zudem gehört zur Bedrohlichkeit, dass das Abträgliche auch ausbleiben kann: „das Abträgliche als Nahendes in der Nähe trägt die enthüllte Möglichkeit des Ausbleibens und Vorbeigehens bei sich, was das Fürchten nicht mindert und auslöscht, sondern ausbildet"[9]. Etwas, das uns *mit Sicherheit* treffen und *definitiv* für uns abträglich sein wird, ist also kein angemessenes Objekt der Furcht – zur Furcht gehört dieses Moment der Ungewissheit.[10]

In welcher Weise erfolgt das Erleben der Furcht? Wie ist das „Fürchten selbst" zu charakterisieren? Entscheidend ist für Heidegger die Art des in der Furcht erfolgenden Bezugs auf das jeweils Bedrohliche:

> „Das *Fürchten selbst* ist das sich-angehen-lassende Freigeben des so charakterisierten Bedrohlichen. Nicht wird etwa zunächst ein zukünftiges Übel (malum futurum) festgestellt und dann gefürchtet. Aber auch das Fürchten konstatiert nicht erst das Herannahende, sondern entdeckt es zuvor in seiner Furchtbarkeit. Und fürchtend kann dann die Furcht sich, ausdrücklich hinsehend, das Furchtbare ‚klar machen'."[11]

---

6 Heidegger 1927, 140.
7 Ebd.
8 Ebd.
9 Ebd. 141.
10 Die auf ein uns definitiv treffendes, unabwendbares und hinsichtlich seiner Schädlichkeit absolut gewisses Übel bezogene Emotion ist die Verzweiflung.
11 Ebd.

Das Fürchten selbst „entdeckt" das jeweils Bedrohliche *als* Bedrohliches.[12] Das Fürchten besteht also in einem spezifischen affektiven Gewahrsein von etwas als bedrohlich. Die Phänomenalität der Furcht, das „wie es ist", sich zu fürchten, ist Heidegger zufolge als eine Weise des Weltbezugs zu verstehen und nicht als ein auch unabhängig von diesem Bezug zu verstehendes bloßes „Sich-Anfühlen" (Furcht-Qualia). Was Heidegger als „Sich-angehen-Lassen" bezeichnet, ist ein spezifischer, affektiven Zuständen insgesamt zukommender Modus der Intentionalität: kein neutrales Erfassen von Sachverhalten, auch kein lediglich nachträgliches Bewerten von etwas, das bereits zuvor und unabhängig von dieser Bewertung erkannt wurde, sondern ein spürbares *Bewegtwerden* von einer bedeutsamen Begebenheit.

Hier klingt ein wenig das Echo der Gefühls-Analysen Husserls nach, der das Qualitative des emotionalen Empfindens als der intentionalen Beziehung auf das jeweilige Objekt des Gefühls unmittelbar „eingewoben" betrachtete.[13] Damit nehmen meines Erachtens Husserl und Heidegger die Moral der Überlegungen zum emotionalen Objektbezug ernster als diejenigen Anhänger Kennys, die Mehr-Komponenten-Theorien der Emotionen vertreten. Kennys Pointe war, dass eine Emotion wie die Furcht unabhängig von ihrem spezifischen Bezug auf Bedrohliches nicht als solche intelligibel ist – das müsste aber konsequenterweise auch heißen, dass irgendwelche vermeintlichen „Komponenten", die in keinem *inhaltlichen* Bezug zum jeweiligen Furchtobjekt stehen, nicht als genuine *Furcht*komponenten intelligibel sind. Es kann sich höchstens um unwesentliche kausale Begleiteffekte handeln. Heidegger würde sich jedenfalls hüten, dem „Fürchten selbst" irgendwelches phänomenal erlebtes Beiwerk hinzuzufügen, das nicht in einem direkten Zusammenhang mit dem „Entdecken des Herannahenden in seiner Furchtbarkeit" stünde.

Stattdessen handelt Heidegger in der Passage zum „Fürchten selbst" noch etwas anderes ab: eine existenziale Tiefendimension des Fürchtens – seine „Bedingung der Möglichkeit":

> „Die Umsicht sieht das Furchtbare, weil sie in der Befindlichkeit der Furcht ist. Das Fürchten als schlummernde Möglichkeit des befindlichen In-der-Welt-seins, die ‚Furchtsamkeit', hat die Welt schon daraufhin erschlossen, daß aus ihr so etwas wie Furchtbares nahen kann."[14]

---

[12] Robert Musil sieht dies ähnlich – und er liefert die von uns angestrebte Verallgemeinerung auf andere Emotionstypen schon mit: „Es nähert sich uns im ersten Eindruck auch nicht etwas, das sich vielleicht als fürchterlich erweisen könnte, sondern die Fürchterlichkeit selbst kommt uns nahe, möge es sich immerhin einen Augenblick später schon als Täuschung herausstellen. Und gelingt es uns, den unmittelbaren Eindruck wieder herzustellen, so lässt sich diese scheinbare Umkehrung einer vernünftigen Reihenfolge auch an Erlebnissen wahrnehmen wie dem, dass etwas schön und entzückend oder beschämend oder ekelerregend sei." (Musil 1978, 1162).

[13] Vgl. Husserl 1988 (zuerst 1901), 47ff. Eine hilfreiche Rekonstruktion dieser Passage liefert Frese 1995.

[14] Heidegger 1927, 141.

Das besagt, dass jede konkrete Furcht vor etwas auf einer existenzialen Grundverfassung des sich Fürchtenden basiert, seiner „Furchtsamkeit". Der Fürchtende ist auch dann, wenn er sich nicht aktual vor irgendetwas Bestimmtem fürchtet, in dieser Verfassung, sodass ihn jederzeit etwas als „furchtbar" bzw. „furchterregend" angehen kann. Die Furchtsamkeit ist eine „vorgängige Offenheit" für das Furchtbare – eine grundlegende *Bereitschaft* zur Furcht. Heidegger spricht in diesem Zusammenhang auch von einer „Angänglichkeit", die sich in spezifischen Hinsichten manifestieren kann[15] – im Falle der Furcht dahin gehend, dass die Welt jederzeit latent im Hinblick auf potentielle Gefahrenquellen erschlossen wird. Was es damit näherhin auf sich hat, kann nun im Hinblick auf das „Worum" der Furcht weiter verdeutlicht werden.

Wenn etwas in der Furcht als bedrohlich „entdeckt" und die Welt in der Furchtsamkeit vorgängig auf Bedrohlichkeit hin „erschlossen" wird, dann muss es etwas geben, das jeweils bedroht ist. Die Furcht ist ebensowohl ein Fürchten *vor* etwas (Bedrohlichem), wie ein Fürchten *um* etwas (Bedrohtes). Wie ist demnach das dritte Strukturmoment der Furcht näher zu bestimmen – was ist es, „worum" der Fürchtende sich fürchtet? Dazu schreibt Heidegger:

> „Das *Worum* die Furcht fürchtet, ist das sich fürchtende Seiende selbst, das Dasein. Nur Seiendes, dem es in seinem Sein um dieses selbst geht, kann sich fürchten. Das Fürchten erschließt dieses Seiende in seiner Gefährdung, in der Überlassenheit an es selbst."[16]

Wir fürchten uns also in letzter Instanz um uns selbst – um unser Sein als Personen, um das, was wir jeweils sind. Das gilt auch dann, wenn wir uns *prima facie* um etwas anderes fürchten – Heidegger nennt als Beispiel „Haus und Hof". Da wir als tätige Personen in einer Welt in unserem Sein jederzeit auf anderes Seiendes angewiesen und mit diesem gleichsam verschränkt sind (in Heideggers Terminologie: wir sind als „In-der-Welt-sein je besorgendes Sein bei"[17]), dieses Seiende also für unser eigenes Sein, um das es uns geht, bedeutsam ist, gibt es zu jeder Zeit einen gewissen Umkreis von Gegenständen, von denen gilt, dass, wenn wir um sie fürchten, wir uns damit um uns selbst (unser Sein) fürchten. Was bedroht ist, wenn Haus und Hof bedroht sind, ist unser *Existieren* (Wohnen, Arbeiten, etc.) in „Haus und Hof".

Nur insofern es Personen um ihr eigenes Sein geht – also nur insofern sie im Modus des Sorgens existieren[18] – können sie sich überhaupt fürchten. Die Sorgestruktur der personalen Existenz erweist sich also als das ontologische Fundament des Fürchtens, als die Bedingung seiner Möglichkeit. Das, was Heidegger „Furchtsamkeit" nennt, die vorgängige Erschlossenheit der Welt hinsichtlich ihrer möglichen Bedrohlichkeit in verschiedenen Hinsichten, verweist auf die grundlegende *Gefährdetheit* unseres personalen Seins in der Welt. Die eigene Existenz, um die es uns zu jeder Zeit geht und für

---

[15] Vgl. Heidegger 1927, 137.
[16] Ebd. 141.
[17] Ebd.
[18] Vgl. ebd. § 41.

die allerlei anderes Seiendes bedeutsam ist, weil wir in dem für unser Sein konstitutiven Tätigsein auf dieses andere Seiende angewiesen sind, ist prinzipiell gefährdet. Insofern zur Perspektive einer Person in der Welt Selbstverständnis gehört, ist auch ein irgendwie geartetes ‚Gewahrsein' dieser grundlegenden Gefährdetheit damit verbunden. Eine grundlegende Weise dieses Gewahrseins ist die Furchtsamkeit – der Umstand, dass Personen ihr Sein als gefährdet erschließen und folglich die Welt, in der sie existieren, immer schon (gelegentlich explizit; meist aber unterschwellig) im Hinblick auf ihre sie potentiell betreffenden Gefährdungsmöglichkeiten im Blick haben.[19]

Die Furcht weist also gleichursprünglich in zwei Richtungen: nach „außen" in die Welt hinsichtlich ihrer Bedrohlichkeit sowie nach „innen" auf unser Sein als Personen hinsichtlich dessen Bedroht- bzw. Gefährdetheit.[20] Die verschiedenen Weisen des Fürchtens sind Weisen des Gewahrseins dieser jeweiligen Bestimmtheiten.[21] Die existentiale „Furchtsamkeit" ist als grundlegende Furcht*bereitschaft* sowohl als eine Disponiertheit zu verstehen, unter bestimmten Umständen konkrete Begebenheiten zu fürchten, als auch als ein gelegentlich bewusstes, meist jedoch latent bleibendes affektives Gewahrsein der eigenen Gefährdetheit ohne situativ konkrete Gefährdung.

Nach diesem explikativen Durchgang durch die drei Strukturmomente der Furcht geht Heidegger kurz auf das Fürchten um andere Personen, auf das *Fürchten für* (jemanden) ein: Dass wir uns um andere fürchten, stehe nicht im Widerspruch zu der eben gegebenen Bestimmung, wonach es sich bei dem Worum der Furcht um unser eigenes Sein handele. Denn im Fürchten für jemanden fürchten wir um *unser* Sein *mit* der fraglichen Person:

> „Genau besehen ist aber das Fürchten für (…) doch ein *Sich*fürchten. Befürchtet ist dabei das Mitsein mit dem Anderen, der einem entrissen werden könnte. Das Furchtbare zielt nicht di-

---

[19] Mit der Gefährdetheit des Daseins kommt die Endlichkeit der personalen Existenz in den Blick: Der Umstand, dass Personen in und für ihre Existenz auf Seiendes *angewiesen* sind, über das sie nicht in allen Hinsichten willentlich verfügen, und dem sie folglich in gewisser Weise ausgeliefert sind, ist indirekt in der Affektivität erschlossen. Die Furchtsamkeit ist ein Gewahrsein der eigenen Endlichkeit, weil sie ein Gewahrsein der eigenen Verletzlichkeit, des Ausgeliefertseins an die Welt und ihrer potentiellen Gefahren ist. Anders gewendet: Ein allmächtiges Wesen wäre der Angst unbedürftig, da es nichts gäbe, was ihm gefährlich werden könnte.

[20] Bei Heidegger lautet dies so: „Das Fürchten um als Sichfürchten vor erschliesst immer – ob privativ oder positiv – gleichursprünglich das innerweltliche Seiende in seiner Bedrohlichkeit und das In-Sein hinsichtlich seiner Bedrohtheit. Furcht ist ein Modus der Befindlichkeit" (ebd.).

[21] Dabei bietet es sich möglicherweise an, das Gewahrsein konkreter Begebenheiten in ihrer Bedrohlichkeit als die *Emotion* Furcht; das „furchtsame" Bewusstsein der eigenen Gefährdetheit ohne erkennbaren Bezug auf konkrete Gefahrenquellen jedoch als *Stimmung* zu bezeichnen. Vielleicht liegt es nahe, letzteres mit dem Titel „Angst" zu belegen, auch wenn dies nicht mit Heideggers Verwendung des Ausdrucks übereinstimmt. Die genaue Benennung ist jedoch eher nebensächlich – wichtiger ist, dass die meisten Emotionen ein Pendant im Bereich der Stimmungen haben, das dieselbe Struktur aufweist, nur eben ohne den *konkreten* Objektbezug.

rekt auf den Mitfürchtenden. Das Fürchten für (...) weiß sich in gewisser Weise unbetroffen und ist doch mitbetroffen in der Betroffenheit des Mitdaseins, wofür es fürchtet."[22]

Dasein ist immer auch Mit-Dasein (also „Sein mit" anderen Personen), und insofern ist diese Verklammerung des eigenen Seins und des Seins anderer Personen in der Affektivität zu erwarten. Die selbstbewusste Perspektive auf die und in der Welt, durch die eine Person überhaupt erst zu einer Person wird, ist nur denkbar als eine Perspektive unter vielen hinreichend ähnlichen, sich wechselseitig aufeinander beziehenden Perspektiven – sie ist konstitutiv auf andere personale Perspektiven bezogen und muss demnach als essentiell sozial verstanden werden. Personale Existenz ist immer gemeinschaftliche Existenz. Insofern ist das hier im Anschluss an Heidegger explizierte Verständnis der Affektivität des Menschen weit entfernt von jeglichem psychologischen Egoismus oder methodologischen Solipsismus.

2. Spezifischer und unspezifischer Situationsbezug

Heideggers Furchtanalyse erlaubt es, eine strukturelle Normalform für Emotionstypen zu bestimmen, anhand derer sich unterschiedliche Emotionstypen analysieren und vergleichen lassen. Neben den drei Strukturmomenten Furchtgegenstand, Fürchten selbst sowie dem, worum jeweils gefürchtet wird, hat uns Heidegger mit einer ‚Tiefendimension‘ der Furcht vertraut gemacht: mit einer grundlegenden existenzialen Furchtsamkeit. Diese manifestiert sich besonders deutlich in den Stimmungsvarianten der Furcht (Ängstlichkeit, Unbehagen, Beklommenheit etc.), denen ein direkter Bezug auf eine *spezifische* bedrohliche Begebenheit fehlt. Ohne einen spezifischen Bezug kommt bei diesen Gefühlen der Aspekt eines Gewahrseins der allgemeinen Gefährdetheit der eigenen Existenz besonders zum Ausdruck, wenn auch nicht in der Form eines direkten (kognitiven, gedanklichen oder ‚bewusstseinsmäßigen‘) Befasstseins mit diesem grundlegenden Tatbestand, sondern eher in Form eines diffusen Hintergrundempfindens, das etwa in Wendungen wie „sich unsicher fühlen" oder „sich ängstlich fühlen" zum Ausdruck kommt. Nicht ohne Grund thematisiert Heidegger die Befindlichkeit vornehmlich in Bezug auf Stimmungen: Es ist dieser empfindungsmäßige Hintergrund, der die spezifischen affektiven Bezugnahmen konkret gerichteter Gefühle ermöglicht und verständlich macht.[23] Dieser Tatbestand darf nicht ausgeblendet werden, wenn wie im Folgenden die Struktur der ‚gewöhnlichen‘ objektbezogenen Emotionen herausgearbeitet werden soll.

---

[22] Heidegger 1927, 142.
[23] Aktuell hat Matthew Ratcliffe dieses konkrete Bezugnahmen vorstrukturierende Hintergrundempfinden detailliert beschrieben und zahlreiche Belege für dessen Existenz aus dem Bereich der Neuropsychologie und -psychiatrie angeführt und diskutiert. Eines seiner Ergebnisse lässt sich dahingehend zusammenfassen, dass die heutige Neurowissenschaft der Gefühle auf dem besten Weg ist, zentrale Komponenten von Heideggers Konzeption der Befindlichkeit empirisch zu untermauern. (Vgl. Ratcliffe 2002 u. 2005).

Zunächst muss definitiv festgehalten werden, dass Emotionen gleichwohl jederzeit auf etwas bezogen sind: zumeist auf Begebenheiten, die in den und durch die Emotionen jeweils auf eine spezifische Weise evaluiert werden. Dieser evaluative Bezug ist es, der den jeweiligen emotionalen Zustand zu dem macht, was er ist: zu Furcht, zu Ärger, zu Freude, zu Neid, zu Stolz, zu Scham oder zu einem anderen bestimmbaren Emotionstyp. Emotionen unterscheiden sich durch die jeweilige Weise ihres Bezugs voneinander; die spezifische Weise des affektiven Weltbezugs individuiert die einzelnen Emotionstypen.[24]

Ein nahe liegender Einwand gegen die These vom evaluativen Bezug der Emotionen scheint sich nun aber bereits direkt aus Heideggers Fokussierung auf die Stimmungsvarianten der von ihm behandelten Emotionstypen zu ergeben: Offenkundig gibt es doch auch Emotionen, denen ein Bezug auf eine bestimmte Begebenheit fehlt. Gerne wird in diesem Zusammenhang auf objektlose Angst oder auf ein diffuses Unbehagen hingewiesen. Doch die Mittel zur Entkräftung dieses Einwands stehen uns nach dem Vorherigen schon zur Verfügung. Nehmen wir als Beispiel die objektlose, vermeintlich ungerichtete Furcht[25]. Wir haben Angst, doch wir wissen nicht wovor. Wir sind geneigt zu sagen *„da ist nichts"*, und doch fürchten wir uns. Dieser Gefühlszustand muss nun jedoch durch irgend etwas *als Furcht* oder *als Angst* zu erkennen sein, andernfalls entbehrte die Rede von Furcht oder Angst jeglicher Grundlage. Was macht uns in diesen Fällen auch ohne einen konkret benennbaren Furcht- bzw. Angst-Gegenstand sicher, dass wir uns tatsächlich fürchten, dass wir wirklich Angst haben, und dass wir uns nicht in einem anderen unangenehmen Gefühlszustand befinden?[26]

Die Antwort kann hier eben nur lauten, dass wir in diesen Fällen ein Bewusstsein unserer eigenen Gefährdetheit haben. In diesem Gewahrsein gründet unser Unbehagen,

---

[24] Es ist sehr wahrscheinlich, dass die bekannten Emotionswörter keineswegs alle möglichen Emotionstypen erschöpfen, das heißt, es gibt vermutlich zahlreiche mögliche Arten evaluativer Objektbezüge, für die es keine etablierten Benennungen gibt. Vgl. dazu Campbell 1997.

[25] Oft wird die objektlose von der gerichteten Furcht auch terminologisch getrennt, indem sie als „Angst" bezeichnet wird. Dies scheint mir jedoch nicht durch die alltagssprachliche Verwendung dieser Emotionswörter gedeckt zu sein, schließlich sind Wendungen wie „Ich habe Angst *vor X*" sehr geläufig.

[26] Eingefleischte Cartesianer dürften mit der Formulierung dieser Frage nicht einverstanden sein – wenn jemand Angst hat, „weiß er es eben" und folglich sei die Frage nach „Kriterien" unangebracht. Es mag zwar stimmen, dass wir die eigene Angst nicht in der Weise erkennen, dass wir bewusst gewisse Kriterien anlegen, aber gleichwohl muss es in dem fraglichen Gefühlszustand etwas geben, wodurch sich dieser von anderen Gefühlen unterscheidet und kraft dessen er zur Angst wird (und nicht zu Wut, Scham oder Eifersucht). Wer sagt, die Antwort müsse hier schlicht lauten: „Die Angst fühlt sich anders an", dem antworte ich: „genau – die Frage ist aber, *wie* sie sich anfühlt". Im Unterschied zu einem klassischen Empfindungstheoretiker behaupte ich, dass in diesem „wie es sich anfühlt" ein aufschlussreiches inhaltliches Kriterium steckt und nicht lediglich eine empfundene „Bewusstseinsqualität". Genauer: diese „Bewusstseinsqualität" ist von dem inhaltlichen Kriterium, dem „Sinn für die Situation", in welcher sich der Fürchtende situiert, nicht zu trennen. Dies wird im weiteren Verlauf des Haupttextes näher erläutert.

und durch dieses Gewahrsein wird es zur Furcht bzw. zur Angst. Und nun sehen wir deutlicher, was Heidegger mit der „Furchtsamkeit" meint: Das Bewusstsein der eigenen Gefährdetheit ist ein Zustand, der gleichsam eine Objektstelle frei hat – eine Leerstelle für etwas, was uns konkret bedrohen würde, was aber im gegebenen Fall (noch) nicht „da" ist. Die Furchtsamkeit als eine Bereitschaft zur Furcht wartet gleichsam auf etwas konkret Bedrohliches und ist insofern bereits auf etwas bezogen, auch wenn noch nichts Konkretes „in der Nähe" ist. Kommt dann ein solches Bedrohliches in den Blick, so wird aus unserem zunächst diffusen Gefühl der eigenen Gefährdetheit eine konkret gerichtete Furcht. Ist hingegen nichts spezifisches in der Nähe, so handelt es sich um ungerichtete Furcht, um *„unfocussed anxiety"*. Charles Taylor geht also nicht fehl, wenn er in diesen Fällen von einer „felt absence of object" spricht: „The empty slot where the object of fear should be is an essential phenomenological feature of this experience."[27]

Taylor macht daraufhin einen Vorschlag, den ich gerne aufgreife: Es sei angesichts dieser „objektlosen" Emotionen günstiger, Emotionen generell als einen *Sinn für die Situation*, in der man sich befindet, zu betrachten, und nicht von einem „essentiellen Objektbezug" zu sprechen. Die Rede vom Objektbezug sei irreführend, da das damit Gemeinte auch dann gegeben ist, wenn gar kein konkretes Bezugsobjekt vorliegt. Taylor kommt damit zu der folgenden allgemeinen Bestimmung von Emotionen: „[Emotions] are affective modes of awareness of situation".[28] Auch wenn nichts Konkretes da ist, das uns gefährdet, können wir *uns* gefährdet fühlen – und diese Erfahrung kann als eine bestimmte Weise, die eigene Situation aufzufassen, betrachtet werden.

Der Situationsbegriff hat eine Reihe von Vorzügen, die ihn geeignet machen, als allgemeiner Bezugsgegenstand von affektiven Zuständen zu fungieren. Die persönliche Situation eines Menschen enthält subjektive und objektive Anteile in engster Verschränkung. Zudem kann man auf die eigene Situation auch dann bezogen sein, wenn in ihr momentan kein konkretes, individuierbares externes Objekt eine fundierende Rolle spielt. Die eigene Situation enthält immer mehr als lediglich bestimmte Konstellationen von Gegenständen. Letztere sind vielmehr in gewisser Weise austauschbar, solange die formale Struktur der Situation – ob es sich beispielsweise um eine Bedrohung, um einen Glücksfall, um ein Ärgernis o.ä. handelt – dieselbe bleibt. Wenn man lediglich diesen

---

[27] Taylor 1985, 48.

[28] Ebd. – Taylors Begründung dieses Vorschlags lautet im Zusammenhang so: „[T]o have a sense of nameless dread is to have a sense of threat for which I can not find any (rational) focus in this situation. The inability to find a focus is itself an aspect of my sense of my situation. But even in this unfocused way, the sense I have is one of *threat*, or that something *harmful* is impending, that something terrible might *happen*. Without something of this range, it cannot be *dread* that we experience. The emotion is not 'objectless' *simpliciter*, because it is of something terrible impending; it is just that I cannot say what. But perhaps for this reason, it is better not to put the point in terms of an essential relation to objects, and speak rather of these emotions as essentially involving a sense of our situation. They are affective modes of awareness of situation" (Taylor 1985, 48 – Hervorh. i. Orig.).

abstrakten Situations-Charakter zugrunde legt, können auch „objektlose" Emotionen als auf Situationen bezogen betrachtet werden. Es handelt sich dann um eine Form von Weltbezug ohne Objektbezug.[29]

Dies passt wiederum gut zur bereits oben entwickelten These, wonach affektive Zustände auf (in jeweils verschiedener Hinsicht) *Bedeutsames* bezogen sind. Nichts anderes soll Charles Taylors Rede von einem „sense of our situation" besagen. Gefühle insgesamt, also affektive Zustände aller Art, sind Weisen eines evaluativen Gewahrseins der eigenen Situation. Der Zusatz „evaluativ" hebt den Aspekt hervor, der durch die Affektivität zur Idee eines Gewahrseins der eigenen Situation hinzukommt: Gefühle erschließen die eigene existentielle Lage – wie es um einen steht. Im Grunde steckt diese evaluative Dimension schon in der Rede von der *eigenen* oder *persönlichen* Situation, insofern in der Bindung an eine personale Perspektive und deren spezifische Belange schon ein Bedeutsamkeitsbezug steckt. Da es aber auch ein nicht-affektives Gewahrsein der eigenen Situation zu geben scheint, also eine ‚nüchterne' Einschätzung der eigenen Lage, wären affektive Zustände als bloßer *sense of situation* noch unterspezifiziert. Allerdings ist es durchaus fraglich, ob es völlig gefühlsneutrale Einschätzungen der eigenen Situation wirklich gibt. Wenn Matthew Ratcliffes Analyse der existentiellen Hintergrundgefühle zutrifft und wenn die von ihm angeführten neurowissenschaftlichen und psychopathologischen Belege adäquat sind, dann ist anzunehmen, dass *jegliche* Form eines Welt- und Selbstbezugs beim Menschen eine affektiv fundierte evaluative Dimension aufweist. Heideggers Konzeption der Befindlichkeit als eines Existenzials, also einer irreduziblen Grundstruktur der menschlichen Existenz, wäre dann auch nach Maßgabe der aktuellen Forschung zumindest eine nahe liegende Option.[30]

3. Die strukturelle Normalform der Emotionen

Das bisher am Beispiel von Furcht bzw. Angst Entwickelte lässt sich verallgemeinern. Während Furcht als Gewahrsein der eigenen Gefährdetheit auf innerweltlich Bedrohliches bezogen ist, ist Ärger als Gewahrsein eines unnötigen Geschädigtseins der eigenen Person auf „Ärgernisse" bezogen, auf vermeidbare Schädigungen unserer Person durch andere oder durch uns selbst. Scham ist ein Gewahrsein einer Defizienz der eigenen Person bezogen auf eine ihrer Eigenschaften, Handlungen oder Verhaltensweisen im Lichte der (als wertend vermuteten) Betrachtung durch reale oder imaginierte andere. Stolz ist dagegen ein Gewahrsein eines Vorzugs – im Sinne einer gefühlten ‚Wertigkeit' – der eigenen Person, jeweils festgemacht an einer spezifischen Eigenschaft (der eigenen Person oder von etwas, womit wir identifiziert sind), die nach den eigenen

---

[29] Bezüglich des Situationsbegriffs sind insbesondere die Ausführungen von den Vertretern der „Neuen Phänomenologie" äußerst hilfreich. Vgl. z. B. Schmitz 1992, Kap. 4 u. 1993, Kap. 5 sowie Soentgen 1998, Abschnitte 3.5-3.8.1. sowie Blume/Demmerling in diesem Band.

[30] Vgl. hierzu Ratcliffe 2002 u. 2005.

Wertmaßstäben in irgendeiner Form positiv ist und insofern den vermeintlichen ‚Wert' der eigenen Person erhöht. Freude ist hingegen ein „Sich-gehoben-Fühlen" angesichts von etwas, das als in irgendeiner Hinsicht (für einen selbst oder für Menschen, denen man nahe steht) positiv erscheint.[31]

Emotionen erscheinen in diesen Charakterisierungen als je spezifische Weisen eines *Sich-irgendwie-angesichts-von-etwas-Fühlens*, wobei an der Position des „etwas" zumindest bei einigen Emotionen zunächst eine Leerstelle stehen kann und das „irgendwie" als evaluativ verstanden werden muss; es lässt sich also mit der Wendung „in irgendeiner Hinsicht positiv oder negativ" umschreiben.[32] Die im *Sich*-Fühlen liegende Evaluation färbt gleichsam die jeweilige innerweltliche Begebenheit auf spezifische Weise und prägt insofern den affektiven Weltbezug. Diese von Husserl gerne verwendete Rede von der affektiven „Einfärbung" ist in erster Näherung durchaus sinnvoll, auch wenn sie der Anlass zu Fehldeutungen sein kann.[33]

Entscheidend ist, dass Selbstbezug (*Sich*-Fühlen) und Weltbezug nicht voneinander getrennt werden – in den meisten Fällen ist das *Sich*-Fühlen direkt und unmittelbar ein *in-Bezug-auf-etwas*-Fühlen. Es handelt sich um eine einheitliche Struktur, die nicht

---

[31] Es ist interessant und aufschlussreich, dass sich im Falle der Freude keine spezifische Einschätzung der eigenen Person vergleichbar der „Gefährdetheit" im Fall der Furcht oder der „Defizienz" im Fall der Scham angeben lässt. Jede inhaltliche Spezifizierung des Gehaltes der Freude scheint künstlich und unnötig. *Wir fühlen uns einfach gut*; wir freuen uns eben – mehr möchte man hier gar nicht sagen. Das verweist m. E. auf den grundlegenden Charakter der Freude als einer Emotion (bzw. Stimmung), die unmittelbar einen der beiden „Pole" des hedonischen Valenzspektrums markiert. In der Freude liegt deshalb keine spezifische Evaluation, weil sie selbst ein tragender Grund jeglichen affektiven Evaluierens ist. Deshalb können auch Autoren wie Bennett Helm eine basale Variante der Freude, *pleasure*, als Explikationsbasis für sämtliche positiven Gefühle heranziehen (vgl. Helm 2001 und 2002). Das „Sich-gehoben-Fühlen" ist eine zwar metaphorische, aber wie mir scheint phänomenologisch einigermaßen treffende Umschreibung. Heidegger schlägt bekanntlich in spitzfindiger Manier vor, die „gehobenen Stimmungen" privativ zu charakterisieren: in ihnen fühlen wir uns vom uns ansonsten bedrückenden „Lastcharakter" unseres Daseins „enthoben" (Heidegger 1927, 135). Angemessener erscheint mir Bollnows positive Charakterisierung der gehobenen Stimmungen als die Erfahrung eines „Getragenwerdens" von demjenigen, was unser Leben befördert (vgl. Bollnow 1956, Kap. VII).

[32] Hier ist natürlich auf die Dimension der hedonischen Valenz zu verweisen: Alles Fühlen ist entweder ein Sich-*gut*- oder ein Sich-*schlecht*-Fühlen.

[33] Vgl. Husserl 1988, 47ff. – wo sich unter anderem die folgende aufschlussreiche Passage findet: „So ist z. B. die Freude über ein glückliches Ereignis sicherlich ein Akt. Aber dieser Akt, der ja nicht ein bloßer intentionaler Charakter, sondern ein konkretes und *eo ipso* komplexes Erlebnis ist, befasst in seiner Einheit nicht nur die Vorstellung des freudigen Ereignisses und den darauf bezogenen Aktcharakter des Gefallens, sondern an die Vorstellung knüpft sich eine Lustempfindung, die einerseits als Gefühlserregung des fühlenden psychophysischen Subjekts und andererseits als objektive Eigenschaft aufgefasst und lokalisiert wird: das Ereignis erscheint als wie von einem rosigen Schimmer umflossen. Das in dieser Weise lustgefärbte Ereignis als solches ist nun erst das Fundament für die freudige Zuwendung, für das Gefallen, Angemutetwerden und wie man es sonst nennen mag." (Husserl 1988, 52).

aufgesprengt werden darf. Dass gelegentlich der affektive Selbstbezug dominiert, dass es also nur das Strukturmoment des *Sich*-irgendwie-Fühlens und kein korrespondierendes ...-*in-Bezug-auf-etwas* zu geben scheint, kann uns darüber hinwegtäuschen, dass alle affektiven Zustände diese charakteristische Struktur besitzen.[34] Heidegger hat diesen Zusammenhang in seiner Vorlesung über die Grundprobleme der Phänomenologie von 1927 wie folgt beschrieben:

> „Zum Wesen des Gefühls überhaupt gehört es, daß es nicht nur Gefühl *für* etwas ist, sondern daß dieses Gefühl für etwas zugleich ein Fühlbarmachen des Fühlenden selbst und seines Zustands, seines Seins im weitesten Sinne ist. (...) Im Gefühlhaben *für* etwas liegt immer zugleich ein *Sich*fühlen, und im *Sich*fühlen ein Modus des sich selbst Offenbarwerdens. Die Art und Weise, wie ich mir selbst im Fühlen offenbar werde, ist mitbestimmt durch das, wofür ich in diesem Fühlen ein Gefühl habe. So zeigt sich, das Gefühl ist nicht eine einfache Reflexion auf sich selbst, sondern im Gefühlhaben *für* etwas *Sich*fühlen. (...) Beide Momente der Struktur des Gefühls sind festzuhalten: Gefühl als Gefühl-für, und in diesem Gefühlhaben-für zugleich das Sichfühlen."[35]

Da der Selbstbezug und dadurch indirekt auch der Weltbezug der Gefühle mittels hedonisch qualifizierter Empfindungen erfolgt – denn eben dadurch unterscheiden sich Gefühle ja von anderen personalen Verhaltungen – kommen wir nicht umhin, diesen Empfindungen selbst jeweils den vollen evaluativen Gehalt der Gefühle beizulegen. Dies – die essentielle Einheit von Phänomenalität und Bezug, von „Gefühl" und „Gehalt" – ist die Lehre, die wir von Heidegger und seinem Lehrer Husserl übernehmen müssen. Es handelt sich um die Grundstruktur der affektiven Intentionalität. Peter Goldie hat diese phänomenologische „Verwobenheitsthese" in der gegenwärtigen analytischen Debatte über die Natur der Emotionen durch die Einführung der Kategorie des „feeling towards" wiederbelebt.[36]

Wir können uns der in dieser Debatte üblichen Sprachregelung anschließen und den spezifischen „Bedeutsamkeitstypus", auf den die Emotionen eines Typs bezogen sind, als das *formale Objekt* dieses Emotionstyps bezeichnen. Bedrohlichkeit (Furcht); Defizienz der eigenen Person (Scham); unnötige Schädigung durch andere oder uns selbst

---

[34] Wir haben ja oben bereits gesehen, wie auch in den nicht auf konkrete Begebenheiten bezogenen Gefühlen ein unspezifischer Weltbezug liegt. Die Rede von der „Leerstelle" scheint mir hier angemessen.

[35] Heidegger 1975 (zuerst 1927), 187f.

[36] Vgl. Goldie 2000 und 2002. Vgl. dazu auch Weber-Guskar in diesem Band. – Weniger explizit in diese Richtung, aber dennoch tendenziell ähnlich orientiert ist die gefühlstheoretische Position von Robert C. Roberts 2003, der Emotionen als „concern-based construals" bestimmt. Diese Wendung lässt sich übersetzen als „in Anliegen fundierte Erfahrungen", wodurch die charakteristische Doppelstruktur von Selbstbezug (Anliegen) und Weltbezug (Erfahrung von etwas) sichtbar wird. Der Ausdruck „construal" soll zudem anzeigen, dass es sich um einheitliche, gestalt-artige Erfahrungen und nicht um Konglomerate aus verschiedenen „mentalen Zuständen" handeln soll. Auch Roberts' Ausführungen zur Frage, inwiefern diese „construals" auch als Empfindungen („feelings") verstanden werden können, fallen im Vergleich zu vielen anderen aktuellen Arbeiten sehr detailliert und erhellend aus (vgl. Roberts 2003, 65-69 und 314-52).

(Ärger); Vorzug, der den vermeinten Wert der eigenen Person erhöht (Stolz); Gut im Besitz eines anderen, das wir selbst gerne besäßen (Neid) und einem selbst zukommendes Gut (Freude) sind die formalen Objekte einiger gängiger Emotionstypen. Alle formalen Objekte weisen die Doppelstruktur des *Sich-in-Bezug-auf-etwas-Fühlens* auf: sie charakterisieren jeweils sowohl eine Begebenheit in der Welt hinsichtlich ihrer spezifischen Bedeutsamkeit und in eins damit auch den Fühlenden hinsichtlich seines Seins in Bezug auf diese Begebenheit. Der Bezug auf ein formales Objekt charakterisiert eine Emotion und unterscheidet sie von den anderen. Zugleich handelt es sich um eine Angemessenheitsbedingung dieser Emotion. Die Angemessenheit einer Emotion bemisst sich daran, ob das jeweilige konkrete Objekt tatsächlich die Eigenschaften besitzt, durch die es das entsprechende formale Objekt erfüllt. Unsere Furcht vor der harmlosen Blindschleiche besteht die Probe nicht: Wir selbst wissen, dass die Blindschleiche keine Eigenschaft hat, durch die sie für uns zu etwas Bedrohlichem wird, folglich ist unsere Furcht vor ihr unangemessen. Die aufgeschlitzten Reifen unseres Fahrrads hingegen qualifizieren sich eindeutig als „Ärgernis": jemand hat uns grundlos und mutwillig einen Schaden zugefügt – also ist unser Ärger berechtigt.

Heideggers Strukturmoment des „Wovor der Furcht" wäre damit verallgemeinert. Wie schaut es aber mit dem anderen beiden „Komponenten" aus? Das „Fürchten selbst" haben wir bereits in einer allgemeinen Form charakterisiert: es ist das beschriebene *Sich-irgendwie-angesichts-von-etwas-Fühlen*, das Heidegger bereits in hinreichend allgemeiner Form als das „sich-angehen-lassende Freigeben" von etwas (im Falle der Furcht) Bedrohlichem charakterisiert.[37] Man erhält die gewünschte Verallgemeinerung, indem man anstelle des Bedrohlichen die anderen formalen Objekte von Emotionstypen einsetzt. Hierzu ließe sich natürlich noch einiges mehr sagen, insbesondere zu der nun schon mehrfach angesprochenen Verschränkung der Phänomenologie des Gefühlserlebens mit dem intentionalen Gehalt (das Fühlen als ein evaluatives Erfassen der eigenen Situation). Entscheidend ist, dass Gefühl („phänomenaler Aspekt") und Gehalt („intentionaler Aspekt") nicht auf unterschiedliche, als real oder prinzipiell trennbar konzipierte Gefühls-Komponenten verteilt werden. Bennett Helm hat hierfür einen sinnvollen Vorschlag gemacht. Wie schon Kant betrachtet er das, was Gefühle überhaupt zu Gefühlen macht und von anderen personalen Verhaltungen unterscheidet, als je spezifische Weisen von „Vergnügen" und „Schmerz" bzw. allgemeiner als Formen von „Freud" und „Leid" (im Englischen: *pleasure and pain*).[38] Der jeweils für einen bestimmten Gefühlstyp konstitutive intentionale Bezug kann dann so eingeführt werden, dass es sich jeweils um eine „Freude über etwas" oder ein „schmerzliches Missfallen an etwas" handelt – im Falle der Furcht wäre es eben eine Gefahr, die einem gleichsam schmerz-

---

[37] Heidegger 1927, 141.
[38] Vgl. Helm 1994, 2001 u. 2002. Kants Überlegungen zu den Gefühlen bzw. „Leidenschaften" finden sich in seiner *Anthropologie in pragmatischer Hinsicht* (Kant 1907 (zuerst 1798)); die explizite Behandlung von Lust und Unlust bzw. Vergnügen und Schmerz insbesondere ab § 60.

lich zu Bewusstsein kommt, ein *schmerzliches Innewerden* einer spezifischen Gefährdung. Helm wörtlich:

> „[E]motions do not merely involve some pleasant or painful sensation among other compo-
> nents, as cognitivist theories require. Rather, they *are* pleasures and pains and can be rede-
> scribed as such: to be afraid *is* to be pained by danger (and not by one's stomach); such pain is
> not a component of, but is rather identical with, one's fear. This means that emotional pleas-
> ures and pains, namely what one feels in having the emotion, are essentially intentional and
> evaluative, a sense of how things are going – whether well or poorly."[39]

Dieser sich in Form von hedonisch qualifizierten Empfindungen manifestierende „sense
of how things are going" dürfte eine angemessene Charakterisierung dessen sein, was
Heidegger als das „sich-angehen-lassende Freigeben" einer Begebenheit in ihrer spezifischen Bedeutsamkeit für die fühlende Person beschreibt.

Somit kommen wir zum dritten Strukturmoment, dem „Worum" der Furcht. In der
Furcht ist unsere personale Existenz in irgendeiner Hinsicht bedroht – und das Fürchten
selbst, unser Fühlen der Furcht, ist ein *Anstoßnehmen* (ein „sich-angehen-Lassen"), das
heißt: die Bedrohtheit ‚lässt uns nicht kalt', sie betrifft uns.[40] Damit erschließt sich uns
in der Furcht unsere Existenz als bedeutsam. Dass wir ihre Schädigung fürchten, zeigt,
dass uns etwas an unserer Existenz liegt, dass es uns um unsere Existenz geht. Und nun
ist leicht zu sehen, wie sich dieses dritte Strukturmoment verallgemeinern lässt: Jedes
Fühlen ist ein solches Sich-angehen-Lassen, folglich steht bei jedem Fühlen irgendetwas auf dem Spiel, ist immer irgendetwas bedeutsam. Nur vor dem Hintergrund, dass es
uns um etwas geht, erhält überhaupt irgendetwas *anderes* – irgendeine Begebenheit in
der Welt – eine konkrete Bedeutsamkeit, die es zu einem angemessenen Objekt unserer
affektiven Anteilnahme macht. Insofern können wir eine globale Angemessenheitsbedingung für alle Emotionen festlegen: etwas ist nur dann ein angemessenes Objekt irgendeiner unserer Emotionen, wenn es für uns in irgendeiner Hinsicht bedeutsam ist.

Allerdings können wir das „in irgendeiner Hinsicht" sogleich konkretisieren. Heideggers inhaltliche Spezifikation des Worum der Furcht – das „Dasein" selbst – muss
nicht weiter verallgemeinert werden. Der letzte Ankerpunkt aller Bedeutsamkeitsbeset-
zungen, der höchste Punkt, an dem unser Anteilnehmen letztlich festgemacht ist, ist
unsere personale Existenz. Diese selbst ist der letzte Grund unseres sorgenden Bemühens, und damit das ultimative „Worum" aller Emotionen. Nichts anderes besagt Heideggers Grundbestimmung des Daseins bzw. der Personalität: Das Dasein ist ein „Seiendes", dem es „in seinem Sein um dieses Sein selbst geht".[41]

---

[39] Helm 2002, 16.
[40] Hier zeigt sich auch direkt der Zusammenhang mit dem zuletzt beschriebenen Strukturmoment.
Dass uns etwas *nicht kalt lässt,* ist am besten dadurch zu erklären, dass wir es in einer unmittelbaren Weise spürbar als positiv oder als negativ erfahren. Wenn Gefühle im Sinne Helms als *pleasures and pains* verstanden werden, wird sogleich klar, wieso das Erleben von Gefühlen ein *Anteil-
bzw. Anstoß*nehmen (Sich-Angehen-Lassen) ist.
[41] Heidegger 1927, 12.

Die Bedeutsamkeit gabelt sich folglich in zwei grundlegende Dimensionen: Einerseits ist es immer das eigene Sein, das bedeutsam ist; andererseits ist irgendeine Begebenheit in der Welt bedeutsam. Grundlegend ist die Bedeutsamkeit der eigenen Existenz, denn eine Begebenheit in der Welt ist jederzeit ‚nur' insofern bedeutsam, als sie unser Sein in irgendeiner Hinsicht befördert oder behindert; in den Worten Heideggers: insofern sie für unser Sein „zuträglich" oder „abträglich" ist.

Wenn wir nun ein einfaches Beispiel betrachten, wird sich zeigen, dass sich hier noch eine weitere Präzisierung vornehmen und eine dritte Dimension der Bedeutsamkeit unterscheiden lässt: Etwas ist nur dann ein Ärgernis, wenn es etwas, das uns etwas bedeutet, negativ tangiert: das Fahrrad, dessen Reifen zerstochen sind, sollte uns zur Fortbewegung dienen. Jetzt, wo es beschädigt ist, können wir es nicht benutzen, um irgendwohin zu gelangen. Unser Fahrrad hat seine Dienlichkeit eingebüßt. Wir sind nun in einer bestimmten Hinsicht in unserem Sein eingeschränkt, weil das Fahrrad nicht mehr verwendbar ist. Wir sehen: die ultimative Bedeutsamkeitsquelle, unsere personale Existenz, verleiht dem Fahrrad seine spezifische Bedeutsamkeit (seine Dienlichkeit als Gebrauchsgegenstand). Das Fahrrad befähigt uns, gewisse personale Belange besser zu verrichten. In einem wiederum abgeleiteten Sinne gewinnen daraufhin solche Begebenheiten eine Bedeutsamkeit, die für das Fahrrad bzw. für unser Fahrradfahren relevant sind: das Fahrrad muss funktionstüchtig sein, das Wetter und die Straßenverhältnisse müssen stimmen, etc., denn andernfalls könnten wir nicht mit dem Fahrrad fahren. Wenn etwas die Funktionstüchtigkeit des Fahrrads einschränkt oder zerstört, wie etwa ein Akt des Vandalismus, dann tangiert uns das indirekt in unserem Sein. Insofern verweist die Bedeutsamkeit von etwas als Ärgernis (hier: Vandalismus) über den Umweg der Bedeutsamkeit von etwas, das im Ärgernis geschädigt wird (hier: Fahrrad) zurück auf die Bedeutsamkeit unseres eigenen Seins (weil diesem durch das funktionstüchtige Fahrrad hinsichtlich gewisser Belange gedient wäre).

Insofern sind neben dem konkreten Objekt einer Emotion, das das Spezifikum des formalen Objekts erfüllen muss (bzw. erfüllen sollte) – Heideggers „Wovor" –, zwei unterschiedlich grundlegende Dimensionen des „Worum" zu unterscheiden: zum einen das eigene personale Sein als ultimativer Bedeutsamkeits-Grund, zum anderen jeweils etwas Bestimmtes, das für dieses Sein bedeutsam ist und das in der emotionsrelevanten Situation von einem konkreten Objekt in der vom jeweiligen formalen Objekt spezifizierten Weise positiv oder negativ („zuträglich" oder „abträglich") tangiert wird: dies bezeichne ich von nun an als situativen *Bedeutsamkeits-Fokus*[42]. Angewandt auf unser

---

[42] Oder in Kurzform einfach nur „Fokus". Diesen Terminus verwendet auch Bennett Helm (2002, Abschnitt 2). Helm geht zwar nicht auf die personale Existenz als ultimativen Bedeutsamkeits-Grund ein, arbeitet aber ansonsten mit einem vergleichbaren Schema. Er unterscheidet zwischen „target" (konkretes Objekt), dem „formal object" und dem „focus": „that background object having import in terms of which, given the circumstances, the formal object intelligibly applies to the target" (2002, 15). Helms „import" entspricht in etwa dem, was ich Bedeutsamkeit nenne – diese Verwendung geht im übrigen auf Charles Taylor zurück (vgl. Taylor 1985, 48).

Beispiel: Der Akt des Vandalismus (konkretes Objekt) ist als Ärgernis (formales Objekt) bedeutsam, weil es sich um eine Schädigung von etwas handelt – dem Fahrrad (situativer Bedeutsamkeits-Fokus) –, welches seinerseits deshalb bedeutsam ist, weil es für gewisse für unsere Existenz relevante Belange benötigt wird und unsere Existenz das ist, worum es uns in letzter Instanz geht (ultimativer Bedeutsamkeits-Grund). Diese feingliedrigere Unterscheidung von Strukturmomenten ermöglicht eine präzisere Analyse einzelner Emotionen und ihrer evaluativen Situationsbezüge, insbesondere hinsichtlich der Frage, ob und inwiefern eine gegebene Emotion angemessen oder unangemessen, rational oder irrational ist.

Für derartige Analysen besonders wichtig sind das formale Objekt sowie der situative Bedeutsamkeits-Fokus. An ihnen bemessen sich die zwei grundlegenden Dimensionen der Angemessenheit von Emotionen. Sie beziehen sich auf folgende Fragen:

1) Kann das konkrete Objekt als Spezifikation des formalen Objekts gelten?
2) Ist der situative Bedeutsamkeits-Fokus *tatsächlich* für die Person bedeutsam?

In unserem Beispiel könnte unsere Wut also einerseits deshalb unangemessen sein, weil das formale Objekt nicht erfüllt ist (das Fahrrad ist gar nicht mutwillig beschädigt worden). Oder aber deshalb, weil sie einen unangemessenen Bedeutsamkeits-Fokus hat (weil das Fahrrad mit den zerstochenen Reifen für uns gar nicht wirklich bedeutsam ist, etwa, weil es jemand anderem gehört, oder weil wir noch drei viel bessere Fahrräder in der Garage stehen haben).[43]

Während der Bezug auf die formalen Objekte als Angemessenheitsbedingungen in zahlreichen philosophischen Behandlungen von Emotionen eine wichtige Rolle spielt, werden Emotionen nur selten im Hinblick auf ihren jeweiligen Bedeutsamkeits-Fokus thematisiert. Dadurch vernachlässigen viele Abhandlungen eine wichtige Perspektive der Gefühlsanalyse: Der Bezug auf bedeutsame Objekte ermöglicht die Identifikation spezifischer Muster in den Emotionen, Wünschen, Handlungen und sonstigen evaluativen Einstellungen einer Person. Sobald wir nur einen wichtigen Bedeutsamkeits-Fokus einer Person kennen, können wir davon ausgehen, dass die Person zahlreiche sehr spezifische evaluative Reaktionen unter wechselnden situativen Umständen an den Tag legen wird. Ein Familienvater, der seine Familie liebt und für den seine Familie daher in ausgezeichneter Weise bedeutsam ist, wird „automatisch" zahlreiche passende Emotionen, Wünsche und sonstige Einstellungen ausbilden, die systematisch auf die Familie und ihre konkrete Situation sowie auf die einzelnen Familienmitglieder und deren jeweilige existentielle Lage bezogen sind. Ist zum Beispiel die Ehefrau in Gefahr, wird er um sie fürchten und den Wunsch hegen, sie aus der Gefahr zu befreien; wenn die Gefahr vorüber ist, wird er erleichtert sein; hat jemand die Frau aus der Gefahr gerettet, wird er der Retterin gegenüber Dankbarkeit verspüren; geht es der Frau gut, wird er sich freuen;

---

[43] Vgl. dazu Helm 2002, 15ff.

hat sie Erfolg, ist er stolz; etc. Das zeigt: sobald wir auch nur ein für eine Person signifikant bedeutsames Objekt kennen, sind wir in der Lage, eine komplexe Transformationsdynamik, die zahlreiche affektive und motivationale Zustände der Person beherrscht, zu erfassen und zu prognostizieren. Bereits die isolierte Information „x ist für Y bedeutsam" eröffnet uns somit ein weites Feld von vergleichsweise robusten Kenntnissen über die Gefühle von Y, auch wenn wir sonst kaum etwas über diese Person wissen. Natürlich kann es jederzeit sein, dass eine nach Maßgabe des angenommenen Musters angemessene Emotion ausbleibt. Dann haben wir es mit einem Fall zu tun, wo die Person eine Emotion, die sie eigentlich zeigen *müsste*, nicht zeigt. Es läge ein Verstoß gegen die durch die Bedeutsamkeit des Fokus konstituierte interne Rationalität eines Gefühlsmusters vor. Als Interpreten werden wir angesichts dessen hellhörig, denn nun gilt es, den rationalen Verstoß einzuordnen. Handelt es sich bloß um einen unbedeutenden Irrtum im Einzelfall, vielleicht aufgrund eines Wahrnehmungsfehlers oder einer Fehleinschätzung der Situation, oder liegt ein Bezug auf einen uns unbekannten anderen Bedeutsamkeits-Fokus vor, der in dieser Situation ein größeres Gewicht besitzt? Vielleicht stellt sich auch heraus, dass unsere vormalige Bedeutsamkeits-Zuschreibung nicht korrekt war: Der vermeintliche Fokus ist gar nicht bedeutsam für die Person – der Fehler lag also nicht bei der zu interpretierenden Person, sondern in unserem Interpretationsversuch. Natürlich kann es sich auch jederzeit lediglich um einen Flüchtigkeitsfehler auf seiten des Interpreten handeln.

Die Dimension des Bedeutsamkeits-Fokus ist im übrigen auch deshalb von allgemeiner Bedeutung, weil sich in ihr zeigt, was eine Person insgesamt wertschätzt, welche allgemeinen evaluativen Einstellungen sie besitzt. Informationen dieser Art sind unerlässlich, wenn die affektiven Reaktionen einer Person verstanden werden sollen. So sehr die Analyse von Emotionen anhand der formalen Objekte auch helfen mag, eine Person zu verstehen und ihr Verhalten, Entscheiden und Fühlen nach Rationalitätsstandards zu evaluieren – erst die gleichzeitige Berücksichtigung ihres spezifischen ‚Wertschätzungshintergrunds' erlaubt ein umfassendes Verständnis des Individuums. Auf diese Weise lassen sich insbesondere Abweichungen von den allgemein zu erwartenden affektiven und sonstigen Reaktionen verständlich machen. Auch wenn zwei Personen, die sich *prima facie* in nahezu identischen äußeren Umständen befinden, auf grundverschiedene Weise emotional reagieren, so ist zu erwarten, dass wir es mit Differenzen hinsichtlich dessen zu tun haben, was diese Personen jeweils für bedeutsam erachten. Ihre Bedürfnisse, Anliegen und evaluativen Einstellungen dürften sich in spezifischen Hinsichten unterscheiden.

Mit diesen Hinweisen auf die wichtige deskriptive und normative Rolle des jeweiligen Bedeutsamkeits-Fokus ist die Strukturanalyse der Emotionen abgeschlossen.

4. Ausblick

Der vorliegende Text hätte sein Ziel erreicht, wenn deutlich geworden wäre, dass Heideggers Analyse der strukturellen Normalform von Emotionen, seine Überlegungen zum Zusammenhang von Hintergrundgefühlen (Stimmungen) und situationsbezogenen Emotionen sowie seine Ansichten zur Untrennbarkeit des intentionalen Gehalts von der phänomenalen Qualität der Gefühle nichts an Aktualität eingebüßt haben. Betrachtet man die gefühlstheoretischen Arbeiten von Autoren wie Sabine Döring, Peter Goldie, Bennett Helm, Robert Roberts, Matthew Ratcliffe und anderen, so wird umgekehrt deutlich, dass inzwischen vielfach Positionen vertreten werden, welche die einstige Kluft zwischen eher analytisch und eher phänomenologisch orientierten Ansätzen überwinden. Einige der zentralen Einsichten Heideggers stehen heute wieder im Mittelpunkt der subtilsten und interessantesten Arbeiten zu Emotionen und anderen affektiven Phänomenen.[44] Wenn dem so ist, dann ist es auch nicht abwegig anzunehmen, dass auch andere, noch grundlegendere Ansichten Heideggers demnächst wieder auf die Agenda der Gegenwartsphilosophie rücken – oder vielmehr auch diejenigen Bereiche der Philosophie erreichen, die Heidegger bisher weitgehend mit Geringschätzung straften. Matthew Ratcliffe beispielsweise folgt Heidegger darin, dass die Affektivität eine Grunddimension der menschlichen Existenz ausmacht, ohne die im menschlichen Leben nichts so wäre, wie es faktisch ist; Gefühle – entweder in Form von situationsbezogenen Emotionen oder von jederzeit gleichsam im Hintergrund des Bewusstseins wirksamen Stimmungen – seien entscheidend an allen wichtigen Formen des menschlichen Weltbezugs beteiligt. Zugleich und damit zusammenhängend lässt sich die Einsicht in die Verwobenheit von intentionalem und phänomenalem Gehalt affektiver Zustände dahingehend verallgemeinern, dass insgesamt mit einer weitreichenden Verschränkung des Kognitiven mit dem Affektiven gerechnet werden kann: „Befindlichkeit hat je ihr Verständnis, (…). Verstehen ist immer gestimmtes."[45] Auch aus den Neurowissenschaften, insbesondere aus dem Bereich der Neuropsychiatrie, dringt vermehrt die Kunde von Befunden, die ein solches Wechselverhältnis nahe legen. Die Klärung der Frage, inwiefern menschliche Verstehensleistungen an affektive Vermögen gekoppelt sind bzw. selbst von vornherein als affektive Vermögen verstanden werden müssen, ist eine lohnende Aufgabe für die künftige Forschung. Es ist zu erwarten, dass eine phänomenologisch und begriffsanalytisch fundierte interdisziplinäre Kognitionswissenschaft hier wertvolle Einsichten ans Licht bringen kann. Sie wäre in jedem Fall gut

---

[44] Von den genannten Autoren aus der aktuellen Debatte ist allerdings Matthew Ratcliffe der einzige, der sich explizit auf Heidegger bezieht. Bennett Helms Konzeption in *Emotional Reason* (2001) weist zwar in vielen Punkten deutliche Parallelen zu Elementen aus *Sein und Zeit* auf, doch einen Verweis auf Heidegger sucht man in dieser Arbeit vergebens.

[45] Heidegger 1927, 142.

beraten, würde sie sich Heideggers Konzeption der Befindlichkeit und seine strukturelle Beschreibung affektiver Zustände zum Leitfaden nehmen.[46]

Literatur

Ben Ze'ev, Aaron (2000), *The Subtlety of Emotion*, Cambridge.

Bollnow, Otto Friedrich (1956), *Das Wesen der Stimmungen*, Frankfurt a. M.

Campbell, Sue (1997), *Interpreting the Personal. Expression and the Formation of Feelings*, Ithaca.

Frese, Jürgen (1995), „Gefühls-Partituren", in Michael Großheim (Hg.), *Leib und Gefühl. Beiträge zur Anthropologie*, Berlin, 45-70.

Goldie, Peter (2000), *The Emotions. A Philosophical Exploration,* Oxford.

Goldie, Peter (2002), „Emotions, Feelings, and Intentionality", in *Phenomenology and the Cognitive Sciences* 1, 235-254.

Heidegger, Martin (1927), *Sein und Zeit*, Tübingen.

Heidegger, Martin (1975, zuerst 1927), *Grundprobleme der Phänomenologie,* Marburger Vorlesung im Sommersemester 1927, GA Bd. 24, Frankfurt a. M.

Helm, Bennett (1994), „The Significance of Emotions", in *American Philosophical Quarterly* 31, 319-331.

Helm, Bennett (2001), *Emotional Reason. Deliberation, Motivation, and the Nature of Value*, Cambridge.

Helm, Bennett (2002), „Felt Evaluations. A Theory of Pleasures and Pains", in *American Philosophical Quarterly* 39, 13-30.

Husserl, Edmund (^{2}1988, zuerst 1901), *V. Logische Untersuchung*, hrsg. v. Elisabeth Ströker, Hamburg, 46-53.

Kant, Immanuel (1907, zuerst 1798), *Anthropologie in pragmatischer Hinsicht*, Akademie-Ausgabe Bd. 7, Berlin.

Kenny, Anthony (1963), *Action, Emotion and Will*, London.

Lyons, William (1980), *Emotion*, Cambridge.

Musil, Robert (1978), *Der Mann ohne Eigenschaften,* Roman, Bd. 2. Aus dem Nachlass, Reinbek bei Hamburg.

Nussbaum, Martha C. (2001), *Upheavals of Thought*, Cambridge.

Ratcliffe, Matthew (2002), „Heidegger's Attunement and the Neuropsychology of Emotion", in *Phenomenology and the Cognitive Sciences* 1, 287-312.

Ratcliffe, Matthew (2005), „The Feeling of Being", in *Journal of Consciousness Studies* 12, No. 8-10, 43-60.

Roberts, Robert C. (2003), *Emotions. An Essay in Aid of Moral Psychology*, Cambridge.

Schmitz, Hermann (1992), *Leib und Gefühl. Materialien zu einer philosophischen Therapeutik*, Paderborn.

---

[46] Der vorliegende Text ist eine überarbeitete Version eines Kapitels meiner demnächst erscheinenden Dissertation *Gefühl und Weltbezug*. Diese Überarbeitung ist im Rahmen des von der Volkswagen-Stiftung geförderten interdisziplinären Forschungsprojekts „*animal emotionale* – Gefühle als *missing link* zwischen Erkennen und Handeln" entstanden. Ich danke der Volkswagen-Stiftung für die großzügige Förderung.

Schmitz, Hermann (1993), *Die Liebe*, Bonn.

Soentgen, Jens (1998), *Die verdeckte Gegenwart. Einführung in die Neue Phänomenologie von Hermann Schmitz*, Bonn.

Solomon, Robert C. (1976), *The Passions*, New York.

Solomon, Robert C. (1988), „On Emotions as Judgments", in *Philosophical Quarterly* 25, 183-191.

Taylor, Charles (1985), „Self-Interpreting Animals", in ders., *Human Agency and Language. Philosophical Papers* Vol. 1, Cambridge, 45-76.

Voß, Christiane (2004), *Narrative Emotionen*, Berlin.

ANNA BLUME UND CHRISTOPH DEMMERLING

Gefühle als Atmosphären?
Zur Gefühlstheorie von Hermann Schmitz

In den Wissenschaften werden Gefühle selten aus der Perspektive der Wesen, die sie haben und mit ihnen konfrontiert sind, thematisiert. Es dominieren kausale Erklärungen und funktionale Analysen, ganz gleich, ob man an biologische oder neurowissenschaftliche Befunde denkt oder sich kulturwissenschaftliche und soziologische Auseinandersetzungen mit Gefühlen oder verwandten Phänomenen wie Stimmungen vor Augen führt. So lässt sich beispielsweise Angst in biologischer Perspektive als eine physiologische Reaktion auf Situationen ansehen, die eine Gefahr für Leib und Leben darstellen. Ekel hat die Funktion, Substanzen zu meiden, die Krankheit und Tod bewirken können. Auch aggressive Gefühle lassen sich als Mechanismen der Überlebenssicherung ansehen, indem sie den Spielraum je eigener Verhaltensmöglichkeiten auf charakteristische Weise erweitern. Gefühle, die als Produkte einer späten Entwicklung der menschlichen Natur- und Kulturgeschichte angesehen werden können, lassen sich ebenfalls unschwer in einer funktionalen Perspektive rekonstruieren. Emotionen wie Neid oder Scham spielen im Leben von Menschen eine wichtige Rolle, auch wenn sie nicht in derselben Weise wie zum Beispiel Angst fest in der Natur verankert sein sollten, sondern komplexe kulturelle und in der Regel sprachliche Unterscheidungspraktiken voraussetzen. Scham kann die Funktion der Aggressionsvermeidung haben, Neid lässt sich als Gefühl auffassen, welches den eigenen Leistungswillen und die eigenen Leistungen beflügeln kann.

Für die Individuen, welche von einem Gefühl betroffen sind, spielt die kausale und funktionale Erklärung dieser Prozesse zumeist keine Rolle. Nicht nur dies: Selten erkennen sie das, was in der wissenschaftliche Analyse zur Darstellung gelangt, im eigenen Erleben wieder. In subjektiver Perspektive stellen sich Gefühle zumeist ganz anders dar als aus dem externen Blickwinkel der Wissenschaften. Der ‚subjektive' Standpunkt ist mit Sicherheit nicht der allein maßgebliche, aber er wird in den Wissenschaften und in einer an wissenschaftlichen Methodenidealen orientierten Philosophie häufig zu Unrecht in den Hintergrund gedrängt. Philosophische Analysen haben die Perspektive subjektiver Erfahrungen mit zu berücksichtigen, da sich auch in ihr begriffliche Zusammenhänge artikulieren, die für ein Verständnis der Phänomene von Belang sind. Die begrifflichen Zusammenhänge, die sich in subjektiver Erfahrung abgelagert haben, sind mit den verschiedenen natur- und sozialwissenschaftlichen Erzählungen über Ursache und Funktion von Gefühlen zusammenzuführen, um zu einem umfassenden Bild zu gelangen. Dieser Aufsatz macht insbesondere das subjektive Erleben von Gefühlen zum Thema, indem er fragt, mit welchen theoretischen Mitteln man es zu fassen bekommen könnte.

Vergegenwärtigt man sich das Spektrum philosophischer Gefühlsanalysen, dann fällt auf, dass die Frage, wie es ist, ein Gefühl zu haben und wie sich das Erleben eines Gefühls aus der Perspektive der ersten Person darstellt, zwar hin und wieder aufgeworfen wird, aber nur selten Gegenstand genauerer Untersuchungen ist. Wissenschaft und Philosophie tun sich nicht leicht mit der Analyse von Empfindungs- und Gefühlsqualitäten und des subjektiven Erlebens. Man könnte mutmaßen, dass das subjektive Erleben zu feinkörnig ist, um wissenschaftlich oder philosophisch auf den Begriff gebracht werden zu können und dass beispielsweise Literatur, Film, Musik oder bildende Kunst besser geeignete Medien sind, wenn es darum geht, den Gehalt von Gefühlen zu erfassen.

Eine Ausnahme innerhalb der Philosophie stellt die Neue Phänomenologie von Hermann Schmitz dar, die umfassende Analysen zum Erleben von Gefühlen enthält. Ihm ist an einer Freilegung der vielschichtigen Aspekte des leiblichen Spürens gelegen. Innerhalb der gegenwärtigen Diskussion sind es vor allem Ansätze aus der analytischen Philosophie, die von einer Auseinandersetzung mit Schmitz profitieren könnten. So präzise die Überlegungen vieler analytisch geschulter Philosophinnen und Philosophen oft sind, sie leiden gelegentlich an einer deskriptiven Unterbestimmtheit, zumal dann, wenn sie nur allgemeine Begriffe wie „Qualia" oder zu Floskeln geronnene Formulierungen wie Thomas Nagels berühmte Wendung ‚wie es ist, dies oder das zu sein bzw. zu fühlen' verwenden, um den Bereich des subjektiven Erlebens von Gefühlen anzusprechen und einen Problembestand anzuzeigen.[1]

Im Folgenden soll es um die Reichweite, aber auch um die Grenzen des Ansatzes von Schmitz gehen, der in vielen philosophischen Kontexten gar nicht zur Kenntnis genommen wird. Selbst wenn er zur Kenntnis genommen wird, löst er häufig Ablehnung, bestenfalls Erstaunen aus. Schmitz entwickelt ein ungewöhnliches Vokabular zur Beschreibung von Gefühlen und verdient gerade deshalb Kredit, weil er sich nicht auf den ausgetretenen Pfaden der neueren Philosophie bewegt, sondern terminologisches Neuland zu erschließen versucht, welches eine angemessene Beschreibung von Gefühlen ermöglichen soll.

Am Anfang dieses Aufsatzes machen wir einige Bemerkungen zur Methode der Neuen Phänomenologie und stellen deren Bezug zur Auseinandersetzung mit Gefühlen her (1.), bevor ein weiterer Abschnitt zwei für die Phänomenologie von Schmitz zentrale Begriffe einführt und erläutert: Es geht um die für Gefühle charakteristische Räumlichkeit und Leiblichkeit (2.). Im Zentrum des dritten Abschnitts steht Schmitz' Vorstel-

---

[1] Vgl. Nagel 1974.

lung, dass Gefühle als Atmosphären anzusehen sind (3.), bevor im letzten Teil der Gewinn bedacht wird, welchen die neuere Diskussion über Gefühle aus den Überlegungen von Schmitz ziehen kann, kritisch wird jedoch auch auf Probleme des Ansatzes hingewiesen (4.).

1. Die Methode der Neuen Phänomenologie

Was ist Neue Phänomenologie? Worin besteht ihre Eigenart als phänomenologische Philosophie und wodurch unterscheidet sie sich von anderen phänomenologischen Ansätzen? „Neu" nennt Schmitz seine Phänomenologie, um sich in erster Linie von der Phänomenologie Husserls, aber auch von den Ansätzen Heideggers, Merleau-Pontys und anderer abzugrenzen. Husserl zum Beispiel knüpft an das transzendentalphilosophische Selbstverständnis des Kantischen Ansatzes an, den er ins Deskriptive wendet, indem er sich mit dem bewussten Erleben und empirisch-psychischen Konstitutionsbedingungen von Erkenntnis beschäftigt. Anders die Phänomenologie von Schmitz. Sie nimmt ihren Ausgang von konkreten Phänomenen und versucht die alltägliche Lebenserfahrung zu rehabilitieren. Ein Phänomen ist für Schmitz eine Art von Sachverhalt, den niemand in seiner Tatsächlichkeit bestreiten kann.[2] Er verwendet einen sehr weiten Phänomenbegriff, der nicht nur das, was zum Beispiel in der sinnlichen Wahrnehmung präsentiert wird, unter sich begreift, sondern das Spektrum der Phänomene umspannt gewissermaßen alles, was sich in der menschlichen Erfahrung zeigen kann, wozu insbesondere auch Erscheinungen gehören, die in der von den Wissenschaften untersuchten Welt keinen Platz zu haben scheinen. Man denke im Zusammenhang mit Gefühlen zum Beispiel an die Erfahrung ihres räumlichen Charakters.

Die Philosophie entspringt Schmitz zufolge einem Sichbesinnen des Menschen auf ein Sichfinden in einer Umgebung, welches unverstellt von wissenschaftlichen Theorien und kulturellen Vorurteilen – Schmitz spricht häufig von einer kulturellen Abstraktionsperspektive – erörtert werden soll. Es geht Schmitz darum, in Schichten der primären Lebenserfahrung vorzudringen und das subjektive Erleben bildet den wesentlichen Fokus seiner philosophischen Überlegungen. Er versucht, die zentralen Begriffe seiner Philosophie zunächst in der Auseinandersetzung mit einfachen, alltäglichen Erfahrungen der Menschen zu gewinnen und sie an solchen Erfahrungen auszuweisen. Aber auch klinische Literatur zur Psychopathologie, Erfahrungsberichte von Psychiatriepatienten sowie ein reichhaltiges Spektrum philosophischer, ethnologischer, religionsphilosophischer und nicht zuletzt der schönen Literatur bilden das Reservoir seines Philosophierens.

Schmitz unterscheidet drei Stadien der phänomenologischen Analyse: In einem ersten Schritt hebt der Phänomenologe einen bestimmten Gegenstandsbereich (man denke etwa an die Gefühle) aus der Lebenserfahrung heraus. Dabei bedient er sich zunächst

---

[2] Vgl. dazu Schmitz 1990, 34.

der Mittel, welche die gewöhnliche Sprache zur Verfügung stellt. Schmitz spricht vom deskriptiven Stadium des Philosophierens. Der zweite Schritt besteht nun darin, wiederkehrende Elemente des betreffenden Bereichs herauszupräparieren und diese Elemente mit Hilfe bestimmter Begriffe zu fixieren. Das ist das analytische Stadium phänomenologischen Philosophierens. Schließlich werden auch die komplexeren Bestandteile des betreffenden Bereichs rekonstruiert, indem man die entwickelten Begriffe auf geeignete Art und Weise miteinander kombiniert. Dieses kombinatorische Stadium phänomenologischen Philosophierens dient gleichzeitig dazu, den Nachweis zu führen, dass die Analysen und die verwendete Terminologie angemessen sind.[3]

Auch wenn Schmitz immer wieder bemüht ist, die Originalität seines eigenen Zugriffs zu unterstreichen, zeigt sich, dass sein Vorgehen seinen Vorläufern in der phänomenologischen Tradition vieles verdankt und sich ebenso vielfältige Bezüge zu anderen philosophischen Strömungen herstellen lassen. Erinnert sei nur an die deskriptiven Aspekte in der späteren Philosophie Wittgensteins, an die linguistische Phänomenologie Austins, oder an den Versuch, Grundbegriffe der Wissenschaften und des individuellen und sozialen Lebens im Rückgriff auf in der menschlichen Lebenswelt verankerte Praktiken zu gewinnen wie im methodischen Konstruktivismus Erlanger-Konstanzer-Marburger Prägung.[4] Welche Konsequenzen ergeben sich aus der skizzierten Methode für den Umgang mit Gefühlen? Wenn man nach Gefühlen fragt, kann man das auf vielerlei Weisen tun, und die Art des Fragens wirkt auf die Antwort zurück. Schmitz zufolge lassen sich drei Arten des Fragens voneinander unterscheiden.[5]

(1) Phänomenologisches Fragen: Wie und was wird tatsächlich *erlebt,* wenn man das erlebt, was man „x" (hier: das spezifische Gefühl) nennt?

(2) Frage nach der Genese des Phänomens: In welcher *Geschehensreihe* kommt x (das Gefühl) vor?

(3) Kausales Fragen: Was ‚*macht'* x, was ist die *Ursache* (des Gefühls)?[6]

Viele wissenschaftliche Theorieansätze fragen zunächst nach der Genese von Phänomenen und bieten kausale Erklärungen an. Aus der Sicht der Neuen Phänomenologie kommt man mit genetischen und kausalen Erklärungen aber nicht an die Phänomene heran, da das subjektive Erleben ausgeklammert bleibt. Besonders eindringlich lässt sich dieser Umstand am Beispiel von reduktionistischen Ansätzen etwa in der Hirnforschung vergegenwärtigen. Gefühle wie Angst oder Glück werden als Zustände begriffen, für deren Auftreten letztlich Gehirnprozesse als ‚verantwortlich' gelten.[7] Das be-

---

[3] Vgl. zu diesem Ideal einer phänomenologischen Dreistadienmethode Schmitz 1990, 33.

[4] Vgl. zu Gemeinsamkeiten und Differenzen Janich 1996, 154–177; vgl. Schmitz 1999a, 103–114.

[5] Vgl. Schmitz 2003, 204.

[6] Schmitz bemerkt dazu: „Vor dem Schluss von 2 auf 3, von post hoc auf propter hoc, warnte bekanntlich Hume." (Vgl. ebd. 203).

[7] Um nur ein Beispiel herauszugreifen: Roth 2001, 257ff.

wusste Erleben dieser Zustände spielt in der Regel keine Rolle oder wird als bloßes Epiphänomen aufgefasst. Im Rahmen derartiger Ansätze wird zumeist stillschweigend unterstellt, dass eine Einsicht in die physiologischen und neurobiologischen Mechanismen, die an der Entstehung von Gefühlszuständen beteiligt sind, bereits vollständig klärt, um was für Arten von Zuständen es sich handelt.[8] Der Kurzschluss derartiger Ansätze besteht aus Sicht der Neuen Phänomenologie darin, nicht zwischen Gefühlszuständen (subjektivem Erleben) und deren Entstehung (Kausalität/Genese) zu unterscheiden bzw. die Gefühlszustände als solche gar nicht zu thematisieren.

Hermann Schmitz unterscheidet in diesem Zusammenhang nicht nur die verschiedenen Arten des Fragens, sondern differenziert auch zwischen „subjektiven" und „objektiven" Sachverhalten bzw. Tatsachen. Die subjektiven Sachverhalte und Tatsachen kennzeichnet er als die „unversehrten Tatsächlichkeiten", während er die objektiven Tatsachen als „verarmte", „reduzierte Tatsächlichkeiten" bestimmt, die erst bei „Abschälung" der Subjektivität zustande kommen.[9] Mit dem ungewöhnlichen und durchaus nicht unproblematischen Begriff der subjektiven Tatsache bezieht sich Schmitz auf Tatsachen, deren Bestehen von einem Subjekt abhängig ist und die in diesem Sinne nur von einem Subjekt behauptet werden können.[10] Mit einem Satz wie „Ich bin traurig" werde beispielsweise eine subjektive Tatsache ausgesagt, während mit einem Satz wie „Dresden liegt südlich von Berlin" eine objektive Tatsache behauptet werde.[11] Subjektiven Tatsachen werde – so meint Schmitz – im Kontext der modernen Wissenschaft die Anerkennung verweigert, da die Wissenschaften sich von einem für das abendländische Denken insgesamt charakteristischen Psychologismus, Reduktionismus und Introjektionismus leiten lassen würden, ohne diese Orientierungen zu hinterfragen.

Unter „Psychologismus" versteht Schmitz den Umstand, dass das gesamte Erleben des Menschen „in seine Innenwelt wie in ein Haus mit Mauern und Stockwerken" verlegt wird. Als Reduktionismus bezeichnet er „die Abschleifung der Außenwelt", die allein die Auseinandersetzung mit identifizierbaren, manipulierbaren und quantifizierbaren Merkmalen, die sich an der Oberfläche fester Körper ablesen lassen, als Gegenstand der wissenschaftlichen Auseinandersetzung gelten lässt und zum maßgeblichen Inventar der Welt macht. Als Introjektionismus schließlich wird „die Ablagerung des vom Reduktionismus abgeschliffenen Abfalls in der im Dienst der Selbstbemächtigung bereitgestellten Innenwelt" angesehen.[12] Mit der Anerkennung subjektiver Tatsachen

---

[8] Zum Konflikt von Phänomenologie und Neurowissenschaft vgl. Blume 2004, 157ff.; sowie Schulte 2000.

[9] Schmitz 1999b, 10: „Die Entdeckung der subjektiven Tatsachen und ihres Überschusses an unversehrter Tatsächlichkeit über die objektiven, der Subjektivität beraubten Tatsachen zerstört die Voraussetzung einer Welt mit homogener Tatsächlichkeit."

[10] Ohne ausdrücklichen Bezug auf Schmitz wird der Begriff der subjektiven Tatsache allerdings auch im Rahmen anderer theoretischer Traditionen verwendet; innerhalb der analytischen Philosophie vgl. zum Beispiel Searle 1993, 34ff., 113ff.

[11] Vgl. Schmitz 1992, 32f.

[12] Vgl. dazu Schmitz 1998, 10f.

stellt sich die Phänomenologie von Schmitz in den Dienst einer Überwindung der drei genannten Tendenzen, die das Ziel hat, über den Menschen und seine Stellung in der Welt nachzudenken, ohne dabei Gebrauch von den Elementen des verbreiteten „Innenweltparadigmas" zu machen.

Wie erleben wir Gefühle, wenn wir akut von ihnen ergriffen werden? Das ist die Grundfrage von Schmitz' Überlegungen zur Philosophie der Gefühle. Wir erleben sie nicht als Gehirnvorgang und im Erleben ebenfalls nicht nur als räumlich auf den eigenen Körper beschränkt. Stattdessen sind Gefühle etwas, das uns zum Beispiel auch ‚umhüllen' kann. Man denke beispielsweise an das Gefühl der Geborgenheit, die einen umkleiden kann. Zudem erfahren wir Gefühle oder Stimmungen häufig als etwas, das uns nicht nur im Rahmen unserer Körpergrenzen betrifft, sondern unter Umständen die gesamte Umgebung einfärbt wie die Schwermut, die sich auf alles legen kann. In manchen Fällen ist es auch so, dass wir ein Gefühl als etwas erfahren, das uns ‚widerfährt', indem es von der Umgebung oder dem Raum, in dem wir uns befinden, auf uns übergreift. Man denke an die andächtige, religiöse Stimmung in einer Kathedrale, oder an die ausgelassene Stimmung auf einer Party. Kurzum: Gefühle können über uns hinausreichen. Es ist unter anderem diese Eigenschaft von Gefühlen, die Schmitz dazu führt, Gefühle nicht als Zustände einer ‚Seele', des ‚Bewusstseins' oder ‚Gehirns' zu begreifen, sondern als „räumlich ergossene Atmosphären" anzusehen.[13]

Schmitz versteht seine Gefühlstheorie als Beitrag zur Phänomenologie des Raumes. Räumlichkeit ist für ihn ein Grundzug der Gefühle, und er vergleicht das Atmosphärische der Gefühle immer wieder mit dem Wetter, das den „Weiteraum", die primitive Urform des Raumes, erfüllt.[14] Auch Gefühle sind ihm zufolge – wie das Wetter – unbestimmt weit ergossene Atmosphären, in die der von ihnen affektiv betroffene Mensch leiblich spürbar eingebettet ist. Wenn im Folgenden davon die Rede ist, wie (und dass) Gefühle räumlich erlebt werden, so ist dabei in Rechnung zu stellen, dass die Phänomenologie von Schmitz einen anderen Raumbegriff verwendet als der üblicherweise ins Auge gefasste der Mathematik und Physik. Der erlebte Raum hat mit dem Raumbegriff in Mathematik und Physik kaum mehr als den Namen gemeinsam. Mit Blick auf den erlebbaren Raum unterscheidet Schmitz den „Gefühlsraum" und den „leiblichen Raum", wobei der leibliche Raum den Gefühlsraum fundiert und ihn allererst zugänglich macht.[15]

---

[13] Vgl. zu Schmitz' Kritik am Seelenbegriff und an der „Introjektion der Gefühle" Schmitz 1969, 6ff; zur Räumlichkeit der Gefühle 185ff.
[14] Ebd. 361ff.
[15] Der Leibraum fundiert darüber hinaus auch alle abstrakteren, leib-ferneren Formen von Räumlichkeit, letztendlich selbst den Raum der Mathematik und Physik, was Schmitz mit differenzierten Analysen nachzuweisen versucht. (Vgl. Schmitz 1967).

2. Die Prädimensionalität des leiblichen Raumes

Nicht erst die Gefühle, sondern auch leibliche Phänomene werden von Schmitz anhand von räumlichen Kategorien charakterisiert und verständlich gemacht. Er differenziert zwischen dem sicht- und tastbaren Körper, der eine bestimmte dimensionsräumliche Ausdehnung besitzt, und dem leiblichen Spüren in der Gegend des Körpers, das vom Seh- und Tastbaren unabhängig ist und sich nicht messen lässt, während die Eigenschaften des Körpers quantifizierbar sind. Wörtlich erläutert er den Unterschied zwischen dem leiblichen Spüren und dem Körper wie folgt:

> „Jedermann macht die Erfahrung, dass er nicht nur seinen eigenen Körper mit Hilfe der Augen, Hände u. dgl. sinnlich wahrnimmt, sondern in der Gegend dieses Körpers auch unmittelbar (...) etwas von sich spürt; z. B. Hunger, Durst, Schmerz, (...) Wollust, Müdigkeit, Behagen. Im Gegensatz zu den anderen modernen Sprachen besitzt das deutsche zwei Wörter, die es leicht machen, den gemeinten Unterschied zu benennen: Körper und Leib."[16]

Was Schmitz unter Leib versteht, lässt sich am besten im Rückgriff auf seine Rede von leiblichen Regungen erläutern. Leibliche Regungen empfindet man, ohne sich auf das Sehen und Tasten stützen zu müssen (man muss sich zum Beispiel nicht erst an den Kopf fassen, um den eigenen Kopfschmerz zu spüren), und man spürt ihn auch ohne Rückgriff auf ein Körperschema, beispielsweise auf das aus der Erfahrung des Sehens und Tastens abgeleitete Vorstellungsbild vom eigenen Körper. Der „Körper" in der Schmitzschen Terminologie meint also das Sicht- und Tastbare, während als „Leib" bzw. leibliches Erleben alles angesehen wird, was unabhängig vom Sehen und Tasten in der Körpergegend zu spüren ist. Noch einmal anders formuliert: Der Begriff des Leibes bezeichnet den erlebten und gespürten Körper, das, was aus der Perspektive der ersten Person ‚direkt', das heißt ohne Zuhilfenahme einzelner Sinnesorgane oder der Hände, erfahren wird.

Auch wenn Schmitz die vielfältigen Beziehungen von Körper und Leib – beispielsweise in der leiblichen Kommunikation – thematisiert, lädt er gelegentlich durch seine in methodischer Hinsicht unbekümmerte Verwendung der Unterscheidung von Leib und Körper zu substantialistischen Verständnissen dieser Unterscheidung ein. Dagegen ist festzuhalten: Anders als der Körper ist der Leib kein Ding. Folglich sind Körper und Leib auch keine unterschiedlichen ‚Dinge'.[17] Der Leib besetzt nicht (wie ein Ding) einen anderen Ort als der Körper, er stellt keine Parallelwelt zu jener des Körpers dar. Er ist nicht der ‚Träger', sondern lediglich der Inbegriff all dessen, was in der Körpergegend verspürt werden kann, aller sogenannten „leiblichen Regungen". Substantialistische Verständnisse der Unterscheidung von Leib und Körper können vermieden wer-

---

[16] Schmitz 1965, 5.

[17] Würde man die Unterscheidung von Leib und Körper so verstehen, geriete man unfreiwillig aufs Neue in das Fahrwasser einer Art von Dualismus, wie er mit der Kritik an dualistischen Vorstellungen des Verhältnisses von Leib und Seele gemäß den eigenen Vorgaben von Schmitz ja gerade vermieden werden soll. Zu dieser Kritik vgl. auch Soentgen 1998, 60ff.; ferner Slaby 2006, 300ff.

den, wenn man die Unterscheidung im Sinne zweier Perspektiven versteht und den Begriff des Körpers verwendet, um die ‚Außenperspektive' oder die Perspektive einer dritten Person zu bezeichnen, während man den Begriff des Leibes gebraucht, wenn die ‚Innenperspektive' oder die Perspektive einer ersten Person bezeichnet werden soll.[18]

Schmitz hat die Struktur des leiblich Gespürten ausführlich untersucht und ausdifferenziert. Er entwickelt und verteidigt die These, dass in Philosophie und Wissenschaft kein geeignetes Vokabular zur Verfügung steht, welches es erlauben würde, die leiblichen Phänomene angemessen zu beschreiben und in eine systematische Ordnung zu bringen. Schmitz entwickelt eine neue Terminologie im Ausgang von den Phänomenen.

Dabei zeigt sich die räumliche Struktur der leiblichen Phänomene im Vergleich zu derjenigen des Körpers wie folgt: Der Körper ist ausgedehnt und begrenzt. Statt Flächigkeit (an der Haut) und stetigem Zusammenhang begegnet einem auf der Ebene leiblichen Spürens ein Gewoge und Gemenge verschwommener Inseln. Schmitz spricht von „Leibesinseln", die sich in beständiger Wandlung befinden: Eine Verspannung, etwa in der Gegend des Nackens, kann sich ausbreiten oder wandern, zum Beispiel in die Schultern. Anderes ist unverrückbarer. Manches spürt man dauerhaft, anderes nicht, aber keine dieser Inseln bietet sich „je als starre, feste Masse an", die beispielsweise gewogen oder vermessen werden könnte. Eher gleichen sie strahlenden Herden ohne scharfen Umriss, wobei einige betonte Stellen hervortreten.[19] Als Beispiele für leibliche Regungen, die auf Leibesinseln beschränkt sind, gelten Kitzel, Herzklopfen, Hitzewallungen oder auch Schmerzen. Schmitz räumt allerdings ein, dass es auch ‚ganzheitliche' leibliche Regungen wie Frische oder Mattigkeit, Behagen oder Unbehangen gibt, die sich auf das gesamte Feld leiblichen Spürens erstrecken und sich nicht auf einzelne Inseln beschränken.

Um leiblich spürbare Phänomene wie Schmerz, Wollust, Hunger, Durst usw. genau erfassen zu können, hat Schmitz eine Reihe von Grundkategorien herausgearbeitet, mit deren Hilfe sich die leiblichen Regungen hinsichtlich ihrer Ausdehnung und räumlichen Dynamik bestimmen lassen. Er benutzt Begriffe wie „Engung" und „Weitung", „Spannung" und „Schwellung", „Intensität" und „Rhythmus", um das leibliche Erleben eingehender zu kategorisieren. Diese Begriffe versteht er nicht etwa als Metaphern, sondern er geht davon aus, dass sie etwas anzeigen, das uns aus der eigenen Erfahrung auf ursprüngliche Weise vertraut ist: „Die Worte ‚eng' und ‚weit' (...) dürften ihren genuinen Sinn (...) aus dem Spüren am eigenen Leibe schöpfen."[20] Verengung spüren wir im Schmerz und in der Angst, in der Beklemmung erdrückender, zu kleiner Räume. Weite spürt man im Rausch, in Trancezuständen, im Stolz und auch, wenn man sich bei einem Bad in der Sonne entspannt.

---

[18] Vgl. zu diesem Vorschlag Landweer 1999, 20.
[19] Vgl. Schmitz 1965, 27.
[20] Schmitz 1992, 45.

Wie muss man sich nun die räumliche Differenzierung zwischen Körper und Leib vorstellen? Körper haben Flächen (Linien und Punkte), Ecken und Kanten und sie sind dreidimensional. Das gilt auch für den eigenen Körper. Der leibliche Raum hingegen „ist flächenlos ausgedehnt als prädimensionales (das heißt nicht bezifferbar dimensioniertes, zum Beispiel. nicht dreidimensionales) Volumen, das in Engung und Weitung Dynamik besitzt."[21] Schmitz vergegenwärtigt die Räumlichkeit leiblicher Phänomene, die bei ihm mit der Vorstellung eines flächenlosen Volumens einhergeht, unter anderem am Beispiel der Atmung.

> „Beim Einatmen spürt man z. B. deutlich, wie die Brust- und Zwerchfellgegend voluminös anschwillt; ganz ähnlich ist das spürbare Volumen ausladender Gebärden etwa bei stolzem Sichaufrichten oder wohlig befreiendem Dehnen der Glieder bei tiefem Atemzug in frischer Luft, scharf zu unterscheiden von der oft geringfügigen zugehörigen Körperbewegung, die im Ausmaß hinter der großartig gespürten leiblichen Weitung zurückbleibt."[22]

Schmitz stellt nun heraus, dass prädimensionales Volumen nicht nur charakteristisch für den Leib ist, sondern auch in anderen Erfahrungsbereichen vorkommt, zum Beispiel kann man derartiges Volumen auch hören. Man denke daran, dass dunkle, mächtige Orgelakkorde mehr Volumen haben als schrille spitze Pfeiftöne. Auch die Stille, auf die man lauschen kann, hat merkliches Volumen. Ebenso wie der leibliche Raum ist auch der akustische Raum flächenlos und damit unteilbar ausgedehnt:

> „Weder lassen sich Senkrechte in ihm [im Schall] kreuzen, noch kann er durch Schnittflächen zerlegt werden, noch gibt es in ihm Kugelflächen oder diesen topologisch äquivalente Flächen, die beliebig kleine Umgebungen von Schallpunkten – die es auch nicht gibt – begrenzen könnten."[23]

Aufgrund seiner Flächenlosigkeit und im Vergleich sowohl mit dem haptischen als auch mit dem visuellen Raum ist der Hörraum dem leiblichen Raum am nächsten. Töne und Rhythmen gehen wegen dieser Nähe besonders eindringlich unter die Haut. Von Musik, Krach und Geräuschen kann man sich schlechter distanzieren als von Bildern. Verstopft man sich nicht gerade die Ohren, kommt man kaum um sie herum. In der Sprache und beim Sprechen wird mit der Nähe des Hörraums zum leiblichen Raum ‚gearbeitet‘: Eindringliche Gedichte zum Beispiel werden statt in Prosa meist in Versen verfasst, sodass der Leser die Eindringlichkeit im Rhythmus nachvollziehen kann, der Leib gewissermaßen ‚mitdenkt‘. Mit dem Aufweis des prädimensionalen Volumens im leiblichen Raum und im Hörraum belegt Schmitz, dass die Dimensionalität erst in verhältnismäßig hohen Schichten bzw. an verhältnismäßig später Stelle der menschlichen Raumerfahrung eine Rolle spielt. Erst mit dem Tasten und Sehen sind zwei- und dreidimensionale Gebilde gegeben, und auch hier nicht ohne weitere Voraussetzungen. Denn selbst beim Sehen gibt es flächenlose Momente. Schmitz spricht in einem derarti-

---

[21] Schmitz 1998, 12f.
[22] Schmitz 1992, 40.
[23] Schmitz 1967, 387.

gen Fall vom Sehen als „Gestaltsehen". Kommen wir vom leiblichen Raum zu den Gefühlen. Wie der leibliche Raum ist auch der Gefühlsraum nicht dimensional, sondern prädimensional. Gefühle haben keine Flächen. Bei seinen Überlegungen zu Gefühlen lässt sich Schmitz insbesondere von drei Thesen leiten. Sie lauten: Gefühle sind als Atmosphären aufzufassen (1.) und Gefühle stellen Mächte dar, die uns leiblich ergreifen (2.) und mit Autorität über uns gebieten (3.).[24] Diese Thesen erläutert der folgende Abschnitt.

3. Der Gefühlsraum

Gefühle als Atmosphären. Als atmosphärisch werden Gefühlsphänomene von Schmitz aufgefasst, sofern sich diese nicht auf ein Individuum beschränken, sondern sich auch in den äußeren Raum, und zwar meist ohne klar umrissene Grenze ergießen. Nicht immer erscheinen sie notwendig als die Gefühle eines Individuums, sondern sie lassen sich auch distanziert und ‚überpersönlich' wahrnehmen, zum Beispiel, wenn jemand bei geschlossenem Fenster mehr oder weniger unbeteiligt nach draußen schaut und einen heiteren Frühlingstag betrachtet. Unter Umständen geht diese Distanz verloren und man gerät in eine Gefühlsatmosphäre hinein. Sobald man Fenster und Türen öffnet, wird man von einer Frühlingsstimmung umfangen. Andere Beispiele für das atmosphärische Element von Gefühlen zeigen sich bei ‚kollektiven' Gefühlen. Man denke an den Fall, wenn jemand von der euphorischen Stimmung zum Beispiel im Fußballstadion, auf einer Party, während einer ‚heißen' Diskussion ‚infiziert' wird. Die Beispiele verdeutlichen den atmosphärischen und in diesem Sinne räumlichen Charakter zumindest bestimmter Gefühle. Schmitz veranschaulicht seine Überlegungen immer wieder am Beispiel des Klimas. Es gibt, so schreibt er,

> „viele Grenzfälle, in denen Gefühle und Klima so in einander übergehen, daß es vor den Phänomenen zu verantworten ist, das Gefühl als eine Art von Wetter oder das Wetter als eine Art von Gefühl anzusehen. Das trifft z. B. für (...) die feierlich stille oder auch leere überpersönliche Stimmung des Sonntags [zu], oder die spannungsgeladenen, von diffuser Erregung vibrierenden Atmosphären (...), man spricht dann gern von ‚dicker Luft' (...)."[25]

Schmitz' Überlegungen zu Gefühlen als Atmosphären sind nicht immer frei von objektivistischen Anklängen. Ähnlich wie im Zusammenhang mit der von ihm verwendeten Kategorie des Leibes gebraucht er gelegentlich Wendungen, die eine substantialistische Auffassung von Atmosphären nahelegen, was recht verstanden dem eigentlichen Ansinnen seiner Philosophie widerspricht. Aus der richtigen Kritik an einem durch und durch subjektivistischen Verständnis von Gefühlen gemäß dem Innenweltparadigma, wird gefolgert, dass Gefühle im Grunde genommen als überpersönliche Phänomene von ihren Trägern ablösbar sind. Obwohl Schmitz nicht davon ausgeht, dass Gefühle eigen-

---

[24] In anderer Reihenfolge formuliert bei Schmitz 1997, 153.
[25] Schmitz 1969, 362.

ständig im Raum existieren, sondern die Räumlichkeit der Gefühle explizit von der Orts-Räumlichkeit bzw. der Räumlichkeit der Dinge unterscheidet, wäre genauer zu diskutieren, ob und inwiefern die Atmosphärentheorie einer Verdinglichung der Gefühle zuarbeitet. Auch die in diesem Zusammenhang gelegentlich verwendete Unterscheidung zwischen einem Gefühl und dem Fühlen eines Gefühls ist nicht frei von der Gefahr einer Verdinglichung der Gefühle, indem diese als vom Fühlen unabhängige Phänomene aufgefasst zu werden scheinen, die auf eine bestimmte Art und Weise für sich bestehen. Gefühlsakt (Fühlen) und Gefühlsinhalt (Gefühl) lassen sich jedoch nicht nur nicht unabhängig voneinander explizieren, sie existieren auch nicht unabhängig voneinander, sondern gehören von vornherein zusammen.[26]

Außerdem kann man die Frage stellen, ob mit der ‚Atmosphärentheorie' der Gefühle nicht an bestimmten Beispielen gewonnene Einsichten zu Unrecht verallgemeinert werden und auf das gesamte Spektrum affektiver Phänomene übertragen werden. Beispiele wie dasjenige sozialer Gefühlskontraste – Schmitz diskutiert gelegentlich das Beispiel des Fröhlichen, der in eine Trauergemeinde gerät, wo dann die Trauer eine Art von Atmosphäre darstellt, der sich auch der Fröhliche nicht entziehen kann, oder ‚kollektive' Gefühle, noch einmal sei die Euphorie im Fußballstadion angeführt – scheinen zunächst einmal für die Atmosphärentheorie zu sprechen. Aber mit Blick auf Gefühle wie Scham, Neid oder Angst, scheint sie doch weniger plausibel zu sein.[27] Handelt es sich bei diesen typischen Beispielen für Gefühle nicht eindeutig um personengebundene Zustände und nicht um überpersönliche Atmosphären?

Schmitz macht geltend, dass sich der atmosphärische Charakter von Gefühlen auch für Gefühle, die man zunächst einmal als personengebunden ansieht, nachweisen lässt. Er unterscheidet explizit zwischen überpersönlichen Atmosphären und den Atmosphären personengebundener Gefühle. So kann man beispielsweise Scham als ein Gefühl des Erblickt- oder Ertapptwerdens rekonstruieren.[28] Konkrete wie anonyme Blicke verfolgen denjenigen, der sich schämt, treiben ihn in die Enge und stellen ihn schutzlos in einen ‚Mittelpunkt', und zwar unabhängig davon, ob tatsächlich jemand in der Nähe ist oder nicht. Dieses ‚von überall her Angeblicktwerden' lässt sich als raumatmosphärischer Charakter der Scham ansehen. Oder denken wir an die Freude, die sich ebenfalls als raumhaftes Gebilde betrachten lässt:

> „In der Freude springt und hüpft der Mensch, aber nicht unbedingt, weil er gesteigerte Spannkraft austoben müsste; man kann sich in die Freude ja auch fallen lassen. Vielmehr hat sich ihm die räumliche Atmosphäre, in der er aufgeht, zur leiblich hebenden Freude verwandelt, in der die Anstrengung gegen die niederziehende Schwere keine Bedeutung mehr hat."[29]

---

[26] Zu dieser Kritik vgl. auch Slaby 2006, 314.

[27] Schmitz' Nachweis des atmosphärischen Charakters aller Gefühle bereitet einige Schwierigkeiten und ist in mancher Hinsicht wenig überzeugend. Zur Kritik vgl. auch Blume 2003, 63ff.

[28] Vgl. Sartre 1993 (frz. zuerst 1943), insbesondere Dritter Teil, 1. Kap., Abschnitt IV: Der Blick, 457-538.

[29] Schmitz 1997, 146.

Freude wirkt leiblich hebend, während umgekehrt zehrender Kummer, Schwermut und Missmut als niederdrückende Atmosphären erlebt werden: alles um uns herum versinkt ins Graue und Dunkle, wir sind spürbar niedergeschlagen, was oft auch an einer gedrückten Körperhaltung und der dazu passenden Gestik sichtbar wird. Dennoch leuchtet die These, dass auch Gefühle wie Freude oder Scham als Atmosphären anzusehen sind, die unabhängig vom Menschen im Raum existieren, nicht ganz ein. Selbstverständlich können Scham oder Freude Atmosphären schaffen, die dann über die von diesen Gefühlen betroffenen Personen hinausgreifen, aber sie sind darum doch nicht unbedingt ihrerseits als eine Atmosphäre anzusehen. Richtig an der Explikation von Schmitz allerdings ist, dass personengebundene Gefühle wie Scham oder Freude nicht ausschließlich subjektiv sind. In der Freude wird etwas von Wert erfahren, in der Scham eine Normverletzung, die gegenüber dem Individuum, welches die betreffenden Gefühle hat, jeweils mit einem ‚objektiven‘ Anspruch auftreten.

Gefühle als Mächte. Die erste These, die das gängige Verständnis der Gefühle als Zustände der Seele oder Psyche, des Bewusstseins oder Gehirns zurückweist, siedelt die Gefühle in einer prädimensionalen Räumlichkeit an. Die zweite These nun macht deutlich, inwiefern der prädimensionale Gefühlsraum mit dem prädimensionalen leiblichen Raum zusammenhängt, sich aber zugleich auch von diesem unterscheidet. Schmitz differenziert zwischen dem Gefühl als einer atmosphärischen Macht außer uns und dem Fühlen des Gefühls am eigenen Leib. Ob hinter dieser Differenzierung nicht eine verfehlte Aufspaltung von Gefühlsinhalt und Gefühlsakt steckt, hatten wir bereits diskutiert. Folgen wir für den Augenblick den Vorschlägen von Schmitz. Die Gefühlsatmosphäre versteht er als räumlich „ortlos“, sofern sie ein räumliches Feld ist, das weit über den eigenen Körper hinausreicht. Man kann Gefühlsatmosphären ja auch distanziert wahrnehmen, etwa dann, wenn man die Gefühle anderer zur Kenntnis nimmt. Erst das Fühlen des Gefühls in örtlicher Umschriebenheit, wenn man so will: am eigenen Leib, macht das Gefühl dann zu ‚meinem‘ Gefühl: „Der eigene Leib muss spürbar in Mitleidenschaft gezogen werden, wenn das Ergriffensein echt ist, d. h. wenn nicht in zwiespältiger Weise unentschieden bleibt, ob (...) Ergriffenheit durch das Gefühl stattfindet.“[30] Dass man fühlt, machtvoll von dem Gefühl ergriffen zu werden, bezeugen Schmitz zufolge unter anderem die Gebärden dessen, der von einem Gefühl betroffen ist. Schmitz stellt fest, dass in den meisten Fällen eine erstaunliche Gebärdensicherheit wahrnehmbar ist: „Der Freudige weiß zu hüpfen, (...) der Beschämte den Kopf so hängen zu lassen und die Schultern einzuziehen, als ob er sich in sich verkriechen wollte; niemand, der so betroffen ist, muss erst verlegen fragen, wie man so etwas macht.“[31] Dagegen bleiben diese Gebärden bei bloßem Mitgefühl wie Mitfreude oder Mitleid, wenn man die Gefühle bzw. Gefühlsgebärden anderer wahrnimmt, ohne selbst wirklich

---

[30] Schmitz 1997, 147.
[31] Ebd.

betroffen zu sein, oft recht unsicher. Der so distanziert Mitfühlende muss sich „verlegen fragen, wie er seiner Anteilnahme den passenden, hinlänglich taktvollen und warmen Ausdruck geben soll".[32] Ob und von welcher Art Gefühl wir ergriffen sind, lässt sich also meist im ebenso direkten Sinne an den Gestaltverläufen bzw. Bewegungssuggestionen der Gebärden ablesen wie Form und Gestalt („eckig", „rund" usw.) an der Oberflächenbeschaffenheit der Dinge abgelesen werden können.

Wenn wir von Gefühlen betroffen sind, dann ergreifen sie uns, wir nehmen sie nicht einfach nüchtern zur Kenntnis, sondern es geschieht etwas mit uns. Man kann sich diesen Umstand vergegenwärtigen, wenn man an die unterschiedlichen Reaktionen denkt, welche Mitteilungen bei uns hervorrufen können. Die Mitteilung, dass Mikronesien aus insgesamt acht Inselgruppen besteht, werden wir zur Kenntnis nehmen und zum Tagwerk übergehen, sofern Informationen über Mikronesien für uns nicht weiter von Belang sind. Ganz anders ist die Reaktion, wenn uns die Nachricht vom Tod einer nahestehenden Person erreicht. Man gerät in Aufruhr und wird von Trauer und Schmerz heimgesucht. Dass Gefühle als ergreifende Mächte erfahren werden, versucht Schmitz auch im Zusammenhang einer eingehenden Auseinandersetzung mit maßgeblichen Stationen des Nachdenkens über Gefühle in der Geschichte der Philosophie zu vergegenwärtigen und zu belegen. [33]

Betrachten wir im Folgenden nun noch die dritte These, die die Bedeutung der Gefühle für das Handeln in den Blick nimmt. Zugleich thematisiert sie noch einmal die Differenz zwischen Gefühlen als Atmosphären und dem leiblichen Erleben von Gefühlen. Im Zusammenhang mit seiner auf Gefühle bezogenen Autoritätsthese geht Schmitz sogar so weit, auch das menschliche Handeln im Rahmen einer Phänomenologie des Raums zu erörtern.

Die Autorität der Gefühle. Zur Veranschaulichung der dritten These, welche die Autorität, die Wirkungsmächtigkeit der Gefühle für das Handeln und Verhalten herausstellt, vergleicht Schmitz einander entgegengesetzte Gefühle mit konträren leiblichen Regungen. Er vergleicht unter anderem das Paar Freude und Trauer mit dem Paar Frische und Ermattetheit:

> „Sogar dann, wenn das eigene Gefühl zur Atmosphäre der Umgebung in Gegensatz steht, ist es selbst eine Atmosphäre. Ich zeige das gern am sozialen Gefühlskontrast: Wenn ein Fröhlicher unter lauter tief traurige Menschen kommt, wird er bei einiger Feinfühligkeit gehemmt und verlegen, als sei er hier nicht recht am Platz mit seiner Fröhlichkeit; den Traurigen unter Fröhlichen erbittert deren Fröhlichkeit. Wenn der Kontrast aber nicht solche Gefühle, sondern bloß ihnen entsprechende leibliche Regungen betrifft, indem etwa ein Frischer unter Matte, ein Matter unter Frische kommt, ist er längst nicht so ausgeprägt."[34]

---

[32] Ebd.
[33] Schmitz 1969, 403-519.
[34] Schmitz 1997, 75.

Ein Fröhlicher unter tief traurigen Menschen verspürt die Autorität der Trauer und erweist ihr Respekt, indem er sich in seiner Fröhlichkeit zurücknimmt. Gerät hingegen ein Frischer unter Ermattete, „kann von solcher unwillkürlich spürbaren Zumutung schonenden Respekts viel weniger die Rede sein; eher wird der Frische, wenn er etwas vorhat, wozu er die Matten braucht, (...) diese durch Zurufe oder gar Zupacken aufzurütteln versuchen."[35] Der Unterschied im Grad der Hemmung bzw. im Grad des Kontrasts ist Schmitz zufolge nicht durch Rücksichtnahme auf die Mitmenschen zu erklären; diese liegt „im einen Fall genau so nah wie im anderen".[36] Vielmehr kommt hier die Differenz zwischen leiblichen Regungen und Gefühlen zur Geltung und wird auf die (räumlich weitreichendere) Autorität der Gefühle Rücksicht genommen: Aufgrund ihrer örtlichen Umschriebenheit haben leibliche Regungen auch dann, wenn sie sich wie Frische oder Mattigkeit gegensätzlich verhalten, „zwanglos neben einander Platz", während Gefühle in der gegebenen Situation nicht abgegrenzt werden können und „jeweils einen totalen Anspruch stellen". Sie geraten „daher bei aufdringlichem Zusammenprall gegensätzlicher Gefühle in Konflikt".[37]

Obwohl die Analysen zum Gefühlskontrast im Einzelnen interessante Überlegungen enthalten, lässt sich mit dem Hinweis auf derartige Beispiele die These von der Autorität der Gefühle bestenfalls teilweise erhärten. Die Rede von der Autorität der Gefühle ist auf zwei Weisen interpretierbar. Man kann sie in einem individuellen und in einem sozialen Sinne verstehen. Maßgeblich für Schmitz ist der zuletzt genannte soziale Aspekt. Die Gefühle anderer können uns bestimmte Verhaltensweisen auferlegen oder uns zu bestimmten Reaktionen zwingen. Das zeigt sich besonders eindringlich am Beispiel konträrer Gefühle, aber nicht nur dort: Nicht nur ein Fröhlicher kann in den Bann der Trauer anderer geraten, sondern auch auf jemand indifferent Gestimmten kann solche Trauer ‚dämpfend' wirken oder ihn ‚herunterziehen'. Und die Trauer eines Trauernden kann durch eine trauernde Umgebung verstärkt werden. Gefühle, ganz gleich welcher Art, verlangen nach Reaktionen. Dabei ist aber zweifelhaft, ob es in erster Linie eine den Gefühlen ‚per se' zukommende Autorität ist, welche die betreffenden Verhaltensweisen nach sich zieht, oder ob diese Autorität mit ganz bestimmten kulturellen Emotionsnormen zusammenhängt, die im Rahmen von sozialen Praktiken etabliert werden und vom Trauernden beispielsweise ein Verhalten verlangen, welches sich mit Hilfe von Adjektiven wie „ruhig" oder „ernst" beschreiben lässt. Genau dieselben Verhaltensweisen werden dann auch demjenigen abverlangt, der mit einem Trauernden konfrontiert ist. Das aber hat nicht notwendig etwas mit der Autorität des Gefühls zu tun, sondern kann primär auch auf die kulturellen Normen zurückgehen, die den Ausdruck von Trauer und den Umgang mit Trauer regeln.

In einem individuellen Sinne allerdings besitzen Gefühle womöglich durchaus Autorität, sofern sie denjenigen, der von ihnen betroffen ist, häufig ohne dessen Zutun und

---

[35] Schmitz 1997, 155.
[36] Ebd. 146.
[37] Ebd. 75.

gegen seinen Willen und trotz Widerstand ergreifen und sogar mit sich fortreißen können. Im Falle heftiger und intensiver Emotionen kann das gesamte Denken und Handeln von ihnen bestimmt werden. Aber das liegt daran, dass uns Gefühle, wie vieles andere, was uns ausmacht, ,widerfahren' können, was ebenfalls nicht notwendig mit einer für sie spezifischen Autorität zusammengedacht werden muss. Auch ein Gedanke kann von uns Besitz ergreifen und keinen Raum mehr für anderes lassen. Dass Gefühle in diesem individuellen Sinne Autorität besitzen, bringt so gesehen lediglich einmal mehr zu Geltung, inwiefern es sich um Mächte handelt, die uns ergreifen. Damit sind wir bereits bei kritischen Überlegungen zum Ansatz von Schmitz angelangt, welche der letzte Abschnitt näher ausführt, indem er auch noch einmal die Gewinne bedenkt, welche durch Analysen im Stil der Neuen Phänomenologie erbracht werden können.

4. Reichweite und Grenzen der Neuen Phänomenologie

In ihrer kritischen Stoßrichtung gegen das sogenannte Innenweltparadigma, dem zufolge Gefühle ausschließlich in die Innenwelt des Menschen gehören, ist der Gewinn, den die Auseinandersetzung mit den Analysen von Schmitz einbringt, kaum hoch genug zu veranschlagen. Geben seine Überlegungen doch Mittel an die Hand, mit Hilfe derer der Versuch in Angriff genommen werden kann, jenseits durchaus problematischer dualistischer Alternativen – man denke an die Rede von „Außen" und „Innen" sowie an häufig damit verbundene dualistische Vorstellungen des Verhältnisses von Körper und Geist – über Gefühle nachzudenken. Gefühle sind nicht einfach als körperliche Zustände oder als Gehirnzustände anzusehen, wie eine von William James bis in die gegenwärtige Debatte über philosophische Implikationen neurowissenschaftlicher Erkenntnisse und Forschungen zu Affektprogrammen reichende Strömung nahelegt[38], sie sind aber auch nicht vorrangig als mentale Zustände aufzufassen, die als solche gelegentlich für irreduzibel gehalten werden wie in manchen Spielarten eines gefühlstheoretischen Kognitivismus.[39] Die Analysen von Schmitz tragen eine Vielzahl von Evidenzen dafür zusammen, dass reduktive Ansätze in der Philosophie der Gefühle, ganz gleich welcher Art, die infrage stehenden Phänomene verfehlen. Auch gegenüber allen Versuchen, welche Gefühle als Ergebnisse des Zusammenwirkens von körperlichen, geistigen und gegebenenfalls weiteren Komponenten begreifen, weisen seine Analysen Vorteile auf.[40] Komponententheorien stehen vor dem Problem, eine Antwort auf die Frage geben zu müssen, wie die verschiedenen Aspekte, welche ein Gefühl ausmachen, miteinander

---

[38] Einen einführenden Überblick gibt Hartmann 2005, 38–53 (zu James), 121–139 (zur Hirnforschung); ferner James 1984 (amerik. zuerst 1884). Gefühle aus der Sicht der Gehirnforschung werden thematisiert bei LeDoux 2001.

[39] Vgl. zur Formulierung einer paradigmatischen ,kognitiven' Theorie Solomon 1993; kognitive Aspekte von Gefühlen werden in einer ganzen Reihe von Arbeiten thematisiert, die allerdings jeweils einen unterschiedlich starken Anspruch formulieren. Vgl. u. a. Lyons 1980; Nussbaum 2001.

[40] Eine überaus elaborierte Form von Komponententheorie formuliert Ben-Ze'ev 2000.

zusammenhängen. Sie zerlegen in der Analyse, was in der Lebenserfahrung als Einheit gegeben ist, um dann mit mehr oder weniger überzeugenden Vorschlägen zur Lösung des Problems der emotionalen Synthesis aufzuwarten. Die Überlegungen von Schmitz machen indessen deutlich, dass Gefühle als gestalthafte Ganzheiten anzusehen sind, die von vornherein keine Aufspaltung in Komponenten zulassen.

Das Vokabular, welches Schmitz zur Beschreibung von Gefühlen anbietet, ist schließlich auch deshalb von Nutzen, da es aufgrund seiner Differenziertheit die Fein-körnigkeit der skizzierten Phänomene einzufangen verspricht. In Bezug auf Gefühle bewährt sich ein Stück weit der Umstand, dass er ein Anwalt der primären Lebenserfah-rung zu sein versucht. Denn an welchem anderen Ort sollte sich die Komplexität der Phänomene besser zeigen als dort, wo sie zunächst einmal erfahren werden. Anders als viele literarische Gefühlsbeschreibungen verliert sich Schmitz allerdings nicht in den Details, sondern seine Terminologie und Methode – zu denken ist hier insbesondere an das kombinatorische Stadium seiner Phänomenologie – erlauben es ihm, die Ebene einer lediglich impressionistischen Betrachtung hinter sich zu lassen und die Phänome-ne in ihrem Zusammenhang im Rahmen eines einheitlichen theoretischen Entwurfs, ja sogar Systems zu präsentieren.

Es ist freilich genau diese Einordnung jeder Einzelanalyse in den Rahmen eines groß angelegten Alphabets der Leiblichkeit, die zu mancher Übertreibung führt und trotz der an vielen Stellen berechtigten Kritik an anderen Vorschlägen, so vor allem am Innen-weltparadigma, gelegentlich das Kind mit dem Bade ausschüttet. Auf die mit dem Be-griff des Leibes und mit der Vorstellung von Gefühlen als Atmosphären verbundenen Probleme wurde bereits hingewiesen. Immer wieder neigt Schmitz zu Hypostasierungen der mithilfe seiner Begrifflichkeit anvisierten Phänomene, die es dann so aussehen las-sen, als würden beispielsweise Leib und Gefühl ganz unabhängig von ihren Trägern bestehen. Die Frage lautet, ob es sich um ein systematisch bedingtes Defizit der Analy-sen von Schmitz handelt, welches den gesamten Ansatz in ein zutiefst zwiespältiges Licht rückt, oder ob die Problemlage nur aufgrund der von ihm verwendeten rhetori-schen Strategien als eine solche erscheint, sich jedoch mit den Mitteln einer wohlwollen Interpretation und klärenden Rekonstruktion lösen lässt. Auf Schwierigkeiten, sich mit den Überlegungen von Schmitz anfreunden zu können, die zunächst einmal der Form des Philosophierens geschuldet sind, ist vielfach hingewiesen worden. Jens Soentgen etwa hat – im Übrigen durchaus im Rahmen einer für Schmitz werbenden Einführung in den Ansatz der Neuen Phänomenologie – Kategorien wie die des Maßlosen, Auftrump-fenden, Altmodischen und Abgefahrenen bemüht, um deutlich zu machen, warum die Überlegungen von Schmitz auf manche Leserin und manchen Leser bereits aufgrund ihrer Form befremdlich wirken.[41] Nun sollte der Umstand, dass einem der Gestus eines Philosophen nicht behagt, weil man ihn in einer bestimmten Diskussionslage für unan-gemessenen hält, nicht dazu führen, einen philosophischen Ansatz in seiner Gänze zu

---

[41] Soentgen 1998, 169ff.

diskreditieren. Obwohl Form und Inhalt beim philosophischen Gedanken zusammenge-hören, sollte man eine Kritik der Form von einer Kritik der systematischen Zielrichtung zunächst einmal unterscheiden. Die folgenden Schlussüberlegungen exponieren ein systematisches Grundproblem des Ansatzes von Schmitz, welches ganz unabhängig von der Form oder dem Gestus seines Philosophierens ist. Die Verdienste der Neuen Phä-nomenologie sollen mit der Exposition dieses Problems in keiner Weise bestritten wer-den. Es geht vielmehr darum, die Überlegungen von Schmitz auch für Ansätze, die der Neuen Phänomenologie zunächst einmal mit Skepsis begegnen, anschlussfähiger zu machen.[42]

Man könnte die grundsätzliche Strategie, die hinter der Explikation von Gefühlen als Atmosphären steckt, als Versuch einer radikalen Externalisierung der Gefühle ansehen. Zwar werden Gefühle subjektiv erlebt, aber sie sind darum nicht an Personen oder Sub-jekte als ihre Träger gebunden. Das, was den Gehalt von Gefühlen ausmacht, gilt auf eine bestimmte Weise übersubjektiv, noch einmal sei an die Rede von der Macht und insbesondere der Autorität der Gefühle erinnert. Für diese Strategie von Schmitz gibt es ein Vorbild auf einem ganz anderen Diskussionsgebiet. Zu erinnern ist an die Psycho-logismuskritik im Zusammenhang mit der Frage, worin eigentlich die Geltung logischer Sätze besteht, die Frege und Husserl miteinander verbindet. Wollte man ein Bonmot bemühen, könnte man sagen, Schmitz leistet auf dem Gebiet der Philosophie der Gefüh-le, was Frege auf dem Gebiet der Logik geleistet hat. Als „psychologistisch" in einem allgemeinen Sinne gelten Positionen, denen zufolge die Art und Weise, in der Men-schen die Welt erfahren, von subjektiven Denk- und Erfahrungsbedingungen abhängt, die sich im Prinzip mit den Mitteln der Psychologie empirisch untersuchen lassen. Psy-chologismus in diesem weiten Sinne entspricht weitgehend demjenigen, was Schmitz mit dem Begriff des Innenweltparadigmas erfassen will, zumal er selbst ja im Übrigen auch den Begriff des Psychologismus benutzt. Im engeren Sinne werden alle Versuche, die Logik in der Psychologie zu begründen, als „psychologistisch" bezeichnet. Folgt man derartigen Positionen, sind logische Regeln nichts anderes als ‚Naturgesetze' des Denkens. Bereits Humes Vorschlag, die Vorstellung von Kausalität auf eine Gewohn-heit des menschlichen Denkens zurückzuführen, kann in einem allgemeinen Sinne als Psychologismus gelten. Im engeren Sinne war es aber insbesondere Mills Grundlegung der Logik als einer induktiven Wissenschaft, deren Grundlagen in der Erfahrung liegen

---

[42] Philosophen, die zumindest auch an den Diskussionen in der analytischen Philosophie orientiert sind, nehmen Schmitz im Grunde nicht zur Kenntnis. Zwei wohltuende Ausnahmen sind Steinfath 2001, der Schmitz gelegentlich anführt und Slaby 2006, 299–317, der den Überlegungen von Schmitz sogar ein eigenes Kapitel widmet. Innerhalb der phänomenologischen Tradition gelten die Überlegungen von Schmitz als außerordentlich umstritten, werden häufig auch einfach ignoriert. Zur Kritik an Schmitz aus phänomenologischer Sicht vgl. Waldenfels 2000, 267–284; auf schlichte Ignoranz trifft man bei Fellmann 2006, wo der Name Schmitz selbst in einem Kapitel über die „Phänomenologie des emotionalen Erlebens" nicht ein einziges Mal erwähnt wird.

sollen, welche die Psychologismuskritik von Frege und Husserl auf den Plan gerufen hat.[43]

Frege wendet sich mit seinem antipsychologistischen Grundsatz nicht nur gegen Theorien, welche die Gesetze der Logik empirisch im Rückgriff auf die psychologische Beschaffenheit unseres Denkvermögens fundieren möchten, sondern er kritisiert alle Ansätze, in denen der Gehalt von Begriffen mit subjektiven Vorstellungen in Verbindung gebracht wird. Er macht deutlich, dass der Begriff des Pferdes etwas anderes ist, als die subjektive Vorstellung, die sich jemand von einem Pferd macht. Im Unterschied zu Vorstellungen sind Begriffe etwas Objektives. Husserls Überlegungen enthalten eine ausführliche Widerlegung des Psychologismus in der Logik, der als skeptischer Relativismus kritisiert wird. Sie stellen diesem das Konzept der Logik als einer normativen Wissenschaft entgegen. Wie bei Schmitz Gefühle externalisiert werden, so werden bei Frege und Husserl Begriffe bzw. logische Sätze externalisiert, da sie von der psychischen Beschaffenheit der Subjekte, die Gefühle empfinden, Begriffe verwenden und Schlüsse nach bestimmten Regeln vollziehen, losgelöst werden. Während Frege ein „drittes Reich" postuliert, eine nicht-empirische und übersubjektive Welt, in welcher Mathematik und Logik angesiedelt sind, postuliert Schmitz Atmosphären, um deutlich zu machen, dass Gefühle unabhängig von den Subjekten, die sie empfinden, einen objektiven Gehalt haben.[44]

Freges Kritik am Psychologismus ist im Großen und Ganzen überzeugend, Schmitz' Kritik am Innenweltparadigma ist es auch. Trotz ihrer berechtigten Kritik psychologistischer Theorien teilen beide Autoren ein Problem: Um den objektiven Gehalt von Gedanken zu unterstreichen, sieht sich Frege zur Unterstellung eines neben subjektiver und objektiver, empirisch erforschbarer Welt bestehenden ‚dritten Reiches' genötigt; um die überpersonale Geltung von Gefühlen zu akzentuieren, setzt Schmitz eine weder subjektive, noch auch dem herkömmlichen Verständnis von Tatsachen entsprechende Welt von Atmosphären voraus. Frege hat sich aufgrund seiner Maßnahme den Vorwurf eingehandelt, seine Strategie sei platonistisch[45]; Schmitz musste sich mit dem Einwand konfrontieren lassen, dass seine Atmosphärentheorie einer Verdinglichung der Gefühle Tür und Tor öffne. Darüber hinaus könnte man den Ansatz von Schmitz mit einer weiteren Kritik konfrontieren. Während der Antipsychologismus Freges (und auch Husserls), der sich auf Gedanken, Begriffe und deren logische Geltung bezieht, im Großen und Ganzen auch intuitiv nachvollziehbar ist, ist dies der Antipsychologismus von

---

[43] Mill 1849 (engl. zuerst 1843); Frege 1987 (zuerst 1884); Husserl 1992 (zuerst 1900/1901).

[44] So heißt es bei Frege 1976 (zuerst 1918/1919), 43: „Ein drittes Reich muß anerkannt werden. Was zu diesem gehört, stimmt mit den Vorstellungen darin überein, daß es nicht mit den Sinnen wahrgenommen werden kann, mit den Dingen aber darin, daß es keines Trägers bedarf, zu dessen Bewusstseinsinhalten es gehört. So ist zum Beispiel der Gedanke, den wir im pythagoräischen Lehrsatz aussprachen, zeitlos wahr, unabhängig davon, ob irgend jemand ihn für wahr hält. Er bedarf keines Trägers."

[45] Vgl. Dummett 1991; kritisch zur platonistischen Frege-Lektüre allerdings Gabriel 1986.

Schmitz nicht unbedingt, zumal er sich mit Gefühlen auf Phänomene bezieht, die weithin als Inbegriff des Subjektiven gelten. Man könnte sagen: Er schütte das antipsychologistische Kind mit dem Bade aus, indem er nicht nur wie Frege die Gedanken aus dem Reich des Bewusstseins vertreibe, sondern noch viel radikaler die Gefühle aus dem Reich subjektiver Innenwelten verjage. Was aber mache das Subjektive aus, wenn nicht Gefühle? Darüber hinaus stehe die Strategie von Schmitz in einer unauflöslichen Spannung zu dem Umstand, dass sich seine Überlegungen über weite Strecken auch als Maßnahmen zu einer Rehabilitierung des Subjektiven verstehen lassen. Zu diesem Einwand ist zu sagen, dass er sich nur auf dem Boden des klassischen Begriffs von Subjektivität bzw. Subjekt formulieren lässt, dem zufolge Gefühle fraglos in menschliche ‚Innenwelten' verlegt werden. Es ist gerade dieser Subjektbegriff, den Schmitz hinter sich lassen möchte. Und seine Kritik am Innenweltparadigma versteht er als eine der entscheidenden Maßnahmen zu einer Rehabilitierung der subjektiven Erfahrung im Sinne des leiblichen und affektiven Betroffenseins von etwas.

Kommen wir zum Schluss: Die übersubjektive Geltung von Gedanken ist ebenso wie der ‚überpersönliche' Gehalt von Gefühlen in sozialen Praktiken fundiert: Gedanken und Gefühle befinden sich weder im Geist von Sprechern oder dem Körper von Subjekten, noch auch verdanken sie sich einfach einem kausalen Kontakt mit der Welt. Was die Gedanken betrifft, so gilt: Folgerungsbeziehungen zwischen verschiedenen Gedanken und Überzeugungen legen den Gehalt von Gedanken und Überzeugungen fest. Derartige Beziehungen werden *durch* soziale Interaktionen in unserer Praxis etabliert und genau *dadurch* wird den in diesen Folgerungen vorkommenden Begriffen oder Äußerungen von *Teilnehmern* an dieser Praxis Bedeutung (bzw. Gehalt) verliehen. Dass wir mit dem Tätigen von Behauptungen auf andere Behauptungen festgelegt oder zu ihnen berechtigt sind, ist nichts, was von Natur aus geschieht. Regeln des Sprachgebrauchs sind als Handlungsweisen aufzufassen, auf die sich die Teilnehmer an einer Sprachpraxis festlegen, indem sie ihre sprachlichen Vollzüge wechselseitig als angemessen oder unangemessenen einschätzen.[46] Der Antipsychologismus Freges lässt sich mit den Mitteln einer derartigen Konzeption weitgehend ‚platonismusfrei' rekonstruieren. Gilt es auch für Schmitz' Konzept der Gefühle als Atmosphären?

Ohne Gedanken und Gefühle nivellieren zu wollen, lässt sich immerhin soviel sagen: Wie mit Äußerungen und Handlungen auf andere Äußerungen und Handlungen reagiert wird, wie Äußerungen und Handlungen ihren Gehalt bzw. Sinn durch Reaktionen anderer auf die betreffenden Äußerungen und Handlungen erhalten, wird auch mit Gefühlen auf Gefühle, aber auch auf die Handlungen und Äußerungen anderer reagiert und ebenso ziehen die eigenen Gefühle jeweils bestimmte Reaktionen nach sich. Auch Gefühlen wächst Gestalt und Gehalt im Rahmen sozialer Interaktionen zu. Diese sozialen Praktiken prägen, als was und wie ein Gefühl erfahren wird. Es sind also die kulturellen Prak-

---

[46] Das ist ein Grundgedanke der von Brandom entwickelten normativen Pragmatik, der sich hier verwenden lässt, ohne die Implikationen des gesamten Ansatzes mitzuführen; vgl. Brandom 2000.

tiken und nicht die Gefühle, die Autorität besitzen. In diesem Sinne lässt sich auch einigen Kerngedanken der Philosophie der Gefühle von Schmitz eine Wendung verleihen, die ohne die problematischen Assoziationen auskommt, welche sich mit dem Begriff der Atmosphäre verbinden.

Literatur

Ben-Ze'ev, Aaron (2000), *The Subtlety of Emotions*, Cambridge/Mass.
Blume, Anna (2003), *Scham und Selbstbewusstsein: Zur Phänomenologie konkreter Subjektivität bei Hermann Schmitz*, Freiburg/München.
Blume, Anna (2004), „Ich denke Gehirn", in *Erwägen, Wissen, Ethik. Streitforum für Erwägungskultur*, Jg. 15, Heft 2, 157ff.
Brandom, Robert B. (2000), *Expressive Vernunft. Begründung, Repräsentation und diskursive Festlegung*, Frankfurt a. M.
Dummett, Michael A. E. (1991), „Frege's Myth of the Third Realm", in ders., *Frege and other Philosophers*, Oxford, 249-262.
Fellmann, Ferdinand (2006), *Phänomenologie zur Einführung*, Hamburg.
Frege, Gottlob (1976, zuerst 1918/1919), „Der Gedanke. Eine logische Untersuchung", in ders., *Logische Untersuchungen*, Göttingen, 30-53.
Frege, Gottlob (1987, zuerst 1884), *Die Grundlagen der Arithmetik. Eine logisch mathematische Untersuchung über den Begriff der Zahl*, Stuttgart.
Gabriel, Gottfried (1986), „Frege als Neukantianer", in *Kant-Studien* 77, 84-101.
Hartmann, Martin (2005), *Gefühle. Wie die Wissenschaften sie erklären*, Frankfurt a. M./New York.
Husserl, Edmund (1992, zuerst 1900/1901), *Logische Untersuchungen I: Prolegomena zur reinen Logik*, Hamburg.
James, William (1984, amerik. zuerst 1884), „What is an Emotion?", in Cheshire Calhoun/Robert C. Solomon (Hg.), *What is an Emotion? Classic Readings in Philosophical Psychology*, Oxford, 127-141.
Janich, Peter (1996), „Gestaltung und Sensibilität. Zum Verhältnis von Konstruktivismus und Neuer Phänomenologie", in ders., *Konstruktivismus und Naturerkenntnis. Auf dem Weg zum Kulturalismus*, Frankfurt a. M., 154-177.
Landweer, Hilge (1999), *Scham und Macht. Phänomenologische Untersuchungen zur Sozialität eines Gefühls*, Tübingen.
LeDoux, Joseph (2001), *Das Netz der Gefühle. Wie Emotionen entstehen*, München.
Lyons, William (1980), *Emotion*, Cambridge.
Mill, John Stuart (1849, engl. zuerst 1843), *Die Inductive Logik: eine Darlegung der philosophischen Principien wissenschaftlicher Forschung, insbesondere der Naturforschung*, Braunschweig.
Nagel, Thomas (1974), „What is it like to be a Bat?", in *The Philosophical Review* 83, 435-450.
Nussbaum, Martha C. (2001), *Upheavals of Thought. The Intelligence of Emotions*, Cambridge.
Roth, Gerhard (2001), *Fühlen, Denken, Handeln. Wie das Gehirn unser Verhalten steuert*, Frankfurt a. M.

Sartre, Jean-Paul (1993, frz. zuerst 1943), *Das Sein und das Nichts. Versuch einer phäno-menologischen Ontologie*, Reinbek bei Hamburg.

Schmitz, Hermann (1965), *System der Philosophie. Der Leib*, Bd. 2.1, Bonn.

– (1967), *System der Philosophie. Der leibliche Raum*, Bd. 3.1, Bonn.

– (1969), *System der Philosophie. Der Gefühlsraum*, Bd. 3.2, Bonn.

– (1990), *Der unerschöpfliche Gegenstand. Grundzüge der Philosophie*, Bonn.

– (1992), *Leib und Gefühl. Materialien zu einer philosophischen Therapeutik*, Paderborn.

– (1997), *Höhlengänge. Über die gegenwärtige Aufgabe der Philosophie*, Berlin.

– (1998), *Der Leib, der Raum und die Gefühle*, Ostfildern vor Stuttgart.

– (1999a), „Phänomenologie und Konstruktivismus", in Peter Janich (Hg.), *Wechselwirkun-gen. Zum Verhältnis von Kulturalismus, Phänomenologie und Methode*, Würzburg, 103-114.

– (1999b), *Der Spielraum der Gegenwart*, Bonn.

– (2003), *Was ist Neue Phänomenologie?*, Rostock.

Schulte, Günter (2000), *Neuromythen. Das Gehirn als Mind Machine und Versteck des Geistes*, Frankfurt a. M.

Searle, John R. (1993), *Die Wiederentdeckung des Geistes*, München.

Slaby, Jan (2006), *Gefühl und Weltbezug. Die menschliche Affektivität im Kontext einer (provisorischen) Konzeption der personalen Existenz*, Dissertation Universität Osna-brück (erscheint Paderborn 2007).

Soentgen, Jens (1998), *Die verdeckte Wirklichkeit. Eine Einführung in die Neue Phänome-nologie von Hermann Schmitz*, Bonn.

Solomon, Robert C. (1993), *The Passions. Emotions and the Meaning of Life*, Indianapolis [dt. (2000) *Gefühle und der Sinn des Lebens*, Frankfurt a. M.].

Steinfath, Holmer (2001), *Orientierung am Guten. Praktisches Überlegen und die Konstitu-tion von Personen*, Frankfurt a. M.

Waldenfels, Bernard (2000), *Das leibliche Selbst. Vorlesungen zur Phänomenologie des Leibes*, Frankfurt a. M.

EVA WEBER-GUSKAR

Emotionale Intentionalität.
Zu den Gefühlskonzeptionen von Martha Nussbaum und Peter Goldie

Mit Sinnesorganen können wir empfinden: Ich *taste* die raue Rinde mit den Fingern. Unseren Körper können wir spüren: Ich *spüre* mein Herz pochen. Denken können wir uns Beliebiges. Ich *denke* an morgen. Aber was *fühlen* wir? Fühle ich Trauer oder fühle ich, dass eine Person gestorben ist, oder fühle ich, trauernd, den Wert der Person für mich?

Was ist ein Gefühl? Diese Frage gilt es, nicht als eine ontologische zu stellen, sondern als eine danach, welche Rolle Gefühle in unserem Weltverhältnis spielen, beziehungsweise wie sie einen Beitrag zu Erkenntnis im weiten Sinn leisten können. Wie erschließen wir uns die Welt über Gefühle?[1] Nach einer Einführung diskutiere ich im Folgenden die Theorien von zwei der markantesten Kontrahenten in der gegenwärtigen Debatte: Martha Nussbaum und Peter Goldie. Beide sind sich darin einig, dass Gefühle intentional sind; über Gefühle stehen wir in Bezug zu etwas in der Welt. Aber was das genau heißt, darüber gehen die Ansichten auseinander. Ich will zeigen, welche von den beiden Gefühlskonzeptionen überzeugender ist.

1. Empfinden, Spüren, Fühlen

Freude, Trauer, Hoffnung, Furcht, Stolz, Scham, Neid, Liebe, Hass, Mitleid, Wut – all das sind Gefühle. Wenn man den Begriff sehr weit fasst, kann man auch andere Phänomene wie Melancholie oder Euphorie dazu zählen. Doch wenn man genauer ist, wird man diese als Stimmungen bezeichnen. Stimmungen sind im Gegensatz zu Gefühlen weniger präzise in ihrem Bezug. Man freut sich über etwas konkret Benennbares. Für Euphorie dagegen kann man womöglich einen Grund, nicht aber einen solchen Bezugspunkt nennen. Im Folgenden geht es mir um Gefühle im engeren Sinn, die man auch als

---

[1] Der Terminus „Erschließen" ist von Heidegger entliehen. Er soll hier nur allgemein dazu dienen, einen Weltbezug zu bezeichnen ohne die Assoziationen, die mit dem Wort „Erkennen" meist einhergehen, wie Sprachlichkeit, Objektivität u. ä.

gerichtete Gefühle oder Emotionen bezeichnen kann.[2] Da mein Beitrag nicht möglichen Differenzierungen von Gefühlsphänomenen gilt, sondern Unterschieden zwischen Empfinden, Fühlen und Urteilen, bleibe ich bei dem Begriff des Gefühls, der hier als gerichtetes Gefühl verstanden werden soll. Was also sind Gefühle genauer? Eine erste Antwort mag schlicht lauten: „Ein Gefühl zu haben, heißt, etwas zu fühlen." So ist ein Freund beim Abschied „traurig". Der anonyme Taxifahrer, der dabei steht, „fühlt nichts". Das ist richtig, und doch muss man aufpassen, in welchem Sinn „fühlen" hier zu verstehen ist.

Als eine Weise, Fühlen zu erläutern, scheint sich anzubieten, es als Empfinden zu umschreiben. Empfinden kann man zum Beispiel einen Stich oder helles Licht oder Hunger. Unter Empfindungen sind Sinneseindrücke und Körperwahrnehmungen zu zählen. Dann würde die Antwort besagen, Emotionen seien eine eigene Art innerhalb dieser Gattung. Ist das richtig? Wir verstehen unter Sinneseindrücken alles, was wir mit Sinnesorganen wahrnehmen. Sie werden typischerweise ausgelöst durch materielle Affizierung von außen, ein Lichtstrahl auf der Netzhaut, Schallwellen im Ohr usw. Für Sinneseindrücke haben wir einzelne Verben wie sehen, hören, riechen, schmecken, tasten. Körperwahrnehmungen wiederum informieren uns über Vorgänge und Zustände unserer eigenen Organe. Diese spüren wir. Ich spüre ein Kribbeln im Fuß, ich spüre einen Druck in der Magengegend, ich spüre ein Ziehen im Armmuskel. Kann man nun unter diese Beschreibungen von Empfindungen auch Gefühle als eine Art unterbringen? Können wir sagen, ein Gefühl zu haben, heißt, zu fühlen im Sinne von empfinden? „Nein", lautet die Antwort, die der Verweis auf zwei schlichte Tatsachen nahe legt: Für Gefühle gibt es weder Sinnesorgane noch sind sie in bestimmten Körperteilen lokalisiert. Wie fühlen wir dann?[3]

Sehen wir uns dazu ein einfaches Beispiel an. Eine klassische Situation für Ärger kann eine nicht eingehaltene Verabredung sein. Eine Frau wartet auf eine Kollegin. Sie wartet eine Viertelstunde im Café, so lange registriert sie es ohne besonderen Kommentar. Doch nach einer halben Stunde wird sie unruhig. Sie hatten sich verabredet für eine gemeinsame Besprechung, jede hat nur begrenzt Zeit und morgen müssen sie gemeinsam etwas vorstellen. Als die Kollegin endlich ankommt, ohne eine Begründung noch Entschuldigung vorzubringen, ärgert sich die Wartende über sie. Sie schaut die andere mit zusammengezogenen Brauen an und beschwert sich bei ihr, sie ist nahe daran, einfach aufzustehen und zu gehen („soll sie doch für sich allein arbeiten"), sie findet die Situation unangenehm, das Herz schlägt etwas schneller und es „grummelt in ihr" bzw. „sie kocht" (je nach Temperament).

---

[2] Die Sprachregelung bei Übersetzungen ist nicht überall einheitlich. In meinem Beitrag ist das englische Pendant zu „Gefühl" „emotion", nicht „feeling". „Feeling" übersetze ich mit „Fühlen".
[3] Schmerz ist ein besonders zu behandelndes Phänomen. Schmerz kann eine Körperwahrnehmung oder ein Gefühl sein. Ich kann Magenschmerzen spüren, und auch Trauer kann schmerzhaft sein. – Kritisch zu Schmerz als reiner Körperempfindung ohne Weltbezug äußert sich Karen van den Berg in diesem Band.

Wir stehen vor einem komplexen Sachverhalt. Allenfalls die metaphorischen Beschreibungen („Grummeln", „Kochen") könnte man als Empfindung deuten. Aber es ist keine Sinnesempfindung, weil es kein Sinnesorgan dafür gibt, und es ist keine Körperempfindung, weil es nicht klar lokalisierbar ist wie ein Herzschlag zum Beispiel. Ein Gefühl zu haben, ist anders verursacht und betrifft anderes bzw. mehrere Komponenten zugleich. Wir könnten nicht sagen, dass die Frau sich ärgert, wenn all die anderen erwähnten Aspekte nicht auftreten würden: Meinung über die Situation (jemand kommt eine Stunde zu spät zu einer wichtigen Verabredung), Ausdrucksverhalten, Handlungstendenz, Lust-Unlustempfindung, körperliche Veränderung. Sicher gibt es Beispiele von Gefühlen, die nicht all die genannten Elemente aufweisen. Wir können traurig sein, ohne es uns anmerken zu lassen, je nach dem, wie gut wir uns verstellen können. Es gibt auch Gefühle, die kein klares Ausdrucksverhalten haben, ohne dass dies unterdrückt würde, stille Freude zum Beispiel. Letztere kann es auch ganz ohne konkrete Handlungstendenz geben. Sie kann eine völlige Zufriedenheit sein.[4] Außerdem kennen wir Gefühle wie Liebe und Hass, die, wenn sie lang andauern, nicht mit ständigen körperlichen Veränderungen einhergehen.[5] Entscheidend aber ist, dass Gefühle in einem Situationszusammenhang stehen. Wir müssen eine kurze Szenerie wie die obige schildern, um ein Gefühl zu beschreiben. Daran wird deutlich, dass man sich mit Gefühlen immer auf etwas bezieht.

Eine geläufige und ziemlich einhellig vertretene Weise, dies zu tun, besteht darin, sie als *intentional* zu bezeichnen.[6] Ich verstehe „Intentionalität" zunächst in dem Sinn von Gegenstandsbezogenheit, wie sie von Ronald de Sousa für Gefühle eingeführt wird. Nach ihm sind die relevanten Objekte in einer allgemeinen Fassung „alles, *von dem, auf das bezogen, mit dem, wegen dessen* oder *wofür* ein Gefühl ist, was es ist"[7]. Gefühle verweisen auf Objekte in der Welt, von denen ihre Existenz (auf zu spezifizierende Weise) abhängt; sie sind nicht nur ‚in' uns, wir beziehen uns mit ihnen auf Objekte. Das aber trifft auf Gedanken und Wahrnehmungen auch zu. Was ist die spezifische Art der Intentionalität von Gefühlen? Gibt es überhaupt eine besondere Art? Im Folgenden stelle ich zwei Versuche vor, wie die Intentionalität für Gefühle zu explizieren ist. Nach einer kritischen Darstellung des reduktiven Ansatzes von Martha Nussbaum, bei dem „ein Gefühl haben" ersetzt werden kann durch „ein Werturteil fällen", stelle ich Peter Goldies Überlegungen vor, der einen eigenen Begriff des „intentionalen Fühlens" entwickelt. Im letzten Abschnitt diskutiere ich die beiden Theorien auf ihre Stärken und Schwächen hin.

---

[4] Ausführlichere Bemerkungen zur Rolle der Handlungstendenzen bei Gefühlen finden sich bei Kettner in diesem Band.

[5] In solchen Fällen kann man von dispositionalen Gefühlen reden. Vgl. dazu Demmerling/Landweer 2007, 25.

[6] Diese Erläuterung von Intentionalität findet sich in der analytischen Philosophie seit Kenny 1963. In einer ersten Version taucht diese Idee aber bereits bei Brentano auf (Brentano 1924, zuerst 1874, Bd. 1, 124f.).

[7] De Sousa 1997, 185; Hervorh. i. Orig. – In der Sprache zeigt sich das bereits an der Form: Wir haben Furcht *vor* der Prüfung, freuen uns *über* den Besuch der Schwester, hoffen *auf* ein gutes Ende oder ähnliches.

2. Nussbaums kognitiv-reduktiver Ansatz

Gefühle als Werturteile. Da ein Gefühl weder ein Sinneseindruck äußerer Dinge noch ein Empfinden eigener körperlicher Vorgänge ist, mag es nahe liegend erscheinen, den Begriff des Gefühls jenseits alles Körperlichen zu definieren und stattdessen in Kategorien des Geistigen oder des im weiten Sinn Kognitiven zu fassen. Das ist die Richtung, die (u. a. auch) Martha Nussbaum für ihre Theorie der Gefühle einschlägt.[8] Dabei kommt sie zu dem Schluss, dass Gefühle am besten als eine Art von Urteilen expliziert werden können, als bestimmte Werturteile: „emotions are appraisals or value judgments"[9].

Nach Nussbaum sind Gefühle nicht nur Reaktionen auf Urteile, sondern sie selbst sind Urteile. Dafür argumentiert sie zunächst *ex negativo*. Sie richtet sich gegen ein Gefühlsverständnis, wonach Gefühle gedankenlose *„pushes"* sind, beliebige Regungen, und damit vor allem körperlich statt geistig. Dagegen setzt sie ihre Theorie der „Intelligenz der Emotionen": Gefühle seien begründete Wertungen, auf die wir uns in unserem Leben (in der Regel) verlassen können, ja ohne die wir grundlegend orientierungslos wären. Als solche Wertungen spielen sich Gefühle in Gedanken ab, und zwar in der Form von Urteilen.

Nussbaums Argumentation zu dieser These besteht einerseits aus einer differenzierten Erläuterung der Intentionalität der Emotionen. Andererseits erklärt sie andere Aspekte von Emotionen als lediglich akzidentiell. Ausdruck, Handlungstendenzen, Lust-Unlust-Empfindungen sind Momente, die nach Nussbaum zwar zusammen mit Gefühlen vorkommen können, doch damit nicht verlässlich verbunden sind. Insofern sind sie entbehrlich für die Spezifität bzw. die Identifizierung eines Gefühls. Sicher, so räumt sie ein, denken wir bei Gefühlen wie zum Beispiel der Scham zuerst an die Schamesröte, die uns heiß ins Gesicht steigt, und nicht an einen kognitiven Prozess. Aber, so die Frage, kann uns nicht in gleicher Weise das Blut ins Gesicht schießen, wenn wir empört sind oder wütend werden? Unterscheiden sich die Gefühle letztlich nicht allein in den Gedanken, die wir in diesem Moment haben? Nämlich entweder: „Alle haben gesehen, wie ich gerade völlig ungeschickt und lächerlich ausgerutscht bin!", oder: „Wie kann er sich erdreisten, vor dem wichtigsten Teil der Besprechung einfach gähnend den Raum zu verlassen!"

Nussbaum gesteht zu, dass körperliche Veränderungen und ihr Empfinden mit Gefühlen auftreten und in gewisser Hinsicht sogar notwendig sein mögen. Doch ihrer Meinung nach gibt es wegen der großen Variabilität von relevanten physiologischen Verbindungsmöglichkeiten kein sinnvolles Kriterium, nach dem die körperlichen Aspekte einem spezifischen Gefühl zuzuordnen wären. Das gilt für sie für jegliches Fühlen. Ein qualiahaftes Sich-Anfühlen kann nach Nussbaum nur genauso unspezifisch sein

---

[8] Diese Theorie legt sie ausführlich dar in ihrer Monographie (Nussbaum 2001), kurzgefasst in Nussbaum 2004.
[9] Nussbaum 2001, 4.

wie körperliche Veränderungen, zum Beispiel Beschleunigung des Herzschlags.[10] So kann nach ihrer Darstellung ein Gefühl nur durch seinen mentalen Gehalt spezifiziert werden (Individuierungsthese[11]). Kein anderer Aspekt, so die Behauptung, kann für die Identität eines Gefühls stehen. Herzrasen ist bei Furcht, bei Freude und bei schnellem Laufen möglich; „ich werde bedroht" ist dagegen eindeutig unterschieden von „mir wird etwas geschenkt". So sind bei Nussbaum Gefühle allein in Begriffen von Urteilen (einer noch zu erläuternden Art) definiert, diese sind der Kern des Phänomens[12]. Damit vertritt Nussbaum eine reduktive Theorie: Gefühle werden auf Urteile zurückgeführt.

Auf diese Urteilsthese gelangt Nussbaum aber nicht nur über eine Marginalisierung anderer Aspekte und die Individuierungsthese. Sie zeigt vielmehr auch, inwiefern Gefühle Gedanken gleichen und damit im weiten Sinn „kognitiv" sind, das heißt „Informationen" über die Welt liefern.[13] Die Intentionalität von Gefühlen charakterisiert sie anhand von vier Aspekten: Erstens ist danach ein Gefühl immer ein Gefühl „über" etwas. Das ist der Sinn, in dem ich auch schon allgemein den Intentionalitätsbegriff für Gefühle eingeführt habe. Wir ärgern oder freuen uns, trauern *über* etwas oder jemanden. Zweitens ist das formale Objekt der Gefühle bei Nussbaum ein eigens intentional genanntes Objekt. Darunter versteht sie, dass das Gefühlsobjekt immer schon interpretiert und „durch mein Fenster" gesehen ist.[14] Ich fürchte mich vor etwas, was mir als gefährlich erscheint. Davon ist nach ihrer Darstellung als drittes zu unterscheiden, dass Gefühle Überzeugungen über das Objekt beinhalten. Für Zorn beispielsweise bedarf es eines komplexen Sets von Überzeugungen: Dass ich durch jemanden Schaden gelitten habe, dass dies kein trivialer, sondern ein gravierender Schaden ist und dass die Handlung wahrscheinlich absichtlich von jemanden getan wurde. Viertens nun, so Nussbaum, gehört zu den genannten intentionalen Wahrnehmungen und charakteristischen Überzeugungen immer, dass sie das Objekt als wertvoll und wichtig einschätzen lassen:

---

[10] Nussbaum 2001, 57f.

[11] Diese weist Landweer in ihrem Überblick über die derzeitige Gefühlsdiskussion als das stärkste Argument kognitivistischer Theorien aus. Landweer 2004, 471.

[12] „[W]e have even begun to see how a cognitive/evaluative view might itself explain some of the phenomena that the adversary has invoked on his side – the intimate relationship to selfhood, the urgency. But we are far from being all the way to a neo-Stoic view, according to which the emotions are defined in terms of evaluative judgment alone. For the considerations we have brought forward might be satisfied, it seems, by a weaker or more hybrid view, according to which beliefs and perceptions play a large role in emotions, but are not *identical* [Hervorh. v. E.W.-G.] with them." (Nussbaum 2001, 33). Genau dass Gefühle letzteres sind, identisch mit Überzeugungen, will Nussbaum zeigen.

[13] „[B]y ‚cognitive' I mean nothing more than ‚concerned with receiving and processing information'. I do not mean to imply the presence of elaborate calculation, of computation, or even of reflexive self-awareness." Ebd. 23. In dem neueren Aufsatz fügt sie hinzu, dass diese Informationen nicht als notwendig verlässliche zu denken sind. Vgl. Nussbaum 2004, 198.

[14] „This aboutness comes from my active ways of seeing and interpreting: it is not like being given a snapshot of the object, but requires looking at the object, so to speak, through one's own window." (Nussbaum 2001, 28).

Wichtig in einer bestimmten Hinsicht, nämlich wichtig in Hinblick auf das Wohlergehen und Gedeihen der Person. Was sich auf solch eine Art von Wichtigkeit bezieht,
nennt Nussbaum „eudämonisch".

All das, so fasst Nussbaum zunächst zusammen, die Intentionalität, die Basis in Überzeugungen und die Verbindungen mit Bewertungen, macht Gefühle zu etwas Ähnli-
chem wie Gedanken. Doch das reicht als Erläuterung noch nicht. Sie will zeigen, wie
mit dem kognitiven Ansatz auch die phänomenalen Aspekte von Gefühlen erfasst werden können und welche dementsprechend spezielle Form Gefühle in der Gedankenwelt
ausmachen. Nussbaum bestimmt ein Gefühl als „identisch mit dem Akzeptieren einer
Proposition, die sowohl bewertend als auch eudämonisch ist"[15]. Gefühle sind Urteile in
dem Sinn, dass sie Akzeptieren von bestimmten propositional erfassbaren Sachverhalten sind, und sie sind eine besondere Art von Werturteilen, insofern sie bestimmten
Dingen und Personen *außerhalb der Kontrolle der Person* große Wichtigkeit für das
Gedeihen der Person zuschreiben.[16]

Warum hält Nussbaum gerade den Urteilsbegriff für passend? Urteile gelten allgemein als distanziert, ruhig, aber dabei aktiv gefällt, Gefühle dagegen als absolut persönlich, heftig und einem eher passiv zustoßend. Dessen ist sich Nussbaum bewusst, doch
sie meint, mit Rückgriff auf den stoischen Urteilsbegriff erklären zu können, warum
Gefühle eine spezielle Art von Urteilen sind. Allgemein kann mit dem Begriff „Urteil"
zweierlei bezeichnet werden.[17] Es kann entweder dasjenige selbst meinen, das als wahr
beurteilt wird, oder das Urteilen, dass etwas wahr ist. In anderen Worten: „Urteil" kann
entweder als Proposition verstanden werden oder als eine propositionale Einstellung
(dieser Umstand wird auch als Objekt-Akt-Ambiguität bezeichnet). In beiden Fällen ist
es unterschieden von dem Satz, der die Proposition ausdrückt. Dasselbe Urteil kann in
verschiedenen Worten und Sprachen ausgedrückt werden. Nussbaum verwendet den
Urteilsbegriff vornehmlich in der zweiten Hinsicht. Damit stellt sie heraus, inwiefern
sich Gefühle unter Gedanken auszeichnen: Sie sind nicht irgendetwas, das „herum-
schwirrt", nichts, was man gleich wieder vergisst, keine wechselnden Erwägungen,
sondern Gefühle sind aktiv angenommene Propositionen, die bestätigt und verinnerlicht
werden.

Ein Gefühl besteht nach Nussbaum also darin, dass man einen Sachverhalt, der das
eigene Wohl und Wehe betrifft, für wahr hält oder, in anderen Worten, vollkommen
erfasst. Dieses Akzeptieren einer sehr wichtigen Erscheinung, dieses Urteilen im eudä-
monischen Bereich aufgrund von einer individuellen Sicht der Dinge, macht ein Gefühl
aus, ist ein Gefühl. Die Nachricht von der hohen Zahl an Aidstoten in einem Jahr macht
einen in der Regel nicht gleich traurig - nicht, wenn man keinen Bekannten darunter hat.

---

[15] Nussbaum 2001, 41.
[16] Ebd. 22.
[17] Vgl. zu folgender Urteils-Erläuterung Honderich 1995, 432.

Der anonyme Tod anderer Menschen betrifft nicht direkt.[18] Trauer kommt in anderen Fällen vor, etwa, wenn die Mutter gestorben ist. Gemäß ihrer eigenen Theorie beschreibt Nussbaum ihr Gefühl in dieser Situation als das eudämonische Werturteil: Meine Mutter, ein wertvoller Mensch und wichtiger Teil meines Lebens, ist gestorben.[19] Solch ein Werturteil bildet nach Nussbaum in der geistigen Landschaft ein „upheaval" – das von Proust geliehene, titelgebende Zauberwort ihrer großen Monographie. Ein „upheaval" ist eine Hebung, ja gar eine Umwälzung, der Kontrast von Berg und Tal. Nussbaum versucht diese Struktur an ihrem Trauerfall zu verdeutlichen:

> „When I grieve, I do not first of all coolly embrace the proposition 'My wonderful mother is dead' and then set about grieving. No, the real, complete recognition of that terrible event (as many time as I recognize it) *is* the upheaval".[20]

Solch ein Gedanke, solch ein Urteil ist ein Skandal, und das ist ein Gefühl.

Einwände gegen die Urteilstheorie. Spätestens der konkrete Beispielsatz macht skeptisch. Hier wird durch die Drastik klar, was eigentlich gesagt wird: Der Satz soll das Gefühl sein. Die Überzeugung, dass die eigene Mutter (mit den entsprechenden Bestimmungen) gestorben ist, soll die Trauer sein. Trifft das die Sache? Ist dieser Gedanke alles, was die Trauer über den Tod der eigenen Mutter ausmacht? Das scheint mir, bei aller Achtung vor Klarheit, doch ein sehr karges Bild zu sein. Dass diese Formulierung „absurdly crude" erscheinen kann, räumt Nussbaum selbst ein. Doch das hängt ihrer Meinung nach nur an der Verkürzung. Tatsächlich handele es sich immer um komplexere Urteile. Aber sie bleibt dabei: Urteile.[21]

Ein erster nahe liegender Einwand gegen solch eine Urteil-Gefühls-Theorie ist der Verweis auf Fälle, in denen wir anders urteilen als wir fühlen. Zum Beispiel weiß ich, dass der Weberknecht an der Zimmerdecke keine Gefahr für mein Leben bedeutet, und doch kann ich nicht ruhig bleiben, wenn er in meinem Zimmer ist, und ich tue alles, um ihn hinauszuschaffen (freilich möglichst ohne ihn berühren zu müssen). Wieso fürchte ich mich? Oder ist es Ekel? Er ist mir nicht als besonderer Krankheitsüberträger o. ä. bekannt, dazu habe ich gar keine Meinung, kein Urteil.

Auf diesen Einwand geht Nussbaum nicht konkret ein, aber sie berücksichtigt einen dieser Art, der nur etwas schwächer ist: Sie weiß, dass man nicht selten Gefühle oder Gefühlsdispositionen behält, auch wenn man die entsprechende Überzeugung nicht

---

[18] Freilich können auch in so einem Fall Gefühle auftreten, wenn nicht Trauer, so doch zum Beispiel Furcht. Das widerlegt den Punkt nicht, da sich in diesem Fall das Gefühl nicht auf die Toten richtet, sondern auf die mögliche Gefahr, die in der Nachricht von den vielen Toten für einen selbst enthalten ist.

[19] „In the actual event, my grief was, I argued, identical to a judgment with something like the following form: ‚My mother, an enormously valuable person and important part of my life, is dead'." (Nussbaum 2001, 76).

[20] Ebd. 45.

[21] Ebd. 76.

mehr hat. Wer in der Kindheit mit der Auffassung aufwuchs, Farbige seien böse, so ihr Beispiel, wird oftmals, selbst wenn er in eigener Erfahrung vom Gegenteil überzeugt wurde, doch noch manches Ressentiment nicht loswerden. Das ist nach Nussbaum aber nur ein Fall, wie er auch bei Überzeugungen vorkommt. Hat man als Kind gelernt, die Stadt Berlin mit dem Wahrzeichen des Bären zu verbinden, kann es sein, dass man damals die Überzeugung gewonnen hat, „Berlin" werde mit „ä" geschrieben. Dieses Wortbild schiebt sich jedes Mal wieder vors innere Auge, auch wenn man mit der Zeit längst um die richtige Schreibweise weiß. Und manchmal schleicht sich auch der Fehler noch beim Schreiben ein. Mit Hilfe der Annahme einer gewohnheitsmäßigen Gedankenverbindung kann Nussbaum ihre Auffassung von Gefühlen als Urteilen beibehalten. Denn wenn man sich vor dem Weberknecht fürchte, ohne zu glauben, dass er gefährlich ist, sei das nichts anderes, als wenn zwei widersprüchlicher Überzeugungen nebeneinander stehen. Und das komme einfach vor.[22]

Ein zweiter, geläufiger Einwand gegen die Urteilstheorie besagt: Nicht alle Wesen, denen wir Gefühle zuschreiben, können in der Weise ein propositional verfasstes Urteil fällen, wie es hier als konstitutiv für ein Gefühl vorgestellt wird.[23] Dafür brauchen wir gar nicht gleich bis ins Tierreich zurückzugehen (auch wenn Nussbaum sich um dessen Einschluss in ihre Theorie ausdrücklich bemüht).[24] Schon kleine Kinder, die noch nicht der Sprache fähig sind, haben Gefühle. Wenn diese auch noch nicht so ausdifferenziert sein mögen wie die von Erwachsenen, so wird man sinnvollerweise trotzdem von Gefühlen bei Kindern sprechen, wenn sie lachen, weinen, sich vor anderen hinter dem Bein des Vaters verstecken u.ä. Wahrscheinlich sind es primitivere Formen als später, ohne dass man dafür angeben müsste, was ein vollkommen ausgebildetes Gefühl wäre. Auch die Beherrschung einer Sprache ist graduell und kann gesteigert werden. Was aber sollte man einem fremdelnden Kind, das weder im Moment noch später dieses Gefühl mit Worten beschreibt, als Urteil unterstellen?

Auch gegen diesen allgemeineren Kritikpunkt hat Nussbaum (im Vergleich zu früheren kognitiven Theorien[25]) sich abzusichern versucht. Dadurch, dass sie den Begriff des Urteils statt den der Proposition stark macht, will sie der Möglichkeit Rechnung tragen, dass Gefühle sich auch in anderem manifestieren können als in einer sprachlichen Aussage. Damit bewegt sie sich mit ihrem Urteilsbegriff weg von der oben gegeben, sonst geläufigen Verwendung des Wortes. Ein Urteil ist bei ihr nicht an die Sprache gebunden, es muss nicht grundsätzlich Proposition oder propositionale Einstellung sein, wenn man diese für grundsätzlich sprachlich-begrifflich verfasst hält. Stattdessen ist es etwas,

---

[22] Nussbaum 2001, 35.

[23] Zu diesem Einwand und dem folgenden siehe auch Demmerling in diesem Band.

[24] Es ist genug, wenn wir uns als Menschen etwas besser zu verstehen imstande sind, über die Tiere können wir in der Gefühlshinsicht einfach nichts sagen. Mag sein, dass sie uns gleichen, mag auch nicht sein. Dass ein Hundehalter mit seinem Tier gut zurechtkommt, indem er annimmt, es habe Gefühle, ist eine andere Sache.

[25] Zum Beispiel Solomon 1993.

das auch in anderen Formen Ausdruck finden kann. Damit vertritt Nussbaum die Auffassung, es gebe einen nicht-propositionalen und letztlich nicht-begrifflichen Gehalt. Ein Beispiel dafür, wo sich solch ein Gehalt findet, ist bei ihr die Musik (und, weniger deutlich, auch andere Kunst).

> „[M]usic is another form of symbolic representation. It is not language, but it need not ceed all complexity, all sophistication in expression, to language. So it is not obvious why we think that there is a greater problem about expressing an emotion's content musically than about expressing it linguistically. We think this because we live in a culture that is verbally adept but (on the whole) relatively unsophisticated musically."[26]

Mit Verweis auch auf andere Wissenschaften wie Musikpsychologie ist sie sich sicher: „There are forms of cognitive/ intentional activity, embodying ideas of salience and urgency, that are not linguistic."[27] Mit dieser Auffassung von Intentionalität, Gehalt und Kognition macht Nussbaum tatsächlich den Weg frei, auch Tieren und noch nicht sprechenden Kindern Gefühle im Sinne des Urteils-Modells zuschreiben zu können. Sie vertritt die Annahme, es gebe intentionale (geistige) Zustände nicht-begrifflichen Gehalts.[28] Das gilt auch für Emotionen, deren originär emotionale Gehalte nicht an die Sprache gebunden seien. Vielmehr können sie in verschiedenen Formen auftreten: in Sprache *oder* auf andere Weise, wie in Musik.

Aber auch nach den beiden Erwiderungen bleibt die Frage offen: warum wählt Nussbaum „Urteil" als Schlüsselbegriff? Ja, die Erwiderungen haben die Frage geradezu noch dringlicher gemacht. Denn mit diesen hat sie eher das, was man unter „Urteil" zu verstehen hat, mit Eigenschaften ausgestattet, die wir von Gefühlen her kennen, als dass sie umgekehrt gezeigt hätte, dass Gefühle Eigenschaften haben, mit denen wir klassischerweise Urteile beschreiben. Das verstärkt den Verdacht, dass es sich um eine unangemessene Erläuterung handelt.

Diese Verkehrung der Eigenschaften gilt zunächst in Hinblick auf das Phänomen des inneren Widerstreits (zwischen Gefühlen und Urteilen): Wenn ich „Bärlin" vor mir sehe, wenn ich „Berlin" höre, oder Nussbaum an Kalifornien denkt, wenn sie „Supreme Court" hört, weil sie das in der Kindheit als zusammengehörig verstanden hatte, dann schiebt sich nur jeweils eine schnellere, weil ältere Assoziation ein – unsere Überzeugung dagegen ist, sobald wir einen Moment zur Besinnung haben, nur je eine: Der Supreme Court befindet sich in Washington, und Berlin schreibt sich mit „e". So würde ich, wenn überhaupt, den Vergleich hier von den Gefühlen zu den Überzeugungen ziehen und nicht anders herum. Denn Gefühle sind wesentlich durch Prägung und Assoziationen begründet – anders als Überzeugungen.[29] Und genauso gilt die Umkehrung auch

---

[26] Nussbaum 2001, 264.
[27] Ebd. 263.
[28] Ein Standardtext zu dieser eher selten vertretenen These in der analytischen Tradition stammt von Evans 1982. Vgl. außerdem Langer 1942.
[29] Das wäre freilich eigens auszuführen, kann in diesem Rahmen jedoch nur als Andeutung stehen gelassen werden. Dass Gefühle zum großen Teil angelernt sind, wird aber in vielen gegenwärtigen

in Hinblick auf die sprachliche Verfasstheit. Warum besteht Nussbaum auf „Urteil",
wenn sie letztlich einen originären emotionalen Gehalt verteidigen will, der sich in verschiedenen Formen manifestieren kann? Ich halte es für unvereinbar, von Gefühlen
einerseits als von Urteilen zu sprechen und andererseits einen originären emotionalen
Gehalt zu behaupten. Der Begriff des Urteils legt eine bestimmte Art von Gehalt fest,
und das ist nicht die originär emotionale Art. Das wird schon dadurch bestätigt, wie
Nussbaum bei ihrem Versuch, Gefühle als Urteile darzustellen, in drei beachtliche
Probleme gerät.

Erstens zu Urteil, Gefühl und Wahrheit. Es muss beachtet werden, dass ein Gefühl
nicht wahr oder falsch sein kann wie ein Urteil. Man könnte argumentieren, dass schon
ein Werturteil nicht auf diese Weise wahr oder falsch sein kann. Das macht Nussbaum
aber nicht. Sie ist durchaus darauf bedacht, dieser Eigenschaft von Urteilen bei ihrer
Erläuterung von Gefühlen als Urteilen Rechenschaft zu tragen.[30] Um ihre Darstellung
nachzuvollziehen, muss man sich ein Werturteil, das ein Gefühl ist, gewissermaßen aus
zwei Überzeugungen zusammengesetzt denken. Nussbaum erhält die Nachricht vom
Tod ihrer Mutter, und hat damit die neue Überzeugung, dass sie tot ist. Diese kommt zu
den früheren oder dispositionalen Überzeugungen, dass diese Mutter an sich und insbesondere für das Leben Nussbaums von großer Bedeutung ist, hinzu. Diese zusammen-
gesetzte Überzeugung ergibt nach Nussbaum sozusagen das Gefühl. Es gibt nach ihrer
Auffassung zwei Möglichkeiten, weshalb das Urteil falsch sein kann: Entweder ist die
Mutter gar nicht gestorben, oder sie bedeutet einem doch nicht wirklich etwas. Beide
Male hieße das auch, sagen zu müssen, die Trauer sei „falsch". Doch das ist kontraintuitiv. Denn im ersten Fall glaubt man nur fälschlich, dass die Mutter tot sei. Wenn man
deshalb trauert, wird niemand sagen wollen, die Trauer sei falsch. Trauer, die auf einer
falschen Annahme über Tatsachen beruht, kann nicht als „falsche" Trauer bezeichnet
werden. Das müsste nach Nussbaum jedoch so gesagt werden, da das Urteil selbst das
Gefühl sein soll. Doch sie räumt ein, dass es missverständlich sei, hier von „falsch" zu
reden; besser solle man „unangemessen" sagen.[31] Aber meiner Ansicht nach ist dieser
Kompromiss aus Erklärungsnot geboren anstatt wirklich begründet zu sein. Deshalb ist
er nur ein weiteres Argument gegen die pauschale Bezeichnung von Gefühlen als Urteilen. Ob ein Gefühl angemessen sein kann oder nicht, ist ein Thema jenseits der Frage
von wahr und falsch. Auch im zweiten von Nussbaum genannten Fall, wenn man trauert, ohne wirklich Grund zu haben, weil die Mutter der ‚Trauernden' gar nicht viel be-

---

Gefühlstheorien gezeigt. Neben Nussbaum und Goldie z. B. auch prominent in de Sousa 1997,
298ff.

[30] „[I]t is, of course, a consequence of the view I have been developing that emotions, like other
beliefs, can be true or false." (Nussbaum 2001, 46).

[31] „We do not want to confuse the important issue of sincerity with the issue of true or false content,
and so we will call the grief ‚mistaken' or ‚inappropriate' rather than false. But the propositional
content is nonetheless false." (Ebd. 47).

deutet hat, würde man kaum von Falschheit reden, sondern eher von Selbsttäuschung. Und das ist ein anderes Thema.

Zweitens zu Gefühl und anderen Urteilen. Nussbaum definiert „Urteil" ausdrücklich als „Akzeptieren einer Proposition". Damit ist es eine Art von propositionaler Einstellung, also ein Urteil im geläufigen (oben genannten) zweiten Sinn des Begriffs. Nun gibt es Überlegungen dazu, propositionale Einstellungen durch eine je spezifische Art von Intentionalität voneinander zu unterscheiden. Eine Möglichkeit, zwischen Überzeugungen und Wünschen zu unterscheiden, lautet: Mit Überzeugungen bezieht man sich auf die Welt, wie sie ist, und diese Überzeugungen müssen sich der Welt „anpassen". Mit Wünschen dagegen bezieht man sich auf die Welt, wie sie sein sollte. Im Idealfall sollte sich die Welt dem propositionalen Gehalt der Wünsche anpassen. Hat Nussbaum entsprechend eine weitere Art der Intentionalität hinzuzufügen, die für Gefühle gälte? Darauf kann man zweierlei Antwort geben. Erstens: Nein, denn sie stellt Gefühle als Urteile dar und insofern sind sie intentional wie Überzeugungen. Zweitens: Ja, denn sie spezifiziert die Intentionalität von Gefühlen auf eine Weise, dass es sich zumindest um eine Untergruppe von Urteilen handelt, eine leicht variierte Intentionalität also. Gehen wir dieser positiven Antwort nach, so kommen wir trotzdem nicht viel weiter. Denn von den oben genannten, für Gefühle ausgeführten Intentionalitätsaspekten scheinen mir nur zwei Punkte darüber hinauszugehen, was allgemein für Intentionalität gilt: Perspektivität (das Objekt „durch mein Fenster sehen") und eudämonische Bewertung; denn Objektbezug und mögliche andere Überzeugungen über das Objekt sind für alle Formen selbstverständlich. Perspektivität allerdings gilt keineswegs nur in Fällen von Emotionen. Vielmehr spielt sie auch bei jeder Sinneswahrnehmung eine Rolle, kann also für jedes Wahrnehmungsurteil angeführt werden.[32] So bleibt allein eine inhaltliche Bestimmung als Unterscheidungskriterium übrig. Ein Gefühl ist ein eudämonisches Urteil.[33] Das aber hieße, dass jedes eudämonische Urteil ein Gefühl sein müsste. Denn dieser inhaltliche Aspekt steht für die Unterscheidung zwischen fühlen, meinen und wünschen.

Ist das richtig? Können wir nicht über Dinge urteilen, die uns sehr wohl angehen, ohne zugleich ein darauf bezogenes Gefühl zu haben? Nussbaum bestreitet das. Wenn jemand sage: „Meine Mutter, ein sehr wertvoller Mensch meines Lebens, ist gestorben", dann trauere er auch notwendigerweise. Allenfalls habe der Betroffene selbst den Gehalt dessen, was er da sagt, noch nicht richtig „erfasst". Folgen wir dieser Argumentation, so würde man den Urteilsbegriff weiter verfremden, denn es wären nun Gefühle, die jedes unserer Werturteile ausmachen würden: Jedes Werturteil *ist* ein Gefühl. Das hätte gewaltige Konsequenzen für den Status solcher Aussagen. Was sich durch eine solche Sicht alles verkehren würde, ist bei Max Scheler nachzulesen, der Fühlen als „Wert-

---

[32] Das führt insbesondere Ronald de Sousa im Vergleich mit Gefühlen aus. Vgl. de Sousa 1997, 252ff.

[33] Landweer spricht in Bezug auf diese eudämonische Bewertung von der „verdrängten ‚feeling-Komponente'" in Nussbaums Urteilstheorie (Landweer 2004, 477).

nehmen" erläutert. Dieses Wertnehmen geht allem Werturteilen voran.[34] So weit will Nussbaum aber nicht gehen.

Drittens ist kritisch anzumerken, dass Nussbaum insgesamt gar keine klar ausgearbeitete Urteilstheorie in dem Sinn liefert, dass Gefühle als Urteile erläutert würden. Vielmehr ist die Darstellung, wie schon erwähnt, andersherum angelegt: Sie zeigt, wie Urteile Gefühlscharakter haben können, und zwar immer dann, wenn sie Evidenzen der Gefühlsphänomene einzubauen versucht. Dabei ist Nussbaum sich den Herausforderungen durch Gefühlsphänomene bewusst. Sie benennt selbst

> „their [der Gefühle] urgency and heat; their tendency to take over the personality and to move it to action with overhelming force; (...) the persons sense of passivity before them; their apparently adversial relation to 'rationality' in the sense of cool calculation or cost-benefit analysis."[35]

All dies sind Merkmale, die mit Überzeugungen nichts zu tun haben. Um diese dennoch einzufangen, geht Nussbaum über die These, wonach ein Gefühl ein Werturteil ist, hinaus:

> „The neo-Stoic claims that grief is identical with the acceptance of a proposition that is both evaluative and eudamonistic, that is, concerned with one or more of the person's important goals and ends. We have not yet fully made the case for equating this (or these) proposition(s) with emotion: but so far it appears far more plausible that such a *judgment could itself be an upheaval* [Hervorh. v. E. W.-G]."[36]

Die Metaphorik eines „upheavals", einer Umwälzung oder geologischen Hebung, versperrt ein näheres Verständnis. Hier müsste erklärt werden, was ein Gefühl ist, anstatt nur die Urteile und Überzeugungsarten zu erläutern, die zu einem Gefühl dazugehören. Ein Gefühl als ganzes ist eine Sache, die involvierten Urteile eine andere. Um dem Phänomen von Gefühlen gerecht zu werden, beschreibt Nussbaum spezifische Werturteile als *upheavals*. Nimmt man diese Metapher ernst, so müssen Gefühle offenkundig mehr sein als bloße Urteile. Das bestätigt Nussbaum ungewollt, wenn sie ausführt, wie man *unmöglich* ein Urteil von der Art „Meine Mutter, ein wertvoller Mensch und wichtiger Teil meines Lebens, ist gestorben" *ohne* ein Gefühl haben könne[37] – also ist die Überzeugung etwas anderes als das Gefühl selbst, sie ist nur dessen Bedingung.

Wenn der Urteilsbegriff so große Probleme macht, kann man ihn vielleicht übergehen und Nussbaums allgemeinere These zu Gefühlen anerkennen? Grundsätzlich geht es ihr um einen kognitiven Ansatz; die Urteilsthese ist nur eine Variante davon. Aber auch da ist ihre Argumentation problematisch. Denn im Verlauf ihres Bemühens, mit ihrer Konstruktion das ganze Spektrum von Gefühlen zu erreichen, reduziert sie ihre Erläuterung von „kognitiv" mehr und mehr und weist mit diesem Begriff schließlich nur

---

[34] Vgl. z. B. Scheler 1916.
[35] Nussbaum 2001, 22.
[36] Ebd. 41.
[37] Ebd. 40.

noch auf den Ort hin, an dem sich die Gefühle abspielen: „having seemingly lost one's grip on the reason for housing grief in a seperate non cognitiv part, reason looks like just the place to house it."[38] Was nicht nicht-kognitiv ist, spielt sich in der Vernunft ab. Nussbaum lässt damit nur die beiden groben Alternativen „Körper" oder „Geist" bzw. „Vernunft" zu. Hierbei wird endgültig klar, dass sie gegen einen kaum relevanten Gegner anschreibt. Denn kein Philosoph, der sich derzeit über Gefühle Gedanken macht, behauptet, Gefühle hätten ihren Ort ausschließlich im Körper. Gefühle erleben wir, und das ist immer mehr als eine körperliche Veränderung. Darin stimmen alle Autorinnen und Autoren überein. Es ist ebenso unsinnig zu sagen, speziell unser Denken werde von einem starken Gefühl erschüttert, wie diese Erschütterung auf den Körper zu begrenzen. Wir sind als ganze Personen erschüttert oder sind es gar nicht. Gefühle sollten auf dieser ganzheitlichen Ebene diskutiert werden.

Gefühle so erläutert, als Urteilsstruktur in einer reduktiv-kognitiven Theorie, ist offenbar nicht der richtige Weg, sie adäquat beschreiben zu können. Ein Gegenvorschlag stammt von Peter Goldie. Er verlegt die Intentionalität in das Fühlen selbst. Gefühle zu haben, wird so als eigene Kategorie ernst genommen, anstatt es auf Bekanntes zu reduzieren.

3. Goldies Theorie des intentionalen Fühlens

Peter Goldie teilt mit den so genannten „Kognitivisten" die Ansicht, dass Überzeugungen eine wesentliche Rolle bei Gefühlen spielen können, doch bei ihm stellen sie nicht den eigentlichen Kern der Gefühle dar.[39] Goldie gesteht lediglich zu, dass oftmals ein gewisser, nicht-kontingenter Zusammenhang zwischen aktuellen Überzeugungen und Gefühlen besteht. Darüber hinaus gibt es auch Fälle, in denen Überzeugungen den Gefühlen folgen und erst in einer nachträglichen Interpretation damit identifiziert werden. So fürchtet man sich zum Beispiel in einem Moment, und erst sobald man sieht, dass gar kein Grund dafür besteht, erklärt man sich den Anlass der Furcht in der Retrospektive. Aufgrund vor allem dieses zweiten Phänomens besteht Goldie darauf, dass Gefühle nicht ausschließlich über Überzeugungen beziehungsweise Urteile definiert werden können. Stattdessen rückt er den Aspekt des Fühlens ins Zentrum, ohne die Gefühle darauf zu reduzieren:

> „An emotion (…) is a relatively complex state, involving past and present episodes of thoughts, feelings, and bodily changes, dynamically related in a narrative of part of a person's life, together with dispositions to experience further emotional episodes, and to act out of the emotion and to express that emotion."[40]

---

38 Nussbaum 2004, 194.
39 Goldie 2000, 20ff.
40 Ebd. 144.

Dabei wird der Part der Intentionalität vom Fühlen *(feelings)* und nicht von dazugehörigen Überzeugungen ausgefüllt. Er spricht explizit vom „bezüglichen Fühlen" *(intentional feelings)* und stellt ein Modell vor, nach dem Entstehen und Vergehen von Gefühlen sowohl der ersten, überzeugungsabhängigen, wie der zweiten Art, der ohne Überzeugungen, erklärt werden können sollen. Dem Gefühl wird eine eigenständige Intentionalität zugewiesen, was auch heißt, dass man sich in einem Gefühl auf originäre Weise etwas von der Welt erschließt.

Erkennen und Erwidern. Goldie beginnt seine Untersuchung mit einfachen Fällen:[41] Wenn man sich fürchtet, kann man meist sagen, wovor man sich fürchtet. Dabei ist das, wovor man sich fürchtet, in der Regel nicht völlig beliebig. Ich fürchte mich vor dem Hai, weil seine Zähne mein Fleisch schmerzhaft aufreißen könnten. Wenn jemand sagt, er fürchte sich vor einem großen Lottogewinn, so ist das nicht derart evident. Jeder würde zunächst annehmen, er müsse auf einen solchen hoffen, oder sich doch vorstellen, wenn er ihn bekäme, sich zu freuen. Aber wer einen Gewinn fürchtet, kann sich uns erklären, wenn er etwas Schlechtes aufzeigt, das mit dem eigentlich doch wünschenswerten Lottogewinn einhergehen würde. Die Erklärung könnte zum Beispiel lauten, er nehme an, er würde Erpressungen ausgesetzt sein oder müsste ständig bettelnde Freunde um sich haben. So gesehen kann es einen Zusammenhang zwischen gewissen Überzeugungen und einem Gefühl geben. Furcht ist verbunden mit einer Überzeugung bezüglich Unannehmlichkeiten, Freude mit Überzeugung über Angenehmes und so weiter.

Daneben beachtet Goldie aber auch die Fälle, die ich oben in der Kritik an Nussbaum bereits angeführt habe, Fälle, in denen Überzeugungen und Gefühle nicht derart evident zusammengehen. Denn es kommt vor, dass man sich vor einer Spinne fürchtet, obwohl man beim besten Willen nicht sagen kann, was denn das Gefährliche oder allgemeiner das Schlechte an dieser Hausspinne sein soll. Doch auch in solchen Fällen kann man nach Goldie oft noch eine Beziehung zwischen einem Gefühl und den damit verbundenen Überzeugungen erkennen. Dazu gebraucht er die Begriffe „bestimmbare" und „bestimmte" Merkmale. Ein bestimmbares Merkmal ist zum Beispiel „farbig", ein bestimmtes dagegen „rot". Im Fall der Spinne heißt das: Wenn sich Thomas vor einer Spinne fürchtet, muss er eine Überzeugung bezüglich eines bestimmbaren Merkmals der Spinne haben, in diesem Fall, dass sie gefährlich ist. Er muss aber nicht bestimmte Merkmale nennen können, das heißt sagen können, worin genau sie gefährlich sein soll. Andersherum wird er jedes bestimmte Merkmal, das er sieht und aufgrund dessen er sich fürchtet, der Rubrik „gefährlich" zuordnen. Doch obwohl Goldie bis hierher die Rolle der Überzeugung sehr stark macht, warnt er eindringlich vor einer Überintellektualisierung der Gefühle. „Feelings are an intimate and familiar part of emotional experi-

---

[41] Wie schon Kenny schrieb: „One cannot be afraid of just anything." (Kenny 1963, 192).

ence; without feelings, emotions would not be what they are. (…) beliefs and desires are not sufficient for emotional experience."[42]

Neben diesem eher vagen Verweis auf die Phänomenalität von Gefühlen führt Goldie ein Beispiel ins Feld, das nicht nur aufzeigt, dass Überzeugungen keine hinreichende Bedingung für Gefühle sind, sondern sogar, dass es ganz ohne Überzeugung geht: Das sind Fälle von einfachen Gefühlen wie Furcht in einer plötzlichen Gefahrensituation. Paul geht gedankenverloren auf einer dämmrigen Straße. Plötzlich rast ein Laster heran, auf ihn zu – im nächsten Moment ist Paul schon in den Straßengraben gesprungen, ganz ohne Zeit für Überzeugungen und Einschätzungen der Situation. Die Furcht war sofort da und hat die Handlung unmittelbar motiviert. Das ist etwas ganz anderes, als wenn Sofie aufgrund von einigen Erwägungen doch nicht zu einem Fest geht, auf dem sie einen früheren Freund wiedertreffen würde. Das kann auch eine Handlung aus Furcht sein. Aber diese Furcht ist aufgrund von Überlegungen entstanden, die von Paul, so Goldie, unmittelbar aus einer Situationswahrnehmung.[43]

Das Straßengrabenbeispiel könnte allerdings auch anders beschrieben werden: War da wirklich ein Gefühl? Ist der Sprung nicht nur bedingter Reflex? Kennen wir es von solchen Gefahrensituationen nicht vielmehr so, dass wir sofort richtig reagieren und uns erst *danach* fürchten – und das gar derart mit zittrigen Knien oder Händen, sodass wir, hätten wir uns sofort so gefürchtet, gerade nicht so gut hätten handeln können? Angesichts möglicher Einwände dieser Art wäre es in Goldies Sinne hier besser, auf Gefühle wie Liebe und Hass zu verweisen. Da kann es keine Zweideutigkeiten im Dunkel der Sekundenbruchteile von Reaktionszeit geben. Lieben heißt, *jemanden* zu lieben, aber niemals jemanden *wegen* etwas lieben, in dem Sinn, dass eine Überzeugung (über eine Eigenschaft der Person) das Gefühl erklären und es ausmachen würde. Natürlich werden neben dem Lieben auch lauter Überzeugungen bezüglich der geliebten Person und ihres Charakters bestehen. Aber das Lieben selbst ist eine ganz eigene Einstellung zu der Person.

---

[42] Goldie 2000, 50. Und zur Veranschaulichung: „It might be characterized as the Mr Spock complaint, named after the character from another planet in the first Star Trek series who is extremely rational yet has no emotions: for it does seem to be possible to have all the beliefs and desires which are typical of an emotional experience and yet, like Mr Spock, not have that emotion." (Ebd.).

[43] „The idea is not that there is no causal psychological explanation of an action out of fear such as jumping away from the oncoming bus, for surely it was, afterall, something that you recognized about the *bus* which causally explains your feelings about it and why you did what you did. It is, rather, just the idea that dubbing the psychological episodes involved as *beliefs* gives them all too intellectual a flavour in explaining such an action: for example, a person's belief ought to meet certain rationality constraints, such as being consistent and coherent. It is as though we almost have to *post-rationalize* the bus story by ascribing the right beliefs. (…) But correct and appropriate ascription of such beliefs need not imply, I think, that these beliefs need play a causal role in explaining the emotional response." (Goldie 2000, 47).

Goldie will alle skizzierten Fälle in einem Erklärungsmodell für Gefühle fassen. Dabei ist vor allem aufgrund des letzten Beispiels klar, dass kein begrifflicher, propositionaler Gehalt ausschlaggebend sein kann. Was dann? Für seine Antwort entwickelt Goldie die Idee einer Verknüpfung von Erkennen und Erwidern („recognition-response tie") und beruft sich dabei auf Aristoteles, im Gegensatz zu dessen verbreiteter kognitivistischer Interpretation. Nach Goldie macht Aristoteles aufmerksam auf eine Struktur von Erkennen und Erwiderung, die unserer Emotionalität eigen ist. Wenn wir etwas Gefährliches erfassen, fürchten wir uns. Aber das ist keine notwendige Verbindung, wie es für ein begriffliches Verhältnis gälte.[44] Vielmehr gilt nur eine angelernte Beziehung zwischen solcher Erkenntnis und der Erwiderung als Gefühl. „The essential idea is that our emotions can be educated: we can be taught to recognize, and to respond emotionally, as part of the same education."[45]

Nach Goldie zeichnen sich Begriffe von gefühlsrelevanten Merkmalen wie Gefährlichkeit dadurch aus, dass sie kein gemeinsames Merkmal haben, das in der Wissenschaftssprache gefasst werden könnte. Was hat ein steiler Abhang mit einem Bonbons schenkenden Mann gemeinsam? Am ehesten kann man Gefährlichkeit noch so beschreiben, dass, wer sie zu erkennen und entsprechend zu reagieren weiß, heil durchs Leben kommt. Insofern sind sie wertende Merkmale, und das sind nach Goldie genau solche Eigenschaften, die zu erkennen eine bestimmte Erwiderung verdient. Diese Erwiderung ist kein Urteil, sondern etwas, das unter die Klasse der Gefühlsbegriffe fällt - mit allem, was die emotionale Erfahrung einschließt: Gedanken, Fühlen und Handlungen. Man lernt diese besonderen Merkmale zu identifizieren, so Goldie, und zwar immer zusammen mit gebotenen Reaktionen: Das ist gefährlich, geh da nicht hin. Freilich ist diese Beziehung, da anerzogen, keine verlässlich automatische. Die Erwiderung kann unter bestimmten Umständen ausbleiben, und ebenso kann sie unangemessen auftreten.

> „Whilst recognition and response are distinct, and can come apart (...) they are related because the emotional response will be of the sort which someone educated in this way *ought* to have in dangerous circumstances, and his emotional response will not be intelligible independent of his conception of the circumstances as dangerous."[46]

In dieses Modell passen sowohl die Fälle, in denen ein Zusammenhang zwischen einer Überzeugung und einem dabei auftretenden Gefühl vorliegt, als auch Fälle, in denen keine Überzeugung vorliegt. Das eine Mal erkennt man bestimmte Merkmale, das andere Mal nur bestimmbare. Und im letzteren Fall handelt es sich um ein Erkennen, das man über die eine, letztlich undeutliche Eigenschaft hinaus nicht propositional explizieren kann. - Worauf Goldie hinaus will, ist, dass jegliche Überzeugung über ein Gefühlsobjekt als rein begriffliches Erkennen nicht das ausmacht, was ein Gefühl ist. Ein Gefühl zu haben heißt bei ihm, das Erkennen eines Merkmals als ein *bezügliches Füh-*

---

[44] Vgl. dazu Goldie 2000, 22ff.
[45] Ebd. 28.
[46] Ebd. 31.

len zu erleben. Dieses bezügliche Fühlen hat einen eigenen Erkenntnisgehalt, einen anderen als eine reine Feststellung von Merkmalen. Goldies Modell beantwortet die Frage, inwiefern Gefühle zu haben eine je eigene, originäre Erfahrung ist. Gefühlen ist eine besondere Intentionalität zuzuschreiben, sie können nicht auf bekannte intentionale Größen wie ein Urteil reduziert werden. Wie erläutert Goldie die spezielle Intentionalität?

Intentionales Fühlen. Intentionalität von Wünschen ist ein geläufiger Topos.[47] Eine Standardunterscheidung wurde bereits bei der Nussbaum-Diskussion erwähnt: Mit Überzeugungen bezieht man sich auf die Welt, wie sie ist, und diese Überzeugungen müssen sich der Welt „anpassen". Mit Wünschen dagegen bezieht man sich auf die Welt, wie sie sein sollte. Im Idealfall sollte sich die Welt dem propositionalen Gehalt der Wünsche anpassen.

In mancher Hinsicht, so Goldie, scheint die Intentionalität von Gefühlen von der für Wünsche typischen Art zu sein. Doch für die in Emotionen involvierten Wünsche müssen einige Sonderfälle beachtet werden. Die intendierte Weltanpassung, so führt Goldie aus, steht bei vielen Gefühlen in einem besonderen Bezug zur Person, die die Emotion hat. Bei Rache zum Beispiel reicht es nicht, dass der Bösewicht irgendwie zu Schaden kommt, sondern der Geschädigte will sich in der Regel selbst rächen. Und auch bei zarteren Gefühlen ist es mit der Befriedigung so eine Sache. Befriedigung eines Wunsches bedeutet nicht in jedem Fall auch die Befriedigung der Person, wie man es erwarten sollte. Ein Sehnsuchtsgefühl kann bestehen bleiben, auch wenn ein Ziel erreicht ist, etwa wenn Prousts Marcel seine Geliebte Albertine bei sich zu Hause hat und dennoch nicht ruhig sein kann.

Die Intentionalität der Gefühle muss sich wegen der zwei gerade genannten Punkte, Persönlichkeit und Paradox der Erfüllung, von der Intentionalität von Wünschen unterscheiden. So liegt es tatsächlich nahe, die entscheidende Intentionalität am Fühlen selbst festzumachen. Aber wie kann dann Bezug auf Gegenständliches konzipiert werden? Goldie wagt sich an den Aspekt des Fühlens so nah heran wie kein anderer analytischer Philosoph. Dabei betont er von Anfang an, dass dieses Fühlen, so sehr er es auch im Detail zu beschreiben versucht, niemals als eine atomistische Komponente verstanden werden darf. Stattdessen kommt es nur holistisch vor, das heißt immer in Verbindung mit einem „Faktorenkomplex", der ein Gefühl insgesamt ausmacht. Für die passende Verwendung des Begriffs „Fühlen" unterscheidet er zwei Fälle:[48] körperliches Fühlen einerseits und bezügliches Fühlen andererseits *(feeling towards)*. Mit dem körperlichen Fühlen ist die Wahrnehmung eigener körperlicher Vorgänge gemeint, das, was ich eingangs als „Spüren" eingeführt habe. Das bezügliche Fühlen bezieht sich auf Gehalte. Dies können Sachverhalte und Überzeugungen sein.

---

[47] Vgl. Goldie 2000,. 24ff.
[48] Ebd. 51ff.

Diese Unterscheidungen scheinen für Gefühlsphänomene einen richtigen Punkt zu treffen. Tatsächlich können wir unseren Herzschlag beschleunigt spüren aufgrund von körperlicher Anstrengung, etwa bei einem Marathonlauf. Dieses Fühlen des Herzschlages unterscheidet sich aber vom Fühlen des Herzschlages in einer Situation der Furcht. Damit ist nicht gemeint, dass der Herzschlag ein anderer ist (auch wenn es da womöglich Unterschiede in der Intensität, im Rhythmus usw. gibt), und auch nicht, dass die Wahrnehmung dieser körperlichen Veränderung beim Lauf oder bei der Furcht in physischer Hinsicht eine andere ist. Das Fühlen ist deshalb ein anderes, weil es Teil des Gefühls ist. „[T]he bodily feeling is thoroughly infused with the intentionality of the emotion; (...)."[49] Um dieses Phänomen in den Griff zu bekommen, erfindet Goldie den Terminus „geborgte Intentionalität".[50] Was damit gemeint ist, versucht Goldie über Beispiele zu erläutern:

> „You are sitting on your desk, struggling with a particularly intractable philosophical problem and getting more and more frustrated with your inability to find your way out of it. This is an emotional feeling of frustration towards the object of your emotion – the philosophical problem. Then, perhaps quite suddenly, you come to have a confined feeling in your chest, so that it is hard to take a deep breath. This is a bodily feeling. But not just that, because the two feelings are immediately combined in consciousness: we might say that you feel physically hemmed in by the philosophical problem."[51]

Wie ist nun das emotionale bezügliche Fühlen zu erläutern, das körperliches Fühlen anreichern bzw. sich mit diesem verbinden kann und auch allein auftreten kann?[52] Mit diesem Fühlen, so führt Goldie aus, erschließt man sich ein Objekt auf eigene Weise. Es ist eine spezielle Art, sich auf das wertende, Erwiderung provozierende Merkmal zu beziehen. Dieses Erschließen ist emotional und nicht identisch mit dem Erkennen des Merkmals auf begriffliche Weise. Nur da dies so ist, so argumentiert er, kann es einerseits Fälle geben, in denen wir eine relevante Überzeugung haben, das heißt ein werten-

---

[49] Ebd. 57.

[50] Ebd. 54. – Mit dieser Idee der „geborgten Intentionalität" versucht Goldie letztlich William James' Theorie leicht variiert zu rehabilitieren (James 1884). Goldie ist besonders die Betonung des Fühl-Aspektes bei James sympathisch. Denn das stellt ein Gegengewicht gegen die Überzeugungs-Wunsch-Theorie dar. Doch in zwei wesentlichen Punkten weicht er in der Konzeption von Fühlen von James ab. James sagt, jede Emotion ist ein Fühlen, und dieses Fühlen ist Wahrnehmung eigener körperlicher Vorgänge. Nach Goldie jedoch können wir erstens eine Emotion erfahren und einer körperlichen Veränderung dabei unterliegen, ohne doch diese körperliche Veränderung selbst spüren zu müssen. Zweitens besteht er darauf, dass jedes Fühlen, das für eine Emotion eine wesentliche Rolle spielt, nicht nur rein körperlich ist, sondern die besagte „geborgte Intentionalität" besitzen. Das ist also eine, die über den eigenen Körper hinausgeht, auf Überzeugungen, Personen, Sachverhalte, etc.

[51] Goldie 2000, 57.

[52] Die Verbindung in dieser Richtung wird in dem in Anm. 49 weggelassenen zweiten Satzteil deutlich: „and in turn, the feeling towards is infused with a bodily characterization." Vgl. zu Folgendem ebd. 58ff.

des Merkmal erkennen, ohne ein entsprechendes Gefühl zu haben, und andererseits Fälle, in denen wir ein Gefühl haben ohne eine entsprechende Überzeugung.

Diese Art von Überzeugung oder das Erkennen solcher Merkmale umschreibt Goldie auch mit „etwas-als-etwas-denken". Den Hai als gefährlich etc. zu fühlen, heißt nun, solch ein als-etwas-denken auf eine spezielle Weise zu vollziehen. Was das bedeutet, versucht Goldie unter anderem an einer Szene im Zoo zu veranschaulichen. Wir können einen Gorilla in einem Gehege toben sehen und ihn für gefährlich halten. Und wir können zur gleichen Zeit das Gatter offen stehen sehen. Ihn fürchten hieße, diese beiden Feststellungen „gefährlicher Gorilla" und „Gatter steht offen" zusammen zu erfahren. Dies ist ein anderer Gehalt als bei den zwei isolierten Überzeugungen: man fürchtet sich. Goldie kann nicht sagen, in was genau sich der Inhalt dieses geistigen Zustandes vom anderen unterscheidet, wohl aber erscheint evident, dass er sich unterscheidet.[53] – In einem jüngeren Aufsatz äußert er sich noch einmal entschiedener: Das Erkennen emotionsrelevanter Merkmale einerseits und eine affektive Regung, ein Fühlen andererseits, sind, so häufig sie gemeinsam auftreten, verschiedene Sachverhalte.[54] Beide sind begründet in einem je direkten Bezug auf die Welt. Dabei ist das Fühlen manchmal der schnellere.

> „[T]he reasons that justify the ascription of disgustiness to the piece of meat (the fact that it is maggot infested, etc.) are the very same reasons that make feeling disgust justified on this occasion. It is neither one's perceiving it to be disgusting that justifies one's disgust, nor is it one's feeling disgust that justifies one's perceiving it to be disgusting."[55]

Fühlen, eine affektive Einstellung, besitzt nach Goldie also einen eigenen spezifischen Gehalt, der von anderen Einstellungen gegenüber demselben Objekt unterschieden ist. Damit können wir hier von einem originären Weltbezug in dem Sinn sprechen, dass es anderes ist, was wir da erfahren, anders als es uns durch Sinneswahrnehmung allein oder durch Überlegungen möglich wäre. Fühlen ist danach zu umschreiben als ein perzeptiv und imaginativ wertender Bezug auf Dinge der Welt, der von Körperveränderungen, Ausdrucksverhalten, Handlungstendenzen und Gedanken begleitet ist, wobei alles zusammen ein Gefühl ausmacht.

---

[53] Das wird anschaulicher, wenn man sich vorstellt, über einen frisch zugefrorenen See zu gehen. Man weiß, es ist gefährlich, was man tut. Inwiefern sich dieses Wissen um Gefährlichkeit unterscheidet von Furcht wegen dieser Gefährlichkeit, kann man sich klar machen, indem man sich den Moment vorstellt, in dem sich plötzlich mit einem lauten Knirschen ein großer Riss durchs Eis zieht.

[54] „[A]n emotional experience (...) typically involves an extraspective (typically perceptual) judgment, about something in the world as having an emotion-proper property (for example, the judgment that the meat is disgusting), as well as an emotional feeling, which is experienced as reasonable, directed toward that thing (for example, a feeling of disgust at the meat)." (Goldie 2004, 97).

[55] Goldie 2004, 98.

4. Ein originär emotionaler Weltbezug

Goldie hat gegenüber Nussbaum damit Folgendes zu bieten: Erstens spricht er dem emotionalen Fühlen selbst Intentionalität zu. Zweitens bezieht er die körperlichen Aspekte von Gefühlen mit ein. Auch wenn er sie als keine absolut notwendigen Momente von Gefühlen ansieht, können sie doch, wenn sie auftauchen, als wesentlich für das Gefühl erläutert werden und nicht nur als kontingente Nebenereignisse. Damit bildet er eine echte Gegenposition zu Nussbaum, anders als die Position, die sich Nussbaum selbst als Gegner ausdenkt. Goldie konzipiert Fühlen nicht als beliebige Bewegungen, die den Menschen grund- und ziellos hin und her werfen. Er nimmt Gefühle als eigene intentionale Größe ernst und sieht sich keineswegs gezwungen, sie auf eine der sonst philosophisch geläufigen Arten von Einstellungen zurückzuführen.[56] Gleichzeitig trägt er auch dem Umstand Rechnung, der Nussbaum überhaupt zu ihrer Konzeption geführt hatte, nämlich der in mancher Hinsicht engen Verbindung zwischen Überzeugungen und Gefühlen. Dass bestimmte emotionale Erfahrungen meist gleichzeitig mit bestimmten Urteilen auftauchen, heißt nicht, dass es sich um dasselbe handelt, noch dass auch nur eine notwendige Beziehung zwischen ihnen vorliegen muss. Er lässt beide Elemente in ihrer Unterschiedlichkeit bestehen. Es sprich für Goldie, dass Nussbaums Phänomenbeschreibungen besser zu seiner Begrifflichkeit passen als zu ihrer eigenen. So beschreibt sie einige Male Fühlen selbst als intentional. Besonders auffällig ist es, dass sie in einem Beispiel sogar vom körperlichen Fühlen so redet: „I have the strong bodily feeling that I am driving east when I am on my way home."[57] Schließlich spricht sie sogar selbst ausdrücklich von „feelings which a rich intentional content – feelings of the emptiness of one's life without a certain person, feelings of unhappy love for that person, and so forth."[58]

Dazu passt, dass sie bei der Auflistung der Intentionalitätsaspekte von Gefühlen einschränkend bemerkt, dass neben der allgemeinen Objektgerichtetheit das „Sehen als" (und der Wertaspekt) für das Gefühl ausreichend sei. Ausdrückliche Überzeugungen über Person oder Sachverhalt seien nicht immer nötig – sonst hätte man das Problem der Zuschreibung von Gefühlen bei Tieren und Kleinkindern, und außerdem das der ästhetischen Gefühle. Genau dieses „Sehen als" kann man auch ohne den Urteilsbegriff erläutern und im „Fühlen" unterbringen: in dem von ihr selbst so bezeichnetem Fühlen mit intentionalem Gehalt. Nussbaum kommt zu einer anderen Theorie, weil sie das Verhältnis eigenartigerweise umdreht: Solch Fühlen sei gar kein Fühlen, sondern nur

---

[56] „The notion of having feeling toward things in the world may seem to be a puzzling one: it is not a familiar sort of 'attitude' in the philosopher's armory, unlike, for example, perception, belief, desire, memory, or imagination." (Goldie 2004, 97).

[57] Nussbaum 2001, 36.

[58] Ebd. 60.

eine „terminologische Variante" von Wahrnehmung oder Urteilen.[59] Für diese Verkehrung sehe ich keinen Grund.

Einig sind sich Nussbaum und Goldie darin, dass die Intentionalität von Gefühlen als eine Art von Kognition beschrieben werden kann, wenn darunter ganz allgemein eine Weise gemeint ist, auf die wir uns etwas von der Welt erschließen können. Gefühle sind keine Empfindungen wie Sinneseindrücke und Körperwahrnehmungen. Ihre phänomenalen Grenzen sind nicht die Grenzen unseres Körpers, wir stehen über sie in einem komplexeren informativen Bezug zur Welt. Doch deshalb muss man nicht wie Nussbaum Gefühle als Urteile konzipieren. Wenn man „Fühlen" wie Goldie als eigenständig intentional expliziert, eröffnet man die Möglichkeit, weiter auszuführen, wie man über Gefühle originär, nicht vermittelt über dazugehörige Urteile, etwas von der Welt erfasst:[60] In Gefühlen können wir uns das je individuell persönlich Wertvolle von Tatsachen in der Welt erschließen.

Ich fühle nicht die Trauer, auch nicht die Tatsache des Todes, sondern die Bedeutung des Verlustes einer Person für mich.

Literatur

Brentano, Franz (1924, zuerst 1874), *Psychologie vom empirischen Standpunkt* Bd. 1, Leipzig.
Demmerling, Christoph/Hilge Landweer (2007), *Philosophie der Gefühle. Von Achtung bis Zorn*, Stuttgart.
Evans, Gareth (1982), *The Varieties of Reference*, Oxford.
Goldie, Peter (2000), *The Emotions. A Philosophical Exploration*, Oxford.
Goldie, Peter (2004), „Emotion, Feeling, and Knowledge of the World", in R. Solomon (Hg.), *Thinking about Feeling. Contemporary Philosophers on the Emotions*, Oxford, 91-106.
Honderich, Ted (Hg.) (1995), *The Oxford Companion to Philosophy*, Oxford.
James, William (1884), „What is an emotion?", in *Mind* 19, 188-204.
Kenny, Anthony (1963), *Action, Emotion and Will*, London.
Landweer, Hilge (2004), „Phänomenologie und die Grenzen des Kognitivismus. Gefühle in der Philosophie", in *Deutsche Zeitschrift für Philosophie* 52 (3), 467-486.
Nussbaum, Martha (2001), *Upheavals of Thought. The Intelligence of Emotions*, Cambridge.

---

[59] „[T]he word 'feeling' now [d. h., wenn man es auf eben erläuterte Weise als 'rich intentional feeling' verwendet] does not contrast with our cognitive words 'perception' and 'judgment', it is merely a terminological variant of them. And we have already said that the judgment itself has many of the kinetic properties that the 'feeling' is presumably intended to explain." (Ebd.).

[60] Goldie in diesem Sinn: „[W]hen we have an emotion, we are *engaged with the world*, grasping what is going on in the world, and responding accordingly." (Goldie 2000, 48).

Nussbaum, Martha (2004), „Emotions as Judgments of Value and Importance", in Robert C. Solomon (Hg.), *Thinking about Feeling. Contemporary Philosophers on the Emotions*, Oxford, 183-199.

Scheler, Max (1916), *Der Formalismus in der Ethik und die materiale Wertethik*, Halle an der Saale.

Solomon, Robert C. (1993), *The Passions. Emotion and the Meaning of Life*, Indianapolis.

Solomon, Robert C. (Hg.) (2004), *Thinking about Feeling. Contemporary Philosophers on the Emotions*, Oxford.

Sousa, Ronald de(1997), *Die Rationalität des Gefühls*, Frankfurt a. M.

3. Intersubjektivität der Gefühle

GÜNTER BURKART

Distinktionsgefühle

Gefühle gelten für gewöhnlich als privat und individuell. Damit gehören sie einem der Gegenstandsbereiche der sozialen Welt an, von denen sich die Soziologie seit ihren Anfängen herausgefordert fühlte. Ihr französischer Begründer, Émile Durkheim, wählte für den Nachweis der Erklärungskraft der noch nicht etablierten Disziplin ein Phänomen, das dafür alles andere als geeignet schien: den Suizid. Doch Durkheim konnte zeigen, dass der Selbstmord eine „soziale Tatsache" ist, und damit genauso wie zum Beispiel Arbeitsteilung oder Religion nicht auf eine psychologische oder individuelle Ebene reduzierbar. Ähnlich sollte es auch mit den Gefühlen sein. Unumstritten ist zunächst wohl, dass es Gefühle gibt, die in besonderer Weise *soziale* Gefühle sind, weil sie soziale Situationen und Beziehungen strukturieren. So entsteht zum Beispiel Solidarität auf der Grundlage von Zusammengehörigkeitsgefühlen, die sich in der Gruppe bilden und ohne die soziale Integration kaum möglich ist. Scham kann als Sanktionsverstärker bei einer Normverletzung, Neid als Konkurrenzregulator wirksam werden. Soziale Gefühle dienen als Basis von Sozialität und Normativität, als Sanktions- und Machttechnik.

Im Folgenden geht es um eine spezielle Sorte sozialer Gefühle, die bevorzugt im Zusammenhang mit Verhältnissen von sozialer Ungleichheit, Macht und Herrschaft auftreten können. Solche Verhältnisse, so die These, sind auf eine emotionale Fundierung durch *Distinktionsgefühle* angewiesen und damit auch wirkungsvoller ‚legitimiert'. Gefühle der Über- und Unterlegenheit, zum Beispiel Stolz und Scham, Verachtung und Neid, treten besonders in modernen Konkurrenzgesellschaften auf. Hinter dieser Annahme steht die allgemeinere Vorstellung, dass Gefühle eine wichtige Basis von Sozialität darstellen. Dies wird erst neuerdings in der Soziologie wieder stärker anerkannt und berücksichtigt. Deshalb geht der Text zunächst kurz auf allgemeine emotionssoziologische Grundlagen ein (1.), bevor dann im zweiten Abschnitt Distinktionsgefühle erörtert werden. An zwei Beispielen werden ihre Besonderheiten genauer diskutiert. Zunächst geht es um Scham als Unterwerfungspraxis und Beschämungsstrategien als Machtmittel (3.). Dann wird das Distinktionsgefühl Neid in zwei Ausprägungen genauer betrachtet, als Missgunst und als Bewunderungsneid (4.). Der Beitrag schließt mit Überlegungen zur sozialen Funktion von Distinktionsgefühlen (5.).

1. Soziale Gefühle: Die affektive Basis von Sozialität

Die Einsicht, dass die Stabilität gesellschaftlicher Strukturen eine affektive Basis hat, ist nicht ganz neu. Als ihr historischer Ausgangspunkt kann die soziologisch-ethnologische Ritualtheorie im Anschluss an Durkheim angesehen werden.[1] Hier wird das – ursprünglich elementar-religiöse – Ritual als Grundform von Sozialität überhaupt gefasst, indem durch Kollektivgefühle Bindungen entstehen und damit soziale Integration. Kollektivgefühle – etwa Ehrfurcht gegenüber dem Totem, gegenüber allem, was „heilig" ist –, die im Ritual erzeugt, verstärkt und stabilisiert werden, sind die motivierende Grundlage für die Mitglieder, sich an der Gemeinschaft zu beteiligen. Komplementär zu den Bindungsgefühlen gibt es Abgrenzungsgefühle gegenüber inneren und äußeren Feinden – von der Furcht über Verachtung und Hass bis zum Vernichtungswunsch.

Die Ritualtheorie wurde am Modell einfacher Gesellschaften entwickelt. Für die Soziologie galt daher von Anfang an die Vermutung, dass diese affektiv basierte Integration verloren geht, wenn die Gesellschaft, wie es für die Moderne als charakteristisch gilt, immer weniger dem Prinzip der „*Vergemeinschaftung*" folgt, sondern mehr dem der „*Vergesellschaftung*", das heißt, sich auf Institutionen, Märkte und formale Regelzusammenhänge stützt. Tatsächlich hat die Soziologie sich zunehmend auf die Analyse dieser *gesellschaftlichen* Strukturen und der sie begleitenden *Rationalisierungsprozesse* konzentriert, und dies hat dazu geführt, Emotionen zunehmend zu vernachlässigen. Sie wurden aus der Analyse bestimmter Bereiche (zum Beispiel Arbeit, Wissenschaft, Recht) fast vollständig ausgeklammert. Nur noch für das Privatleben wurde ihnen eine gewisse Bedeutung zugemessen.

Die Theorie von Talcott Parsons stellt eine gewisse Ausnahme von dieser soziologischen Emotionsabstinenz dar, auch wenn das in der Rezeptionsgeschichte kaum noch sichtbar ist, durch die Parsons eher zum systemtheoretischen Technokraten abgestempelt wurde. Tatsächlich aber hat er sich von Anfang an gegen den ökonomistischen Rationalismus in der Sozialtheorie gewendet. Er suchte nach Gemeinschaftsformen in der modernen Gesellschaft, entwarf eine auf die Psychoanalyse gestützte Sozialisationstheorie, betonte neben der rationalen die expressive Dimension der Kultur ebenso wie die affektive Dimension der Handlungsorientierung der Akteure. Insgesamt hielt er die zentrale Bedeutung der Affektivität für die Integration der Gesellschaft durch alle Theorie-Phasen hindurch aufrecht. Am Ende entwickelte er den Gedanken, dass auch die moderne Gesellschaft weiterhin über Affektivität integriert wird, die den Rationalismus

---

[1] Siehe hierzu die Arbeiten von Durkheim 1981a und b (frz. zuerst 1897 und 1911); Radcliffe-Brown 1977; Langer 1969, zuerst 1942; Douglas 1974 und Collins 1988.

in Schach hält und den Individualismus sozial verträglich macht. Gefühle werden dabei jedoch nicht mehr als Eigenschaften des Individuums oder Eigenheiten der Psyche betrachtet, die durch Sozialisationsprozesse in der Persönlichkeit mehr oder weniger fixiert sind. Vielmehr begriff Parsons die Affektivität als ein *zirkulierendes, generalisiertes Tauschmedium* nach dem Muster des Geldes.[2] Als *Medium* sind Gefühle soziale Tatsachen in einem strikten Sinn, das heißt, sie sind nicht auf individuelle psychische Eigenschaften reduzierbar, sondern sind in ihrer Entstehung, Ausformung und Funktion auf Interaktionen, soziale Situationen und kulturelle Ressourcen angewiesen.

Parsons' Arbeiten sind nicht ganz folgenlos geblieben. Seit etwa 1970 hat sich aus dem verstärkten Bemühen, der Vernachlässigung der Gefühlsbasis von Sozialität entgegenzuarbeiten, als neues Forschungsgebiet eine Soziologie der Emotionen etabliert.[3] Sie befasst sich mit der sozio-kulturellen Einbettung von Gefühlen und mit den Wechselwirkungen zwischen den Sphären des Sozio-Kulturellen und des Emotionalen. Dabei lassen sich grundsätzlich drei Forschungsrichtungen unterscheiden.

Eine erste Perspektive bezieht sich auf die sozio-kulturelle *Emergenz* von Emotionen. Man konzentriert sich auf die Frage, wie bestimmte Gefühle bevorzugt unter bestimmten sozialen und kulturellen *Bedingungen* entstehen, etwa im Kontext von Macht- und Statusstrukturen.[4] Wer zum Beispiel Machtverlust erleidet, wird von Frustrationsgefühlen erfasst. Soziale Unterdrückung kann zu Gefühlen der Empörung führen, Konkurrenz kann Neid erzeugen, das Leistungsprinzip kann bei Versagen Scham hervorrufen, der Individualismus ist eine mögliche Voraussetzung für die Entstehung von Schuldgefühlen, weil er die individuelle Zuschreibung von Verantwortung forciert.

In einer dazu komplementären Perspektive geht es zweitens um die *Rückwirkung* von Gefühlen auf soziale Strukturen, und damit auch um die *Konstruktion sozialer Wirklichkeit durch Emotionen*. Ein klassisches Beispiel war die Untersuchung von Max Weber zur Protestantischen Ethik. Weber konnte zeigen, dass Gefühle der Einsamkeit und der Angst vor der Verdammnis bei Calvinisten und Puritanern den Erfolg des Kapitalismus begünstigt haben, weil sie – über den Umweg der religiösen Erlösungsproblematik – eine diesseitige Strebsamkeit und Leistungsmotivation förderten.[5]

Eine dritte, eher kultursoziologisch angelegte Forschungsrichtung interessiert sich für die Analyse von Gefühlskulturen. Hier geht es um die kulturelle Strukturierung, Rahmung und Codierung von Emotionen. Gefühle entstehen in Interaktionen und Austauschprozessen zwischen Individuen auf der Grundlage von kulturellen Skripts und Codes, die auch als ‚Anleitungen' zum angemessenen Gefühlsausdruck betrachtet werden können. Individuen handeln unter Beachtung von *Gefühlsnormen*, die Hinweise darüber vermitteln, in welchen Situationen bestimmte Gefühle zum Ausdruck gebracht werden sollten. Wichtig waren hier vor allem die Arbeiten von Arlie R. Hochschild. Sie

---

[2] Vgl. dazu Parsons/Platt 1973, ferner Wenzel 2002 und Staubmann 1995.
[3] Flam 2002, Turner 2005.
[4] Kemper 1978, Katz 1999.
[5] Weber 1972 (zuerst 1904/05).

hat zum Beispiel in einer Studie über Stewardessen gezeigt, wie in deren Arbeitsalltag emotionale Zuwendung eingesetzt wird.[6] Der Begriff der Gefühlsnorm unterstellt keinen Kulturdeterminismus, Gefühlscodes werden nicht automatisch angewandt. Im Gegenteil: die Subjekte ringen sozusagen mit ihnen. In Situationen der wahrgenommenen Diskrepanz zwischen kulturellen Erwartungen eines bestimmten Gefühlsausdrucks und dem eigenen Empfinden kommt die *Gefühlsarbeit* (*emotional work*) zum Tragen. Akteure versuchen dann, entweder das erwünschte Gefühl tatsächlich zu fühlen (*deep acting*) oder wenigstens eine entsprechende Fassade (*surface acting*) aufzubauen.

Solange Gefühle als psychische Entitäten von Individuen angesehen werden, beschränkt sich der soziologische Beitrag darauf, soziale Rahmen- und Ausgangsbedingungen für Gefühle zu untersuchen. Anders ist es, wenn Gefühlskulturen, Kollektivgefühle oder Mentalitäten in den Blick geraten. Es ist dann nicht mehr sinnvoll, Gefühle als vom kulturellen Kontext isolierte Eigenschaften oder „innere" Zustände der Subjekte anzusehen, die durch kulturelle oder soziale Strukturen erzeugt werden. Gefühle, so könnte man stattdessen sagen, existieren überhaupt nur als kulturelle Phänomene. Sie sind Bestandteil und Ausdruck von Kultur, auch wenn natürlich alle Gefühle ihre Entsprechung auf der individuellen Ebene des Erlebens haben.[7]

Die drei genannten Perspektiven schließen sich nicht aus, ihre Elemente lassen sich auch kombinieren. In den folgenden Überlegungen zu Scham und Neid als Distinktionsgefühlen sollen einige Wechselwirkungen zwischen sozialen Rahmenbedingungen, dem Vorkommen dieser Gefühle sowie deren kultureller Formung aufgezeigt werden. Zu den sozialen Rahmenbedingungen, die dabei eine besondere Rolle spielen, gehören Macht- und Herrschaftsbeziehungen. Im nächsten Schritt geht es deshalb um die Frage, welche Gefühle im Kontext von sozialer Ungleichheit entstehen. Auch die Legitimation von sozialer Ungleichheit, so die Grundannahme, stützt sich auf eine affektive Basis. Mit der Ungleichheit kommen Konflikt und Kampf ins Spiel, und die harmonische Vorstellung einer affekt-basierten Integration durch Solidarität, wie etwa in der Ritualtheorie, wird ersetzt durch Kampfbegriffe, aus denen die Gefühlsdimension nicht zu eliminieren ist. Es geht um symbolische Kämpfe um Anerkennung und Ehre, um die Behauptung und Bekämpfung von Privilegien, um Klassifikation und Distinktion.

2. Die affektive Grundierung sozialer Distinktion

Ein Sozialtheoretiker, der konsequent an der Bedeutsamkeit von Ungleichheit festhielt, war Pierre Bourdieu. Bourdieu, der seine wissenschaftliche Laufbahn als Ethnologe in Algerien und damit in einer Traditionslinie der Ritualtheorie begann, baute seine Theo-

---

[6] Hochschild 1990. Einige ihrer gefühlstheoretischen Schriften sind gesammelt in Hochschild 2003.
[7] Bei allen gravierenden Unterschieden ergibt sich hier doch eine überraschende Nähe zu Hermann Schmitz' Konzeption von Gefühlen als Atmosphären: Beide Ansätze entpsychologisieren die Gefühle.

rie auf Begriffe wie *Habitus* und *Praxis* auf, die darauf angelegt sind, klassische Trennungen wie Geist/Körper oder Rationalität/Emotionalität zu überwinden.[8] So hat etwa der Habitusbegriff eine starke leibliche Komponente, durch die er sich von anderen sozialisationstheoretischen Begriffen, die häufig eine kognitivistische Schlagseite haben, deutlich unterscheidet. Man könnte daher meinen, dass damit auch der affektiven Dimension des Handelns und der Kultur Geltung verschafft wäre. Zumindest explizit aber bleibt Bourdieu gegenüber den Emotionen, Stimmungen und Gefühlen eigentümlich sprachlos. Sein Habitusbegriff wird gewöhnlich definiert als inkorporiertes Dispositionssystem von Wahrnehmungs-, Denk- und Handlungsschemata, und die entsprechenden Analysen konzentrieren sich auf unterschiedliche Zugangschancen verschiedener Habitusgruppen zu sozialen Ressourcen.

Etwas näher an die affektive Dimension kommt die Kategorie des *Geschmacks*, die Bourdieu in seinem empirisch-theoretischen Hauptwerk in die Sozialtheorie eingeführt hat.[9] Der Geschmack ist eine Grundhaltung, eine Disposition zu ästhetischen und ethischen Urteilen, die jedoch selten die Form propositionaler Urteile annehmen, sondern eher als unreflektierte Vorlieben oder Abneigungen zum Ausdruck kommen. Man mag etwas oder man mag es nicht. Über Geschmack lässt sich nicht streiten, heißt es, und diese Überzeugung naturalisiert ihn. Als *Klassengeschmack* im Kontext von sozialer Ungleichheit bündelt er ganz unterschiedliche Neigungen und Vorlieben: von Ess- und Trinkgewohnheiten über Sportarten und Kleidungsstile, Musik- und Kunstkonsum bis hin zu einem *distinktiven Lebensstil*. Bourdieu unterschied, empirisch bezogen auf Frankreich, drei Hauptklassen und entsprechende Geschmacksstile: Den legitimen Geschmack der herrschenden Klasse (Bourgeoisie), der sich zum Beispiel durch die Bevorzugung des Leichten, Feinen und Raffinierten auszeichnet; den mittelmäßigen Geschmack (*goût moyen*) des Kleinbürgertums, der durch Pedanterie, Fleiß und Bemühtheit gekennzeichnet ist; den populären Geschmack der Arbeiterklasse, dem ein Hang zum Bodenständigen und Soliden eigen ist.

Der Geschmack ist nicht nur für die Distinktion wichtig, also die gegenseitige Abgrenzung sozialer Gruppierungen, sondern mehr noch für die Legitimierung von sozialen Unterschieden. Wer über den *guten Geschmack* verfügt – genauer gesagt: über die Definitionsmacht des guten Geschmacks – und damit diesen sich selbst zuschreibt (bzw. der Gruppe, der er zugehört), benötigt keine ideologischen oder moralischen Begründungen für seine sozialen Privilegien. Überlegenheit wird zu einer scheinbar natürlichen Grundhaltung, die sich als Urteilssicherheit in ästhetisch-ethischen Fragen und als Selbstgewissheit in praktischer Hinsicht äußert, etwa als Souveränität des Auftretens oder als moralische Gelassenheit.

Der Geschmack übernimmt also die Funktion, die in anderen Theorien der Ideologie zukommt: Herrschaft und Ungleichheit zu legitimieren. Wenn Ungleichheit auf quasi

---

[8] Bourdieu 1976.
[9] *La distinction* (Bourdieu 1979), dt. *Die feinen Unterschiede* (Bourdieu 1982).

natürliche Weise zustande kommt, benötigt sie keine klassischen Legitimationsdiskurse mehr, keine ideologische Auseinandersetzung mit Werten wie Gerechtigkeit oder Leistung. Der bessere Geschmack, auf scheinbar präsoziale Weise erworben, setzt sich durch. Gegen die Natürlichkeit von Differenzen kommt keine politisch korrekte Ideologie („Alle Menschen sind gleich") an.

Bourdieu hat die naheliegenden emotionstheoretischen Implikationen dieser Konzeption nicht ausgearbeitet. Der Klassengeschmack erzeugt eine Haltung der Distinktion und Abgrenzung, aus der sich Kämpfe um die soziale Stellung entwickeln können. Bourdieu spricht von Klassifikationskämpfen, die jedoch selten diskursiv geführt werden, sondern sich auf der Ebene der *Praxis* abspielen. Wir können deshalb im Anschluss an Bourdieu annehmen, dass bei Klassifikationskämpfen *Distinktionsgefühle* ins Spiel kommen, das heißt Gefühle, die der Abgrenzung eine Basismotivation verleihen. Distinktionsgefühle sind Gefühle, die soziale Abgrenzungen als „natürlich" legitimieren helfen, weil sie den Eindruck vermitteln, man stünde auf ganz selbstverständliche Weise an seinem jeweiligen Platz im Statusgefüge der Gesellschaft.

Damit wird auch deutlich, dass „Distinktion" nicht in erster Linie als Abgrenzungs-*Strategie* verstanden werden kann. Es geht im Normalfall nicht um eine bewusste, strategisch eingesetzte Abgrenzung gegenüber anderen, sondern um die lebensweltliche Selbstverständlichkeit der Zugehörigkeit oder Nichtzugehörigkeit zu einem sozialen Milieu oder einem Geschmackstypus. Distinktionsgefühle dienen der affektiven Stabilisierung dieser Grundhaltung und sind insofern eher affektive Dispositionen als akute Gefühle.[10]

Distinktionsgefühle können zwar auch bei einzelnen auftreten; sie sind aber doch typisch für bestimmte Gruppierungen von Menschen. Insofern sind sie Kollektivgefühle. Distinktionsgefühle sind darüber hinaus *relationale* Gefühle; sie sind bezogen auf andere soziale Gruppen bzw. auf das Verhältnis der eigenen Gruppe zu anderen. Deshalb entstehen sie komplementär zueinander auf zwei Seiten, bei Privilegierten und Benachteiligten, bei „Herrschenden" und „Beherrschten". Auf beiden Seiten lassen sich Selbstreferenz und Fremdreferenz unterscheiden, das heißt Gefühle, die auf die eigene Lage bezogen sind wie zum Beispiel Stolz, und Gefühle, die auf andere gerichtet sind, etwa Verachtung. Distinktionsgefühle sind also Gefühle, die durch den Bezug von Gruppen zueinander entstehen und sich dadurch im sozialen Kampf gegenseitig verstärken können: als Verknüpfung zwischen Beschämungsstrategien und Scham, zwischen Verachtung und Verlust der Selbstachtung, zwischen Stolz und Bewunderung.

Die folgenden Überlegungen beziehen sich zunächst nur auf den einfachsten Fall, dass sich zwei Gruppierungen gegenüberstehen, die hier abkürzend als obere und untere bzw. herrschende und beherrschte Klassen bezeichnet werden. Sie lassen sich aber ohne Weiteres auf differenziertere Verhältnisse übertragen, wie etwa in Bourdieus Analyse

---

[10] Vgl. zu dieser Unterscheidung Landweer 1999, 42, 45 sowie Demmerling/Landweer 2007, 25.

mit drei Hauptklassen (und darüber hinaus weiteren „Fraktionen", die sich in ständigen Distinktionskämpfen befinden) oder auf komplexere Klassen- und Milieu-Differenzierungen. Weiterhin wird angenommen, dass die bestehenden sozialen Unterschiede grundsätzlich akzeptiert werden. Damit wird der Fall vernachlässigt, dass die Nichtprivilegierten Gefühle von Empörung und revolutionärem Zorn entwickeln, dass sie statt Unterlegenheitsgefühlen Stolz und Selbstachtung empfinden. Nicht weiter verfolgt wird ferner der psychologisch und soziologisch interessante Fall, dass Distinktionsgefühle zwischen Gleichrangigen entstehen.[11]

Die folgende Übersicht verdeutlicht die Systematisierung der Distinktionsgefühle in zwei mal zwei Dimensionen: Überlegenheits- und Unterlegenheitsgefühle, Selbst- und Fremdreferenz.

Übersicht: Distinktionsgefühle

	Selbstreferenz	**Fremdreferenz**
Überlegenheitsgefühle der oberen Klasse	Selbstachtung Stolz Hochmut	Abneigung Missachtung Verachtung
Unterlegenheitsgefühle der unteren Klasse	Scham Schuldgefühl	Respekt, Achtung Neid und Bewunderung Verehrung, Ehrfurcht

Mit dem legitimen Anspruch, über den guten Geschmack zu verfügen, in dem eine Art Grundstimmung der Weltzufriedenheit zum Ausdruck kommt, können bei den Privilegierten Gefühle der eigenen „Klasse" (im Doppelsinn von Zugehörigkeit und Exzellenz) verbunden sein, das heißt Überlegenheitsgefühle wie Selbstachtung, Stolz und Hochmut. Die Überzeugung, zu den wichtigeren (besseren, wertvolleren) Menschen zu gehören, kann auf explizite Ideologien verzichten, wenn sie sich auf eine emotionale Fundierung stützen kann. Gegenüber den „anderen" (jenen mit dem schlechten, vulgären, minderwertigen oder mittelmäßigen Geschmack) können abwertende Gefühle der Geringschätzung und Abneigung entstehen. Solche Gefühle können von Missachtung und Missbilligung bis zu Verachtung und Ekel reichen und eine Basis für Ressentiment und Rassismus jeglicher Art darstellen (innerhalb des eigenen kulturellen Kontextes als „Klassen-Rassismus"). Diese Gefühle der Abneigung stützen und legitimieren die Haltung, den anderen Achtung und Anerkennung als Gleichwertige zu verweigern.

Hier lassen sich historisch und kulturell unterschiedliche Ausprägungen finden. Es kann sich durchaus um Distinktions*strategien* handeln, wie etwa bei der inszenierten Arroganz von „Neureichen". Thorstein Veblen sprach von *conspicuous consumption*,

---

[11] Zum Beispiel könnte bei beruflich konkurrierenden Eheleuten der Mann auf die Frau stolz sein und sie gleichzeitig (ein wenig) beneiden.

einem demonstrativ luxuriösen, verschwenderischen Lebensstil, der den „Neid der Besitzlosen" provoziert.[12] Die Distinktion kann sich auch als Nichtbeachtung der anderen darstellen, wie etwa das Beispiel des Adels zeigt, dem das Dienstpersonal oft gleichgültig war, weil es gar nicht als der Kategorie Mensch zugehörig erschien. Angehörige des Adels mussten sich daher weder abgrenzen, noch Missachtung oder gar Verachtung zeigen, es genügte gleichgültiges ‚Übersehen'.[13] Und vom klassischen Bürgertum können wir annehmen, dass es souverän genug war, das einfache Volk nicht zu verachten oder geringzuschätzen, jedenfalls nicht bewusst, weil es sich ideologisch auf Menschenrechte und Gleichheit festgelegt hatte.

Auf der anderen Seite, bei den Unterlegenen, können in Situationen der Benachteiligung Gefühle der Minderwertigkeit, Gehemmtheit und Geschmacksunsicherheit aufkommen, die sich zu Scham- und Schuldgefühlen verdichten können.[14] Schuldgefühle sind besonders im Zusammenhang mit der individualistischen Leistungsideologie zu erwarten. Das Bildungssystem verspricht Chancengleichheit und damit Erfolg für die Fleissigen. Wer es trotzdem nicht schafft, ist selber schuld. Schamgefühle können etwa in Situationen des versuchten sozialen Aufstiegs entstehen, in prüfungsähnlichen Situationen, wo sich zeigt, ob man bereits über ausreichend guten Geschmack verfügt oder aber „ins Fettnäpfchen" tritt.

Bezogen auf die anderen (Fremdreferenz nach oben) können Unterlegenheitsgefühle unterschiedliche Ausprägungen annehmen. Während in der Perspektive der Selbstreferenz eher die *eigene* Unterlegenheit gespürt wird, orientieren sich die fremdreferentiellen Gefühle an der Überlegenheit der anderen. Diese Gefühle können sich in zwei Richtungen ausdifferenzieren. Sie können als Respekt und Bewunderung, aber auch als Neid und Missgunst in Erscheinung treten. Letztere können sich weiter steigern zu Aggressionsgefühlen (Ärger, Wut, Empörung), die als affektive Basis für Widerstand und Veränderungswille dienen können. Gefühle wie Respekt und Achtung, bis hin zu Bewunderung und Verehrung, können die Asymmetrie zwischen Herrschenden und Beherrschten affektiv legitimieren.[15]

---

[12] Veblen 1986 (amerik. zuerst 1899). – Veblen beobachtete außerdem bereits das Muster, dass Oberschichten ihre Gewohnheiten ändern, sobald diese vom einfachen Volk imitiert werden.

[13] Die Nichtprivilegierten müssten sich dementsprechend durch die Ignoranz auch nicht notwendig missachtet fühlen. Aber diese Art von Gleichgültigkeit kann seitens der Privilegierten selbstverständlich auch eine Steigerung von Verachtung darstellen.

[14] Bei Bourdieu betrifft dies in erster Linie die Kleinbürger (die er selbst eher verachtete, wie die Theoriesprache verrät), die sich selbst klein machen und sich nach oben orientieren – und dabei doch spüren, es nie ganz zu schaffen. Sie verfügen nicht über den legitimen Geschmack. Etwas komplexer ist die Situation bei der Arbeiterklasse, der Bourdieu eine gewisse Geschmacks-Autonomie zugesteht. Doch auch sie orientieren sich letztlich am legitimen Geschmack der Bourgeoisie.

[15] Eine in der Psychoanalyse entwickelte besondere Variante ist die „Identifikation mit dem Aggressor".

3. Scham und Macht

In allgemeiner Hinsicht wird Scham häufig als Sanktionsmodus bei Normverletzung definiert. Wer gegen eine Norm verstößt, sieht sich unter Umständen einer sanktionierenden Beschämungsstrategie ausgesetzt.[16] Scham kann außerdem bei jemandem auftreten, der einem idealen Selbstbild nicht gerecht wird. Scham auslösend ist vor allem die unmittelbare Erfahrung von Unterlegenheit in öffentlichen Situationen, ihre Sichtbarkeit unter den Blicken anderer, wie etwa beim Sport, wo sie die Form der Niederlage im öffentlichen Wettkampf annimmt. Auch in anderen gesellschaftlichen Bereichen kann von Niederlagen gesprochen werden; sie sind ein Scheitern beim Versuch, unter Konkurrenzbedingungen besser als andere zu sein. Allerdings sind soziale Wettbewerbssituationen selten so klar strukturiert wie im Sport, wo das öffentliche Duell zweier Kämpfer den Prototyp abgibt.[17]

Unterlegenheit allein oder eine Niederlage sind noch keine hinreichenden Schamauslöser. Eine als gottgegeben oder natur-/ schicksalhaft hingenommene Benachteiligung, wie sie in traditional-hierarchischen Gesellschaften der Normalfall ist, wird kaum ein Schamgefühl evozieren. *Von vornherein und immer schon* unterlegen zu sein ist keine Erfahrung des Scheiterns, keine Form der Niederlage. Zu einer solchen wird sie erst unter bestimmten gesellschaftlichen Bedingungen, etwa, wenn sie das Ergebnis eines sozialen Kampfes ist, in dessen Verlauf man versucht, den Zustand der Unterlegenheit zu überwinden.

Das kann zum Beispiel der Versuch des sozialen Aufstiegs sein. Dabei geht es häufig um prüfungsähnliche Situationen, wo entschieden wird, ob man „nach oben" kommen darf. Beschämung ist eine Machttechnik der Prüfungsberechtigten, der Überlegenen. Der Aufstiegswillige kann mit Macht- und Degradierungspraktiken konfrontiert sein, die den Aufstieg verhindern sollen. Die überlegene Autorität hat die Macht, das Scheitern zu definieren, sie arbeitet mit dem Mittel der Beschämung: „Das haben Sie leider nicht geschafft. Das reicht nicht zur Beförderung. Ihre Leistungen sind unzureichend."[18] Es kann dann eine Strategie der Schamvermeidung sein, sich mit seiner bescheidenen sozialen Lage zufrieden zu geben.

Eine zweite Bedingung, bei der Unterlegenheit als Scham evozierendes Scheitern wahrgenommen werden kann, ist die Geltung einer individualistischen Leistungs- und Begabungsideologie. Von einer solchen *Ideologie* ist hier die Rede im Sinne einer Be-

---

[16] Vgl. dazu Elster 1999, Neckel 1991, Landweer 1999.

[17] Ich habe diese Problematik an anderer Stelle am Beispiel der Niederlage im Sport, besonders der Knockout-Niederlage des Boxers, ausführlicher erörtert (Burkart 2006). Einige der Formulierungen des folgenden Abschnitts sind jener Publikation entnommen.

[18] Wenn von hoher sozialer Mobilität und hoher Durchlässigkeit der Sozialhierarchie in modernen Gesellschaften die Rede ist, wird häufig vergessen, dass die Mobilitätsprozesse überwacht werden: Sozialer Aufstieg ist im Regelfall nur möglich durch Leistungsnachweise im Bildungssystem. – Zur Situation der Scham beim versuchten Statuswechsel siehe auch Landweer 1999, 90f.

hauptung eines positiven Zusammenhangs zwischen individueller Anstrengung und sozialem Erfolg, die zwar empirisch falsch oder zumindest fragwürdig sein kann, aber die Funktion erfüllt, Ungleichheit und Herrschaft zu legitimieren: Indem man an die genannte Behauptung glaubt, akzeptiert man Ungleichheit als gerechtfertigt. Die individualistische Ideologie suggeriert: Jeder kann nach oben kommen, jeder kann ein Sieger sein. Unterlegenheit wird dann als das Ergebnis des eigenen Scheiterns erkannt, die soziale Niederlage ist selbst zu verantworten. Wenn der Individualitätsglaube als allgemeine Zuschreibungsformel von Erfolg gilt, dann muss, wer scheitert, mit Schamgefühlen rechnen.[19]

Ähnliches gilt auch für Verhältnisse von nur geringfügiger struktureller Ungleichheit, wo, zumindest offiziell, Chancengleichheit des Zugangs zu den Erfolgsressourcen gegeben ist. Wer dann scheitert, hat erst recht Grund, die Ursachen bei sich selbst zu suchen. Jedes Scheitern kann dann beschämend sein. Allerdings kann die Erfahrung, trotz Anstrengung und Leistungsbereitschaft nicht den gewünschten (oder versprochenen) Erfolg zu bekommen, unter Umständen auch zu Empörung, Wut und Aufstand führen. Ob man sich schämt, hängt also von der Sozialstruktur und ihrer Kultur ab, also von strukturellen Hierarchien und Ungleichheiten sowie deren Legitimationsmustern.

Eine weitere Bedingung für das Auftreten von Scham in Situationen sozialer Ungleichheit ist das Vorhandensein einer Beschämungsautorität. Vor allem in öffentlichen Situationen des sozialen Kampfes kann entscheidend sein, ob es eine Instanz gibt, die mit Macht-Techniken des Beschämens wie Spott oder Degradierung wirksam werden kann. Beschämung heißt nicht nur, dass die beschämte Person das Urteil übernimmt, sondern auch, dass sie der Urteilsinstanz diese Autorität zuerkennt.

Wer verfügt über die Definitionsmacht für das Scheitern und die Macht zur Beschämung? In Situationen des sozialen Aufstiegs sind es, wie schon erwähnt, die Prüfungsberechtigten im Bildungs- und Berufssystem, die Auswahlkommissionen und Prüfungsausschüsse. In der Arbeitswelt des „neuen Kapitalismus"[20], wo klare Hierarchien zugunsten komplexer Netzwerke zurückgedrängt wurden, können einflussreiche Kollegen, die als *networker* erfolgreich sind, diese Funktion übernehmen. Auch der amerikanische Soziologe Richard Sennett hatte in seiner Untersuchung über *Autorität* und Beschämung als Macht-Technik[21] nicht eine hierarchische Sozialstruktur alter Prägung im Blick, sondern eine Gesellschaft, in der die funktionale Autorität von anerkannten Experten und Professionellen vorherrscht, die mittels überlegenen Wissens andere beschämen können.

---

[19] Gerade das Kleinbürgertum bemüht sich im Bildungssystem, die vorgegebenen Erwartungen zu erfüllen, ist dadurch aber leichter das Opfer von Beschämungsstrategien (Bourdieu 1982).

[20] Boltanski/Chiapello 2003.

[21] Sennett 1985. – Der ursprüngliche soziologische *Herrschaftsbegriff*, wie in Max Weber entwickelte, wurde im Amerikanischen manchmal als *authority* übersetzt und erschien dann im Deutschen als *Autorität*. In beiden Begriffen – jeweils in Abgrenzung zum Machtbegriff – steckt der Glaube der Beherrschten oder Folgebereiten an die Überlegenheit der Autoritätsinhaber.

Soweit Öffentlichkeit über die Medien zustande kommt, verfügen auch Journalisten über die Macht, Scheitern und Niederlagen festzustellen und in Kommentaren Meinungen zu bilden, die eine komplexe Moralität der Beschämung aufbauen können. So können sie etwa bei Bestechungs- oder Bereicherungsskandalen, in die Politiker oder Wirtschaftsbosse verstrickt sind, einen öffentlichen Druck erzeugen, der diese zum Rückzug zwingt, wenn sie sich einer öffentlichen Beschämung entziehen wollen.

4. Neid und Bewunderung

In Grimms Wörterbuch wird Neid als „gehässige und innerlich quälende Gesinnung" bestimmt, als „das Mißvergnügen, mit dem man die Wohlfahrt und die Vorzüge anderer wahrnimmt, sie ihnen mißgönnt mit dem meist hinzutretenden Wunsche, sie vernichten oder selbst besitzen zu wollen." Neid ist ein Beziehungsgefühl, das heißt, es tritt nur im Kontext von bestimmten sozialen Beziehungen auf, wo Individuen oder Gruppen sich vergleichen können und dabei der Eindruck von unverdienten oder ungerechtfertigten Vor- und Nachteilen entsteht.

Wir können dahingestellt sein lassen, ob Neid universell ist bzw. eine anthropologische Konstante. Neid wird hier als Distinktionsgefühl behandelt, als Gefühl der Benachteiligten in der sozialen Hierarchie. Die Grundbedingung seiner Entstehung ist, dass eine bestimmte Verteilung von Ressourcen – materielle Güter, symbolische Güter wie Ehre und Prestige, Qualitäten wie Schönheit oder bestimmte Tugenden – von den Nichtbesitzenden als ungleich und ungerecht wahrgenommen wird, und zwar vor dem Hintergrund einer Idee von sozialer Gleichheit oder Gerechtigkeit. Neid auf andere, die mehr besitzen, entsteht erst, wenn es einen sozial begründeten Anspruch gibt, genauso viel zu besitzen oder dieselben Privilegien zu bekommen. Neid entsteht leichter, je mehr die wahrgenommene Ungleichheit als sozial ungerecht – im Sinne von „unverdient" – empfunden wird, nicht bloß als Schicksal oder als naturgegeben hingenommen wird.

Wesentlich ist der Vergleich – erst in der vergleichenden Perspektive kann sich Neid „im Vollsinn" einstellen.[22] Neid scheint außerdem leichter zu entstehen, wenn die Unterschiede zwischen Besitzenden (Beneideten) und Nichtbesitzenden (Neidern) nicht allzu groß sind: Götter beneidet man nicht. Auch der Sklave war vermutlich nicht neidisch auf seinen Herrn. Offene Gesellschaften mit kleinen Unterschieden sind anfälliger für Neid. Zumindest die *Möglichkeit* der Gleichheit muss gegeben sein, damit Neid entsteht.

Deshalb gewinnt Neid an Bedeutung in Gesellschaften mit ausgeprägtem Individualismus, Konkurrenz- und Wettbewerbsprinzip, Leistungs- und Gleichheitsidee, also in modernen Gesellschaften, die (seit dem 18. Jahrhundert) in einer Spannung leben zwischen Gleichheitsidee und faktischer Ungleichheit, die trotz aller Bemühungen bisher nicht zu beseitigen war. Neid wird in der politischen Philosophie daher im Kontext der

---

[22] Demmerling/Landweer 2007, Kap. „Neid und Eifersucht", 197.

Analyse von sozialer Gerechtigkeit und damit im Spannungsfeld von Liberalismus und Sozialismus/Egalitarismus diskutiert. Zwei Grundideen der weitverzweigten Diskussion lassen sich unterscheiden. Die eine ist, dass Neid gewissermaßen ein Produkt der Gleichheitsidee ist. Die moderne, individualistische Gesellschaft fördert den Vergleich und dieser macht Unterschiede sichtbar. Das wiederum stärkt die Gerechtigkeits- und Gleichheitsidee, und diese wird schließlich zu einer wesentlichen Basis für die Entstehung von Neid. Man glaube, so etwa Kersting, mit der Gleichheit den Neid zu bannen – und schüre ihn doch so erst recht.[23]

Die zweite Vorstellung geht umgekehrt von einer grundlegenden Neiddisposition aus, mit der in einer Gesellschaft des Vergleichs die Gleichheitsidee forciert wird. In einer Variante, die an Nietzsche anschließt, geht es dabei um den Neid derer, die wegen ihrer eigenen Mittelmäßigkeit einen Gleichheitsanspruch entwickeln.[24] Neid hat in dieser Perspektive somit erst die Idee der sozialen Gleichheit hervorgebracht, und der egalitaristisch motivierte „Sozialneid" verlangt vom Sozialstaat einen beständigen Ausgleich von Ungleichheiten. Neid als Produkt der Gleichheitsidee oder umgekehrt - in beiden Fällen werden die Ideen der Gleichheit und der Gerechtigkeit diskreditiert und für die Entstehung oder Ausbreitung des Neides verantwortlich gemacht.

Manchmal wird zwischen gerechtem und ungerechtem Neid unterschieden. Eine bestimmte Form des Neids war für die meisten Philosophen, aber auch für die christliche Tradition, ein Laster. Daneben gibt es moralisch akzeptable Formen des Neides. Als „gerecht" oder wenigstens „angemessen" gilt der Neid auf Besitz, der den Besitzenden „unverdient" zugefallen ist.[25] John Rawls zum Beispiel spricht von „entschuldbarem Neid", wenn die Ungleichheit zu groß ist, wenn die Regeln der Fairness zu sehr verletzt wurden.[26]

Es gibt unterschiedliche Grade von Neid. Elster definiert *starken* Neid so, dass der Neider bereit ist, selbst Einbußen hinzunehmen, wenn nur dem anderen das Beneidete genommen wird.[27] Er bezahlt sozusagen freiwillig dafür, dass dem anderen etwas weggenommen wird, auch wenn er es nicht bekommt. Bei *schwachem* Neid ist man dagegen nicht bereit, eigene Opfer zu bringen, nur um dem anderen schaden zu können.

---

[23] Kersting 2001. – Schon Adam Smith sah den *sozialen Vergleich* als Motor des gesellschaftlichen Fortschritts, sprach dabei jedoch nicht von Neid, sondern eher von Bewunderung und der dadurch ausgelösten Strebsamkeit des Einzelnen. Neid sei, mit boshaftem Missfallen den Vorrang derjenigen zu betrachten, die doch begründete Ansprüche darauf hätten (Smith 1994 (engl. zuerst 1759), 411). Neid hindere uns, mit Emporkömmlingen zu sympathisieren und uns mit der Freude anderer mitzufreuen (ebd. 55, 61).

[24] Auch bei Freud kann man die Vorstellung finden, dass der ursprüngliche Neid (unter Geschwistern) zur Gleichheitsforderung führt (im Abschnitt über den Herdentrieb in *Massenpsychologie und Ich-Analyse*). „Wenn man schon selbst nicht der Bevorzugte sein kann, so soll doch wenigstens keiner von allen bevorzugt werden" (Freud 1969 (zuerst 1912), 133).

[25] Demmerling/Landweer 2007, 203-206, 210.

[26] Rawls 1971, 579.

[27] Elster 1999.

Hier interessiert jedoch weniger die Frage der Stärke des Neides an sich, die vielleicht mehr eine psychologische Frage ist, sondern die Möglichkeit der Verzweigung, die hier angelegt ist: dass starker Neid unter bestimmten sozialen Bedingungen eher in Missgunst, schwacher Neid dagegen eher in Bewunderung übergeht.[28] Neid, der darauf aus ist, dem anderen das Beneidete wegzunehmen oder ihm zu schaden, wird gewöhnlich als Missgunst bezeichnet und moralisch meist verurteilt (es sei denn, er gilt als berechtigt). Sucht man einen weniger moralisch-psychologischen Ausdruck, könnte man von *Kampfneid* sprechen, gewissermaßen von Neid mit eingebauter Kampfbereitschaft oder vom Neid, der sich mit sozialer Empörung legitimiert, ein gerechter oder „entschuldbarer" Neid also. Kampfneid entsteht eher, wenn der Neider die Privilegien des Beneideten als unverdient oder ungerecht ansieht und er selbst sich für ebenso anspruchsberechtigt hält.

Neid kann andererseits in Bewunderung übergehen, wenn man jemanden beneidet, ohne ihm etwas wegnehmen oder schaden zu wollen. Der Beneidete ist dann eher der *Beneidenswerte*, dessen Glück man auch gerne hätte, ohne zu glauben, man bekäme es dadurch, dass man ihm das Neidobjekt wegnimmt.[29] Das entzieht dem Neid zunächst die Implikation der Missgunst und führt dazu, den anderen für das, was ihn beneidenswert macht, zu respektieren, zu achten und schließlich zu bewundern.[30] Neid wird zu Bewunderung, wenn die Privilegien des Beneideten dem Neider als verdient oder gerecht erscheinen, auch im Vergleich zu sich selber. Im *Bewunderungsneid* steckt somit auch das Gefühl einer Unterlegenheit, die man als kaum veränderbar ansieht. Nicht umsonst spricht man oft von „neidloser Bewunderung", wenn man dem anderen nicht nur nicht schaden will, sondern auch die eigenen Grenzen akzeptiert: Das kann ich nicht, der aber kann es! Das heißt aber auch, dass Bewunderung normalerweise nicht ganz frei von Neid ist.[31] Bewunderungsneid kann unter Umständen aber auch Ansporn sein.

Den beiden Formen entsprechen auf der Seite der Beneideten zwei Formen des Akzeptierens von Neid: Wenn man sich beneidet fühlt, kann man das entweder genießen (*envy-enjoyment*[32]), weil man dabei Stolz und Selbstwertschätzung empfindet, oder man

---

[28] Generell bewegt sich Neid in einem Spektrum zwischen den Polen Bewunderung und Missgunst. Demmerling und Landweer grenzen Bewunderung eher von Neid ab, auch wenn sie einige Ähnlichkeiten dieser beiden Gefühle benennen (vgl. Demmerling/Landweer 2007, 197f.).

[29] Die handlungstheoretische Terminologie (Neider und Beneideter) ist hier irreführend, aber schwer vermeidbar. Gemeint sind individuelle oder kollektive Akteure bzw. abstrakte Systemeinheiten, etwa wie in Luhmanns Verwendung von Ego und Alter (Luhmann 1984).

[30] Rawls spricht hier von „wohlwollendem Neid" (Rawls 1971, 577).

[31] „Neid ist versteckte Bewunderung", meinte Kierkegaard. „Ein Bewunderer, welcher spürt, dass er durch Hingabe nicht glücklich werden kann, er erwählt es, auf das neidisch zu werden, das er bewundert. (...) Bewunderung ist glückliche Selbstverlorenheit, Neid unglückliche Selbstbehauptung." (Kierkegaard zit. nach Schoeck 1971, 178). Auch Elster spricht davon, dass Neid eine Form der Wertschätzung *(esteem)* sein kann (Elster 1999, 167).

[32] Elster 1999 benutzt dieses Wort für das angenehme Gefühl, beneidet (= bewundert) zu werden.

kann darunter leiden, kann Scham- oder Schuldgefühle empfinden, weil man spürt, dass die eigenen Privilegien unverdient sind und der Neid der anderen nur allzu berechtigt ist.

Bewunderungsneid ist sozial kanalisierter Neid. Der ursprüngliche, rohe Neid, aber auch der ‚rationale‘ Neid rationaler Egoisten wäre zerstörerisch. Dieser elementare Neid muss eingedämmt werden, soll gesellschaftliche Ordnung hergestellt werden. Weil diese unter modernen Bedingungen zwangsläufig eine Ordnung der Ungleichheit ist, kann weder die strikte Egalitätsidee, die tendenziell alle zu Neidern macht, noch die liberale Idee des Wettbewerbs, die glaubt, den Neid über das Leistungsprinzip ausschalten zu können, ein vernünftiger Weg sein. Der Anlass des möglichen Neides, dass andere es besser haben, muss legitimiert werden. Das vorherrschende Legitimationsprinzip der Moderne, die Leistungsideologie, stößt aber immer wieder an seine Grenzen. Privilegien lassen sich häufig nicht auf Verdienst und Leistung zurückführen, und in der Gegenwart scheint es vermehrt Anzeichen für Erfolg ohne Leistung zu geben.[33]

Im Anschluss an Bourdieu habe ich Distinktionsgefühle als affektive Legitimationsbasis sozialer Unterschiede bestimmt. Der Bewunderungsneid eignet sich dafür gut, weil er den Kampf neutralisiert, ohne die Unterschiede zum unaufhebbaren Schicksal zu erklären. Er will das Objekt des Neides nicht zerstören, sondern erkennt es als wertvoll und erstrebenswert an. Er will es dem anderen nicht wegnehmen, sondern gönnt es ihm. Bewunderungsneid ist auch deshalb sozial verträglicher, weil er auf Seiten der Beneideten kein schlechtes Gewissen hervorruft (wie es besonders in Deutschland der Fall zu sein scheint[34]), sondern eher *envy-enjoyment*.

Vermutlich haben wir in Deutschland keine Kultur der Bewunderung hinsichtlich der sozialstrukturellen und kulturellen Unterschiede ausgebildet, abgesehen vielleicht vom Starsystem der Mediengesellschaft. Der Bewunderungsneid als sozial austarierte Neidkontrolle könnte geeignet sein, die „Elite"-Diskussion in akzeptierbare Bahnen zu lenken: Es gibt welche, die kann man beneiden, respektieren, sogar bewundern; sie können als Vorbild gelten. Der Rückgriff auf den Charisma-Begriff kann hier weiterhelfen. Charismatische Herrschaft ist nach Max Weber deshalb legitim, weil der Privilegierte über besondere Gaben verfügt, die man bewundern kann. Solange allerdings hohe Gehälter und Prämien gezahlt werden für dubiose Leistungen, solange Netzwerke und Beziehungen wichtiger sind als Anstrengung und Leistung, solange *envy-enjoyment* gut als Machtarroganz übersetzt werden kann - solange sind Überlegungen dieser Art nicht frei von einem gewissen Idealismus.

---

[33] Neckel 2002.

[34] Siehe das *Kursbuch* Nr. 143, *Die Neidgesellschaft*, 2001. Beneidet zu werden kann Schuldgefühle oder Angst auslösen. Schoeck vermutet, dass dies weit verbreitet sei, besonders in den westlichen Gesellschaften der 1970er Jahre, wo die Guten und Fleißigen Schuldgefühle hätten – er spricht gar vom „nagenden Schuldgefühl ob der eigenen Überlegenheit" (Schoeck 1971, 134).

5. Zur sozialen Funktion von Distinktionsgefühlen

Emotionen haben aus soziologischer Sicht die allgemeine Funktion, der gesellschaftlichen Ordnung ein affektives Fundament zu verschaffen, und damit auch, soziale Integration auf eine verlässliche Basis zu stellen – verlässlicher jedenfalls, als dies durch einen Gesellschaftsvertrag oder andere rationale Ordnungen möglich wäre. Durkheim und Parsons haben überzeugend nachgewiesen, dass soziale Ordnung nur möglich ist auf der Basis von Grundwerten mit letztlich religiösem Hintergrund („das Heilige", *ultimate values*). Der Glaube an diese Werte wiederum wird über eine emotionale Bindung an sie evoziert und stabilisiert.[35]

In analoger Weise liegt die soziale Funktion von Distinktionsgefühlen in ihrem Beitrag, Verhältnisse sozialer Ungleichheit auf einer *praktischen* Ebene zu legitimieren. Als Legitimationsmechanismus sind nicht „gute Gründe" oder eine theoretisch gut gesicherte Ideologie wirksam, sondern habituell verankerte Geschmacksdispositionen, die eine emotionale Grundhaltung erzeugen, über die der jeweilige Platz in der sozialen Hierarchie als mehr oder weniger richtig erscheint und somit auf existentielle Weise als angemessen erfahren wird. Deshalb kann die Legitimation von Ungleichheit als kulturelle Funktion der Distinktionsgefühle betrachtet werden.

Allerdings bieten solche Gefühle immer auch Raum für Abweichungen von der naturalisierten Anerkennung der sozialen Ordnung. Scham- oder Neidgefühle können immer auch umschlagen in Empörung und Widerstand. Auf diese Weise tragen sie dazu bei, soziale Ungleichheiten immer wieder in Frage zu stellen und sie dort zu korrigieren, wo sie für die Akteure affektiv unerträglich werden.

Literatur

Boltanski, Luc/Ève Chiapello (2003), *Der neue Geist des Kapitalismus*, Konstanz.
Bourdieu, Pierre (1976), *Theorie der Praxis*, Frankfurt a. M.
Bourdieu, Pierre (1979), *La distinction. Critique sociale du jugement*, Paris.
Bourdieu, Pierre (1982), *Die feinen Unterschiede. Kritik der gesellschaftlichen Urteilskraft*, Frankfurt a. M.
Burkart, Günter (2006), „Beschämende Niederlagen", in *Berliner Debatte Initial*, 17, 1/2, 105-116.
Collins, Randall (1988), *Theoretical Sociology*, San Diego.
Demmerling, Christoph/Hilge Landweer (2007), *Philosophie der Gefühle. Von Achtung bis Zorn*, Stuttgart.
Die Neidgesellschaft, Kursbuch Nr. 143, 2001.

---

[35] Aus der Einsicht, dass auch moderne Gesellschaften weiterhin ein affektiv-evaluatives Fundament benötigen, wird auch in der Religionssoziologie zunehmend die Säkularisierungsthese problematisiert.

174   GÜNTER BURKART

Douglas, Mary (1974), *Ritual, Tabu und Körpersymbolik. Sozialanthropologische Studien in Industriegesellschaft und Stammeskultur*, Frankfurt a. M.

Durkheim, Émile (1981a, frz. zuerst 1897), *Der Selbstmord*, Frankfurt a. M.

Durkheim, Émile (1981b, frz. zuerst 1911), *Die elementaren Formen des religiösen Lebens*, Frankfurt a. M.

Elster, Jon (1999), *Alchemies of the Mind. Rationality and the Emotions*, Cambridge.

Flam, Helena (2002), *Soziologie der Emotionen*, Konstanz.

Freud, Sigmund (1969, zuerst 1912), *Massenpsychologie und Ich-Analyse, Gesammelte Werke* Bd. 13, Frankfurt a. M., 71-161.

Hochschild, Arlie Russell (1990), *Das gekaufte Herz. Zur Kommerzialisierung der Gefühle*, Frankfurt a. M.

Hochschild, Arlie Russell (2003), *The Commercialization of Intimate Life. Notes from Home and Work*, Berkeley.

Katz, Jack (1999), *How Emotions Work*, Chicago.

Kemper, Theodore D. (1978), *A Social Interactional Theory of Emotions*, New York.

Kersting, Wolfgang (2001), „Kritik der Verteilungsgerechtigkeit", in *Die Neidgesellschaft, Kursbuch* Nr. 143, 23-37.

Landweer, Hilge (1999), *Scham und Macht. Phänomenologische Untersuchungen zur Sozialität eines Gefühls*, Tübingen.

Langer, Susanne K. (1969, zuerst 1942), *Philosophie auf neuem Wege. Das Symbol im Denken, im Ritus und in der Kunst*, Frankfurt a. M.

Luhmann, Niklas (1984), *Soziale Systeme*, Frankfurt a. M.

Neckel, Sighard (1991), *Status und Scham. Zur symbolischen Reproduktion sozialer Ungleichheit*, Frankfurt a. M.

Neckel, Sighard (2002), „Ehrgeiz, Reputation und Bewährung. Zur Theoriegeschichte einer Soziologie des Erfolgs", in Günter Burkart/Jürgen Wolf (Hg.), *Lebenszeiten. Erkundungen zur Soziologie der Generationen. Martin Kohli zum 60. Geburtstag*, Opladen, 103-117.

Parsons, Talcott/Gerald M. Platt (1973), *The American University*, Cambridge.

Radcliffe-Brown, Alfred R. (1977), *The Social Anthropology of Radcliffe-Brown*, hrsg. v. Adam Kuper, London.

Rawls, John (1971), *Eine Theorie der Gerechtigkeit*, Frankfurt a. M.

Schoeck, Helmut (1971), *Der Neid und die Gesellschaft*, Freiburg.

Sennett, Richard (1985), *Autorität*, Frankfurt a. M.

Smith, Adam (1994, engl. zuerst 1759), *Theorie der ethischen Gefühle*, Hamburg.

Staubmann, Helmut (1995), „Handlung und Ästhetik. Zum Stellenwert der ‚affektiv-kathektischen Handlungsdimension' in Parsons' Allgemeiner Theorie des Handelns", in *Zeitschrift für Soziologie* 24, 95-114.

Turner, Jonathan (2005), *The Sociology of Emotions*, Cambrige.

Veblen, Thorstein (1986, amerik. zuerst 1899), *Theorie der feinen Leute. Eine ökonomische Untersuchung der Institutionen*, Frankfurt a. M.

Weber, Max (1972, zuerst 1904/1905), „Die Protestantische Ethik und der Geist des Kapitalismus", in ders., *Gesammelte Aufsätze zur Religionssoziologie*, Bd. 1, Tübingen, 17-206.

Wenzel, Harald (2002), „Jenseits des Wertekonsensus. Die revolutionäre Transformation des Paradigmas sozialer Ordnung im Spätwerk von Talcott Parsons", in *Berliner Journal für Soziologie* 12, 425-443.

KAREN VAN DEN BERG

Der Schmerz des Anderen
Bildlektüren entlang von Grünewald, Bacon und Rosenbach

1. Die Notwendigkeit der Bilder

Bilder von Gewalt und Schmerzen haben einen schlechten Ruf. Wer sie betrachtet, gerät leicht in den Verdacht des Voyeurismus sadistischer Couleur, wer sie herstellt, in den, diesen bedienen zu wollen. Wie aber kommt es, dass nicht nur die gegenwärtigen Massenmedien, sondern die gesamte Kulturgeschichte voll ist von Bildern, die uns Schmerz, Folter, Mord und Totschlag vor Augen führen? Auch fragt sich, was es zu bedeuten hat, dass eine Weltreligion wie das Christentum eine Folterszene zu ihrem zentralen Bild gemacht hat.

Im folgenden Beitrag möchte ich anhand von Bildbeispielen aus der Geschichte der Kunst die Erkenntnisfunktion von Schmerzensbildern untersuchen.[1] Meine These dabei ist, dass der Ursprung dieser Bilder nicht in einer „chronisch voyeuristischen Beziehung zur Welt" zu sehen ist, die zwangläufig Abstumpfung und Passivität zur Folge hat, wie die amerikanischen Kulturkritikerin Susan Sontag es in ihrem berühmten, 1977 erschienenen Essay bezüglich der fotografischen Kriegsberichterstattung formulierte.[2] Auch ist nicht allein ein „Schockpotential" ausschlaggebend; Gewaltbilder sind nicht deshalb unverzichtbar, weil sie uns daran erinnern, „was Menschen einander antun", wie Sontag – ihre eigene Position revidierend – dies in jüngerer Zeit nahe legte;[3] ihre Funktion besteht weder notwenig in der Befriedigung voyeuristischer Bedürfnisse, noch wäre es hinreichend,

---

[1] Der hier vorliegende Beitrag geht zurück auf einen von mir 2004 im Rahmen der Tagung „Philosophie der Gefühle" am *International University Center* Dubrovnik gehaltenen Vortrag. Zahlreiche Ideen und entscheidende Anregungen verdanke ich den Teilnehmern dieser Tagung und den anregenden Dialogen, die hier wie auch später stattfanden. Für Geduld, Widerspruch und zahlreiche Korrekturgänge danke ich darüber hinaus meinem geschätzten Mitarbeiter Joachim Landkammer.

[2] Vgl. Sontag 2000 (amerik. zuerst 1977), 17.

[3] Vgl. Sontag 2003, 135.

Schmerz- und Gewaltbilder[4] als erzieherische Werkzeuge zur Ausbildung einer humanistischen Haltung zu legitimieren. Die Funktion dieser Bilder liegt vielmehr in einer anderen Schicht; sie hängt mit der Bedeutung von Emotionen für den Weltbezug zusammen. Im Folgenden möchte ich deshalb versuchen, den Zusammenhang von Schmerz und Daseinsbezug entlang einiger Bilder von Matthias Grünewald und Francis Bacon sowie eines Videos von Ulrike Rosenbach zu erhellen, und damit zugleich die Funktion von Gewaltbildern neu beschreiben: Gewaltbilder – und insbesondere künstlerische, die stets ihre eigene Medialität mit reflektieren – sind, so die hier entworfene Position, auch Reibungsflächen zur Selbstkonstitution und Herausforderung zur Sinnstiftung.

Die Bedeutung von Gefühlen für den Weltbezug ist in den letzten Jahren von verschiedenen Seiten beleuchtet worden.[5] Im Kontext des hier vorliegenden Bandes werden spezifische Gefühle wie etwa Neid und Eifersucht[6] oder Mitleid[7] in ihrer Erkenntnisfunktion und ihrer sozialen Dimension analysiert. Im Gegensatz zu diesen Gefühlen wird Schmerz jedoch zumeist als affektive leibliche Empfindung eingestuft, der die urteilende Dimension des Gefühls abgesprochen wird.[8] Dagegen möchte ich den emphatisch empfundenen Schmerz – und nicht erst seine Reflexion im Leiden an ihm – als ein in besonderer Weise leib- und daseins-bezogenes *Gefühl* beschreiben. Auf die erkenntnistheoretische Debatte um die evaluative Funktion von Gefühlen – wie sie etwa von Martha Nussbaum und John Elster geführt wurde[9] – und die Frage, inwieweit Gefühle Urteile sind, kann dabei im Einzelnen nicht eingegangen werden, da mein Beitrag eher eine phänomenologische Betrachtung darstellt. Dabei gehe ich davon aus, dass Schmerz in seinem unmittelbaren Erleben nicht nur eine spezifische Phänomenalität aufweist, sich in bestimmter Weise anfühlt, sondern dass dieses Sich-Anfühlen des Schmerzes eine Orientierungsfunktion hat, die nicht erst in der Reflexion des Schmerzes, sondern im Schmerzerleben selbst entsteht. Im Schmerz – wenngleich er als das schlechthin Nichtgewollte gelten kann – ‚versteht‘ der Schmerzempfindende sich in seinem Weltverhältnis auf spezifische Weise und dieses ‚Verstehen‘ ist immer auch von kulturellen Prägungen abhängig. Schmerz ist nicht einfach ein Naturphänomen, sondern vielmehr ein „biokuluturelles".[10] Dies soll durch die Unter-

---

[4]   Ich werde hier aufgrund der häufigen bildlichen Kopräsenz von Schmerz- und Gewaltdarstellung indistinkt von „Schmerz-" bzw. „Gewaltbildern" sprechen, auch dann, wenn es wie im Folgenden vor allem um Bilder geht, die einen Schmerz an sich thematisieren, ohne eine vorgehende Gewalteinwirkung als dessen Ursache zu zeigen. Die moralische Komponente, die bei ausgesprochenen Gewaltfolgendarstellungen durch die damit unmittelbar nahegelegte Frage nach der *Schuld* an den Schmerzen, die jemand erleidet, ins Spiel bzw. ins Bild kommt, kann hier nicht weiter thematisiert werden.

[5]   Vgl. hierzu auch die Beiträge von Jan Slaby und Anna Blume/Christoph Demmerling sowie von Eva Weber-Guskar im vorliegenden Band.

[6]   Vgl. hierzu den Beitrag von Matthias Kettner im vorliegenden Band.

[7]   Vgl. hierzu den Beitrag von Gregor Schiemann im vorliegenden Band.

[8]   Vgl. hierzu Nussbaum 2001, 64. Hier spricht sich die Autorin im Anschluss an Aristoteles dafür aus, nur „pain at" als urteilendes Gefühl gelten zu lassen.

[9]   Nussbaum 2001 und Elster 1999.

[10]   In diesem Sinne versteht auch Morris (1996 u. 2000) Schmerz und den Umgang mit Schmerzen.

schiedlichkeit der im Folgenden behandelten Bilder deutlich werden. Dabei geht es nicht darum, wie Helmut Lethen es nennt, den „in Jahrhunderten zuvor aufgetürmte[n] Sinn-schichten des Schmerzes"[11] das Wort zu reden, vielmehr soll der kul-tur-, bild- und me-dienkritische Diskurs des Schmerzthemas mit emotionstheoretischen Überlegungen ver-knüpft werden, um zu verstehen, welche Funktionen Bilder erfüllen, die Schmerzleidende zeigen, und wie sie gebraucht werden.

Als leib- und daseinsbezogenes Gefühl wirft Schmerz in besonderem Maße die Frage nach der Kommunizierbarkeit von Gefühlen auf; Schmerz gilt als nicht teilbar, zumindest wird – etwa von Wittgenstein oder in jüngerer Zeit von Elaine Scarry[12] – betont, dass der Einzelne im somatischen Sinne nicht den Schmerz des Anderen fühlen könne.[13] Gerade deshalb lohnt es sich aber, genauer danach zu fragen, ob der *Schmerz* des Anderen wirk-lich nur der Schmerz des *Anderen* ist. Betrifft er mich? Und warum wird er bildlich darge-stellt?

2. Eine Kultur ohne Schmerz?

In der gegenwärtigen westlichen Zivilisation bedeutet zu leiden, einen Defekt zu ha-ben. Dass sich im Leiden eine spezifische, womöglich der *conditio humana* zuzu-rechnende Form der ‚Welthabe' erschließt, scheint heute kaum mainstream-tauglich. Leiden und Schmerzen gilt es vielmehr zu eliminieren.[14] Als unbestrittener Nutzen der Schmerzempfindung wird höchstens ihr medizinischer Sinn anerkannt, das heißt die Warnfunktion akuter Schmerzen, die den Körper vor weiterer Schädigung schützt,[15] ein rein biologischer Sinn also.

---

[11] Lethen 2005, 492.

[12] Vgl. Wittgenstein 1977 (zuerst 1953) und Scarry 1992.

[13] Im Übrigen kann diese grundsätzliche Schwierigkeit der Kommunizierbarkeit von Gefühlen ver-mutlich als einer der Gründe dafür gelten, dass Gefühle immer wieder in ihrer Erkenntnis-, Orien-tierungs- und Sinnproduktionsfunktion unterschätzt wurden und lange als der Analyse unzugängli-che Widerfahrnis galten. Dies gilt trotz aller hervorragenden theoretischen Bemühungen aus unterschiedlichen Disziplinen, etwa Rationalität und Funktion von Gefühlen herauszuarbeiten. Be-sonders hervorzuheben sind hier Martha Nussbaum (Nussbaum 2001) sowie der Soziologe Jon Els-ter (Elster 1999) und die psychologisch fundierte Analyse von Brigitte Scheele (Scheele 2004); vgl. auch Schmitz 1998.

[14] Der britische Philosoph und Utilitarist Jeremy Bentham (Bentham 1907, engl. zuerst 1789) be-schreibt es im ersten Kapitel in seiner 1789 erschienenen Publikation *An Introduction to the Prin-ciples of Morals and Legislation* als Pflicht eines jeden Einzelnen und jeder Gesellschaft, Leiden und Schmerzen zu minimieren. Seine Position hat noch heute als politische Handlungsmaxime der westlichen Welt Gültigkeit. Vgl. hierzu auch Bondolfi 2000, 31.

[15] Jaquenod/Schaeppi 2000, 11. Vgl. auch Le Breton 2003. Le Breton beschreibt hier die kulturellen Unterschiede im Schmerzempfinden und die Wandlungen der Schmerzkultur seit Einführung der Anästhesie.

In der christlichen Leidensmystik, aber auch in vielen anderen Kulturen hingegen werden Schmerzen und Leiden, vor allem aber auch die Fähigkeit, sie zu ertragen, als Mittel zur Erlangung höherer Erkenntnis aufgefasst, oder sie gelten – in Form von schmerzhaften Initiationsriten – als notwendige Vorbedingung zur Konstitution des Sozialen schlechthin.[16] Auch die christliche Idee des Kreuzes und der „Nachfolge Christi" geht von der Vorstellung aus, dass ein Zusammenhang zwischen Schmerz, Erlösung und der Erkenntnis Gottes besteht. Nur durch emphatisches Leiden und widerfahrenden Schmerz, so interpretierte es der frühe Luther etwa zeitgleich zu Grünewalds Isenheimer Altar, sei die Erkenntnis Gottes möglich. Gott sei nur durch sein Gegenteil erfahrbar und *allein* „in Leiden und Kreuz zu finden".[17] Wer sich Gott nur abstrakt vorstelle, wie etwa die Erklärungslogiker der Scholastik, der konstruiere sich – so Luther – ein Gottesbild nach eigenem Gutdünken.[18] Luthers Wucht der Gottesidee im Kreuz scheint allerdings gerade vom protestantischen Christentum des ausgehenden 20. Jahrhunderts, das sein Selbstverständnis vielfach aus einer Versöhnung rationaler Moralität mit christlicher Tradition bezieht, weit entfernt.[19]

Zuletzt waren es die Vertreter des Existentialismus, die Leiden und Schmerz als *die* ureigene Möglichkeit der Gewinnung einer Daseinsgewissheit herausstellten und damit die de Sadesche Vorstellung von Schmerz als dem eigentlich „Realen" neu und umfassender deuteten. Gestützt wird diese Position von der philosophischen Hermeneutik, namentlich von Heiko Christians, der in seiner feinsinnigen Analyse „Über den Schmerz" in der Schmerzerfahrung die „Entfaltung einer vorbewussten, leibhaften Individualsemantik" sieht.[20] In ähnlicher Weise deutet auch Elisabeth List Schmerz als „Botschaft des Lebendigen" schlechthin, in welcher der Mensch als „psycho-physische Einheit" und in seinem „Ichbewusstsein" betroffen" sei.[21] Inso-

---

[16] Vgl. Das 1999, die den Zusammenhang zwischen kollektivem Leiden und der Stiftung des Sozialen beschreibt.

[17] Luther 1983 (zuerst 1518), 389.

[18] Mit seiner Vorstellung, dass Gott als sein „Gegenteil" zu uns kommt, wendet sich Luther deutlich gegen die scholastische Theologie und ihr Gottesbild (ebd. 388). In der „Disputation gegen die scholastische Theologie" hatte er bereits 1517 argumentiert, die Scholastik und ihre „Logik des Glaubens" erschaffe sich ein Gottesbild nach eigenem Gutdünken, indem sie annehme, dass Gott sich im Guten zeige.

[19] Vgl. zu einer differenzierten Analyse des Säkularisierungsprozesses Lehmann 2002.

[20] Christians 1999, 789. Christians liefert hier einen Überblick über die Bedeutung der Kategorie des Schmerzes in der philosophischen Hermeneutik und schreibt weiter: „Der Schmerz aber, von der philosophischen Hermeneutik aufgefaßt als die konzentrierteste menschenmögliche Leiberfahrung, als Grenzerfahrung, Radikal, Existenziale oder Intensität, offenbart dem, der die Phänomene nach hermeneutischen Grundsätzen zu lesen vermag, auch den Kern einer der (vorbewussten) Ganzheit des Leibes im Reich des Bewußtseins korrespondierenden Subjektivität" (ebd. 788).

[21] Elisabeth List spricht von „einer markanten Akzentverschiebung des Ichbewußtseins" (List 1999, 772); vgl. zu dieser Einschätzung auch Le Breton 2003, 21 u. 23.

fern habe Schmerz, wie sie betont, auch für die Philosophie eine nicht zu unterschätzende Bedeutung.[22]

Darüber hinaus haben Kulturanthropologen das Wissen um den Schmerz nicht nur als Teil der *conditio humana*[23] herausgearbeitet, sondern auch den zugefügten Schmerz als macht-, kultur- und gemeinschaftsbildendes Moment vorgestellt.[24] Solche Auffassungen von Leiden und Schmerz und die daraus resultierenden asketischen Ideale scheinen zunächst nicht zum heutigen utilitaristischen, demokratischen „Massenhedonismus"[25] zu passen. Doch eliminiert auch unsere Kultur nicht einfach den Schmerz. Denn tagtäglich liefern uns Massenmedien vor allem Bilder und Berichte des globalen Leidens: Verbrechen, Terror, Naturkatastrophen, Kriege, Seuchen. Wir beschäftigen uns also mit dem Thema Schmerz – wir sehen den Schmerz und das Leiden anderer. Aber warum? Welchen Sinn hat dieser Blick? Dies war auch Susan Sontags Frage.

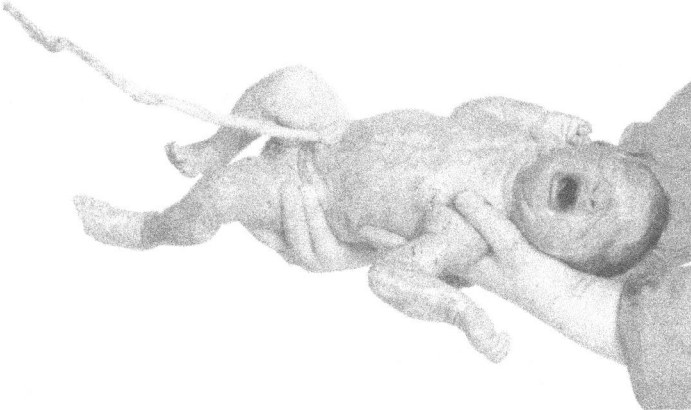

Abb. 1: Oliviero Toscani: campaign for benetton, autumn/winter 1991/1992

---

[22] Elisabeth List schreibt, dass „Schmerz als Botschaft des Lebendigen (...) auch für die Philosophie eine größere Bedeutung zukommt als heute allgemein bewußt ist." (List 1999, 764).

[23] „Ein philosophisch fundiertes Verstehen des Schmerzerlebens ist deshalb nur im theoretischen Rahmen einer philosophischen Anthropologie möglich, die versucht, das Schmerzerleben als Bestandteil der *conditio humana* aus dem Menschen eigentümlichen Formen des symbolisch-kognitiven Selbst- und Weltverhältnisses zu deuten." (List, 1999, 770).

[24] Vgl. etwa Scarry 1992 sowie Das 1999: „Leidenserfahrungen (...) werden zur Gelegenheit der Formung eines einzigen Körpers" (Das 1999, 831).

[25] Michael Pfister und Stefan Zweifel sprechen vom Ende „des asketischen Ideals im Zuge eines demokratischen Massenhedonimus" (Pfister/Zweifel 2000, 38).

Als gängige Erklärung für die Flut der Gewaltbilder zirkuliert die Vorstellung, sie antworteten auf so genannte niedere voyeuristische Bedürfnisse nach dem Motto „If it bleeds, it leads".[26] Die Debatte um die Verwendung von Gewaltbildern wurde vor einigen Jahren durch eine Benetton-Werbekampagne mit provokativen Plakaten des italienischen Fotografen Oliviero Toscani erneut angeheizt. Toscani, der blutige Uniformen und Leiber von HIV-Infizierten auf Werbeplakaten inszenierte, wurde vorgeworfen, Gewalt und Leid als Verkaufsstrategie auszubeuten und auf falsche Weise mit Gefühlen zu spielen.[27] So hat sich an dieser Kampagne ein Streit entzündet, ob Bilder dieser Art schlicht Gewalt verherrlichen und auf Schock setzen, um Produkte zu vermarkten, oder ob schon die Bilder selbst ethische Gefühle hervorrufen und eine spezifische Weltanschauung transportieren können. Doch muss man im Anschluss hieran – jenseits aller unterstellten Handlungsabsichten – viel dringlicher fragen, warum man eigentlich glaubt, mit schockierenden Bildern von Gewalt und Leid überhaupt irgendetwas „an den Mann bringen" zu können? Warum verkaufen sich Gewalt und Leiden? Oder warum glaubt man andererseits, die schockierende Wirkung von Gewaltbildern würde zwangsläufig Mitleids-Gefühle auslösen? Müssen wir Bilder, die Leidende zeigen, an ihrem Appellcharakter messen? Und: Haben sie diesen überhaupt? Dagegen spricht der erwähnte Zweifel daran, dass Leiden und Schmerz überhaupt kommunikabel sind: „Der körperliche Schmerz ist nicht nur resistent gegen Sprache, er zerstört sie",[28] schreibt die amerikanische Literaturwissenschaftlerin und Kulturanthropologin Elaine Scarry. Es bleibt die Frage: Wozu dienen Gewaltbilder, wenn Schmerz nicht kommunikabel ist?

3. Folter, Wunden, Waffen

Ein Bild, das als eine der radikalsten Formulierungen der Passion Christi in der abendländischen Kunstgeschichte gelten kann, ist die Kreuzigungstafel des Isenheimer Altars von Matthias Grünewald, entstanden in den Jahren zwischen 1512 und 1515.[29] Interessant an diesem Altarbild ist, dass es von einem Spitalorden in Auftrag gegeben wurde, in dem Kranke behandelt wurden, die unter extremen Schmerzen und Wahnvorstellung litten (dem damals weit verbreiteten so genannten „Antoniusfeuer"); diese Kranken wurden regelmäßig vor den Altar geführt.

---

[26] Vgl. Sontag 2003, 25.
[27] Zur Debatte um den kritischen Appellcharakter von Gewaltbildern und die Einschätzung dieser Kampagne vgl. Brassat 1999.
[28] Scarry 1992, 13.
[29] Vgl. zu dem Bild, das Teil eines Wandelaltars ist, dessen Bildprogramm und ikonographischer Zusammenhang hier nicht näher erörtert werden kann, van den Berg 1997.

Abb. 2: Matthias Grünewald, Kreuzigungstafel des Isenheimer Altars, 1512-1515, 269x307 cm, Musée Unterlinden Colmar

Der gekreuzigte Christus wird in diesem Bild vor einer nachtschwarzen Hintergrundlandschaft gezeigt. Zu seiner Rechten sind die üblichen Begleiter der Kreuzigung zu sehen, die ihm laut dem Bibeltext in dieser Stunde zur Seite standen: Maria, Johannes der Evangelist und Maria Magdalena mit der Salbbüchse. Zu seiner Linken sehen wir – für eine Kreuzigungsdarstellung sehr unüblich – Johannes den Täufer, der als letzter Prophet und Übergangsfigur zwischen dem Alten und dem Neuen Testament in Jesus als erster den Sohn Gottes erkannte, aber der biblischen Historie nach schon lange vor dem Zeitpunkt der Kreuzigung selbst geköpft wurde. Er wird begleitet vom Opferlamm, das in den Kelch des heiligen Abendmahls blutet.

Das wirklich Ungewöhnliche an diesem Bild jedoch ist nicht das Figurenrepertoire und der hierin enthaltene Hinweis auf die überzeitliche Dimension des Geschehens (durch den Täufer) und seine Wiederholung in der Eucharistie (durch den Kelch und das Lamm), sondern die drastische Schilderung der Verwundung und leiblichen Zerstörung Christi. Zwar entstanden bereits einige Jahrhunderte zuvor im Kontext der Leidensmystik die so genannten „Crucifixi Dolorosi", doch erreichen diese keinen vergleichbar schonungslosen Realismus in der Darstellung von Wunden und Spuren der Folter.

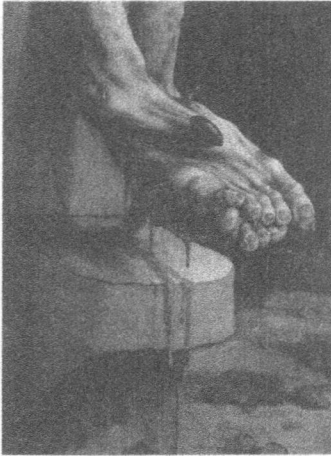

Abb. 3: Detail aus: Matthias Grünewald,
Kreuzigungstafel des Isenheimer Altars, 1512-
1515, 269x307 cm, Musée Unterlinden Colmar

Es ist vor allem die Oberfläche der verletzten Haut Christi, die vor dem dunklen Hintergrund in gesteigerter Präsenz hervortritt. Sie ist übersäht mit Wunden und Dornen. Die gleichsam medizinische Detailtreue der lebensgroßen Darstellung bietet dem Betrachter einen physisch unangenehmen Anblick: um die Wunden schimmert ein entzündeter Hof, die Füße sind zerfetzt und deformiert, das fahle, teilweise grünlich changierende Inkarnat deutet den bereits eingetretenen Tod an, verkrampfte Hände verweisen zugleich aber auch noch auf den Todeskampf, den all die Spuren und Wunden als ein imaginiertes Geschehen vor das innere Auge rufen.

Die suggestive Wirkung des Bildes basiert allerdings nicht allein auf den genannten mimetischen Details, sie liegt ebenso in einer ganzen Reihe formaler Maßnahmen begründet, etwa im diskontinuierlichen Bildaufbau. Zwischen den bis an den vorderen Rand hervor gerückten Figuren und der fernen Hintergrundlandschaft ist kein Mittelgrund auszumachen, der eine gleichmäßige Tiefe des Bildraumes evozieren würde. Auch die Perspektivkonstruktion ist diskontinuierlich organisiert. So wechseln selbst innerhalb einer Figur, ja sogar innerhalb eines Gesichts – also auf kleinstem Raum – Profil und En-face-Ansicht. Dieses Changieren der Blickwinkel veranlasst den Betrachter zu einem an Details orientierten Sehen. Auch die Farbgestaltung verstärkt diese Anmutung, die leuchtenden Farben erzeugen in ihrer Kontrastierung vor dem dunklen Hintergrund eine pulsierende Wirkung.[30] Insgesamt ist die Bildgestaltung geprägt von zergliedernden unstrukturierten Zwischenräumen, welche die Figuren als „plastische Einzelwesen"[31] isolieren. Dabei erzeugt die fehlende räumliche Tiefenerstreckung eine geradezu konfrontative Präsenz der Oberflächen. Eine fast schattenrissartige Flächigkeit

---

[30] Vgl. hierzu auch Dittmann 1955.
[31] Niemeyer 1921, 25.

)lt beispielsweise den linken Arm des Gekreuzigten in gesteigerter Gege:
)rne. Durch diese Frontalität bleibt die räumliche Handlungsbeziehung c
itereinander nur schwach ausgebildet. Auch wirken die Gebärden durch ihi
iierliche Herauslösung aus dem Leibganzen sehr direkt und konfrontativ.
:t sich die expressive Wirkung des Bildes gerade darin, dass nicht allen ,(
n' der gleiche Realitätsgrad zukommt und diese nicht in einen konti
ium- und Handlungszusammenhang eingebettet werden. Dabei ist es kein ¿
e Hautoberfläche des Gekreuzigten aus nächster Nähe gesehen wird und fa
irkt, während die Haut der anderen Figuren eher diffus bleibt. Auf diese Weis
ekreuzigte eine gesteigerte Gegenwart – er wirkt „realer" als die anderen Fig
:ht homogener Körper und organische Einheit, wie etwa die Figuren in Albr(
itnah entstandener Malerei *Adam und Eva*. Vielmehr zerfällt der Körper i
irch eindringliche Gebärden geprägte „Leibesinseln"[32].

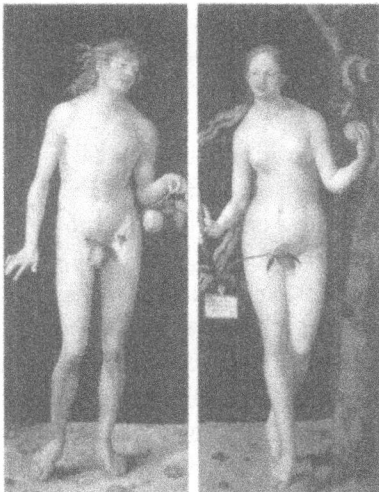 

bb. 4: Albrecht Dürer, Adam und Eva,   Abb. 5: Lucas Cranach, Christus am
;07, 209x83 cm, Museo del Prado Madrid   1503, 138x99 cm, Alte Pinakothek de
                                                schen Staatsgemäldesammlungen Mi

iss eine solche intentionale Zergliederung des Bildraums zu einer Stei;
irkung führt, zeigt ein Vergleich mit Lucas Cranachs „Klage unter dem K
id die Bäume im Hintergrund mit der gleichen Detailtreue gezeichnet wi(
i; die Gebärden – etwa die von Maria und Johannes – wirken bei Cr
:ichsweise ornamental und schwach. Die gesteigerte Präsenz der Gebärde

Vgl. zu diesem Begriff Schmitz 1965, 25f. und passim.

und Foltermale bei Grünewald zielt auf ein leibliches Ergriffenwerden des Betrachters. Das eigene Körper-Gedächtnis, das dem Körper eingeprägte Empfindungsrepertoire, ist hier sehr direkt angesprochen.

Was aber erfahren wir über den Schmerz? Zunächst wird Schmerz wesentlich über Gebärden und Wunden zur Anschauung gebracht. So zweifeln wir nicht, dass dieser Christus grausame Qualen erlitten haben muss. Die Vorstellung der Foltereinwirkungen kann beim Betrachter sogar durchaus selbst physisches Unwohlsein erzeugen, aber die eminente Leidensschilderung bei Grünewald zielt gar nicht hierauf. Vielmehr weist einiges darauf hin, dass es hier auf einen unaufgelösten Widerspruch ankommt, einen Widerspruch zwischen der drastischen Zerstörung des Leibes durch die Folter einerseits und der symbolischen, aber auch formal erfahrbaren Sinndimension des Bildes andererseits.

Ausgehend von diesen Beobachtungen lässt sich das Anliegen dieses Bildes so verstehen, dass hier eine ganz bestimmte *Orientierungsweise und Welthabe* der Schmerzerfahrung zur Anschauung gebracht werden soll. Was sich zunächst zeigt, ist die Gleichzeitigkeit *eminenter Präsenz* und *extremer Diskontinuität*. Dabei ist Diskontinuität der Preis der emphatischen Präsenz, wie die Betrachtung der Leiblichkeit bei Grünewald im Vergleich zu Cranach zeigte. An dem Bild erleben wir einerseits Gegenwart als (im Schmerz auf unangenehme Weise) sinnlich prägnante, als etwas, das uns ganz auf das pure leibliche Dasein zurückwirft. Zudem evoziert der Blick auf das Bild auch die Erfahrung von Diskontinuität; der Darstellung fehlt die szenische Einheit und eine den Blick beruhigende Flächenordnung. Auch ist die Perspektivtät sprunghaft. So entsteht kein Handlungskontinuum und die Sinnbezüge bleiben merkwürdig offen. Zugleich aber zerfällt das Bild nicht. Es bietet trotz allem einen Zusammenhang. Allerdings ist dies ein durch das produktive Sehen allererst zu stiftender. Die diskontinuierliche Bewegung des Blicks im Bilde und die Verknüpfung symbolischer Bezüge muss diesen Sinn erst herstellen, denn das Bild bietet nur lose Koppelungen. „Sinn" im Sinne von Einheit, Ganzheit und kausalem Handlungskontinuum liegt mithin nicht einfach vor, sondern muss durch die Stiftung der Einheit im schöpferischen Sehen hervorgebracht bzw. verantwortet werden. Genau hierauf scheint es in meinen Augen bei diesem Bilde anzukommen.

Bezogen auf die Deutung des Passionsgeschehens heißt das, im Bild formuliert sich die Phänomenalität jenes Schmerzes, der, gerade weil er in aller Härte durchlitten wird, zur Sinnstiftung herausfordert. Der Schmerz ist so gesehen sinnvoll, weil er uns provoziert, nach „Sinn" zu fragen. „Dieser möge wachsen, ich aber möge abnehmen", so die Übersetzung der Inschrift über dem Zeigegestus des auf Christus weisenden Täufers. Der Sinn der Passion erweist sich nicht als transzendentaler, in der Überwindung des Irdischen immer schon vorhandener, sondern als ein aufgrund der Härte des Schmerzes zu stiftender. Mit dieser Interpretation allerdings ist die Frage, ob und wie Schmerz kommunizierbar wird, noch nicht beantwortet.

4. Schmerz bezweifeln

Elaine Scarry hat in ihrem eindrücklichen und scharfsinnigen Buch von 1985 „Der Körper im Schmerz" (dt. 1992) die Unmöglichkeit, Schmerz zu kommunizieren, beschrieben. Während der eigene Schmerz in ihren Augen „das plausibelste Indiz dafür [ist] (...) ‚Gewissheit zu haben'", kann „‚von Schmerzen zu hören' als Paradebeispiel für Zweifeln" gelten,[33] wird doch in der Rede vom Schmerz eines Anderen geradezu paradigmatisch die Getrenntheit individueller Erfahrungshorizonte bewusst. Der Schmerz des Anderen verweist – Scarry zufolge – auf grundsätzliche Zweifel an der Teilbarkeit von Wissen und Erfahrung. Sie argumentiert in ihrer Untersuchung, die eine Analyse von Amnesty-International-Akten zur Grundlage hat, dass sich der Schmerz des Anderen begrifflich nicht erschließen lässt.

Verwandte Überlegungen verfolgt auch Wittgenstein. Er hat in seinen „Philosophischen Untersuchungen" die Frage, inwieweit Schmerz artikulierbar und der Schmerz des Anderen verstehbar ist, ausführlich behandelt. Hier schreibt er:

> „Nun, ein Jeder sagt mir von sich, er wisse nur von sich selbst, was Schmerzen seien".[34] Und weiter: „Wenn man sich den Schmerz des Anderen nach dem Vorbild des eigenen vorstellen muß, dann ist das keine so leichte Sache: da ich mir nach den Schmerzen, die ich *fühle*, Schmerzen vorstellen soll, die ich *nicht fühle*. Ich kann nur *glauben*, daß der Andere Schmerzen hat, aber ich weiß es, wenn ich sie habe."[35]

Bei dem Versuch, eine philosophisch angemessene Beschreibung zu finden, die der fehlenden Gewissheit vom Schmerz des Anderen Rechnung trägt, räumt Wittgenstein zugleich aber auch Zweifel an der Angemessenheit des philosophischen Zweifels am Schmerz des Anderen ein, wenn er schreibt: „Versuch einmal – in einem wirklichen Fall – die Angst, die Schmerzen des Anderen zu bezweifeln."[36]

Was aber stellt sich ein, wenn ich davon ausgehe, dass der Andere Schmerzen hat? Wittgenstein lässt das offen und antwortet mit einer Negation: „‚Aber wenn ich annehme, einer habe Schmerzen, so nehme ich einfach an, er habe dasselbe, was ich oft gehabt habe.' – Das führt zu nichts... Die Erklärung mittels der Gleichheit funktioniert hier nicht."[37] Wittgenstein beschreibt damit die Grenzen begrifflicher Möglichkeiten. Die Frage, wie ich mich zum Schmerz eines anderen verhalte und was er für mich bedeutet, beantwortet sich so nicht; denn Schmerzen kommunikativ zu fassen heißt nicht Schmerzen glauben oder verstehen, sondern von ihnen *betroffen* werden. Der somatische Aspekt von Schmerz kann in seiner Diskursivierung nicht zur Anwesenheit ge-

---

[33] Scarry 1992, 12.
[34] Wittgenstein 1977, Nr. 293.
[35] Ebd. Nr. 302 und 303.
[36] Ebd. Nr. 303.
[37] Ebd. Nr. 350.

bracht werden[38] – hierin ist auch Scarry Recht zu geben. Schmerz liegt allein im Modus des sinnlichen-leiblichen Erlebens vor. Doch kann dies wiederum durch unterschiedliche Formen von Medialität provoziert werden; wir müssen also unterscheiden zwischen der Rede über den Schmerz einerseits, und Texten, Bildern und Medien, die Schmerzerfahrungen evozieren, andererseits.[39] Hier scheinen gerade Bilder im Modus des „Als-ob" Zugänge herstellen zu können, zumindest, wenn wir sie als „Darstellungsprozess im Medium der Sinne"[40] bestimmen und sie in der Anschauung so konstituieren.

Doch was heißt es, vom Schmerz eines anderen „betroffen" zu sein? Was sich ausschließen lässt, ist, dass Betroffen-Werden meint, dass wir im somatischen Sinne durch die Anschauung einer Wunde vom selben Schmerz erfasst wären wie derjenige, dem die Wunde zugefügt wurde. Vom Schmerz des anderen betroffen zu sein ist vielmehr ein Akt produktiver Deutungsleistung und Einfühlung, der stets von subjektiven Selektionen und kulturellen Prägungen abhängt.[41] So verstanden gibt es keine normativ verbindliche Art, wie die ‚erfolgreiche' Kommunikation von Schmerz zu verlaufen hat.[42] Selbst die Grünewaldsche Kreuzigung führt in den begleitenden Figuren unterschiedliche Reaktionen vor: von der Ohnmacht Mariens über den Trostzuspruch des Evangelisten bis hin zu dem Wissen über die Botschaft beim Täufer. Aber auch wenn der Betrachter zum Beispiel mit Entzücken auf die Schmerzäußerungen oder Wundmale eines anderen reagieren würde, wäre das eine Form kommunikativen Verhaltens und eine Form der Betroffenheit – wie angemessen auch immer wir die Art des „Betroffenwerdens" empfinden mögen. Jedenfalls ist Mitleiden nicht die einzig mögliche Reaktion auf den Schmerz eines Anderen und auch nicht die einzig

---

[38] „Das, was sich an ihm [dem Schmerz] der Diskursivierung entzieht, ist das Moment der somatischen Aktivierung, das ‚hinter seinem Rücken' wirkt, und, phänomenologisch gesprochen, das leibhaftige Spüren und schließlich, im Blick auf das leidende Subjekt: das unmittelbare schmerzliche Betroffensein in seiner Existenz" (List 1999, 779). Vgl. auch Le Breton 2003, 252: „Doch der Schmerz ist kein Boden, auf dem man sich einfach so niederlassen kann: die Metamorphose durch Schmerzen erfordert immer zuerst deren Ende."

[39] Eine verwandte Unterscheidung trifft auch Scarry. Sie zweifelt nicht daran, dass man durch Schmerz eines Anderen betroffen werden kann, wenn sie etwa schreibt: „Was immer der Schmerz bewirken mag, er bewirkt es zum Teil durch seine Nichtkommunizierbarkeit." (Scarry 1992, 12-13).

[40] Boehm 1980, 119. Gottfried Boehm bestimmte das Kunstwerk nicht ontologisch oder als empirisch objektivierbares Faktum, sondern versteht es als „gestiftete Sinnesleistung", als einen „Darstellungsprozeß im Medium der Sinne" (vgl. ebd. 120ff.).

[41] So wie jede Form der Kommunikation ein Akt der Selektion ist. Vgl. Watzlawick/Beavin/Jackson 2000.

[42] Im Übrigen ist die traditionelle Vorstellung einer Kommunikation, bei der ein Absichtsverhalten des ‚Senders' zu unterstellen wäre – woran sich ja das Gelingen von Kommunikation im materialistischen Übertragungsmodell messen würde – in Bezug auf Schmerz ohnehin unbrauchbar, weil derjenige, der Schmerzen hat, sie nicht für einen potentiellen Anderen hat, der sie verstehen und auch empfinden soll – das wäre zumindest ein merkwürdiger Sonderfall.

denkbare Form des Sich-Verhaltens zum Schmerz. Auch die medizinische Behandlung einer Wunde – eine Reaktion, die sicherlich als im ethischen Sinne angemessen bezeichnet werden könnte – ist nur unter Ausschaltung emphatischen Mitleidens möglich. Mitleiden muss deshalb als *eine* spezifische kommunikative Variante betrachtet werden.

Bei allem Zweifel an der Nachvollziehbarkeit des Schmerzes eines Anderen folgt hieraus nicht, dass der Schmerz des Anderen uns nichts *anginge*. Der Schmerz des Anderen geht uns etwas an, und in diesem Angehen manifestiert sich sogar Sozialität im fundamentalen Sinne. Wenn wir auf den Schmerz des Anderen nicht antworten, zeigt sich hierin das Fehlen einer sozialen Beziehung. Dennoch müssen wir zugleich festhalten, dass das, was wir Mitleid oder Mitgefühl nennen, nicht das Empfinden der Schmerzen eines Anderen im Sinne einer analogiesierenden Transferleistung, sondern ein anderer neuer Schmerz ist, der im Vorstellungssinn des Betrachtenden entsteht: ein Schmerz durch sinnliche Imagination – doch kann auch diese Imagination zur leiblich gefühlten Tatsache werden.

Die Konsequenzen, die sich aus den hier unternommenen Überlegungen zur Schmerzkommunikation ergeben, haben eine nicht zu unterschätzende Tragweite für den moralisch-didaktischen Einsatz von Gewaltdarstellungen. Denn wenn es angesichts des Schmerzes eines Anderen immer um eine produktive Imaginationsleistung geht, heißt das auch, dass Bilder von Folter nicht per se voraussehbare Gefühle erzeugen. Trotzdem bzw. gerade deshalb ist die Reaktion auf Bilder von Folter und Wunden keineswegs vollkommen beliebig – vielmehr offenbaren sich in der Art, wie wir von ihnen betroffen werden, menschliche Sozialisierungsformen. Leiden betrachten heißt subjektiv produzierte und sozial geprägte Vorstellungen zu generieren, in welchen sich unser Verhältnis zum Wahrgenommenen formiert. Diese Imaginationsfähigkeit ist eine produktive Leistung (was nicht gleichbedeutend ist mit einer bewussten), die auf spezifischen Erfahrungen basiert, welche unserem Körpergedächtnis sinnlich eingeprägt sind, und es wäre zu kurz gegriffen, sich dieses Körpergedächtnis allein biologisch verfasst vorzustellen – hier scheint Morris' Begriff des „Biokulturellen" am ehesten treffend.

5. Ohne Jemand

Grünewalds Zeichnung eines „Schreienden" im Berliner Kupferstichkabinett zeigt das Bild eines – der Physiognomie und der Hautoberfläche nach zu urteilen – relativ jungen Menschen, der seinen Kopf in den Nacken wirft und seinen Mund zum Schrei weit aufgerissen hat.[43] Seine Augen verschwinden beinahe ganz in der extrem ver-

---

[43] Die Zeichnung lässt sich aufgrund der Schraffur Grünewalds Spätstil zurechnen. Von dem wahrscheinlich gleichen Modell existiert noch eine weitere Zeichnung auf der Rückseite der Zeichnung des „Bildniskopfes einer Frau", die sich ebenfalls im Kupferstichkabinett in Berlin/Dahlem befin-

zerrten und nach hinten fliehenden Perspektive. Die Stirn ist in Falten und Wülsten krampfhaft zusammengezogen. Der vorquellende dicke Hals scheint wie vom Stoß des Schreis innerlich aufgebläht. Anders als beim Gekreuzigten auf dem Altarbild sehen wir hier einen Menschen, der außer sich ist und der geradezu hysterisch von etwas Unaussprechlichem durchfahren wird.

Abb. 6: Matthias Grünewald, Zeichnung eines Schreienden , um 1520, 24,4 x 20 cm, Kupferstichkabinett Berlin Staatliche Museen Preußischer Kulturbesitz Berlin

Wir erkennen hier keine Person, über die wir irgendetwas sagen könnten, sondern ein blickloses Etwas, dem wir nicht einmal zutrauen, dass es selbst etwas über sich sagen oder etwas wollen könnte, so sehr ist es Schrei oder Hysterie. Die Emphase, die sich hier ausdrückt, ist mehr als eine bloße Empfindung oder momentane Gestimmtheit. Sie scheint so stark, dass die Person hinter ihr verschwindet. Im Vergleich mit anderen Zeichnungen Grünewalds, die zum Teil eher porträthafte Studien sind, wird deutlich, wie sehr die Sichtbarkeit eines „Jemand"[44] hier hinter einer momentanen affektiven Prägung zurücktritt. In derart zugespitztem Affekt wird jedes Portrait zur Fratze. In einer Fratze aber spiegelt sich nichts anderes als die bloße Jeweiligkeit eines emotionalen Ausdrucks. Das Erkennen charakterlicher Eigenschaften, die wir dem Abgebildeten im Falle eines Portraits zuschreiben, wird in der Fratze verstellt.

Offenbar haben wir es bei Grünewalds so genanntem „Schreienden" mit einem hysterisch verzerrten Gegenüber zu tun. Dabei bleibt unklar, ob hier ein gleichsam wahnsinniges Lachen oder ein Schmerzausdruck vorliegt. Genau deshalb jedoch lässt sich an dieser Zeichnung einiges ablesen; denn was in beiden emotionalen Zuständen übereinstimmt, ist

---

det. Ob diese Modellstudien als direkte Vorzeichnungen für ein Gemälde dienten, bleibt unklar. Friedländer bezeichnet den hier behandelten Schreienden als „Schreienden Engel", den anderen Kopf als „Weinenden Engel". Diese Bezeichnung muss jedoch als umstritten gelten. Vgl. Friedländer 1927, Tafel 30 u. 31, 11.

[44] Vgl. zu den Eigenschaften eines Individualportraits, in welchem ein Jemand zur Kenntnis gebracht wird, auch die Ausführungen von Gottfried Boehm (Boehm 1985).

das Zurücktreten der Person mit ihren Eigenschaften hinter dem puren Affekt und damit das Verschwinden jenes sichtbaren Jemands, dem wir bewusste Handlungen zutrauen.

Unter dem Aspekt des verschwindenden Bewusstseins lassen sich auch Leiden und Schmerz unterscheiden. Während wir Leiden das nennen, was immer einen Fokus hat und in das eine „Bewertungsdimension" eingebaut ist, wie Brigitte Scheele schreibt,[45] ist der Schmerz vor allem er selbst. Wir leiden an Heimweh, an Selbstzweifeln und an Liebeskummer; Leiden hat immer eine kognitive und eine leibliche Seite zugleich. Um zu leiden genügt es unter Umständen schon zu wissen, dass man krank ist. Der eminente, emphatisch erlebte Schmerz dagegen gilt als im universellen Sinne gegenwärtig und leiblich und entzieht sich dem begrifflichen Verstehen. An einen so verstandenen Schmerz erinnert auch Grünewalds Zeichnung. Zumindest zeigt sie einen Affekt, der nur er selbst ist und ohne ein Objekt, auf das er sich richtet. Der Schmerz „ist nicht *von* oder *für* etwas", wie Scarry schreibt.[46] Emphatischer Schmerz ist eine omnipräsente Empfindung, die das Verhältnis des Selbst zur äußeren Wirklichkeit fundamental erschüttert. „Schmerz ist totalitär (...) Der Mensch wird zum Epiphänomen des Schmerzes (...) Die im Schmerz gefundene absolute Größe macht die individuelle Existenz überschaubar und entkleidet sie ihrer Heterogenität", formuliert Christians.[47] Und zugleich ist, wie Scarry meint, „,Schmerzen zu haben' (...) das plausibelste Indiz dafür, (...) ,Gewissheit zu haben'".[48] So kann sich die Welt im Schmerz in eben dem Maße gegenwärtig und tatsächlich erweisen, wie sie abwesend und ausgelöscht erscheint.[49] Eine so verstandene Schmerzerfahrung können wir anhand von Bildern nicht machen. Aber die Bilder können etwas von deren Implikationen artikulieren. Und was Grünewalds Zeichnung deutlich macht, ist das Verschwinden des handelnden Jemands im schreienden Affekt und den damit verbundenen Weltverlust bei gleichzeitig gesteigerter Gegenwart.

---

[45] Vgl. Scheele, 2004, 239ff. Zur Differenzierung zwischen dem „emphatischen Leiden" als Schmerz und dem „Erleiden" als der „Überwindung von Negativität in Positivität"; vgl. auch Koslowski 1986, 51. Koslowski hat den Leidensbegriff in seinem analytisch differenzierten Aufsatz „Der leidende Gott" auch in seiner Bedeutung für den christlichen Erlösungsgedanken dargestellt.
[46] Scarry 1992, 14.
[47] Christians 1999, 792.
[48] Scarry 1992, 12.
[49] Die von Elaine Scarry vorgelegte Analyse stellt den durch die Folter hervorgerufenen Schmerz, die Fiktion von Macht und die „Erfindung der Kultur" in eine direkte Abhängigkeit.

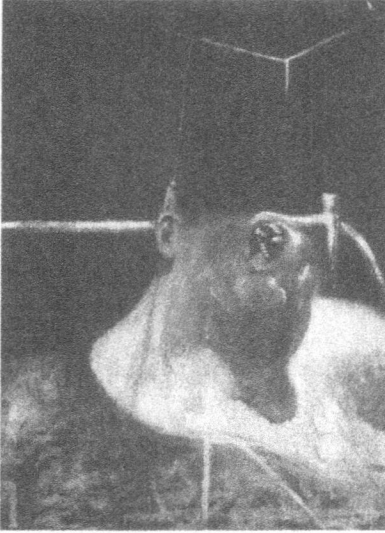

Abb. 7: Francis Bacon, Head I, 1948,
103x75 cm, Sammlung Richard R. Zeisler, New York

Die existentiell betreffende Dimension des Schmerzes hat in der Malerei des 20. Jahrhunderts kaum einer radikaler formuliert als Francis Bacon. In seinen gleichermaßen animalischen und anthropomorphen Wesen scheint das Dasein auf das rohe fleischliche Überleben zurückgeworfen. So zeigt etwa die 1948 entstandene Malerei „Head 1" ein merkwürdig aufgesprengtes Zwitterwesen mit weit aufgerissenem brüllendem Maul. Das Ohr dieses Wesens weist ganz offensichtlich menschliche Züge auf. Das Gebiss dagegen wirkt eher wie das eines Raubtiers. Die roten Lippen wiederum erinnern an eine menschliche Physiognomie. Zudem ist das Maul – wie bei einem missgebildeten Wesen – im Verhältnis zum Ohr anatomisch unplausibel zugeordnet.

Der umgebende Raum ist nur chiffrenartig als zivilisatorischer Kontext angedeutet. So könnte man das weiße Lineament direkt hinter dem Kopf – auch vor dem Hintergrund der Kenntnis anderer Bacon-Gemälde – als Bettgestänge deuten und die Linien rechts oben als Raumecke. In der weißen Fläche, die unterhalb des Kopfes anschließt, ließe sich ein Hemdkragen erkennen, doch all das bleibt in einer offenbar gewollten Unschärfe, löst sich immer wieder auf in abstrakte, spröde aufgetragene Malerei. Überhaupt wirkt die Strichführung skizzenhaft, vorläufig und zugleich extrem schnell und dynamisch. Besonders um das aufgerissene Maul herum ist sie überaus kleinteilig und dynamisiert. Hierdurch liegt der Fokus des Bildes auf eben diesem schreienden Maul, zugleich aber sieht man dies immer auch in seinem dialogischen Verhältnis zum Ohr – dazwischen eine merkwürdig unbestimmte, nicht einmal plastisch definierte Fläche. Das Blicklose und Deformierte dieses Kopfes ohne Schädelkalotte, ein bei Bacon häufig wiederkehrendes Motiv, deutet metaphorisch das Fehlen jeglicher geistiger Substanz an. Selbst das Ohr scheint – gleichsam autistisch – allein dazu da, den eigenen Schrei zu hören. Jedenfalls geht man angesichts dieses Wesens kaum davon aus, dass es irgendetwas verstünde, so dominant, gierig und schmerzverzerrt und alles bestimmend ist das brüllende Maul. Was sich in dem Brüllen zu äußern scheint, ist ähnlich wie bei Grüne-walds „Schreiendem" auch hier nicht die Empfindung eines sich sonst möglicherweise anders verhaltenden „Jemands". Vielmehr lässt sich angesichts dieses Gegenübers gar keine andere Äußerungsmöglichkeit denken als ein Schreien oder Brüllen. Alles dreht sich um die pure Entbergung der kreatürlichen Existenz: dieses monströse Wesen scheint nicht mehr und nicht weniger zu besitzen als das nackte Leben und seine bloße aggressive, fleischliche Diesseitigkeit.

Bacon zählt zu den wenigen Künstlern, die ohne religiöse Metaphorik und ohne auf Schock und Ekel abzuzielen Bilder von zerstörten, verwundeten, aufgebrochenen Lei-bern geschaffen haben. Anders als bei den Künstlern der sechziger Jahre ging es ihm nicht um Tabubrüche;[50] vielmehr entwickelte er ein Interesse an Schmerz und Gewalt, weil er sich über diese Erfahrungen existentiellen Fragen näherte. Auch Bacon selbst betonte immer wieder, dass er mit seinen Bildern nicht Entsetzen auslösen wolle. Die „beunruhigende Gewalt"[51] seiner Bilder zielt insofern auf eine Auseinandersetzung mit der vitalen Integrität des Menschen. Hierbei verliert der Mensch über weite Strecken seine genuine Menschlichkeit und erhält letztlich animalische Züge, wird Kreatur.

Schmerz bedeutet dabei, wie es etwa zeitgleich zur Entstehung von Bacons „Head I" der niederländische Psychologe Frederik Buytendijk formulierte,

> „Zerrüttung nicht nur unserer vitalen Integrität, sondern auch unseres geistigen Lebens (...) Nichts bricht den Menschen so sehr in Leib und Seele als körperlicher Schmerz, in seinen vitalen, unbe-wussten Reaktionen, mit denen er sich unter anderen Umständen als ‚Organismus', als ‚Indivi-duum' halten kann, nicht weniger als in seinen psychischen Kräften, seinem organisierten Den-ken, Fühlen und Wollen, durch die er als normale Person seinen Platz in der Welt ausfüllt."[52]

Schmerz ist so verstanden also nicht nur eine Angelegenheit des Leibes, sondern des gesamten menschlichen Weltverhältnisses. Sowohl in Buytendijks Interpretation wie auch in Bacons Bild ist Schmerz *Weltbezug ex negativo*. Er ist dies im doppelten Sinne, denn er ist immer zugleich auch das nicht gewollte, zu vermeidende Weltverhältnis. Gleichzeitig aber ist er das Reale und Präsente schlechthin. Um diese Paradoxien scheint es Bacon gegangen zu sein.

Diese existentialistische Deutung von Schmerz muss allerdings auch wiederum als spezifisches, kulturell geprägtes Schmerzverhalten gesehen werden. Und das heißt nicht, dass die Auslieferung an den Schmerz „einen Blick auf unser vordiskursives ‚In-der-Welt-Sein' zuließe" – wie es Lethen, Christians paraphrasierend, formuliert.[53] Lethen und Christians betonen, dass sich im Schmerz nicht die entkleidete Existenz selbst artikuliere. Wenngleich „die zivile Oberfläche der Ausdrucksbeherrschung" im Schmerz durchbro-

---

[50] Ein Beispiel für solche gezielten Tabubrüche sind die Wiener Aktionisten, unter denen etwa Rudolf Schwarzkogler mit öffentlichen Selbstverstümmelungen auf sich aufmerksam machte.
[51] Forge 1985, 26.
[52] Buytendijk 1948, 136-137.
[53] Lethen, 2005, 500.

chen ist, so treffen wir hier doch nur auf einen nächsten benachbarten symbolischen Code, resümiert Christians.[54] Auch die Schmerzerfahrung verändert sich durch kulturelle Codes, ist abhängig von je unterschiedlichen Subjektivierungspraktiken und wirkt auf diese zurück. Insofern treffen wir in der Schmerzerfahrung nicht auf *die* biologische „Wahrheit" des menschlichen Ego.

Das Argument der Kulturalisierung der Schmerzempfindung macht jedoch keineswegs jede Reflexion über deren Phänomenalität obsolet. Es bleibt sinnvoll, über das Weltverhältnis im Schmerz zu sprechen, aber vermutlich immer nur anhand von konkretem Material, über dessen kulturelle Einbettung wir etwas sagen können. So wird das spezifische Weltverhältnis, das sich – im Anschluss an Bacon – im eminenten Schmerz entwirft, vielleicht noch deutlicher, wenn man es von der „Befindlichkeit" im Heideggerschen Sinne unterscheidet:

„Was wir ontologisch mit dem Titel Befindlichkeit anzeigen, ist ontisch das Bekannteste und Alltäglichste: die Stimmung, das Gestimmt-Sein. Vor aller Psychologie der Stimmungen (...) gilt es, dieses Phänomen als fundamentales Existenzial zu sehen (...) Die Stimmung macht offenbar, ‚wie einem ist und wird'. In diesem ‚wie einem ist' dringt das Gestimmt-Sein das Sein in sein ‚Da'."[55] „Die Stimmung überfällt. Sie kommt weder von ‚Außen' noch von ‚Innen', sondern steigt als Weise des In-der-Welt-Seins aus diesem selbst auf."[56] Sie ist die „ursprüngliche Seinsart des Daseins", denn in der Stimmung ist das Dasein „*vor* allem Erkennen und Wollen und *über* deren Erschließungsweite *hinaus* erschlossen".[57] Zugleich macht die Stimmung „ein sich Richten auf (...) allererst möglich".[58] „Die Gestimmtheit der Befindlichkeit konstituiert existenzial die Weltoffenheit des Daseins (...) *In der Befindlichkeit liegt existenzial eine erschließende Angewiesenheit auf Welt, aus der her Angehendes begegnen kann*"[59].

Während die Befindlichkeit in Heideggers Verständnis erst dazu führt, dass uns die Welt etwas gilt, also eine Weltoffenheit des Daseins bedeutet, haben wir im Schmerz – wie ihn Bacon darstellt – gerade keine Weltoffenheit, sondern vielmehr eine Welthabe im Modus der *Verschließung gegenüber der Welt*. Im Schmerz, wie ihn Bacons Head I zeigt, und wie ihn auch viele Existentialisten verstanden, geht die Welt uns zugleich alles und nichts an, denn er betrifft uns im Urgrunde dessen, was uns überhaupt in die Lage versetzt, dass uns etwas etwas angehen kann: in unserem vitalen Bewusstsein. In diesem Sinne betrachtet auch List Schmerz zugleich als „äußerste Form der Gewißheit des Daseins"[60] wie dessen Gefährdung und mögliche

---

[54] Christians 1999, 782.
[55] Heidegger 1986 (zuerst 1927), 134.
[56] Ebd. 136.
[57] Ebd. 136.
[58] Ebd. 137.
[59] Ebd. 137-138. – Zur ausführlichen Interpretation dieser Passagen vgl. Slaby in diesem Band.
[60] List 1999, 774.

Vernichtung.[61] Auch ihr zufolge ist Schmerz mehr als ein durch „geeignete [medizinische] Maßnahmen zu beseitigendes Epiphänomen organischer Störungen".[62] Er ist unmittelbar an unser Wissen, dass es uns gibt, gekoppelt und eine zu verarbeitende Grenzerfahrung,[63] mit der wir, als Sinn generierende Geschöpfe, einen Umgang finden müssen, um zu überleben.[64]

6. Sorry Mister!

Bilder sind immer ein „Als-ob", und künstlerische Bilder reflektieren zugleich diesen fiktionalen Status. Sie setzen ganz direkt auf den Vorstellungssinn ihres Betrachters. Dadurch evozieren sie eine eigene Wirklichkeit – eine eigene Wirklichkeit, die sich zugleich auf etwas außerhalb ihrer selbst Liegendes bezieht. Das heißt, Bilder stehen, obgleich sie ein „Als-ob" sind, nicht in einer simplen abbildlichen Ähnlichkeitsbeziehung zu jener Wirklichkeit, auf die sie verweisen.[65] In diesem Sinne etwa formuliert Hans-Georg Gadamer eine Bildauffassung, welche die Identität eines Bildes – bzw. genauer: des Kunstwerks – als produktiven Erkenntnisprozess, als „Vollzug" bestimmt.[66] Mehr noch: Im anschauenden Vollzug eines Bildes stellt sich eine Wirklichkeit mit gesteigerter Potenzialität her, denn in der Betrachtung *in actu* realisieren sich Bilder – zumal künstlerisch gestaltete – als „sinnlich organisierter Sinn", wie Gottfried Boehm es formuliert.[67] Gerade das imaginative Moment ist dabei nicht ‚weniger' als die äußerlich erfahrbare Wirklichkeit.

---

[61] Über die leibliche Gewissheit im Schmerz schreibt List: „Einerseits ist der Schmerz ein Gegebenes des phänomenalen Bewußtseins, des Spürens, des unabweisbaren und unmittelbaren Gewahrseins. Zugleich aber ist er ein Phänomen, das sich der dualistischen Trennung von Körper und Geist/Bewußtsein hartnäckig widersetzt. Er ist also unmittelbare Gewissheit des Leib-Seins. Im Schmerz-Haben erfahren wir am deutlichsten, daß wir uns nicht immer von den Selbstverständlichkeiten des Leibhaftig-Existierens distanzieren und uns in unserem Bewusstsein und unserer Aufmerksamkeit auf die Domäne des Geistigen als dem eigentlichen Ort unseres Existierens zurückziehen können. Der Schmerz drängt sich auf als unabweisbares Moment unseres leiblichen Daseins, wir sind im Schmerz, nicht der Körper ‚da draußen'. Wir haben einen Körper, und spätestens im Schmerz wird uns gewiß, daß wir dieser Leib sind." (List 1999, 770).

[62] Ebd. 763.

[63] Zur anthropologischen Notwendigkeit der Schmerzerfahrung vgl. auch Le Breton, 2003. Le Breton sieht Schmerz als Notwendigkeit existenzieller Individuation und die drohende Abschaffung des Schmerzes in unserer Kultur als tief greifenden Verlust. Vgl. hier insbesondere das Kapitel „Der Schmerz als Öffnung zur Welt", 249ff.

[64] Sicherlich nicht zufällig fügen schwer bewusstseinsgestörte Patienten, wie etwa Autisten, sich häufig selbst Schmerzen zu.

[65] Michael Bockemühl bringt diesen tätigen Vollzug, in dem sich das Kunstwerk realisiert, auf die knappe Formel: „Bildrezeption ist Bildproduktion" (Bockemühl 1985, 174ff.).

[66] Gadamer 1994, 100.

[67] Boehm 1980, 119. Was unter der Identität des Kunstwerks zu verstehen ist, realisiert sich nach Boehm im sinnlichen Vollzug und dieser ist weder passiv noch begriffslos: die Identität des

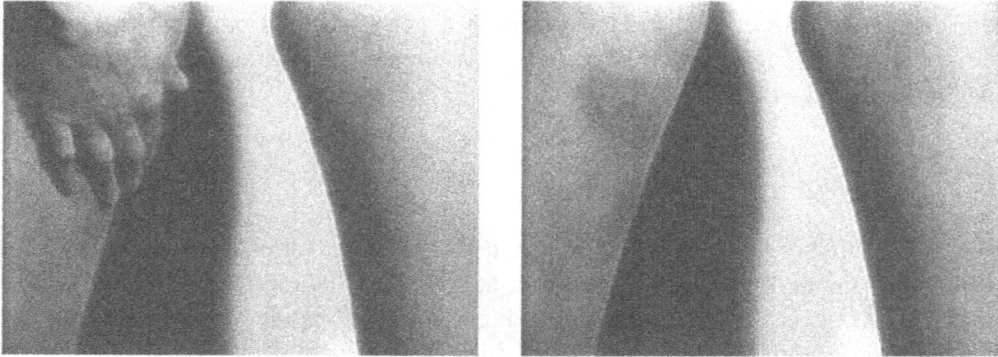

Abb. 8: Ulrike Rosenbach: Videostills aus „Sorry Mister", 1974, 11'51", Abb. 8a und 8b

Das Video „Sorry Mister" der 1943 geborenen Videokünstlerin Ulrike Rosenbach, das 1974 im Rahmen der Ausstellung »Projekt '74« im Kölnischen Kunstverein realisiert wurde, zeigt, dass es bei Bildern von Gewalt und Schmerz häufig nicht um eine schlichte Evokation von Mitleid geht. Mitleid, Schmerzempfinden und Schock sind, wie anhand dieses Videos noch einmal deutlich wird, weder die einzig mögliche noch die einzig adäquate Reaktion auf Bilder von Gewalt und Schmerz. Sie können uns auch auf einer ganz anderen Ebene „angehen", zum Beispiel, indem sie uns befremden.

Das Performancetape zeigt eine simple Aktion: einen kontinuierlichen, rhythmischen Schlag einer offensichtlich weiblichen Hand auf ihren Oberschenkel. Im Takt zu Brenda Lees sentimentalem Schlager „I'm sorry" von 1960 klatscht die Hand auf die immer gleiche Stelle der Haut, wodurch sich hier während der fast 12-minütigen Laufzeit des Videos ein Bluterguss ausbildet. Wenn hier etwas ‚weh tut', dann ist es die Vorstellung der Unbetroffenheit, die sich dabei mitteilt. Anstatt einer Schmerzäußerung ist das sanfte und selbstbezichtigende Lied „I am sorry that I was such a fool" zu hören; anstatt des zugehörigen Gesichts zeigt sich nur der eine nahsichtige Ausschnitt des Oberschenkels. Was soll damit gezeigt werden? Geht es um Selbstkasteiung?

Erfährt man, dass es die Künstlerin selbst ist, die sich hier einer bewusst inszenierten Selbstverletzung unterzieht, so verstärkt sich der Eindruck der Selbstbestrafung; zugleich aber wendet sich auch die Fragerichtung. Geht es um ein feministisches Statement? Um das Körperselbstverhältnis einer Frau? Um ihr Selbstverständnis? Um eine spezifisch weibliche Tendenz zur Selbstzerstörung?

Kunstwerks ist, wie Boehm weiter schreibt, die „Konvergenz von Sinnlichkeit und Sinn im Modus konkreter Anschauung" (ebd. 118).

Wir sehen das Gesicht der Geschlagenen nicht; somit bildet sich auch kein Gegenüber aus, in dem sich Reaktionen abzeichnen und sich ein fühlender Anderer zeigen könnte, in dessen Gesicht wir nachvollziehbare Handlungsabsichten ablesen würden. Eben dadurch aber sind wir als Betrachter aufgefordert, an diese Stelle zu treten. Was fühlen wir, wenn wir das sehen? Um unter anderem diese Ungewissheit zu provozieren, verweigert das Video ganz bewusst die Antwort auf die Frage, was die Geschlagene empfindet.

Was durch dieses Beispiel noch einmal thematisiert wird, ist, dass es ein breites Spektrum möglicher Stoßrichtungen der Auseinandersetzungen gibt, die durch die Bilder von Gewalt und Schmerz ausgelöst werden: von der Herausforderung zur (religiösen) Sinnproduktion (in Grünewalds Isenheimer Altar), über den Selbstverlust im Affekt (in Grünewalds Zeichnung) und die Erfahrung des kreatürlich existentiellen „In-der-Welt-Seins" (bei Bacon) bis hin zu weiblichen Selbstverleugnungsunterstellungen (bei Rosenbach). Hierin wird evident, dass Bilder von Schmerz und Gewalt auf unterschiedlichste Weise eingesetzt und rezipiert werden können. So wie das Schmerzempfinden selbst eine kulturelle Seite hat, so kennen wir auch die Richtung letztlich nicht, in der die Bilder gelesen werden. Bilder legen durch ihre Kontextbezüge und Ausgestaltung höchstens Lesarten nahe.

Es war ausgerechnet Luther, also einer der ausgewiesensten Verfechter der Idee der Gotteserkenntnis in Leiden und Kreuz, der drastische Kreuzigungsdarstellungen ablehnte. Sie waren ihm nicht geheuer. Er glaubte, sie würden die Menschen erschrecken,[68] aber vielleicht fürchtete er nur – als einer, der zumindest phasenweise dem Bildersturm zuneigte – die Macht der Bilder und ihre Deutungsoffenheit. Jedenfalls zeigt Luthers Position, dass die Zweifel an der Berechtigung von Gewaltbildern alt sind. Dennoch gibt es Gewaltbilder, und es gibt sie in zunehmendem Maße. Und es lohnt sich zu fragen, weshalb; gelten doch Schmerz und Gewalt als Inbegriffe des Nicht-Gewollten. Zugleich aber – das sollten meine Betrachtungen zeigen – finden im Schmerz spezifische Subjektivierungsprozesse statt, formieren sich in ihm bestimmte Modi des In-der-Welt-Seins: Der Schmerz ist Weltverhältnis ex negativo und unangenehme sinnliche Präsenz des Realen. Damit stellt sein Erleben zugleich erhebliche Herausforderungen an die Sinnstiftung. Bilder wiederum setzen sich im Modus des Als-ob mit diesen Prozessen auseinander, machen sie sichtbar, empfindbar und deutbar – zumindest dann, wenn sie „starke" Bilder sind. Insofern entzieht sich Schmerz keineswegs vollkommen jeder Kommunikation, und auch wenn Mitleiden kein Automatismus ist, so ist der Schmerz des Anderen doch mehr als nur der Schmerz des Anderen.

---

[68] Vgl. hierzu Koepplin 1988. Koepplin (1988, 162) schreibt über Luthers Bildvorstellung: „Das von Luther selbst konzipierte Spiegelbild des Kreuzes im Herzen repräsentiert ganz das, was Luther von religiösen Bildern erwartet, nämlich christliches Merkzeichen zu sein, zu bezeugen, zu mahnen, zu trösten, zur geistlichen Fröhlichkeit zu verhelfen im unmittelbaren Bezug auf das Wort der hl. Schrift." Ein eindrucksvolles Beispiel für eine Umsetzung als „Merkbild" stellt Cranachs Altargemälde in der evangelischen Stadtkirche St. Peter und Paul in Weimar dar.

Literatur

Bentham, Jeremy (1907, engl. zuerst 1789), *An Introduction to the Principles of Morals and Legislation*, Oxford.
van den Berg, Karen (1997), *Die Passion zu Malen. Zur Bildauffassung bei Matthias Grünewald*, Duisburg/Berlin.
Bockemühl, Michael (1985), *Die Wirklichkeit des Bildes*, Stuttgart.
Boehm, Gottfried (1980): „Bildsinn und Sinnesorgane", in *Neue Hefte für Philosophie* Nr. 18/19, 118-132.
Boehm, Gottfried (1985), *Bildnis und Individuum. Über den Ursprung der Porträtmalerei in der italienischen Renaissance*, München.
Bondolfi, Alberto (2000), „Was nützt es zu leiden?", in *unimagazin. Die Zeitschrift der Universität Zürich*, Dossier Schmerz und Leiden, Nr. 4 vom Dezember 2000, 31-32.
Brassat, Wolfgang (1999), „Falsche Gefühle? Anlässlich des Benetton-Urteils des Bundesgerichtshofes", in *Kritische Berichte*, 4, 55-64.
Le Breton, David (2003), *Schmerz. Eine Kulturgeschichte*, Zürich/Berlin.
Buytendijk, Frederik (1948), *Über den Schmerz*, Bern.
Christians, Heiko (1999), „Über den Schmerz. Hermeneutische Topik und authentische Erfahrung", in *Deutsche Zeitschrift für Philosophie* 47, Heft 5, 781-802.
Das, Veena (1999), „Die Anthropologie des Schmerzes", in *Deutsche Zeitschrift für Philosophie*, Berlin, 47, Heft 5, 817-832.
Dittmann, Lorenz (1995), *Die Farbe bei Grünewald*, München.
Elster, Jon (1999), *Alchemies of the Mind. Rationality and the Emotions*, Cambridge.
Forge, Andrew (1985), „Über Bacon", in *Francis Bacon* (Ausst. Kat. Staatsgalerie Stuttgart, Nationalgalerie Berlin), London, 24-31.
Friedländer, Max (1927), *Die Zeichnungen von Matthias Grünewald* (Jahresgabe des Deutschen Vereins für Kunstwissenschaft 1926), Berlin.
Gadamer, Hans-Georg (1994), „Bildkunst und Wortkunst", in Gottfried Boehm (Hg.), *Was ist ein Bild?*, München, 90-104.
Heidegger, Martin (1986, zuerst 1927), *Sein und Zeit*, Tübingen.
Jaquenod, Monika/Beatrice Schaeppi (2000), „Schmerzforschung im Überblick", in *unimagazin. Die Zeitschrift der Universität Zürich*, Dossier Schmerz und Leiden, Nr. 4, Dezember 2000, 8-12.
Koepplin, Dieter (1988), „Kommt her zu mir alle. Das tröstliche Bild des Gekreuzigten nach dem Verständnis Luthers", in *Schriften des Vereins für Reformationsgeschichte* 194, 153-199.
Koslowski, Peter (1986), „Der leidende Gott", in Willi Oelmüller (Hg.), *Kolloquien zur Gegenwartsphilosophie, Leiden*, Bd. 9, Paderborn, 51-57.
Lehmann, Hartmut (2002), *Protestantisches Christentum im Prozess der Säkularisierung*, Göttingen.
Lethen, Helmut (2005), „Die Evidenz des Schmerzes", in *Merkur* Nr. 674, 492-503.
List, Elisabeth (1999), „Schmerz – Manifestation des Lebendigen und ihre kulturellen Transformationen", in *Deutsche Zeitschrift für Philosophie*, Berlin, 47, Heft 5, 763-780.
Luther, Martin (1983, zuerst 1518), „Heidelberger Disputation", in Knut Aland (Hg.), *Luther Deutsch. Die Werke Martin Luthers*, Die Anfänge, Bd. 1, Göttingen, 379-394.
Morris, David B. (1996), *Geschichte des Schmerzes*, Frankfurt a. M.
Morris, David B. (2000), *Krankheit und Kultur*, München.
Niemeyer, Wilhelm (1921), *Matthias Grünewald. Der Maler des Isenheimer Altars*, Berlin.

Nussbaum, Martha C. (2001), *Upheavals of Thought. The Intelligence of Emotion*, Cambridge.

Pfister, Michael/Stefan Zweifel (2000), „Zuckende Leiber, rollende Wogen", in *unimagazin. Die Zeitschrift der Universität Zürich*, Dossier Schmerz und Leiden, Nr. 4, Dezember 2000, 38-41.

Scarry, Elaine (1992), *Der Körper im Schmerz. Die Chiffren der Verletzlichkeit und die Erfindung der Kultur*, Frankfurt a. M.

Scheele, Brigitte (2004), „Rationale Gefühle", in Norbert Groeben (Hg.), *Zur Programmatik einer Sozialwissenschaftlichen Psychologie*, Bd. 2.2, Münster, 233-267.

Schmitz, Hermann (1965), *Der leibliche Raum, System der Philosophie*, Bd. 2.1, Bonn.

Schmitz, Herman (1998), *Der Leib, der Raum und die Gefühle*, Ostfildern vor Stuttgart.

Sontag, Susan (2000, amerik. zuerst 1977), *Über Fotografie*, Frankfurt a. M.

Sontag, Susan (2003), *Das Leiden anderer betrachten*, München/Wien.

Watzlawick, Paul/Janet H. Beavin/Don D. Jackson (2000), *Menschliche Kommunikation. Formen, Störungen, Paradoxien*, Bern.

Wittgenstein, Ludwig (1977, zuerst 1953), *Philosophische Untersuchungen*, Frankfurt a. M.

Abbildungsnachweis:

Abb. 1, http://www.thedesignofprosperity.se/press/toscani/Benetton_1992_Toscani.jpg; abgerufen am 01. 07. 2006.

Abb. 2 u. 3, Fraenger, Wilhelm (1988), *Matthias Grünewald*, Dresden, 19/20 u. 250.

Abb. 4 u. 5, van den Berg, 27 u. 28.

Abb. 6, Friedländer, Max (1929), *Die Zeichnungen von Matthias Grünewald. Jahresgabe des Deutschen Vereins für Kunstwissenschaft 1926*, Berlin, Tafel 31.

Abb. 7, *Francis Bacon* (1985), (Ausst.-Kat. Staatsgalerie Stuttgart, Nationalgalerie Berlin), London, 40.

Abb. 8a u. b, http://www.medienkunstnetz.de/assets/img/data/413/bild.jpg; abgerufen am 13. 04. 2006.

GREGOR SCHIEMANN

Ambivalenzen und Grenzen des Mitleids bei Jean-Jacques Rousseau*

Obwohl Rousseaus Mitleidsbegriff in heutige Verständnisweisen des Mitleids einge-gangen ist, spielt er in ihren Thematisierungen nur eine eher untergeordnete Rolle. Rousseaus Beitrag zum modernen Begriffsverständnis steht einerseits im Schatten des Einflusses anderer ethischer Gefühlsauffassungen. Zu denken ist hierbei an Arthur Schopenhauers Mitleidsethik, auf die sich Autoren wie Walter Schulz oder Ursula Wolf, die das Mitleid zu den Zentralbegriffen ihrer Ethik rechnen, vornehmlich bezie-hen, an utilitaristische Mitleidskonzeptionen oder an Anknüpfungen an die englische *Moral-Sense-Philosophy* von David Hume und Adam Smith. Andererseits liegen Ursa-chen für die periphere Stellung des Begriffes darin, dass er in Rousseaus Werk selbst nur an wenigen Stellen erörtert wird. Die Rezeption dieser Passagen hat sich zudem auf werkimmanente Interpretationen der Bedeutung des Mitleids für Rousseaus Anthropo-logie und Kulturkritik konzentriert und kaum den Kreis der Philosophiegeschichts-schreibung verlassen.

Mit der mangelnden Aufmerksamkeit auf Rousseaus Begriff entgehen dem Mitleids-diskurs auch dessen Vorzüge. Im Gegensatz etwa zu Schopenhauer begeht Rousseau nicht den Fehler, das Mitleid zum alleinigen Prinzip seiner Ethik zu erheben. Mitleid steht bei ihm vielmehr Prinzipien der Selbstbezüglichkeit gegenüber, die ein dem vieldiskutierten Schema von Altruismus und Egoismus verwandtes System begründen. Wichtiger noch ist die von Rousseau hervorgehobene Differenz von Natur und Kultur, auf deren Diskussion seine Philosophie vielleicht überhaupt abzielt und die alle Bestim-mungen des Mitleids durchzieht. Die Vernachlässigung dieser begrifflichen Unterschei-dung im gegenwärtigen Mitleidsdiskurs spiegelt sich in der ungeklärten Beziehung zwischen naturalistischen und kulturalistischen Positionen.[1] Rousseau gelingt keine

---

* Eine französische Übersetzung des Textes erscheint in Éliane Escoubas/László Tengelyi (Hg.), *L'affect et l'affectivité de la philosophie moderne à la phénoménologie*, Paris 2007.

[1] Naturalistische Positionen, die ausschließlich die physischen Bedingungen des Mitleids thematisie-ren, haben in den Naturwissenschaften ungleich stärkere Bedeutung als kulturalistische Positionen,

befriedigende Aufklärung des Spannungsfeldes zwischen vermeintlich kulturell invari-
anten und vermeintlich kulturell veränderlichen Eigenschaften des Mitleids, aber er
erweitert die philosophische Begriffsbildung durch die Problematisierung der polaren
Eigenschaftsbeziehungen.

Mitleid geht bei Rousseau aus einer angeborenen Disposition hervor, die beim Menschen gefördert oder überformt, das heißt auch unterdrückt werden kann.[2] Ihre kulturelle Ausbildung steht unter Leitung der Vernunft und bewegt sich im Rahmen der Aktivierung der Einbildungskraft, die nicht präsentes Leiden zu imaginieren vermag, sowie
der Urteilskraft, die die Leidenssituation und ihre Bedeutung für die mitleidende Person
bewertet. Diese kognitiven Komponenten heben Rousseaus Theorie von heute gängigen, auf reine Empfindungsfähigkeit reduzierten Mitleidstheorien ab.[3] Rousseaus Interesse gilt der Förderung des Mitleids, um menschliches Leiden nicht nur im Einzelfall
durch unmittelbare Hilfe zu lindern, sondern zu beseitigen, soweit es die natürlichen
und gesellschaftlichen Bedingungen gestatten. Die Radikalität seiner Konzeption zeigt
sich aus der Perspektive der von ihm angestrebten egalitären Gesellschaft: In ihr könnte
das Leid auf das Maß, dem der Mensch als empfindungsfähiges Wesen nicht entgehen
kann, minimiert sein, und die Reichweite des Mitleids auf den Kreis aller Gesell-
schaftsmitglieder maximiert sein.

Rechnet man die Klärung der Bedingungen zur Verringerung von Leiden zu den Auf-
gaben der Ethik und das Mitleid zu den hauptsächlichen Motiven leidvermindernder
Handlungen, dann erhält diese Konzeption in einer Moderne, die über wachsende Hand-
lungsoptionen zur Leidensbekämpfung verfügt, eine ernstzunehmende Aktualität. Die
ethische Relevanz des Mitleidsphänomens ist allerdings umstritten: Befürworterinnen
und Befürwortern von Mitleidsethiken stehen unversöhnlich die von rationalistischen
Ethiken gegenüber. Eine angemessene Darstellung und Bewertung dieser komplexen
Auseinandersetzung kann und muss hier nicht vorgenommen werden. Ich möchte Rous-

---

die sich allein auf den symbolischen Gehalt des Mitleids beziehen; umgekehrt verhält es sich bei
geisteswissenschaftlichen Thematisierungen des Mitleids. Zum Spannungsverhältnis zwischen diesen beiden Positionen vgl. Schiemann 2004.

[2] Rousseau begreift die natürlichen Eigenschaften als kulturell nicht zu beseitigen und ihre Unterdrückung als „Entfremdung". Unterdrückung bzw. Entfremdung heißt, dass die innere und äußere Natur dem Menschen nicht mehr gegenwärtig sind, sich von ihm entfernt haben; er steht seinen eigenen Ursprüngen fremd gegenüber. Rousseaus Bestimmungen der egalitären Gesellschaft lassen
sich so interpretieren, dass in ihr alle Entfremdung aufgehoben ist. Der von mir gewählte Ausdruck
„Überformung" unterstellt, dass das Mitleid bei aller kulturellen Beeinflussung in seinem natürlichen Kern unverändert bleibt. Kulturell kann das natürliche Mitleid funktionsäquivalent durch andere Formen der Anteilnahme oder leidvermindernder Hilfe wie die „Großmut, die Milde, die
Menschlichkeit" (Rousseau 1984 (frz. zuerst 1755), 147), „die Güte, (...) das Erbarmen, die Wohl-
tätigkeit" (Rousseau 1971 (frz zuerst 1762), 224) ersetzt werden. Allgemein vertritt das Mitleid nur
„im Naturzustand (...) die Stelle der Gesetze, der Sitten und der Tugend" (Rousseau 1984, 151,
entspr. 57).

[3] Hierunter fallen hauptsächlich die an Schopenhauers Mitleidsethik orientierten und die utilitaristischen Konzeptionen.

seau darin folgen, die mitleidende Handlungsmotivation nicht vom Standpunkt eines ethischen Prinzips, sondern in Auseinandersetzung mit ihren realen Bedingungen und Realisierungsmöglichkeiten zu beurteilen. Um die mit der Mitleidsreaktion verbundenen Handlungsbedingungen zu klären, steht die begriffliche Erfassung der emotionalen, kognitiven und voluntativen Elemente des Mitleidsphänomens im Fokus meiner Betrachtungen. Meine These ist, dass Rousseaus Begriff eine für die Moderne kennzeichnende ambivalente Struktur aufweist, die aus der Dominanz des Selbstbezuges resultiert.

Eine positive Anknüpfung ist nur in einer kritischen Auseinandersetzung möglich, welche die begrifflichen Bestimmungen von problematischen Konsequenzen der Anthropologie Rousseaus zum einen abtrennt und zum anderen partiell korrigiert. Meine Rekonstruktion des Begriffes gliedert sich in drei Teile: Zuerst verorte ich seine Position in Rousseaus Werk und fasse seine Bestimmungen zusammen (1.); dann diskutiere ich seine Ambivalenzen auf der Ebene des individuellen Mitleidserlebens (2.); abschließend nehme ich eine Revision und eine Bewertung des Begriffes vor (3.).

1. Mitleid bei Rousseau

Rousseau kommt auf das Mitleid, für das er meist den mit dem deutschen Wort im wesentlichen synonymen Ausdruck „pitié", seltener das etwas bedeutungsweitere „commisération" und nur vereinzelt „compassion" verwendet, an verstreuten Stellen zu sprechen. Den Erörterungen im *Discours sur l'inégalité*,[4] im *Émile*[5] und im *Essay sur l'origine des langues*[6] kommt dabei zweifellos die größte Bedeutung zu. Die Kontexte dieser zentralen Belegstellen unterscheiden sich signifikant: Die Ausführungen des *Discours sur l'inégalité* referieren auf den vor alle Zivilisation gesetzten Naturzustand, die des *Émile* auf die Erziehung eines Knaben inmitten einer bürgerlichen Gesellschaft und die des *Essay* auf das zwischen Naturzustand und Zivilisation liegende „Goldene Zeitalter" einer in Familien organisierten Gesellschaftsform.[7] Insbesondere den Ausführungen des *Discours* und des *Émile* ist die unvermittelte Einführung des Themas, auf das Rousseau im weiteren Verlauf der beiden Texte nur beiläufig wieder zu sprechen kommt, gemeinsam.[8]

---

[4] Rousseau (1755). – Im Folgenden beziehe ich mich auf die dt. Ausgabe Rousseau 1984.
[5] Rousseau (1762). – Im Folgenden beziehe ich mich auf die dt. Ausgabe Rousseau 1971.
[6] Rousseau (1781). – Im Folgenden beziehe ich mich auf die dt. Ausgabe Rousseau 1981.
[7] Rousseau 1981, 185 und 187.
[8] Nachdem das Mitleid im *Discours sur l'inégalité* als eine der letzten Bestimmungen des hypothetischen Naturzustandes gleichsam nachgeschoben wird, spielt es bei der Darstellung und Kritik des folgenden Zivilisierungsprozesses keine nennenswerte Rolle mehr; im *Émile* dient die Ausbildung des natürlichen Mitleidgefühls vor allem der Herauszögerung des ersten Gefühls der Liebe, der danach vorherrschenden und nicht systematisch aus dem Mitleid abgeleiteten Emotion. Diese Formen

In den divergierenden Kontexten und fehlenden übergreifenden Textbezügen sehe ich die entscheidenden werkimmanenten Bedingungen für die hier nicht näher zu besprechende Interpretationsvielfalt von Rousseaus Mitleidsbegriff.[9] Zu den Streitpunkten gehört die Frage, in welchem Umfang ein einheitlicher Mitleidsbegriff bei Rousseau vorliegt. Meine Rekonstruktion unterstellt, dass die zentralen Aussagen zusammenstimmen und die Pointe des Begriffes gerade in der gemeinsamen Geltung dieser Aussagen besteht.

Mitleid nennt Rousseau den „Widerwillen [*répugnance*], irgendein empfindendes Wesen, und hauptsächlich unsere Mitmenschen, umkommen und leiden zu sehen".[10] Diese Definition lässt offen, ob Mitleid den Impuls zur helfenden Handlung mit umfasst. Auch für die weiteren Bestimmungen des Begriffes bei Rousseau ist die damit vorausgesetzte Unbestimmtheit charakteristisch. Ich werde mich demgegenüber dem gegenwärtigen Sprachverständnis anschließen, das den Handlungsimpuls zur Linderung oder Beseitigung des Leidens als Bestandteil des Mitleids auffasst.

In überraschender Nähe zu heutigen wissenschaftlichen Bemühungen sucht Rousseau, auch Verhaltensweisen von höheren Tieren seiner Bestimmung zuzuordnen.[11] Für die Menschen nimmt er an, dass das Mitleid als Korrektiv der Selbstliebe *(amour de soi)* bereits im Naturzustand zur Anwendung komme. Den auch unter Zivilisationsbedingungen vorhandenen natürlichen Gehalt des Mitleids setzt er in einen Instinkt, der durch die Aufmerksamkeit auf ein Leiden ausgelöst wird und vorreflexiv unmittelbar zur Unterstützung des leidenden Wesens veranlasst.[12] So führt die Wahrnehmung des „Brüllens" verängstigter Tiere,[13] des „Stöhnens" schmerzgequälter Menschen,[14] allge-

---

der Nichtthematisierung lassen sich als Aussicht auf eine humane Zukunftsgestaltung deuten, die des ursprünglichen Mitleids nicht mehr bedarf.

[9] Rang 1959, 426ff.; Masters 1968, 43ff., 136ff.; Derrida 1974 (frz. zuerst 1967), 283ff.; Fetscher 1975, 75ff.; Hedman 1979; Dent 1989, 113ff.; Morgenstern 1996, 55ff.; Cooper 1999, 96ff.; Wingrove 2000, 30ff.; Nussbaum 2000; Sturma 2001, 107ff. Die unterschiedlichen Auslegungen der unbestrittenen Vieldeutigkeit des Mitleidsbegriffes weisen eher auf differente als auf uneindeutige oder ambivalente (Wingrove 2000) Bedeutungen hin.

[10] Rousseau 1984, 57. Die Hervorhebungen in den Zitaten stammen von mir.

[11] Rousseau 1984, 143. Vgl. das Lemma „Mitleid" im *Lexikon der Biologie* (1998): „Beobachtungen sprechen dafür, dass schon Menschenaffen Mitleid zeigen - etwa, wenn ein adultes Schimpansenweibchen seine sterbenskranke Mutter mit Futter versorgt (J. Goodall) oder wenn ein geschickter Gorilla-Silberrücken ein Gruppenmitglied vom Draht von Fallenstellern befreit (D. Fossey). I. Eibl-Eibesfeldt betrachtet menschliches Mitleid auch als das subjektive Korrelat der Tötungshemmung. Evolutionäre Voraussetzungen von Mitleid waren Gefühlsansteckung, Selbstexploration und Perspektivenübernahme".

[12] Rousseau 1984, z. B. 151.

[13] Rousseau 1984, 143.

[14] Rousseau 1971, 228.

meiner: jedes hilfeflehenden „Schreis der Natur"[15] völlig mechanisch zum Unterstützungsbestreben, wenn es nicht durch widerstrebende voluntative Faktoren gehindert wird. Kognitiv ordnet Rousseau dem natürlichen Mitleid eine Identifikation zu, mit der sich das mitleidende Wesen „an die Stelle (...) [des Leidenden] versetzt".[16] An dieser Identifikation setzt die kulturelle Förderung und Überformung des Mitleids an, deren einzige Grenze darin besteht, dass dem natürlichen Gehalt des Mitleids nicht dauerhaft zuwidergehandelt werden kann.

Während die Selbstliebe ausschließlich der Erhaltung des Individuums dient, erfüllt das Mitleid die Funktion der Erhaltung der menschlichen Art *(espèce)*.[17] Im Mitleidserleben bringt sich damit ein – in der Rezeption meist unberücksichtigter[18] – übergreifender Aspekt zur Geltung, der sowohl die Stabilität des Naturzustandes als auch die Entwicklung der menschlichen Zivilisation allererst ermöglicht.[19] Mitleid ist aber zugleich auch artstrukturierend, wo es Verwandtschaftsbeziehungen oder Sozialverbände bevorzugt, und arttranszendierend, insofern es einige Tiere einbegreift.[20]

Mitleid ist bei Rousseau wie die Selbstliebe ein Gefühl.[21] Den Begriff des Gefühls *(sentiment)* definiert er im Zusammenhang mit dem der Vorstellung *(idée)*: Gefühl ist eine subjektiv erlebte Vorstellung, deren Objektbezug untergeordnete Bedeutung hat, während Vorstellung ein Gefühl ist, bei dem die Aufmerksamkeit ungleich stärker dem Objektbezug als dem damit verbundenen eigenen Erleben gilt.[22] Jedem Gefühl kommt deshalb auch der Charakter einer Vorstellung zu. An diese Beziehung kann die Unterscheidung von emotionalen und kognitiven Elementen des Mitleidsphänomens anschließen: Grob gesprochen, umfasst in heutiger Terminologie das emotionale bzw.

---

[15] Rousseau 1984, 123. In diesem Schrei legt Rousseau im *Discours sur l'inégalité* den Ursprung der menschlichen Sprache, die er damit – anders als im *Essay sur l'origine des langues* – auf eine Mitleidsreaktion zurückführt.

[16] Rousseau 1984, 147.

[17] Ebd. 151.

[18] Zu den Ausnahmen gehört Masters 1968.

[19] „Espèce" hat eine ähnliche und ähnlich weite Bedeutung wie das deutsche Wort „Art". Ein Bezug auf biologische Arten findet sich bei Rousseau nicht nur im Kontext des Mitleids. Vgl. z. B. das Vorkommen des Wortes nach den im – sehr nützlichen – Index von Rousseau 1984 verzeichneten Stellen. Das Merkmal der Arterhaltung wird vor allem im *Discours sur l'inégalité* betont. – Arterhaltung ist ein antidarwinistisches Merkmal des Mitleids und widerspricht als solches der ansonsten strikt nicht teleologisch verfassten Anthropologie Rousseaus, die nicht auf die Vervollkommnung des Menschen abzielt, sondern dem Menschen nur das Vermögen zur Vervollkommnung, die Perfektibilität, zuschreibt (Rousseau 1984, 103ff., 131ff.).

[20] Der Mensch hat Mitleid mit den Tieren (Rousseau 1971, 223 und, nicht ganz eindeutig, 224), Tiere höherer Arten zeigen verwandte Reaktionen auf das Leiden von Lebewesen der eigenen Art und anderer Arten (Rousseau 1984, 143).

[21] Rousseau 1971, 121 und 224.

[22] Rousseau 1971, 305 Anm. Rousseau bleibt damit an der cartesischen Unterscheidung von Empfindung *(sentiment)* als körperlich-geistigem Mischzustand und Idee *(idée)* als reinem geistigen Zustand orientiert, verwischt aber ungleich stärker, als dies bei Descartes angelegt ist, die Grenzziehung zwischen beiden Bewusstseinsformen. Zu Descartes' Phänomenologie des Bewusstseins vgl. Schiemann 2004.

gefühlsmäßige Element die in der Perspektive der ersten Person Singular privilegiert zugänglichen und das kognitive bzw. vorstellungsmäßige Element die in der Perspektive der dritten Person thematisierbaren Phänomene des Mitleids.

Im Gegensatz zur Selbstliebe ist das Mitleid ein „relatives Gefühl" *(sentiment relatif)*[23], da es das Individuum nicht aus einem inneren Impuls heraus, sondern infolge seiner Bezugnahme auf andere Individuen ergreift.[24] Alle Ambivalenzen des Mitleids stellen sich als Variationen dieser Relativität dar. Diese finden sich in Rousseaus Werk nicht expliziert, sondern sind Ergebnis einer kritischen Interpretation. Die Hauptbestandsstücke, an die sie anknüpfen, habe ich mit diesen einführenden Bemerkungen bereits genannt. Ihre Stichworte lauten in der Reihenfolge, in der ich auf sie eingehen werde: „Widerwille", „Identifikation", „Arterhaltung" und „Vorreflexivität".

2. Ambivalenzen der vier Bestimmungen des Mitleids

Erstens. Widerwille. Wie sich im Deutschen die Bedeutung des Wortes „Widerwillen" mit denen des „Widerstrebens" und des „Ekels" bzw. des „Verdrusses" verbindet, so ist der Ausdruck *„répugnance"* im Französischen sinnverwandt mit *„antipathie"* und *„dégoût"*.[25]

„Widerstreben" bezeichnet, so möchte ich behaupten, treffend die Negativität des Unangenehmen im Mitleidsgefühl und der korrelierten Handlungsintention, die sich auf und gegen ein vorhandenes Leiden richtet. Weitergehend lässt sich der Widerwille als Ausdruck eines tief greifenden Uneinverstandenseins mit der Existenz von Leid interpretieren. Durch besonderes Leiden bloß veranlasst, richtet er sich gegen das Vorhandensein von Leid überhaupt.[26]

---

[23] Rousseau 1971, 224

[24] In seiner Relativität trifft sich das Mitleid mit dem als „Eigenliebe" übersetzten „amour-propre". Die Eigenliebe tritt in der Zivilisation neben die Selbstliebe, dient wie diese der Erhaltung des Individuums, wirkt aber nicht aus einem inneren Impuls heraus, sondern aus dem Vergleich zwischen Individuen, dem Rousseau teils ablehnend, teils positiv gegenübersteht. Das Verhältnis von Mitleid und Eigenliebe bleibt uneindeutig. Zum einen betont Rousseau, dass man „keines von den Gefühlen, die uns zwingen, uns mit anderen zu vergleichen", den Regungen des Mitleids beimischen dürfe (Rousseau 1971, 228). Zum anderen leitet er das Mitleid aus der Eigenliebe ab (Rousseau 1971, 261). Zum Verhältnis von Mitleid und Eigenliebe vgl. Dent 1989 und Masters 1968.

[25] Deutsche Bedeutung nach Duden (1997) und L. Mackensen (1952). Nach Sachs 1898 sind „antipathie" (Widerwille, Widerstreben, natürl. Abneigung) und „dégoût" (1. Mangel an Esslust; 2. Ekel, Widerwille; 3. Verdruss, Unannehmlichkeiten) mit „répugnance" sinnverwandt.

[26] Rang hält weniger den Ausdruck „Widerwillen" in der Definition des als „Mitleid" bezeichneten Phänomens als die Charakterisierung dieses Phänomens als Mitleid für problematisch: „Rousseau spricht dem Naturmenschen noch ein zweites Gefühl zu: das *Mitleid*. Freilich ist der Ausdruck nicht sehr glücklich gewählt; denn es handelt sich nicht so sehr um das Mitgefühl mit einem Leidenden als um den inneren Widerstand gegen alles Leiden und Leidenmachen" (Rang 1959, 133 - im Org. hervorgeh.).

Die Verwandtschaft zu „Ekel" und „Verdruss" verweist auf Gefühle, die sich beim Anblick von Leiden einzustellen vermögen, jedoch intentionalen Einstellungen entsprechen, die dem heutigen Verständnis von Mitleid entgegengesetzt sind. Wo ein Impuls zur emotionalen Abwendung von einem Leiden mit dem Impuls zur helfenden Hinwendung gleichzeitig auftritt, wird das Mitleid als Teil einer ambivalenten Gefühlsreaktion von vornherein begrenzt. Dass Rousseau diese komplexe emotionale Situation bereits im Blick hatte, legen seine Beispiele insbesondere im *Émile* nahe: Um das Mitleid des Zöglings auszubilden, soll er mit „Blut, Wunden, Schreie[n], Stöhnen" von Lebenden, besser aber noch mit „Leichname[n]", die einen „Todesangst nachempfinden" lassen, konfrontiert werden.[27] Auch in weniger extremen Situationen verbindet sich wahrscheinlich beim Menschen die emotionale Hinwendung zum Leiden eines anderen mit einem spontanen Abwendungsimpuls.[28] Ordnet man das Mitleid einer ambivalenten Gefühlsreaktion zu, erhält im Hinblick auf die Handlungsbedingungen die Frage nach den Einflussmöglichkeiten der widerstrebenden Gefühle auf das Mitleid Bedeutung. Ließe sich beispielsweise – wie Martha C. Nussbaum behauptet – der Mitleidsimpuls fördern, wenn es gelänge, die Intensität solcher Gefühle des Ekels zu mindern?[29]

Warum Rousseau seine Definition des Mitleids in den Kontext einer ambivalenten Gefühlsreaktion stellt, erhellt sich vor dem Hintergrund seiner Anthropologie, die den Menschen als im Grunde asoziales Wesen begreift, dessen einsames Glück durch Intersubjektivität beeinträchtigt wird. Die Anteilnahme eines Individuums am Befinden von anderen Wesen kontrastiert strukturell mit seinem eigenen Wohlbefinden.[30] In dem für Rousseaus Anthropologie grundlegenden dualen System von Selbstliebe und Mitleid dominiert der Selbst- gegenüber dem Fremdbezug.

Dem Primat des Selbstbezuges genügt Rousseaus oberste moralische Norm, anderen Lebewesen kein Leid zuzufügen, außer es sei für die eigene Selbsterhaltung unvermeid-

---

[27] Rousseau 1971, 228f. – Entsprechend fordert Rousseau, dass man dem Zögling, „des Menschen Los von der traurigen Seite zeigt. Man muss es ihn fürchten lehren. (...) Er muss die menschlichen Nöte sehen und fühlen. Erschüttert und erschreckt seine Phantasie". (Rousseau 1971, 225f.).

[28] Das haben psychologische Untersuchungen einer Gruppe von Forscherinnen und Forschern um C. Daniel Batson vor gut zwanzig Jahren belegt: Batson u. a. 1983.

[29] Nussbaum 2001, 347ff.

[30] Im Naturzustand sind die menschlichen Individuen untereinander völlig isoliert (Rousseau 1984, 79ff.), die beiden Geschlechter treffen nur zufällig und kurz ausschließlich zum Zweck der Vermehrung zusammen (Rousseau 1984, 157). Unter Zivilisationsbedingungen sehen die noch nicht den schädlichen Wirkungen der Eigenliebe verfallenen Individuen in der Einsamkeit ihr Glücksideal (Rousseau 1971, 213, 222), weil sie allein in ihrem nur selbst erleb- und erfahrbaren Inneren die letzten Reste der Natur finden: „Das Glück ist nicht das Vergnügen. Es besteht nicht aus einer vorübergehenden Veränderung der Seele, sondern aus einem beständigen und ganz innerlichen Gefühl, das niemand beurteilen kann, außer wer es fühlt" (Rousseau 1977, 239). Die Eigenliebe verhindert in ihrer Fixierung auf das Urteil der anderen die Selbstbesinnung. Absolute Selbstbesinnung hat nur ein göttliches Wesen: „Ein wahrhaft glückliches Wesen ist einsam. Gott allein genießt absolutes Glück. Aber wer von uns kann daran denken" (Rousseau 1971, 222). Zur Einsamkeit bei Rousseau vgl. Baczko 1970.

lich.[31] Diesem Prinzip verdankt sich die Rechtfertigungsbedürftigkeit jeder Leidenszufügung. Mitleid ist bei Rousseau immer auch Veranlassung, nach den Gründen für das
Vorkommen des betreffenden Leidens zu fragen, und beruhigt sich nur durch den
Nachweis eines notwendigen Selbsterhaltungsnutzens. Mit dem Verbot von nicht zu
rechtfertigender Leidenszufügung tritt neben die bloß reaktive Mitleidseinstellung ein
aktives Prinzip der Leidensverhinderung. Ohne Mitleid würden die Individuen aus blinder Selbstliebe andere Wesen schädigen, rücksichtslos gegen das Wohl auch ihrer
nächsten Verwandten und den Fortbestand ihrer Art.[32]

Rechtfertigungsbedürftigkeit von Leiden und Leidensverhinderung durch Mitleid gehören zu den Vorzügen von Rousseaus Begriff, die ihm auch ohne Voraussetzung der Dominanz der Selbstliebe zugeschrieben werden können.[33] Demgegenüber lassen sich nicht
alle Eigenschaften, die exklusiv aus dieser Voraussetzung folgen, überzeugend verteidigen.[34] So führt die übermäßige Fixierung auf den Selbstbezug zur impliziten These, dass
er ausschließlich durch die Wahrnehmung des Leidens eines anderen Lebewesens zu
durchbrechen sei.[35] Pointiert gesprochen, wendet sich das im Grunde immer einsame
Individuum erst einer anderen Person mitfühlend zu, wenn diese augenscheinlich in Not
ist. Umgekehrt ist bei Rousseau das Glück einer anderen Person vor allem Anlass für
negative Emotionen. Fremdes Glück rufe eher Neid als Liebe hervor.[36] Der Mensch könne
sich noch nicht einmal in die Lage derer versetzen, die glücklicher als er sind.[37] Wie aber
soll man neidisch sein, wenn man sich die Lage der Glücklichen schon nicht vorstellen
kann? Neid, der erst durch die Tätigkeit der Einbildungskraft ermöglicht wird, tritt bei
Rousseau bereits zur Verhinderung seiner eigenen Bedingung an. Solche absurden Konsequenzen ließen sich vermutlich vermeiden, wenn man, Max Scheler folgend, Mitfreude als
gleichwertige Form der Anteilnahme an die Seite des Mitleids stellen würde.[38] Ich werde
abschließend darauf zurückkommen, dass diese Symmetrie von Mitfreude und Mitleid an
die Grenzen von Rousseaus Begriff und des modernen Mitleidsverständnisses heranführt.

Zweitens. Identifikation. Die Bestimmungen des Widerwillens könnte man als notwendige, aber nicht hinreichende Bedingung des Mitleids begreifen. Wie ich nun zeigen

---

[31] „Sorge für dein Wohl mit dem geringstmöglichen Schaden für andere" (Rousseau 1984, 151).
[32] Die Menschen wären „mit all ihrer Moral nie etwas anderes als Ungeheuer gewesen (…), wenn die
Natur ihnen nicht das Mitleid zur Stütze der Vernunft gegeben hätte" (Rousseau 1984, 147). Zur
Arterhaltung und zur Verhinderung des Leidens vgl. Abschnitt 2 *Drittens.*
[33] Die Rechtfertigungsbedürftigkeit von Leid wäre aus der Annahme der Negativität der Existenz des
Leides, die Aufforderung zur Leidensverhinderung aus Rousseaus Annahme einer weitreichenden
Handlungsverantwortung des Menschen zu gewinnen.
[34] Zu den Eigenschaften, die exklusiv aus der vorausgesetzten Dominanz der Selbstliebe folgen und
sich verteidigen lassen, rechne ich die ambivalente Struktur des Mitleidsbegriffes.
[35] Vgl. Nussbaum 2000.
[36] Rousseau 1971, 222.
[37] Rousseau 1971, 224. Das ist die „1. Grundregel" zum Mitleid im *Émile.*
[38] Scheler 1913.

möchte, ist die von Rousseau formulierte Eigenschaft der Identifikation für das Mitleid zwar äußerst förderlich, aber weder hinreichend noch notwendig.

> „Wir lassen uns zum Mitleid bewegen", sagt Rousseau, „[i]indem wir aus uns selbst heraustreten und uns mit dem leidenden Wesen identifizieren. Wir leiden nur in dem Maß, wie wir meinen, dass der andere leidet (...).[39] Man bedenke, wie viel erworbene Kenntnisse diese Übertragung voraussetzt".[40]

Diese Aussagen über die Leistungen der Einbildungs- und Urteilskraft kontrastieren mit dem behaupteten Mitleidsinstinkt, der nach Rousseau das Hilfeverhalten einiger Tiere ganz und des Menschen teilweise determiniert.[41] Von einer mentalen Übertragungsrelation kann nur beim Menschen gesprochen werden, der sich des kategorialen Unterschiedes zwischen dem Leiden eines anderen Wesens und seinem Mitleiden bewusst ist.[42]

Rousseaus Charakterisierung der Identifikation legt es nahe, sie als Einheit von Einbildungs- und Urteilskraft aufzufassen. Die Leistung der Einbildungskraft lässt sich als Empathie, das nachfühlende Hineinversetzen in die Lage einer anderen Person, verstehen. Indem in diese explorative Tätigkeit fortlaufend Urteilsbildungen eingehen, die die Leidensumstände der leidenden und die Erfahrungen der mitleidenden Person berücksichtigen, bildet sich eine „Vorstellung" vom Leiden, das Gegenstand des jeweiligen Mitleids ist.[43] Rousseau spricht vom „Vergleich der Vorstellungen", aus dem ein „Nachdenken" über das Leiden hervorgehe.[44] Die Identifikation bezieht sich demnach auf ein Konstrukt, das die mitleidende Person als realen Zustand einer anderen zuschreibt. Jede Beurteilung der Größe und Ernsthaftigkeit eines Leidens durch die mitleidende Person setzt, so möchte ich hinzufügen, diese Zuschreibung voraus.[45]

Für Rousseau ist die explorative Tätigkeit allerdings mit einer davon unterschiedenen evaluativen verbunden, die die Reichweite der Identifikation drastisch begrenzt: Das

---

[39] Das entspricht der „3. Grundregel" zum Mitleid im *Émile*: „Das Mitleid, das man mit anderen empfindet, wird nicht nach der Größe ihres Leidens gemessen, sondern nach dem Gefühl, das man den Unglücklichen beimisst" (Rousseau 1971, 226).

[40] Rousseau 1981, 186. – Vgl. Rousseau 1984, 147 und Rousseau 1971, 224.

[41] Rousseau unterstellt allerdings auch für das instinktive Mitleidsverhalten der Tiere eine mentale Identifikationsleistung. Rousseau 1984, 147.

[42] An der Identifikationsrelation Rousseaus knüpft Schopenhauers Definition des Mitleids an: Schopenhauer 1979 (zuerst 1840), 106. Vgl. zur Auseinandersetzung um Schopenhauers Mitleidsethik Hauskeller 2001, 218ff.

[43] Ebd. – Dass Gefühle Urteile sind, behaupten einige der analytisch orientierten Theorien der Gefühle. Vgl. Landweer 2002.

[44] Ebd.

[45] Größe und Ernsthaftigkeit, die mit der Liste der elementaren Leidensfälle in Abschnitt 2 *Drittens* klassifiziert werden, stellen zusammen das erste von drei kognitiven Elementen dar, die nach Nussbaum 2001, 306f. traditionell in die Definition des Mitleids eingehen. Die anderen sind die Schuldlosigkeit des Leidenden (vgl. Abschnitt 2 *Viertens*) und die Möglichkeit, dass die mitleidende Person in eine ähnlichen Situation gerät wie die leidende (das entspricht der „2. Grundregel" zum Mitleid im *Émile*, vgl. die nächste Anmerkung).

mitleidende Wesen bewerte seine Vorstellung nach der Maßgabe, dass es bei anderen
nur die Leiden beklage, vor denen es „selbst nicht sicher zu sein" glaube.[46] Das Mitleid
ließe sich deshalb in einer Gesellschaft nur entfalten, wenn man die irrige Vorstellung
bekämpfe, dass Privilegien einen Schutz vor menschlichem Leid bieten würden. Nur
wenn man das Bewusstsein schaffe, dass nicht einmal Könige vor menschlichem Leid
sicher sind, könne man das Mitleid fördern.[47] Diese Auffassung Rousseaus ist seiner
einseitigen Ausrichtung auf den Selbstbezug geschuldet und bedarf der Korrektur. Um
die ganze Reichweite der möglichen Gegenstände des Mitleids zu erfassen, empfiehlt es
sich, im Gegensatz zu Rousseau auch Leiden aufzunehmen, von denen der Mitleidende
überzeugt ist, dass sie auf ihn keine Anwendung finden werden. Zum Beispiel mag
zwar das Mitleid mit Opfern einer Flutkatastrophe durch den Gedanken an Intensität
gewinnen, dass man als Mensch vor Fluten nie sicher ist. Indes muss diese Überlegung
keine notwendige Bedingung des Mitleids sein. Der Glaube, nicht selbst in ein konkretes Elend geraten zu können, erschwert vielleicht das Mitleid mit denen, die aktuell in
diesem Elend sind, schließt es aber nicht aus.[48]

Ob aber spezielle Vorstellungen von einem Leiden überhaupt vom Begriff des auf sie
bezogenen Mitleids gefordert sind, bleibt grundsätzlich fraglich. Rousseau scheint an
anderen Stellen für das Verständnis einer vorreflexiven Mitleidsreaktion vage, unstruk-
turierte Eindrücke für ausreichend zu halten, wenn er Tieren das Mitleid zu-, aber die
Einbildungskraft abspricht. Ein weiteres Argument gegen eine unerlässliche Funktion
von Einbildungs- und Urteilskraft würde sich aus dem von ihm behaupteten humanen
Mitleid mit leidenden Tieren ergeben, wenn man zeigen könnte, dass sich Menschen in
die Situation leidender Tiere nicht hineinzudenken vermögen. In diesem Sinn hat Thomas Nagel in seinem berühmten Aufsatz „*What is it like to be a bat?*" für die Unmöglichkeit, sich mentale Zustände einer anderen Art vorzustellen, argumentiert. Dass zwischen den Arten dennoch Mitleid vorkommt, ließe sich durch einen Selbstbezug
erklären, der Leidensäußerungen anderer Arten in Analogie zur Erfahrung eigener Leiden aufnimmt. Diese Form des Mitleids wäre einer „Gefühlsansteckung", die sich der

---

[46] Rousseau 1971, 225. Diese Behauptung bildet die „2. Grundregel" zum Mitleid im *Émile*. Sie lässt
sich auch auf Tiere beziehen, da Rousseau ihnen auch Vorstellungen *(idées)* zuschreibt (Rousseau
1984, 101).

[47] In der Verkennung des elementaren Charakters der menschlichen Leiden (vgl. die Liste in Abschnitt 2 *Drittens.*) sieht Rousseau das größte Hindernis für die Entfaltung des Mitleids. Die Illusion, dem Leiden als Naturbestimmung des zivilisierten Menschen entgehen zu können, verdanke
sich allein dem Besitz gesellschaftlicher Privilegien: „Warum haben Könige kein Mitleid mit ihren
Untertanen? Weil sie nie damit rechnen, jemals nur Mensch zu sein" (Rousseau 1971, 225). Angesichts des beeindruckenden medizinisch-technischen Fortschrittes wird man heute nicht mehr un-
gebrochen nur von Illusionen sprechen können.

[48] Ein weniger aktuelles Beispiel wäre das Mitleid des Chors der gemeinen Soldaten mit Philoktet.
Sie sind überzeugt, dass sie in seine entsetzliche Lage, die sie sich gut vorstellen können, nicht geraten werden (Sophokles 1968, 169-176).

Differenz zum Leidenden nicht bewusst ist, verwandt.[49] Auf die bei ihr fehlende Empathie wäre zurückzuführen, dass es lebensweltlich oft schwer fällt, die Größe und Ernsthaftigkeit des Leidens von Tieren, mit denen man mitleidet, zu beurteilen.

Bisher habe ich zwei Argumente genannt, die dagegen sprechen, die Identifikation mit der leidenden Person als notwendige Bedingung des Mitleids aufzufassen. Sie resultieren aus der Differenz zwischen Mitleid und seinem Gegenstand: Die Differenz kann bewirken, dass es für die mitleidende Person unmöglich ist, vom Gegenstand ihres Gefühls eine Vorstellung zu haben. Der Gegenstand kann aber auch so fremdartig sein, dass die mitleidende Person sich von ihm zwar eine lebhafte Vorstellung bildet, von dieser jedoch urteilt, sie treffe nur auf die leidende Person zu. Dass Identifikation auch nicht notwendig zum Mitleid hinführt, entnehme ich wieder der Merkmalsgruppe, die der Einbildungskraft geschuldet ist und die ich als Empathie charakterisiert habe. Empathie ist keine hinreichende Bedingung von Mitleid, weil sie gleichfalls dem humanen Gegenteil, der Grausamkeit, dient.[50] Die Semantik des Begriffes der Grausamkeit ist mit einem nachfühlend erworbenen Wissen um die Wirkungen der durch die grausame Handlung herbeigeführten Leiden verträglich.

Für den Bereich, in dem Mitleid durch Empathie ausgelöst oder gefördert wird, schließt sich an die Feststellung der Differenz von Mitleid und seinem Gegenstand nun eine Ambivalenz von Mitleids- und Glücksempfindung an. Rousseau spricht sie aus, wenn er dem Mitleid die Bezeichnung eines „süßen" Gefühls gibt.[51] Mitleid lege nämlich „Zeugnis von unserem Glück ab", vom Leiden verschont zu sein,[52] und von der Kraft, die sich im Mitleidenkönnen und Helfen beweist. Das Gefühl der Erleichterung kann sich zwar nur gegenüber den Leiden einstellen, „vor denen man selbst nicht sicher zu sein" glaubt, wächst aber mit der Größe des vorgestellten Leidens. Man kann Rousseau nicht zustimmen, wenn er meint, man empfinde auch dann noch Mitleid, wenn es sich zur „Köstlichkeit" beim Anblick von fremden Leiden – etwa „eines Unglücklichen, der auf dem Rad stirbt", – steigere.[53] Vielmehr wird der helfende Handlungsimpuls gerade durch die extreme Differenz von leidender Person und den sie wahrnehmenden Personen blockiert.

---

[49] Den Ausdruck „Gefühlsansteckung" übernehme ich von Scheler 1913.
[50] Das bemerkt auch Rousseau: Rousseau 1981, 186.
[51] Rousseau 1971, 65 und 222; Rousseau 1984, z. B. 151. – Während Rousseau mit der Wendung „süßes Gefühl" Freude als konstitutiven Bestandteil des Mitleids zu unterstellen scheint, setzt er mitunter die Freude auch dem als Identifikation verstandenen Mitleid entgegen: Wir „versetzen uns zwar an die Stelle des Leidenden, empfinden aber zugleich (...) die Freude, nicht so zu leiden wie er" (Rousseau 1971, 222). Im Gegensatz zum Widerwillen, der nur partiell dem Mitleid entgegengesetzt ist, steht Freude dem Leid, zu dem das Mitleid gehört, begrifflich disjunkt gegenüber – ein Gegensatz, der literarisch vielfältig artikuliert wird, z. B. „Glaubst Du, ich kann glücklich sein, wenn ich dich leiden sehe?" (Strindberg 1978 (schwed. zuerst 1902), 39).
[52] Rousseau 1971, 232.
[53] Brief an Philopolis, in Rousseau 1984, 477.

Wo diese Selbstverhinderung nicht eintritt, bestätigt sich die Kraft der Verschonten in ihrer helfenden Handlung. Rousseau geht einen Schritt weiter, wenn er als starken Charakter zu kultivieren sucht, mitleiden zu können, ohne seine eigenen, möglichst leidfreien Lebenspläne dabei aufzugeben.[54] Mit diesem Ansatz liefert er bereits ein Argument gegen Friedrich Nietzsches Auffassung, dass Mitleid eine Distanz zum Elend des Leidens ausschließe, sich notwendig dem Leiden angleiche und die mitleidende Person genauso schwäche, wie die leidende durch ihr Leid gelähmt werde.[55]

Drittens. Erhaltung der Art. Auch bei der dritten Eigenschaft, der „Arterhaltung", ist die Differenz zwischen Mitleid und seinem Gegenstand thematisch. Während das Mitleid als subjektives Erleben emotional erfahren wird, konstituiert die Realisierung seiner arterhaltenden Funktion bei Rousseau ein objektives, alle Individuen umfassendes Phänomen, das in der Perspektive der dritten Person präsent ist. Dementsprechend nehmen bei ihm unter den Gegenständen des Mitleids die elementaren Leidensvorkommnisse der Gattung den größten Raum ein. Seine Beispiele fügen sich in die seit Aristoteles erstaunlich gleich gebliebene Liste der Mitleidensfälle, von denen ich nennen möchte: Tod, Misshandlungen, Krankheiten, Verletzungen, Alter, Mangel an Nahrung und Freunden, nicht eintretende Erwartungen und Fehlen guter Aussichten.[56] Rousseaus Anteil an der modernen Begriffsbildung besteht bei der Gegenstandsbestimmung des Mitleids in der Erweiterung dieser Aufzählung um die „moralischen Leiden", die zwar „vom inneren Schmerz, von Leid, Wehmut und Traurigkeit" herrühren, aber ebenso in der Verhaltensdisposition zu erkennen sind wie die physischen Leiden.[57] Man muss eine Person nicht kennen, um etwa ihre Niedergeschlagenheit aus ihrem „bleichen Gesicht", ihrem „erloschenen, tränenlosen Auge (…)" herauszulesen.[58]

Die bei Rousseau präsente Differenz zwischen subjektivem Erleben und objektivem Gehalt (bzw. zwischen der Perspektive der ersten und der der dritten Person) ist, wie ich meine, für das Mitleid nicht spezifisch, sondern tritt bei allen Gefühlen hervor, die eher auf Sachverhalte als auf Stimmungen referieren. Ich möchte Rousseaus Unterscheidung durch die These zuspitzen, dass die Differenz allerdings kaum weiter auseinander treten kann als bei der konkreten Wahrnehmung eines Leidens mit elementarem Charakter. Den dann bestehenden unvermittelten Kontrast von erlebter Subjektivität und dem kognitiven Bewusstsein über den objektiven Gegenstandsbezug bezeichne ich als Ambivalenz.

Man kann sich die Zwiespältigkeit der divergierenden Bestimmungen am Beispiel des emotionalen und kognitiven Bewusstseins klar machen, das eine mitleidende Person

---

[54] Rousseau 1971, 233f., 261.
[55] Zum Verhältnis von Rousseau und Nietzsche vgl. Reich 1989.
[56] Aristoteles 1995, Kap. II.8, Zeile 1386a6-13; vgl. auch Aristoteles 1985, Kap. III.7 Zeile 1114a23-27.
[57] Rousseau 1971, 229. – Vgl. Hedman 1979, 435ff.
[58] Ebd.

von einer leidenden hat. Die mitleidende Person fühlt mit der leidenden und betrachtet diese zugleich als bloß konkreten Fall eines allgemeinen Leidens. Wo sich das Mitleid auf das Leiden bestimmter Individuen bezieht, wirkt es - um einen Ausdruck von Walter Schulz zu gebrauchen - „entpersönlichend".[59] Dies gilt insbesondere für das Mitleid mit einem nahe stehenden Menschen, dessen vertraute Personalität im Mitleid auf schockierende Weise auf allgemeine Bestimmungen menschlichen Daseins reduziert wird, wenn dieses Leiden zu denjenigen gehört, die jedem Menschen widerfahren können. Bei den widerstrebenden Bestimmungen handelt es sich nicht um eine Ambivalenz von Gefühlen. Sie betreffen nicht die entgegengesetzte emotionale Bewertung des Mitleidsgegenstandes,[60] sondern das Verhältnis des Bewusstseins seiner Objektivität zu jener Bewertung. Das kognitive Bewusstsein hebt sich dabei nicht nur unvermittelt von der Mitleidsemotion ab, sondern bezieht sich zudem kontrastierend auf das emotionale Gegenüber des Mitleids. In ihrer Distanz zum Träger des konkreten Leidens berührt sich die Entpersönlichung mit der von Rousseau angesprochenen emotionalen Abwendung vom Leiden und der emotionalen Erleichterung, nicht von ihm betroffen zu sein.

Das Mitleid bezieht Rousseau nicht nur auf den Nahbereich der mitleidenden Person, sondern auch auf die ganze Menschheit, womit das Leiden entfernter Individuen und beliebig großer Gemeinschaften in den möglichen Umkreis der Gegenstände des Mitleids einrücken.[61] Ausgehend vom sozialen Nahbereich als dem natürlichen Ursprung des Mitleids ließe es sich durch die gezielte Einwicklung der Einbildungskraft und der begrifflichen Vermögen auf immer größere Bereiche ausdehnen. Die naturgemäße Angewiesenheit des Mitleids auf die gegenständliche Wahrnehmung von Leiden würde für seine Ausbildung förderlich bleiben, könnte aber durch andere Formen der Kenntnisnahmen wie sprachliche Informationen über ungesehenes entferntes Leiden ersetzt werden.[62]

Rousseau schwankt zwischen Argumenten für eine Anwendung des Mitleids auf die ganze Menschheit und für seine Beschränkung auf soziale Nahbereiche.[63] Für die Vergrößerung der Reichweite des Mitleids spreche, dass sich mit ihr die Basis zur Beurteilung der Relevanz eines Leidens verbessere.[64] Doch die Ausweitung des Mitleids auf

---

[59] Schulz 1972, 750f.

[60] Vgl. Graumann 1971.

[61] Die Menschheit ist als ganze mitleidswürdig, weil es überhaupt elend ist zu leben (Rousseau 1971, 222f.).

[62] Vgl. Rousseaus Hinweis auf die Bedeutung von Erzählungen in Rousseau 1971, 238ff.

[63] Die Aufrechterhaltung der Ambivalenz, die mit dem Bezug des Mitleids auf Nahbereiche gegeben ist, vertritt Rousseau vor allem im Kontext seiner politischen Philosophie, wie z. B. im „Discours sur l'économie politique": „Es scheint, dass das Gefühl der Menschenliebe sich verflüchtigt und abschwächt, wenn es sich auf die ganze Erde erstreckt" (Rousseau 1989, 350), vgl. Fetscher 1975, 77. Ein Beispiel für die mit der Anwendung auf die ganze Menschheit gegebene Aufhebung der Ambivalenz bei Rousseau 1971, 261.

[64] Rousseau 1971, 261. Vgl. Abschnitt 2 *Viertens*.

die ganze Menschheit führe die Gefahr seiner „Verdünnung" bei sich.[65] „Verdünnung" meint die Verminderung der Relevanz sowohl der unmittelbaren Gegenstandsbezüge wie des subjektiven Erlebens. Für bedenklich hält Rousseau die Verdünnung des Mitleids, weil sie die von ihm in Emotionen gesetzte Handlungsgrundlage untergräbt. Er integriert zwar nicht durchgängig den zur Hilfe bereiten Handlungsimpuls in seinen Mitleidsbegriff, verleiht diesem aber eindrucksvoll eine praktische Dimension. Ein unterstützungswilliges Gefühl wird nach Rousseau zur Heuchelei, sobald es sich nicht in Tätigkeit umsetzen kann, weil seine Gegenstände außerhalb des Handlungsradius der Mitleidenden liegen. Rousseaus Gebot der Übereinstimmung von Fühlen, Denken und Handeln macht ihn zum Pragmatisten des Mitleids.[66] Der Zweck aller praktischen Bestimmungen des Mitleids liegt dabei in der Arterhaltung. Nicht einzusehen ist jedoch, warum die Motivation zur leidvermindernden Handlung eine emotionale Basis haben muss.[67] Rousseau ist an anderer Stelle selbst der Auffassung, dass sich das Mitleid durch funktionsäquivalente, nicht notwendig emotionale Handlungsgründe wie Gesetze und Sitten ersetzen lasse.[68]

Viertens. Vorreflexivität. Rousseau begreift die bisher genannten Kennzeichen des Widerwillens, der Identifikation und der Arterhaltung als Naturbestimmungen, das heißt kulturinvariante Elemente des Mitleids.[69] Nicht nur begeht er hierbei den Fehler, alle Kulturinvarianz für unveränderlich zu halten,[70] sondern er setzt sie irrtümlich auch mit den unmittelbar wirksamen und vorreflexiven, das heißt nicht begrifflich erfassten Ele-

---

[65] Belege bei Fetscher 1975, 76f.

[66] Zu diesem Gebot: Starobinski 1988. Der von Rousseau mitbegründeten Kultur der Innerlichkeit entspricht es allerdings, dass Gefühle nicht notwendig äußerlich erkennbaren Ausdruck finden. Beim Mitleid lehnt er jedoch jede moralische Bewertung des Gefühls ab, die seine leidensvermindernde Realisierung unberücksichtigt lässt. Für die Kritik der bloß reflexiven Einstellung zum Leiden und untätigen Thematisierung des Mitleids ist die Kritik am Philosophen, der sich „nur die Ohren zuzuhalten und sich ein paar Argumente zurechtzulegen" braucht, paradigmatisch. Ihm stellt Rousseau „die Marktweiber, welche (...) die rechtschaffenen Leute daran hindern, einander umzubringen", gegenüber (Rousseau 1984, 149).

[67] „Der Mensch ist (...) nur ein fühlendes Wesen, das einzig und allein seine Leidenschaften beim Handeln befragt, und dem die Vernunft nur dazu dient, um die Dummheiten auszubügeln, die er ihretwegen begeht" (Rousseau 1977, 278).

[68] Vgl. Anm. 2.

[69] Den hypothetischen Charakter seiner Aussagen über das natürliche Mitleid der Menschen hat Rousseau vermutlich verkannt. Seine Annahme, dass es rein nur im fiktiven Naturzustand vor aller Zivilisation vorkomme (Rousseau 1984, 147ff.), hindert ihn nicht, Reste seiner unmittelbaren Wirksamkeit auch unter den schlimmsten Formen der Vergesellschaftung zu beschwören (Rousseau 1984, 145). Der für die Behauptung der Fortexistenz des Mitleids unter den Zivilisationsbedingungen notwendige Nachweis der Kulturinvarianz seiner behaupteten Naturkomponenten findet sich bei Rousseau nur ansatzweise (Rousseau 1984, 143). In Rousseau 1971, 222 versucht er, das Mitleid als anthropologische Konstante zu begründen.

[70] Rousseau 1984, 43ff., 77ff. Fälschlicherweise begreift Rousseau die Natur als überhaupt nicht entwicklungsfähig.

menten des Mitleids gleich.[71] Ob und in welcher Weise sich das Mitleid als Widerfahrnis aufdrängt, verändert sich aber mit den verschiedenen Zeiten und Orten. Einbildungs- und Urteilskraft vermögen durch kulturelle Praxen der Einübung und Gewöhnung neue Räume der Unmittelbarkeit im Vorreflexiven zu eröffnen. Rousseau selbst gibt ein Beispiel, wenn er die „moralischen Leiden" neu in die Liste der Leidensfälle aufnimmt.

Rousseaus Bewertung des natürlichen Mitleids fällt gegensätzlich aus. Einerseits soll man das Gefühl ernst nehmen, wo es sich unmittelbar einstellt und der Reflexion vorangeht. Andererseits weist er daraufhin, dass das Gefühl selbst kein Maß kennt und der Beschränkung durch die Vernunft bedarf, um nicht angesichts des unübersehbaren Leidens auf der Welt ins Uferlose anzuschwellen.[72] Für die leitende Tätigkeit der Vernunft gibt er im *Émile* nur die eine Regel an, dass man sich dem Mitleid nach Maßgabe der Gerechtigkeit *(justice)* überlassen solle, denn diese trage zum Gemeinwohl *(commun)* der Menschen am meisten bei.[73] Gerechtigkeit, die jeder Person das ihrer Stelle in der Gemeinschaft Gemäße zukommen lässt, bezeichnet bei Rousseau kein Natur-, sondern ein durch den „Gemeinwillen" *(volonté générale)* zu begründendes Gesellschaftsprinzip.[74] Mit ihrer Ausrichtung an der Gerechtigkeit geraten die Gegenstände des Mitleids in größte Entfernung zur fortbestehenden vorreflexiven Unmittelbarkeit. Denn mit dem Wechsel der Kulturen variiert die Klasse der Leiden, die aus Gerechtigkeitsgründen jeweils für mitleidswürdig gehalten werden. Im abendländischen Kulturkreis fallen hierunter meist nicht die schuldhaft durch die leidende Person selbst verursachten Leiden.[75] Rousseau entscheidet die Frage der Schuldhaftigkeit pauschal auf der sozialen Ebene von Gruppenzugehörigkeiten: In der Regel würden die Reichen schuldhaft, das Volk bzw. die Armen und Unterdrückten aber schuldlos leiden.[76] Ein Reicher sei noch nicht einmal beklagenswert, wenn er „unglücklicher als der letzte Arme" wäre.[77]

Die Unterordnung des Mitleids unter die Gerechtigkeit versagt allerdings, wo sich Mitleid auch gegenüber dem für gerecht gehaltenen Leiden einstellt. Die von Rousseau nicht im Kontext des Mitleids diskutierten Haltungen des Erbarmens, der Gnade bzw. der Milde bewegen sich auf der Grenze zwischen dem Bereich des gerechtig-

---

[71] Rousseau 1984, 143.

[72] Der Zögling wird nur äußerst selektiv mit Leiden konfrontiert: „Ein Beispiel, richtig gewählt (...), wird (...) [Émile] einen Monat lang bewegen" (Rousseau 1971, 234).

[73] Rousseau 1971, 261.

[74] Vgl. Dent 1992 Art. „Justice". Rousseaus Begriff der Gerechtigkeit ist nicht eindeutig. Seine Fundierung durch das Mitleid führt auf einen anderen kulturinvarianten Begriff.

[75] Nussbaum 2001.

[76] Kein Mensch könne dauerhaft vor den elementaren Leiden sicher sein. Gleichwohl seien „Glück und Unglück" nicht „gleichmäßig verteilt": Es leiden die unteren Stände unvergleichbar mehr als die oberen (Rousseau 1971, 227).

[77] Rousseau 1971, 227. - Scheler fasst das Beklagen eines Menschen als schwache Form des Mitleids (Scheler 1913, 142).

keitsgeregelten und eines darüber hinausweisenden Mitleids.[78] Der Begriff des letzteren folgt bei Rousseau aus dem Verbot der nicht legitimierbaren Leidenszufügung und der arterhaltenden Funktion des Mitleids. Beide Bestimmungen garantieren jeweils einen gerechtigkeitsvorgängigen Bereich der Nichtverletzbarkeit, in dem sie einen Minimalschutz vor physischer und psychischer Verletzung etablieren.

3. Mitleidsgrenzen

Meine kritische Rekonstruktion möchte ich mit einer Revision von Rousseaus Bestimmung des Mitleids zusammenfassen, ohne die sich ihre fruchtbaren Aspekte nicht sichern lassen. Die Kennzeichen seines Begriffes, die den Impuls zur helfenden Handlung miteinbegreifen, bezeichnen ein Erleben, das, durch fremdes Leiden veranlasst, unmittelbar mit dem Bestreben verbunden ist, dieses Leiden zu lindern, und außerdem gegen das Bestreben gerichtet ist, anderen über das für die Selbsterhaltung notwendige Maß Leid zuzufügen. Diesem Erleben kommt die Empfindung eines Widerwillens gegen die Wahrnehmung eines fremden Leidens nur als notwendige und die Identifikation mit dem leidenden Wesen nur als förderliche Bedingung zu. Beide Bedingungen sind auch Eigenschaften von Phänomenen, die dem Mitleid entgegengerichtet sind: Der Widerwillen eignet auch dem Ekel und dem Verdruss, die Einbildungskraft fördert auch die Grausamkeit. Eine weitere Revision betrifft die Leiden, vor denen sich das mitleidende Wesen selbst sicher zu sein glaubt. Auch sie können Gegenstand des Erlebens einer mitleidenden Person sein, wenn sie für ihr Wohl bedeutsam sind.[79]

Die von Rousseau diskutierten ambivalenten Mitleidseigenschaften werden mit der revidierten Begriffsbestimmung zu Bedingungen verschiedener Mitleidssituationen. In diesem Sinn lassen sich vier Ambivalenzen unterscheiden: 1. die mitleidende Hinwendung, die sich ambivalent auf eine emotionale Abwendung von dem Leiden, auf das das Mitleid gerichtet ist, bezieht, 2. die Anteilnahme am Leiden, die dem zugleich empfundenen Glück, ihm entkommen zu sein, gegenübersteht, 3. das subjektive Gefühlserleben, das mit den objektiven Gegenständen des Mitleids kontrastiert, und 4. die Reflexion, die den vorreflexiven Affekt gezielt einzusetzen vermag, ohne am Charakter seiner Unmittelbarkeit etwas zu ändern.

Ohne Kenntnis dieser Ambivalenzen lässt sich das Mitleid als Handlungsmotivation zur Leidensverhinderung und -minderung nicht fördern. Zwei der genannten Beispiele möchte ich hervorheben: Zum einen das Vorliegen einer ambivalenten Gefühlssituation, in der das Subjekt seine helfende Handlung nur realisieren kann, wenn es sie erfolgreich gegen den

---

[78] Rousseau diskutiert diese mitleidsverwandten Gefühle nicht im Kontext des Mitleids, aber er erwähnt sie. Vgl. Rousseau 1984, 147 und Rousseau 1971, 224, Anm. 2. - Erbarmen ist für Scheler die stärkste Form des Mitleids, zur Gnade im Anschluss an Rousseaus Mitleidsbegriff vgl. Nussbaum 2000.

[79] Nussbaum 2001, 315ff. Zum Begriff des Wohls vgl. Williams 1972, 84ff.

Abwehrimpuls durchzusetzen weiß. Ist beispielsweise das Mitleiden von einer Empfindung des Ekels begleitet, kann aus Anteilnahme nur geholfen werden, wenn der Ekel entweder abgeschwächt oder umgangen wird. Das andere Beispiel betrifft die Ambivalenz von Anteilnahme am Leiden und dem Glück, von ihm verschont zu sein. Das Glücksempfinden ist – darin dem Ekel gleich – dem Leiden, das durch die Empfindung des Mitleids hervorgerufen wird, entgegengerichtet. Im Gegensatz zum Ekel lässt es sich aber durch Umdeutung in eine positive Beziehung zum Mitleid setzen. Rousseaus dualistische Anthropologie bietet hierfür zwei Möglichkeiten. Das auf sein eigenes Glück abzielende Individuum mag zur helfenden Handlung durch den Hinweis überzeugt werden, dass es dieses Glücksgefühl bewahren und steigern kann, wenn es sich dem Leiden des anderen Wesens auch tätig zuwendet. Unter der Vorgabe des anderen, an der Arterhaltung ausgerichteten Gutes ließe sich das Glück als Zeichen der Verpflichtung zur Hilfe deuten: Das Glück zeigt der verschonten Person an, dass sie zum Zweck der Gemeinschaftserhaltung denjenigen Wesen helfen muss, die sich selbst nicht mehr helfen können.

Die vier Ambivalenzen bezeichnen Grenzen des Mitleids: emotionale Grenzen in seiner Beziehung zu anderen Affekten (Ekel, Verdruss, Glücksgefühl), mentale Grenzen durch die Differenz zwischen der Mitleid erlebenden (emotionalen) Perspektive der ersten und auf Leiden aufmerksamen (kognitiven) Perspektive der dritten Person, damit verbundene personale Grenzen in der Beziehung des Mitleidenden auf den Leidenden als Leidenden und schließlich moralische Grenzen in der Beziehung zwischen Fragen der Verletzbarkeit und der Gerechtigkeit.

Die Ambivalenzen sind aber auch selbst begrenzt, insofern sie sich aus den grundsätzlichen Beschränkungen der Dominanz der Selbstliebe ergeben. Die emotionale Anteilnahme, die Rousseau einem Individuum, dessen Glücksideal sich auf die eigene Einsamkeit einengt, zugesteht, bezieht sich ungleich stärker auf das Leiden anderer Wesen als auf deren Freude. Auf das Glück der anderen reagiert es mit Neid, der von ihm selbst als Leid erfahren wird.[80] Es kennt keine eindeutige, unbedingte Hinwendung zum anderen. Jede Anteilnahme bewegt sich in ambivalenten Beziehungen und deutlichen Grenzen. Im Grunde sieht sich das Individuum nur zur Anteilnahme veranlasst, weil seine eigene individuelle Selbsterhaltung nicht ohne die Erhaltung der Art möglich ist. Nur das Leiden der anderen, nicht aber ihre Freude gefährdet die Art.

Rousseaus Anteil an der modernen Begriffsbildung besteht vor allem in der Individualisierung und Subjektivierung einer universell verstandenen Mitleidsthematik.[81] Traditionell

---

[80] Davon, dass Rousseau auch versucht, den Widerwillen, fremdes Leiden zu sehen, und die Identifikation mit dem Leidenden aus dem Selbstbezug abzuleiten (z. B. Rousseau 1971, 261), habe ich abgesehen. Deutlich sollte aber geworden sein, dass er die Motivation zum Mitleid in den Selbstbezug legt.

[81] L. Samson charakterisiert die philosophiegeschichtliche Entwicklung des Mitleidsbegriffs als „zunehmende Betonung und Universalisierung dieses ursprünglich auf Nahsicht eingestellten Verhaltens". Das Identifikationsverhältnis, das ich neben der Emotionalisierung als Kernpunkt der Subjektivierung betrachte, ist nach Samson eine Innovation des 18. und 19. Jahrhunderts (Samson 1980, 1410).

hat sich die philosophische Thematisierung von Gefühlen seit der Antike im polaren Spannungsfeld der angenehm und unangenehm empfundenen bewegt: Lust und Leid, Liebe und Hass, Freude und Schmerz gehören zu den typischen Gegenüberstellungen in Europa.[82] Rousseau hat dazu beigetragen, das subjektive Erleben als eigentlich angemessene Form der Realisierung angenehmer Gefühle begrifflich auszuzeichnen. Würde man diese Schwerpunktsetzung durch eine entgegengerichtete positive Bewertung intersubjektiver Erlebnisformen aufheben, würde sich vermutlich das gesamte Koordinatensystem auch der Mitleidsthematisierung verändern. Gefühlsreaktionen, die der Anteilnahme am Leiden anderer widerstreben, könnten möglicherweise geringere Berücksichtigung finden, und die Bedeutung des Kontrastes von subjektivem Gefühlsleben und intersubjektiv erfahrbarem Gefühlsgegenstand würde sich eventuell abschwächen. Solche Verschiebungen in der Semantik des Mitleids betreffen die Grundfesten einer ganz auf Individualität und Subjektivität gegründeten Moderne. Wie Rousseau lehrt, muss man an den Elementen gegenwärtiger Selbstverständnisse allerdings nicht gleich rütteln, wenn man das Mitleid als Handlungsmotivation stärken möchte.

Literatur

Aristoteles (1985), *Nikomachische Ethik*, übers. v. Eugen Rolfes, Hamburg.
Aristoteles (1995), *Rhetorik*, übers. v. Franz Günter Sieveke, München.
Baczko, Bronislaw (1970), *Rousseau. Einsamkeit und Gemeinschaft*, Wien.
Batson, C. Daniel u. a. (1983), „Influence on Self-Reported Distress and Empathy on Egoistic versus Altruistic Motivation to Help", in *Journal of Personality and Social Psychology* 45, 706-718.
Cooper, Laurence D. (1999), *Rousseau, Nature, and the Problem of the Good Life*, University Park (PA).
Dent, Nicholas J. H. (1989), *Rousseau. An Introduction to his Psychological, Social, and Political Theory*, Oxford/New York.
Dent, Nicholas J. H. (1992), *A Rousseau Dictionary*, Oxford.
Derrida, Jacques (1974, frz. zuerst 1967), *Grammatologie*, Frankfurt a. M. 1983.
Duden (1997), *Die sinn- und sachverwandten Wörter*, Mannheim.
Fetscher, Iring (1975), *Rousseaus politische Philosophie. Zur Geschichte des demokratischen Freiheitsbegriffes*, Frankfurt a. M.
Gardiner, Harry M. u. a. (Hg.) (1937), *Feelings and Emotion: A History of Theories*, New York.
Graumann, Sigrit (1971), Art. „Ambivalenz", in Joachim Ritter und Karlfried Gründer (Hg.), *Historisches Wörterbuch der Philosophie*, Darmstadt.
Hauskeller, Michael (2001), *Versuch über die Grundlagen der Moral*, München.
Hedman, Carl G. (1979), „Rousseau on Self-Interest, Compassion, and Moral Progress", in *Revue de l'Université d'Ottawa*, 49, 430-447.

---

[82] Gardiner 1937.

Landweer, Hilge (2002), Art. „Gefühle/moralische Gefühle/moral sense", in Christoph Hübenthal u. a. (Hg.), *Handbuch Ethik*, Stuttgart.

Lexikon der Biologie (1998), Heidelberg.

Mackensen, Lutz (Hg.) (1952), *Deutsches Wörterbuch*, Stuttgart.

Masters, Rodger D. (1968), *The Political Philosophy of Rousseau*, Princeton.

Morgenstern, Mira (1996), *Rousseau and the Politics of Ambiguity: Self, Culture and Society*, University Park.

Nagel, Thomas (1978), *The Possibility of Altruism*, Princeton.

Nussbaum, Martha C. (2000), „Toleranz, Mitleid und Gnade", in Rainer Forst (Hg.), *Toleranz. Philosophische Grundlagen und gesellschaftliche Praxis einer umstrittenen Tugend*, Frankfurt a. M., 144-161.

Nussbaum, Martha C. (2001), *Upheavals of Thought. The Intelligence of Emotions*, Cambridge.

Rang, Martin (1959), *Rousseaus Lehre vom Menschen*, Göttingen.

Reich, Klaus (1989), „Rousseau und Kant", in Rüdiger Bubner u. a. (Hg.), *Rousseau und die Folgen*, Göttingen, 80-96.

Rousseau, Jean-Jacques (1971, frz. zuerst 1762), *Emil oder Über die Erziehung*, übers. v. Ludwig Schmidts, Paderborn.

Rousseau, Jean-Jacques (1977), *Politische Schriften*, übers. v. Ludwig Schmidts. Paderborn.

Rousseau, Jean-Jacques (1981, frz. zuerst 1781), *Versuch über den Ursprung der Sprachen, in dem von der Melodie und der musikalischen Nachahmung die Rede ist*, übers. v. Hanns Zischler, in ders., Sozialphilosophische und Politische Schriften, München.

Rousseau, Jean-Jacques (1984, frz. zuerst 1755), *Diskurs über die Ungleichheit*, übers. v. Heinrich Meier, Paderborn.

Rousseau, Jean-Jacques (1989), *Kulturkritische und politische Schriften*, hrsg. v. Martin Fontius, 2 Bde, Berlin.

Sachs, Karl (1898), *Encyklopädisches französisch-deutsches und deutsch-französisches Wörterbuch*, Berlin.

Samson, Lothar (1980), Art. „Mitleid", in Joachim Ritter und Karlfried Gründer (Hg.) *Historisches Wörterbuch der Philosophie*, Darmstadt.

Scheler, Max (1913), *Wesen und Formen der Sympathie*, Bonn.

Schiemann, Gregor (2004), „Natur: Kultur und ihr Anderes", in Friedrich Jäger u. a. (Hg.), *Sinn – Kultur – Wissenschaft. Eine interdisziplinäre Bestandsaufnahme*, München, 60-75.

Schiemann, Gregor (2005), *Natur, Technik, Geist. Kontexte der Natur nach Aristoteles und Descartes in lebensweltlicher und subjektiver Erfahrung*, Berlin/New York 2005.

Schopenhauer, Arthur (1979, zuerst 1840), *Preisschrift über die Grundlage der Moral*, Hamburg.

Schulz, Walter (1972), *Philosophie in der veränderten Welt*, Stuttgart.

Sophokles (1968), *Philoktet*, hrsg v. F. C. Görschen, Münster.

Starobinski, Jean (1988), *Rousseau. Eine Welt von Widerständen*, München/Wien.

Strindberg, August (1978, schwed. zuerst 1902), *Ein Traumspiel*, Stuttgart.

Sturma, Dieter (2001), *Rousseau*, München.

Williams, Bernard (1972), *Der Begriff der Moral. Eine Einführung in die Ethik*, Stuttgart.

Wingrove, Elizabeth R. (2000), *Rousseau's Republican Romance*, Princeton.

Wolf, Ursula (1984), *Das Problem des moralischen Sollens*, Berlin/New York.

Wolf, Ursula (1990), *Das Tier in der Moral*, Frankfurt a. M.

Wolf, Ursula (1993), „Gefühle im Leben und in der Philosophie", in Hinrich Fink-Eitel und Georg Lohmann (Hg.), *Zur Philosophie der Gefühle*, Frankfurt a. M., 112-135.

4. GEFÜHLE UND MORAL

JEAN-PIERRE WILS

Emotionen in ethischen Begründungsverfahren

„Der Kopf als Sitz der Moral fährt den Ereignissen stets hinterher."
(Alexander Kluge, Chronik der Gefühle)

Lange Zeit schien es so, als seien „Emotionen" nicht länger ein prominentes Thema der
Ethik. Die Ursachen für dieses Vergessen sind gewiss vielfältig. Nur eine möchte ich an
dieser Stelle nennen – die Neuartigkeit verschiedener moralisch relevanter Probleme
und eine damit zusammenhängende Emotionalisierung der Reaktionen. Seit den siebzi-
ger Jahren des letzten Jahrhunderts sind wir in zunehmendem Maße mit moralischen
Konfliktfeldern konfrontiert worden, die nicht oder kaum im Rückgriff auf exemplari-
sche Vergleichsfälle thematisiert werden können. Die avantgardistischen Bio-
Technologien produzieren in einem akzelerierenden Tempo moralisch strittige und
weitgehend analogielose Kasuistiken. Auf diese Konfliktlage wird – trotz der ethischen
Bemühung, solche Konflikte zu *rationalisieren* – mit einer teils heftigen Emotionalität
reagiert, die aber in hohem Maße widersprüchlich ist. Was den einen zu großem Optimismus veranlasst, ruft bei anderen kulturpessimistische oder gar phobische Reaktionen
hervor. Man könnte in diesem Zusammenhang von einer *Verwirrung* der Emotionen
sprechen. Ein einfaches, inzwischen als konventionell empfundenes Beispiel sei genannt. Die Bildgebungsverfahren, die seit einigen Jahrzehnten bei der Pränataldiagnos-
tik angewandt werden, haben eine seltsame Beziehung zum werdenden Fötus entstehen
lassen. Einerseits ist die Wahrnehmungskommunikation medial bzw. hochtechnologisch
vermittelt, sodass nur über zwischengeschaltete Verfahren eine Art Respons der Frau
(und des Mannes) auf die Bewegungen des Kindes möglich ist. Andererseits vermitteln
diese Verfahren zu einem außerordentlich frühen Zeitpunkt, wo die Kindsbewegungen
noch nicht spürbar sind, einen Eindruck vom Leben des Fötus, sodass überaus früh eine
Art emotionale Beziehung zum Ungeborenen hervorgerufen wird.

Obwohl die medial vermittelte Wahrnehmung zweifelsohne aus einer distanzierten
Perspektive stattfindet, ist sie emotional ‚aufgeladen'. Die mediale Distanzierung erlaubt zu einem Zeitpunkt eine emotionale Kommunikation, die auf der Basis des ‚kon-

servativen' Körpergefühls, des Spürens der Kindesbewegung durch die Schwangere, erst sehr viel später möglich gewesen wäre. Die räumliche Ausdehnung der Schwangerschafts*lage* über den intimen Bauchraum hinaus mittels optischer und akustischer, etwa die Herztöne hörbar machender Technologien führt zur Intensivierung des emotionalen Bezugs. Während die Schwangerschaft teilweise exterritorialisiert wird, nimmt die Emotionalität zu. Alleine schon diese Verbindung – die Koppelung von räumlichem Abstand an emotionale Verdichtung – ist evolutionär und kulturell unwahrscheinlich und neu. „Das Resultat", so Barbara Duden, „ist das Erlebnis von etwas Konkretem an falscher Stelle."[1] Die „Spiritualisierung von Schwangerschaft und Geburt" hat sich erfolgreich durchsetzen können.[2] Jedenfalls wird es nun sehr schwer, das Maß und die Intensität unserer emotionalen Reaktionen abzumessen und zu dosieren. Die *Angemessenheit* dieser Reaktionen steht auf dem Spiel. Erst Recht haben die jüngsten Fortpflanzungstechnologien die genannte Exterritorialisierung radikalisiert und die Abmessung unserer Emotionen dramatisch verunsichert. Die seismographische Funktion von Emotionen, die uns bei passender Gelegenheit die moralische Signatur einer Situation oder eines Sachverhaltes verdeutlichen, hat an Gewicht eingebüßt.

Es ist deshalb kaum überraschend, wenn in der Ethik vor allem nach kognitiven, urteilsbegründenden Konzepten gesucht wird, die von den Wirrnissen des emotionalen *oikos* nicht oder kaum in Mitleidenschaft gezogen sind. Moralische Stellungnahmen im Gewand von qualifizierten Emotionen scheinen abhanden gekommen zu sein. Emotionen, deren Widersprüchlichkeit und Intensitätsschwankungen allzu sichtbar sind, haben ihre Vertrauenswürdigkeit verloren. Aus diesem Grund wird das Augenmerk auf die judikative Kompetenz, auf das moralische Urteil und seine Begründungsanforderungen verlegt. Bei Begründungsverfahren scheint deshalb die Einklammerung und Neutralisierung der emotionalen Reaktion die erste Bürgertugend zu sein. Wer urteilt, lässt seine Emotionen schweigen. Auch wenn die Begründung eines Urteils ihrerseits strittig ist oder die Urteile untereinander inkompatibel bleiben, so scheint die Neutralisierung der Emotionen eine Grundbedingung darzustellen, um *überhaupt* zu einem Urteil kommen zu können.

Aber diese Annahme, dass neutralisierte Emotionen eine elementare Kondition für die Gewinnung judikativer Kompetenz darstellen, beruht auf einem Irrtum. Ebenso wie die Emotionalisierung von moralischen Sachverhalten den Blick auf diese verstellen und das Urteil unmöglich machen kann, droht die Einklammerung von Emotionen nicht nur die Motivation zum Handeln, sondern auch die Qualität des Urteils zu trüben. *Wirksame* Handlungsgründe haben stets eine emotionale Komponente. *Angemessene* Gründe profitieren von den Einstellungen, die Emotionen bewerkstelligen, und womöglich auch von den Informationen, die sie liefern. Dass die Verwirrung der Emotionen das Urteil beeinträchtigen und verdunkeln, zumindest aber kognitiv eintrüben kann, sei dem so-

---

[1] Duden 1991, 35.
[2] Gleixner 2002.

eben verwendeten Beispiel nochmals entnommen. Die Emotionalisierung der Schwangerschaft führt in den Augen von nicht wenigen Frauen zu einer unzulässigen Personalisierung des Fötus, zur problematischen Zuerkennung der vollen Personenwürde mitsamt allen an diese geknüpften moralisch-rechtlichen Schutzvorkehrungen.

> „Die Selbstverständlichkeit, mit der Töne, die unterhalb der Resonanz des Ohres liegen, ‚gesehen‘ werden, ist ebenso charakteristisch für unsere Zeit wie der Mangel an Logik, mit dem eine Überwachungsmaßnahme zur Angleichung an den Normalfötus als Offenbarung für das Dasein einer Rechtsperson hingenommen wird."[3]

Gerade die technologische Veräußerlichung der Schwangerschaft – die Sichtbarmachung der Intimität – provoziert eine Haltung, die den Fötus mit Rechten ausstattet, weil eine emotionale Kommunikation zwischen ‚Personen‘ der einen Person nicht das vorenthalten kann, was sie der anderen gibt. Diese Haltung lässt sich aber kaum widerspruchsfrei mit der oft gleichzeitig und von den gleichen Personen verteidigten Auffassung harmonisieren, der zufolge es ein Recht auf Abtreibung gibt.

Mir geht es hier nicht um die Frage, welchen moralischen Status ein Fötus vernünftigerweise in Anspruch nehmen kann. Es kommt mir vielmehr auf den ‚Mangel an Logik‘ an, der hier diagnostiziert wird. Keineswegs wird die Suggestion geweckt, ohne Emotionen sei unser Urteil sicherer. Wohl aber kann man behaupten, dass die Emotionalisierung von moralischen Sachverhalten für die Urteilsbildung nicht förderlich ist, aber diese Feststellung ist gewissermaßen banal. Keineswegs banal ist die Diagnose jedoch, wenn sie kulturell gewendet wird: In einer Kultur, wo aufgrund sich rapide ändernder Raum- und Zeitverhältnisse die Wahrnehmungsgewohnheiten ständig verunsichert werden, verlieren Emotionen ihren Halt. Sie dienen nicht länger als Orientierung im alltäglichen und außeralltäglichen Handeln und als Grundgerüst moralischer Urteile. Der Wegfall orientierender Emotionen schwächt auch das moralische Urteil: Wenn Handlungsgründe wirksam sein wollen und Menschen ihre Handlungen *verstehen* wollen, muss zwischen der Handlungsmotivation und dem Handlungsurteil zumindest *Kohärenz* möglich sein. Aber nicht nur die Handlungs*motivation* muss mit der judikativen Einschätzung der Situation übereinstimmen. Die Handlung als *ganze* ist ebenso eingebettet in judikative Propositionen wie auch in emotionale Dispositionen, die untereinander in einen Zustand temporären Gleichgewichts gebracht werden müssen. Die Identität des Handelnden hängt von diesem Gleichgewicht in wesentlichen Hinsichten ab. Selbstverständlich darf der allzeit mögliche Konflikt zwischen dem judikativen und dem emotionalen Aspekt der Handlung nicht unterschätzt werden. Aber eine anhaltende Inkohärenz zwischen beiden würde auf Dauer die moralische Handlung zerstören.

---

[3] Duden 1991, 44.

1. Drei idealtypische Modelle

Bevor wir uns der kohärentistischen Figur eines Äquilibriums zwischen Urteil und Gefühl zuwenden, seien in aller Kürze drei Modelle eines Verhältnisses zwischen beiden
Polen entworfen. Sie verbinden sich – paradigmatisch und stilisiert – mit den Namen
von Aristoteles, Hume und Kant. Das aristotelische Modell könnte man ein *Balancemodell* nennen, die beiden anderen, mit jeweils anderer Ausrichtung, ein *Polarisierungsmodell*.

Bereits im ersten Buch seiner *Nikomachischen Ethik* skizziert Aristoteles die Basisfi-
gur dieses Balancemodells: Die Seele besitzt neben dem im strikten Sinne des Wortes
irrationalen Element, dem vegetativen Anteil, noch ein solches, das zwar ebenfalls
irrational ist im Vergleich zum „Rationalen im eigentlichen Sinne", aber an diesem
dennoch „teilhat" und sich insofern auch vom bloß Irrationalen unterscheidet: das
„Strebevermögen" *(orexis)*. Es gibt einen Bereich unterschiedlicher emotionaler Antriebe, die zwecks ihrer moralischen Formierung einer rationalen Ordnung unterworfen
werden müssen, der Ordnung der „rechten Mitte" *(meson te kai ariston)*.[4] Diese Antriebe sind einem präskriptiven Urteil zugänglich, das sie temperiert und ausrichtet auf das,
was der Tugendhafte im Rahmen von *oikos* und *polis* realisiert – die Glückseligkeit. Der
Weg zur Tugend ist gleichsam gespickt mit Einzelhandlungen, die nicht nur unser Ur-
teilsvermögen schärfen, sondern unsere Kompetenz hinsichtlich der irrationalen Antriebe erhöhen bzw. bilden. Die aristotelische Handlungspsychologie ist jedoch komplex
und differenziert. John M. Cooper hat zu Recht davor gewarnt, sie in das einfache
Schema einer bloßen Opposition zwischen dem Rationalen und dem Irrationalen im
modernen Sinne zu zwingen. Gerade die *boulēsis* als das dritte Element des Strebens
(orexis) – neben den beiden irrationalen Elementen der *epithymia* (Appetitives) und des
thymos (Kompetitives) –, häufig übersetzt als „rationaler Wunsch", macht deutlich, wie
sehr das Rationale selbst *„the source of a certain sort of desire"*[5] darstellt. Rationales
oder tugendhaftes Handeln ist demnach *immer* auch emotionales Handeln. Aber mehr
noch – auch die nicht-rationalen Emotionen wie Angst oder Wut gehören für Aristoteles
zu der auch moralisch nicht eliminierbaren *Natur* des Menschen und sie gehören sogar
zu unserer Vollkommenheit, wenn sie an die Umstände angepasst sind.

Das, wovon Aristoteles demnach ausgeht, ist die anthropologisch-realistische Prä-
supposition, dass zwischen den energetisch-emotionalen Antrieben, die tief in die vorra-
tionalen Gefilde der Psyche hinabreichen, und dem praktischen, auf das Handeln gerichteten Teil des Rationalen ein Verhältnis des „Hinhörens"[6] besteht. Dies wäre aber nicht
möglich, wenn zwischen der Ratio und der Emotion eine schlichte Dichotomie bestün-
de. Beide sind Aspekte eines holistisch verfassten Handlungskonzeptes. In der Terminologie moderner Ethik hieße das: Begründungen von Handlungen haben emotionale

---

[4] EN, II, 5, 1106b23f.
[5] Cooper 1991, 240.
[6] EN, I, 1102b31 und 1103a3.

Bestandteile, weil Emotionen rationale Qualitäten haben. Diese an dieser Stelle noch recht vage These werden wir an späterer Stelle zu erhärten versuchen.

Das skizzierte Balancemodell hat seine Gültigkeit nahezu bis zur frühen Moderne aufrechterhalten können. Eine moralpsychologisch sensibilisierte Ethik kann aus diesem Grund mit Fug und Recht eine *therapeutische*[7] Ethik genannt werden, denn sie fasst moralisches Handeln als Teil eines Lebensgefüges auf, dessen somatisch-energetische Anteile Gegenstand einer anhaltenden Stilisierung sind, die ein instinktentbundenes Wesen benötigt. Ethik erscheint hier als Theorie der Lebenskunst. Mit Hume und Kant verbinden wir gewissermaßen die Verabschiedung dieses Projekts. Dies geschah aus jeweils gegensätzlicher Perspektive.

David Hume richtet seine Aufmerksamkeit zunächst auf das Motivationsproblem. Wie werden wir dazu angestiftet, moralisch zu handeln? – das ist die zu beantwortende Frage. Für Hume ist die Vernunft „hierzu ganz machtlos"[8]. Handlungen werden nämlich durch Affekte angetrieben. Dieses Urteil beruht natürlich auf einer bestimmten Auffassung über die Natur der „Affekte" *(passions)* und der Vernunft bzw. des Verstandes. Die Affekte sind Teil einer besonderen Art von Wahrnehmung oder Perzeption, nämlich von „Eindrücken" *(impressions)* und gehören hier zu den „sekundären" Eindrücken. Während die „primären" Eindrücke nichts anderes als die unwillkürlichen Eindrücke der Sinneswahrnehmung eines körperlichen Wesens darstellen, beruhen die „sekundären" Eindrücke – auch „Eindrücke der Selbstwahrnehmung" *(impressions of reflexion)* genannt – auf den primären Eindrücken. Sie gehen aus diesen wiederum unmittelbar oder mittelbar hervor: Aus den Sinneswahrnehmungen entstehen unmittelbar „Sinneseindrücke" (wie auch die körperlichen Schmerz- und Unlustgefühle), mittelbar entstehen aus ihnen die „Affekte" *(passions)* und andere Gefühlsregungen. Mit den „Gefühlsregungen", den „ruhigen" Eindrücken der Selbstwahrnehmung, assoziiert Hume vor allem die Wirkungen von Schönheit und Hässlichkeit, mit den Affekten die „heftigen" Regungen etwa der Liebe, des Hasses, der Freude oder der Niedergeschlagenheit. Und die Affekte werden ihrerseits noch einmal unterschieden in „direkte" und „indirekte": Die „direkten" gehen „unmittelbar aus einem Gut oder einem Übel, aus Schmerz und Lust" hervor (wie etwa Begehren, Hoffnung, Furcht, Verzweiflung, Abscheu), die „indirekten" (Stolz, Großmut, Liebe, Neid) gehen nur mittelbar aus den genannten Faktoren hervor.[9]

Diese Auffassung geht von der Voraussetzung aus, dass den Affekten exakt dasjenige fehlt, was sie unmittelbar für den Verstand zugänglich machen würde, nämlich ein repräsentativer Gehalt. Der Verstand, so Hume, übt eine doppelte Tätigkeit aus; er urteilt nach demonstrativen Beweisgründen oder nach Wahrscheinlichkeit. Er tut dies, indem er das eine Mal die abstrakten Beziehungen unserer Vorstellungen *(representations)* betrachtet, das andere Mal jene Beziehungen von Objekten, die wir nur aus der Erfahrung kennen. Aber Affekte, als Teil der „Eindrücke", haben nun einmal keine Vorstellungsqualität.

---

[7] Vgl. Nussbaum 1994.
[8] Hume 1978 (engl. zuerst 1739/1740), 198.
[9] Ebd. 3ff.

„Ein Affekt ist ein originales Etwas, oder, wenn man will, eine Modifikation eines solchen, und besitzt keine repräsentative Eigenschaft, durch die er als Abbild eines anderen Etwas oder einer anderen Modifikation charakterisiert würde. (...) Es ist also unmöglich, dass dieser Affekt [der Ärger] von der Vernunft bekämpft werden kann oder der Vernunft und der Wahrheit widerspricht. Denn ein solcher Widerspruch besteht in der Nichtübereinstimmung der Vorstellungen, die als *Bilder* von Dingen gelten, mit diesen durch sie repräsentierten Dingen selbst."[10]

Verstandesurteile verfügen demnach über einen logisch-analytischen und über einen empirischen Gehalt. Deren Wahrheitscharakter ist überprüfbar. Dies unterscheidet sie von den moralischen Stellungnahmen, denn Letztere haben wesentlich einen Gefühlscharakter, so dass sie sich dem Urteil des Verstandes entziehen. „Die Sittenregeln sind folglich keine Ergebnisse unserer Vernunft". Es sei vielmehr erwiesen, „dass die Vernunft vollkommen passiv" sei und „weder Affekte noch Handlungen jemals verhindern oder hervorrufen kann".[11]

Allerdings beruhen unsere moralischen Verhaltensweisen deshalb noch längst nicht auf privaten Präferenzen. Die Ohnmacht des ethischen Urteils wird gleichsam kompensiert durch die anthropologische Allgemeinheit moralischer Gefühle wie Wohlwollen und Sympathie.

„Der Begriff schließt ein allen Menschen gemeinsames Gefühl ein, das einen und denselben Gegenstand der generellen Billigung empfiehlt und eine durchgängige, oder fast durchgängige Übereinstimmung der menschlichen Neigungen und Entscheidungen darüber zuwege bringt."[12]

Darüber hinaus sind wir dazu aufgefordert, Unparteilichkeit walten zu lassen, um unsere moralischen Gefühle überhaupt freilegen zu können. Diese anthropologisch angelegte Interpretation ist aber auch erforderlich geworden, nachdem Hume wiederholt die Abkoppelung des Handlungsmotivs von der Handlung selbst empfohlen hatte. Die Handlungen sind nur „Kennzeichen"[13] der moralischen Motive und ohne diese könnte man die Handlung nicht einmal als tugendhaft qualifizieren. Weil die Vernunft „passiv" sei und deshalb niemals eine Aktivität wie das Handeln auf den Weg bringen könne, macht es auch keinen Sinn, die Tugendhaftigkeit einer Handlung aus deren „Redlichkeit" abzuleiten.

„Wir können niemals Rücksicht auf die Tugendhaftigkeit einer Handlung nehmen, wenn die Handlung nicht schon vorher tugendhaft ist. Eine Handlung kann aber nur insoweit tugendhaft sein, als sie aus einem tugendhaften Motiv entspringt. Ein tugendhaftes Motiv muss also der Rücksicht auf die Tugend vorangehen; es ist unmöglich, dass das tugendhafte Motiv und die Rücksicht auf die Tugend eines und dasselbe sind."[14]

---

[10] Hume 1978, 153.
[11] Ebd. 198.
[12] Hume 1976 (engl. zuerst 1751), 120.
[13] Hume 1978, 220.
[14] Ebd. 222.

Humes Modell nenne ich ein Polarisierungsmodell, weil es die Verschiedenheit von Gefühl und Urteil zu einer ontologischen Andersheit radikalisiert. „Die Vernunft ist nur der Sklave der Affekte"[15], und in der Realität moralischen Handelns hat sie nur eine instrumentelle Funktion – die Mittel bereitzustellen, um das Handlungsmotiv zu realisieren. Diese Polarisierung hat zur Folge, dass Hume zwar das Motivationsproblem auf den ersten Blick erfolgreich löst, es aber – wie Sabine A. Döring zu Recht betont – in Wahrheit *auflöst*.[16] Zusammenfassend könnte man diese Auflösung des Motivationsproblems folgendermaßen beschreiben: Wenn Normen einen präskriptiven Charakter besitzen, die Handlungsmotive aber, die dem Haushalt unserer Affekte entstammen, durch Vernunft nicht korrigierbar sind, werden wir gleichsam naturalistisch zu Handlungen genötigt. Das Motivationsproblem erweist sich dann aber als ein *Schein*problem. Die Präskriptivität von Moralnormen bekommt nun ein naturwüchsiges Aussehen, weshalb sich Begründungsfragen als obsolet erweisen.

Kant hätte Hume entgegengehalten, er führe „alle Obligation" nicht auf eine „*necessitatio practica*", sondern auf eine „*necessitatio pathologica*" zurück.[17] Wir werden nur dann *moralisch* motiviert, wenn die „Nötigung" der „Vorstellung des Gesetzes an sich selbst" entspringt. Diese Nötigung äußert sich „subjektiv" als „*reine Achtung*"[18] Kant sieht sich bekanntermaßen gezwungen, eine paradoxe Operation vorzunehmen – die Gefühlsqualität dieses Gefühls nämlich so weit wie möglich zu reduzieren. Achtung sei „ein Gefühl, welches durch einen intellektuellen Grund gewirkt wird, und dieses Gefühl ist das einzige, welches wir völlig a priori erkennen, und dessen Notwendigkeit wir einsehen können"[19]. Wenn Gefühle als Motive den Handlungsgründen *vorangehen*, ist die moralische Verpflichtung zu jeder Zeit korrumpierbar. Aus diesem Grund muss die Verpflichtung, die im moralischen Urteil dem Willen *intellektuell* auferlegt wird, mit der Einsicht ihrer Richtigkeit *gleichursprünglich* sein. „Und so ist die Achtung fürs Gesetz nicht Triebfeder zur Sittlichkeit, sondern sie ist die Sittlichkeit selbst."[20]

Kants Polarisierungsmodell führt uns nun zum anderen Extrem: Es fordert uns auf, der Rolle von Gefühlen im moralischen Handeln so viel wie möglich zu misstrauen. Gefühle verunreinigen sowohl das Handlungsmotiv als auch das Handlungsurteil. Die „*vis obligandi*" wird hier der „*vis diiudicandi*" geopfert. Das Polarisierungsmodell in seinen beiden Varianten hat aber missliche Folgen. Es legt uns nahe, jeweils ein fundamentales, durch Erfahrung ausgewiesenes Vermögen, das die Handlungswirklichkeit prägt, auszuschalten. Entweder sollten wir, wie bei Hume, den Intellekt zur Dienstmagd des moralischen Gefühls machen oder, wie bei Kant, das Gefühl zum Brunnenvergifter der Reinheit des Willens hochstilisieren. Dies widerspricht aber der Phänomenologie

---

[15] Hume 1978, 153.
[16] Vgl. Döring 2002, 15-35, vor allem 21ff.
[17] Kant 1990 (zuerst 1924), 27.
[18] Kant 1965 (zuerst 1785), 19 (460).
[19] Kant 1978 (zuerst 1788), 86 (130).
[20] Ebd. 89 (134).

des Handelns und des moralischen Handelns im Besonderen. Die Metaphysik dieser Modelle ist revisionistisch. Beide Polarisierungsmodelle übersehen, dass wir sehr wohl in der Lage sind, unsere Gefühle zu rechtfertigen bzw. sie mit Gründen zu legitimieren oder zu kritisieren. Gefühle sind keine amorphen, naturalistischen Entitäten, die für urteilende Interventionen unzugänglich wären. Wir sind durchaus in der Lage, für unsere Wünsche, Präferenzen und Gefühle *Gründe* zu nennen. Unsere konativen Zustände sind epistemisch durchlässig. Aber sie sind auch präskriptiv durchlässig. Wir können vage Gefühle oder ungerichtete Wünsche aufklären und ihnen eine Richtung verschaffen, indem wir sie mit deskriptiven oder mit normativen Gründen konfrontieren. Konative Zustände sind bis zu einem gewissen Grad formbar. Sie können durch die Angabe von Gründen differenziert werden.

Dies setzt aber voraus, dass wir Gefühle nicht, wie Hume dies tut, in Kausalketten verorten, die unsere Handlungen gleichsam nötigen. Ebenso wenig aber nötigen deskriptive oder normative Gründe unsere Gefühle. Dennoch ist unverkennbar, dass Gründe oder Rechtfertigungen (als Verkettungen von Gründen) unsere konativen Zustände nicht bloß im Nachhinein, sondern auch antizipierend beeinflussen. „Normative Überzeugungen", so Julian Nida-Rümelin, und nicht bloße Wünsche oder Gefühle bilden häufig das Fundament unserer Handlungen. Beide Polarisierungsmodelle, könnte man sagen, stehen deshalb „im Konflikt mit unserem Selbstverständnis als rationale Personen"[21]. Allerdings kann man noch einen Schritt weitergehen. Das Polarisierungsmodell unterschätzt nämlich sträflicherweise die Bedeutung einer Kohärenz von Urteilskraft und Emotionalität hinsichtlich der *Identität* der handelnden Person. Diese Identität geht über die Rationalität der Person hinaus. Ohne Kohärenz zwischen moralischen Überzeugungen und Gefühlen wird diese Identität zerstört. Selbstverständlich ist eine solche moralische Identität immer auch vorläufig. Gerade unter den spezifischen kulturellen Bedingungen, unter denen wir leben, ist sie häufig fragmentarisch und Veränderungen unterworfen. Dennoch – ein bestimmtes Maß an Kohärenz darf nicht unterschritten werden, wenn die handelnde Person und damit auch ihre Rationalität nicht zerfallen soll. Die Rationalität dieser Person ist (wesentlicher) Teil eines Netzwerkes von Propositionen deskriptiver und normativer Art, aber auch von konativen Einstellungen.[22] Wird dieses Netzwerk löchrig, ist die Einheit der handelnden Person nur noch schwer zu retten.

Jedoch ist mit der Diagnose des Problems noch nicht die Lösung in Sicht. Die Voraussetzung, konative Zustände seien epistemisch nicht blind, muss zunächst zeigen können, dass Gefühle und Gründe (deskriptiver und präskriptiver Art) nicht auf jeweils getrennte Ontologien zurückführbar sind. Vor allem die kognitive Struktur von Emotionen oder Gefühlen, ihre Intentionalität und ihr repräsentativer Gehalt müssen nachgewiesen werden.

---

[21] Nida-Rümelin 2001, 31.
[22] Vgl. Weinreich-Haste 1986.

2. Emotionen, moralische Gefühle und ihre kognitive Struktur

Zunächst aber sei auf das Problem hingewiesen, überhaupt ein Set von grundlegenden Emotionen *(basic emotions)* zu identifizieren. Zahl und Art dieser Emotionen gehen bei den verschiedenen Autoren weit auseinander. In vielen Fällen kommen nicht einmal jene Emotionen oder Gefühle vor, die wir als grundlegend „moralisch" bezeichnen. So wird „Scham" *(shame)* zwar bei Nico Frijda, Carroll E. Izard und Silvan S. Tomkins genannt, und bei Izard gehört auch „Schuld" *(guilt)* zum Kanon der Basisgefühle. Aber zahlreiche Autoren verzichten auf die Nennung moralischer Gefühle. „Interesse, Angst, Wut, Trauer, Freude" nennt Luc Ciompi die „Grundgefühle".[23] Offenbar haben moralische Gefühle *(moral emotions)* eher den Charakter des Sekundären oder des Indirekten (Hume). Dies würde aber nahe legen, sie als das Resultat einer Formung oder Stilisierung zu betrachten, wobei hier sowohl gesellschaftlich-kulturelle als auch kognitivistisch eingefärbte Erklärungsansätze möglich wären. Man kann natürlich auch einen fließenden Übergang zwischen primär und sekundär gearteten moralischen Gefühlen annehmen. „Mitleid" *(compassion)* hat eventuell einen solch basalen moralischen Charakter, weil Angst vor Gefahr, Verletzung und Schmerz eine ebenso basale nicht-moralische Emotion ist, anhand derer wir ebenso unmittelbar die Verletzbarkeit des Anderen wahrnehmen können. Scham und Schuld dagegen, aber auch Empörung scheinen bereits die Existenz eines ethischen Regelsystems vorauszusetzen, wie bescheiden dies auch sein mag.

Aber wesentlich für unsere Fragestellung ist der Charakter von Emotionen. Dabei lassen sich zwei Aspekte unterscheiden: An erster Stelle muss die *Orientierungsfunktion* von Emotionen untersucht werden. An zweiter Stelle und in relativer Unabhängigkeit von der Beantwortung der ersten Frage muss die *repräsentionale* Struktur von Emotionen zum Thema gemacht werden.

In der im Jahre 1939 erschienenen Abhandlung *Esquisse d'une théorie des émotions* hat Jean-Paul Sartre Emotionen als Verhaltensweisen in der Welt bezeichnet. Diese Verhaltensweise fußt zunächst auf der welterschließenden Funktion der Emotion. Sie ist kein bloß subjektiver Zustand, sondern eine Welt- und Selbstwahrnehmung: „Die Emotion ist eine bestimmte Weise, die Welt zu verstehen."[24] Sie färbt die Welt ein. Die Handlungen, die in dieser Umgebung stattfinden, sind – was ihr Bewusstseinsniveau betrifft – *irreflexiv.*

„Hier ist es nur wichtig", schreibt Sartre, „wie die Handlung als spontanes, irreflexives Bewusstsein so etwas wie eine existentielle Schicht in der Welt formt und dass man, um handeln zu können, sich nicht seiner als handelnd bewusst zu sein braucht – im Gegenteil. Kurz – irreflexives Verhalten ist kein unbewusstes Verhalten, sondern ein Verhalten, das sich seiner bewusst ist ohne sich zum Gegenstand [Objekt] zu machen, und seine Art, sich thetisch seiner selbst bewusst zu sein, ist es, sich zu transzendieren und sich *an der Welt* zu erleben, als Eigenschaft der Dinge."[25]

---

[23] Ciompi 1999, 121.
[24] Sartre 1987 (frz. zuerst 1939), 86.
[25] Ebd. 89f.

Diese Verwicklung des Bewusstseins in der Welt nennt Sartre „Magie". Wesentlich an Sartres Versuch scheint mir die nicht-privatistische Interpretation der Emotion zu sein. Diese ist kein bloß subjektiver Zustand, sondern eine atmosphärische Wahrnehmung der Welt, worin das Subjekt gleichsam verstrickt ist. Die Emotion gleicht einer partikularen und irreflexiven Auslegung der Welt. Sie stellt eine basale und gleichzeitig alltägliche *Orientierung* dar.

Diese Orientierungsfunktion ist mittlerweile in verschiedensten experimentellen Kontexten nachgewiesen worden. Ausgangspunkt nahezu aller diesbezüglichen Theorien ist der berühmte Fall des Phineas P. Gage, eines Eisenbahnarbeiters, der frühzeitig – durch eine Explosion bedingt – eine schwere Gehirnverletzung erleidet. Gage überlebt das Unglück, aber im Laufe der Zeit findet eine tief greifende Persönlichkeitsveränderung statt: Obwohl seine kognitiven Fähigkeiten uneingeschränkt weiter bestehen, ist er immer weniger in der Lage, ein Leben zu führen, das man als orientiert bezeichnen kann. Der Zerfall der Einheit der Persönlichkeit hat offenbar damit zu tun, dass Regionen des Gehirns zerstört sind, die für die emotionale Koordination der Handlungsvollzüge erforderlich sind. Diese Krankengeschichte war die Initialzündung für zahllose Forschungen, die sich der Rolle von Emotionen zugewandt haben. Die Feststellung von Richard Wollheim, „dass die Rolle einer Emotion darin bestehe, der Person eine Haltung oder Orientierung zu verschaffen, und zwar in Ergänzung zu einem Bild der Welt, das die Überzeugung liefert, und einem Ziel, das Wünsche vorgibt"[26], dürfte mittlerweile, trotz signifikanter Unterschiede bei der wissenschaftlichen Erklärung der Fakten, zum Gemeingut gehören.

Wenn Emotionen aber diese Orientierungsfunktion ausüben können, kann es zwischen den kognitiven und den emotionalen Fähigkeiten des menschlichen Gehirns keine Polarisierung geben. Im Gegenteil – wenn Emotionen und Kognitionen in einem prinzipiell polaren oder sogar antagonistischen Verhältnis stünden, müsste eine permanente Desorientierung die Folge dieses Konfliktes sein. Da dies offenkundig nicht der Fall ist, müssen Emotionen kognitive Elemente enthalten und verfügen kognitive Einstellungen und Überzeugungen über ein emotionales Fundament. Das, was die unterschiedlichen Erklärungsansätze verbindet, ist die Auffassung, dass Emotionen in der Tat eine *repräsentationale* Struktur besitzen. Von den elementarsten Empfindungen bis hin zu den elaboriertesten emotionalen Zuständen gibt es offenbar eine Kaskade von Repräsentationen, die uns zur Welt in ein Verhältnis somatisch-qualifizierter Orientierung setzen.[27] Auch wenn sich die Trennlinien zwischen Empfindungen, Affekten und Emotionen oder Gefühlen nicht messerscharf ziehen lassen, könnte man das Anwachsen der Bewusstheitsgrade hinsichtlich dieser repräsentativen Struktur als Voraussetzung für eine erfolgreiche Orientierung betrachten. Bis in die subtilsten und einfachsten Empfindungen sind demnach neokortikal-zerebrale Bestandteile am Werke. Offenbar lässt sich

---

[26] Wollheim 2001, 181.
[27] Vgl. Damasio 2001a; ders. 2001b; LeDoux 1998.

diese Orientierungsfunktion auch als *Bewertungsfunktion* bezeichnen, denn Emotionen besetzen die Welt mit Qualitäten.[28] Sie lassen eine (vorläufige, aber auf Erfahrung beruhende) *Ordnung der Dringlichkeiten* entstehen. Ohne diese Bewertungsfunktion hätten alle rein kognitiven oder logisch-kalkulierenden Tätigkeiten buchstäblich keinen Sinn. Wir wüssten nicht, *weshalb* wir Letztere überhaupt mobilisieren sollten. Emotionen sind in der Tat *„judgments of value"*[29].

Dies impliziert aber, dass Emotionen uns durchaus mit *Handlungsgründen* ausstatten. Wir benutzen hier einen weiten Begriff, wenn wir von „Gründen" sprechen. Gründe sind *relevante* Hinsichten für das Handeln. Sie konfrontieren uns mit jenen Entitäten in der Welt, denen unsere Sorge gilt, weil wir zu ihnen in einem affektiven Verhältnis stehen. Sie liegen unserem Verhalten, das wir diesen Entitäten entgegenbringen, zugrunde. Sie sagen uns, weshalb wir uns ihnen zuwenden sollten. Darüber hinaus sind Emotionen bevölkert mit Überzeugungen, Einstellungen, Präferenzen und normativen Stellungnahmen. Das Profil, das sie der Welt geben, lässt eine Ordnung des Vorziehens entstehen, die mit kognitiven und emotionalen Gehalten gleichsam überzogen ist.[30] Dieses Profil weist verlässliche, aber nicht unveränderliche Präferenzordnungen auf, die mit rationalen Propositionen verbunden sind. „Gefühle sind Arten festliegender Muster der Dringlichkeit unter den Objekten der Aufmerksamkeit, den Richtungen des Fragens und den Schlussstrategien."[31] Die evaluative Ordnung unserer Welt ist das Ergebnis von solchermaßen *strukturierten* Emotionen. Die Wertungen, welche diese Ordnung enthält, sind demnach nicht die Folge ‚blinder‘ Affekte. Weil Emotionen einen repräsentationalen Status haben, können sie sich auch auf sich selbst beziehen: Emotionen verfügen über die Fähigkeit der Selbstbewertung. Ihr intentionaler Charakter ist nicht mit einer linearen Ausrichtung zu verwechseln. In Anlehnung an Harry G. Frankfurt könnte man in diesem Zusammenhang auch von *„second-order emotions"* sprechen.[32]

Die Rehabilitierung des rationalen Charakters von Emotionen hat aber eine vielleicht weniger erfreuliche Konsequenz. Diese tritt offen zutage, wenn man sich erneut den kulturellen Kontexten zuwendet. Denn Emotionen sind keineswegs bloß *private* Zustände. Gerade *weil* sie über eine repräsentative Struktur verfügen, sind sie gleichsam betroffen von den Veränderungen, die sich in der kulturell geprägten Umwelt vollziehen. Der repräsentative Gehalt von Emotionen hat zur Folge, dass sie ein Responsorium bilden für dasjenige, was sich in den kulturellen Schichten unserer Existenz abspielt. Man könnte hier die These wagen, dass sich die ‚Ordnung der Dringlichkeiten‘, das evaluative Profil, das die Emotionen bewirken, in einer Kultur wie der unseren nur mühsam und beschwerlich aufrechterhalten lässt. Die Stabilisierungsfunktion, über die Emotionen offensichtlich verfügen, *weil sie repräsentatio-*

---

[28] Vgl. Roth 2001, 269f.; ders. 2003.

[29] Nussbaum 2001; vgl. auch Solomon 1993, 180ff.

[30] Ein reizvolles Plädoyer findet sich bei Solomon 1999, Kapitel 1.

[31] De Sousa 1997, 320; vgl. auch Meier-Seethaler 2001.

[32] Harry G. Frankfurt spricht bekanntlich in seiner berühmten Abhandlung „Freedom of the will and the concept of a person" von „second-order volitions", in Frankfurt 1988, 16.

naler Natur sind, hat *gleichzeitig* die unerfreuliche Nebenfolge, dass ihre Repräsentationen auch das Einfallstor für kulturell bedingte Destabilisierungen sind. Aus diesem Grund liegt etwas Demagogisches, zumindest etwas Ambivalentes in dem Appell, den Emotionen mehr Platz zu verschaffen, wenn die Kultur sich ihrerseits als unablässig wirksamer Emotionengenerator und -manipulator versteht. „Darf es auch etwas weniger sein?", müsste die Frage lauten, die wir in dieser Kultur stellen müssten.

3. Ein kohärentistischer Ausblick auf Emotionen in Begründungsverfahren

Um ein bekanntes Motto zu verwenden, könnte man aus dem Besagten Folgendes konkludieren: Ohne Emotionen sind Kognitionen leer, ohne Kognitionen sind Emotionen blind. Im Grunde wissen wir, dass diese elegante Formel bei genauem Hinsehen falsch ist, denn sie beruht nach wie vor auf einer vorausgesetzten Dichotomie. Dennoch birgt sie – gerade auf dem Hintergrund des zuletzt Gesagten – einen Kern Wahrheit in sich. Es wäre nämlich naiv, aus der Rehabilitierung des kognitiven Charakters der Emotionen ihre grundsätzliche Verlässlichkeit zu folgern. Wir wissen alle, in welchem Umfang Emotionen in die Irre gehen und ein Maß an Destruktivität entfalten können, das mit einer ‚Ordnung der Dringlichkeiten' nicht im Geringsten mehr etwas zu tun hat. Emotionen brauchen einen (permanenten) kognitiven Kommentar. Die Vernetzung von Emotionen und Kognitionen, die auf der Basis ihres repräsentationalen Charakters *möglich* ist, macht nicht nur die emotionale Korrektur von Kognitionen, sondern auch die kognitive Korrektur von Emotionen *nötig.* Auf beide Aspekte muss eine Moralphilosophie, die den holistischen Charakter von Handlungssituationen und Handlungsbegründungen nicht vernachlässigen möchte, ihre Aufmerksamkeit richten.

Im Hinblick auf die Begründungen muss zunächst darauf hingewiesen werden, dass diese nicht mit den Fragen der moralischen *Identität* gleichgesetzt werden dürfen. Auch wenn beide Aspekte interpenetrieren, ist die moralische Identität im Wesentlichen eine personale, individuelle Angelegenheit. Obwohl die Identität des moralisch Handelnden nie nur aus individuellen Hinsichten zusammengesetzt ist, beruht die Synthese dieser Hinsichten doch auf einem individuellen Vollzug. Bei den Gründen dagegen, die wir im Rahmen von Handlungsrechtfertigungen angeben, handelt es sich *niemals* um nur individuelle Hinsichten. Gründe sind vielmehr *wesentlich* impersonalen Ursprungs und formulieren einen über-personalen Anspruch. Trotz aller Subjektivität sind wir, wie Thomas Nagel sagt, zu einem „externen Standpunkt" in der Lage; die „erweiterte Verständigung"[33] ist im Geben und Nehmen von Gründen *bereits immer impliziert.* Idiosynkratische Gründe sind keine Gründe im strikten Sinne, denn ihnen fehlt der Sinn für ihre Rechtfertigung. Gleichwohl haben Begründungen oder Rechtfertigungen einen erheblichen Einfluss auf die moralische Identität. Gründe müssen nicht nur intellektuell nachvollzogen werden, sondern ihre Wichtigkeit, ihre *Bedeutung* muss verstanden wer-

---

[33] Nagel 1992, 361.

den. Die Kohärenz der moralischen Identität hängt von dem Verstehen dieser Bedeutung ab. Dies hat jedoch wichtige Folgen im Hinblick auf die Art der Begründungen, die in moralischen Angelegenheiten erforderlich sind.

Dennoch muss auch hier vor einer Verwechslung gewarnt werden: Die moralische Identität einer Person ist in erster Linie ein *deskriptives* Faktum. Gerade weil eine solche Identität eine individuelle Synthese darstellt, gibt es sie im Plural. Dies macht aber das Sprachspiel der ‚moralischen Identität' wenig vertrauenswürdig. Über die *präskriptive* Richtigkeit und Angemessenheit der in dieser ‚Identität' praktizierten Moral ist dadurch noch nichts ausgesagt. Die in Identitätsfragen in Anspruch genommene Kohärenz von Kognitionen und Emotionen muss aus diesem Grund in die erweiterte Perspektive von Begründungsverfahren *sui generis* genommen werden, also in Rechtfertigungskontexte transponiert werden, worin die präskriptive Richtigkeit von Handlungen unabhängig vom privaten Standpunkt zum Gegenstand argumentativer Kommentare gemacht wird. Die Vernetzung emotionaler Einstellungen mit kognitiven Überzeugungen, wie sie für die personale Identität grundlegend ist, damit die Einheit der Person nicht zerfällt, spielt auch in den Rechtfertigungen eine zentrale Rolle, aber dieses Mal auf dem Niveau des Justierens von personalen mit impersonalen Gesichtspunkten, auf dem Niveau des Gebens und Nehmens von „Gründen", die eine größere Reichweite als die Reichweite personaler Identität besitzen.

Das begründungstheoretische Modell, das sich hier anbietet, ist das des Kohärentismus. Was sind aber die wichtigsten Anforderungen, welche die Kohärenztheorie selbst stellt? Das Wahrheitskriterium des Kohärentismus besagt, dass Propositionen wahrheitsfähig werden, wenn das Propositionennetz, in dem sie sich befinden, möglichst kohärent ist. Die Kohärenz erhöht sich durch den Grad der Propositionendichte, durch das Maß an inferentieller Beziehungen zwischen den Propositionen, durch die Erklärungsstärke, die durch die Vernetzung entsteht, durch die langfristige Stabilität, die das Propositionennetz bewirkt. In diesem Netzwerk gibt es keine Proposition, die nicht ihrerseits mit anderen verbunden wäre. Hier wird keine Proposition verlangt, die das gesamte Feld der anderen Propositionen gleichsam fundieren könnte, ohne ihrerseits bereits von anderen fundierenden Propositionen flankiert zu sein. Begründungen sind in einem kohärentistischen Milieu gleichsam elliptischer und nicht linearer Natur. Auch die Propositionen sind dabei vielfältiger Art: Empirisch-deskriptive Überzeugungen, normative Einstellungen und evaluative Stellungnahmen mit ihrem emotionalen Kern bilden hier – zumal im Rahmen ethischer Rechtfertigungen – ein Geflecht von sich gegenseitig stützenden, gegebenenfalls aber auch korrigierenden Propositionen.[34] Als Kennzeichen solchermaßen gerechtfertigter Handlungsnormen könnte man ihre „Redlichkeit und Billigkeit"[35] nennen.

---

[34] Vgl. Bartelborth 1996.
[35] Vgl. Wils 2006.

Dieses kohärentistische Verfahren bietet sich aus verschiedenen Gründen an. Zunächst ist da die identitätstheoretische Vorgabe, dass Begründungen die Kohärenzanforderungen personaler Handlungsidentität nicht aus den Augen verlieren dürfen. Begründungen können nur in äußerst seltenen Fällen eine komplette Revision der praktischen Überzeugungen und der evaluativen Einstellungen von Individuen fordern. Lineare, fundamentistische Letztbegründungsmodelle haben aber – prinzipiell – einen solch revisionistischen Charakter. ‚Kohärenz' bildet gleichsam die Brücke zwischen moralischer Identitätstheorie und ethischer Begründungstheorie, ohne dass deren Unterschied dabei eingeebnet wird.

In kohärentistischen Begründungen spielen Emotionen und die von ihnen ausgehenden Wertungen keine untergeordnete Rolle. Auch die spezifisch kulturellen Verfasstheiten dieser evaluativen Stellungnahmen bilden ein wichtiges Element in der Verkettung der Argumentationen. Kohärente Begründungen berücksichtigen nicht nur die Logik der Propositionen und die Qualität der theoretischen Überzeugungen, sondern ebenso den informativen Gehalt emotionaler Einstellungen. Der Konflikt zwischen diesen unterschiedlichen Informationsbereichen, etwa der Konflikt zwischen einer intra-ethischen Begründung (wie etwa am Beispiel des Aktutilitarismus) und der emotionalen Qualität lebensweltlich-evaluativer Einstellungen, ist in diesem Kontext ein ernstes Indiz für eine nicht-funktionierende Begründung. Der moralische Standpunkt mit seiner anspruchsvollen kognitivistischen Basisstruktur gibt hier nicht nur Kommentare zu den in Moralfragen implizierten Emotionen, sondern dies geschieht auch in umgekehrter Richtung: Die Rationalität der Emotionen fügt dem theoretischen Propositionenbündel argumentationsrelevante Informationen hinzu. Emotionen beanspruchen einen eigenen Stellenwert in ethischen Begründungen.

Literatur

Aristoteles (1983), *Nikomachische Ethik*, übers. v. Franz Dirlmeier, Darmstadt.
Bartelborth, Thomas (1996), *Begründungsstrategien. Ein Weg durch die analytische Erkenntnistheorie*, Berlin.
Ciompi, Luc (1999), *Die emotionalen Grundlagen des Denkens. Entwurf einer fraktalen Affektlogik*, Göttingen.
Cooper, John M. (1999), „Some Remarks on Aristotle's Moral Psychology", in ders., *Reason and Emotion. Essays on Ancient Moral Psychology and Ethical Theory*, Princeton, 237–252.
Damasio, Antonio R. (2001a), *Descartes' Irrtum. Fühlen, Denken und das menschliche Gehirn*, München.
Damasio, Antonio R. (2001b), *The Feeling of What Happens*, Amsterdam.
Döring, Sabine A. (2002), „Die Moralität der Gefühle: Eine Art Einleitung", in Sabine A. Döring/Verena Mayer (Hg.), *Die Moralität der Gefühle, Deutsche Zeitschrift für Philosophie Sonderband 4*, Berlin, 15-35.

Duden, Barbara (1991), *Der Frauenleib als öffentlicher Ort. Vom Missbrauch des Begriffs Leben*, Hamburg.

Frankfurt, Harry G. (1988), „Freedom of the Will and the Concept of a Person", in ders., *The Importance of What We Care about*, Cambridge, 11-24.

Gleixner, Ulrike (2002), „Die Spiritualisierung von Schwangerschaft und Geburt", in Barbara Duden u. a. (Hg.), *Geschichte des Ungeborenen. Zur Erfahrungs- und Wissenschaftsgeschichte der Schwangerschaft. 17.-20. Jahrhundert*, Göttingen, 75–98.

Hume, David (1976, engl. zuerst 1751), *Eine Untersuchung über die Prinzipien der Moral*, Hamburg.

Hume, David (1978, engl. zuerst 1739/1740), *Ein Traktat über die menschliche Natur*, Hamburg.

Kant, Immanuel (1965, zuerst 1785), *Grundlegung zur Metaphysik der Sitten*, hrsg. v. Karl Vorländer, Hamburg.

Kant, Immanuel (1978, zuerst 1788), *Kritik der praktischen Vernunft*, hrsg. v. Karl Vorländer, Hamburg.

Kant, Immanuel (1990, zuerst 1924), *Eine Vorlesung über Ethik*, hrsg. v. Gerd Gerhardt, Frankfurt a. M.

Kluge, Alexander (2000), „Die näheren Umstände der moralischen Kraft. Erfahrungen einer sowjetischen Feuerlöschbrigade aus Kiew im Jahre 1941", in ders., *Chronik der Gefühle. Basisgeschichten*, Bd. 1, Frankfurt a. Main, 434–440, Motto: 437.

LeDoux, Joseph (1998), *Das Netz der Gefühle. Wie Emotionen entstehen*, München/Wien.

Meier-Seethaler, Carola (³2001), *Gefühl und Urteilskraft. Ein Plädoyer für die emotionale Vernunft*, München.

Nagel, Thomas (1992), *Der Blick von nirgendwo*, Frankfurt a. M.

Nida-Rümelin, Julian (2001), *Strukturelle Rationalität. Ein philosophischer Essay über praktische Vernunft*, Stuttgart.

Nussbaum, Martha C. (1994), *The Therapy of Desire. Theory and Practice in Hellenistic Ethics*, Princeton.

Nussbaum, Martha C. (2001), *Uphevals of Thought. The Intelligence of Emotions*, Cambridge.

Roth, Gerhard (2001), *Fühlen, Denken, Handeln. Wie das Gehirn unser Verhalten steuert*, Frankfurt a. Main.

Roth, Gerhard (2003), *Aus Sicht des Gehirns*, Frankfurt a. M.

Sarte, Jean-Paul (1987, frz. zuerst 1939), *Esquisse d'une théorie des émotions*, Amsterdam.

Solomon, Robert C. (1999), *The Joy of Philosophy: Thinking Thin versus the Passionate Life*, Oxford.

Solomon, Robert C (1993), *The Passions. Emotions and the Meaning of Life*, Cambridge.

Sousa, Ronald de (1997), *Die Rationalität des Gefühls*, Frankfurt a. M.

Weinreich-Haste, Helen (1986), „Moralisches Engagement. Die Funktion der Gefühle im Urteilen und Handeln", in Wolfgang Edelstein u. a., *Zur Bestimmung der Moral. Philosophische und sozialwissenschaftliche Beiträge zur Moralforschung*, Frankfurt a. M., 377–406.

Wils, Jean-Pierre (2006), *Nachsicht. Studien zu einer ethisch-hermeneutischen Basiskategorie*, Paderborn.

Wollheim, Richard (2001), *Emotionen. Eine Philosophie der Gefühle*, München.

HILGE LANDWEER

Normativität, Moral und Gefühle[*]

Der Zusammenhang von Moral, allgemeinen Fragen der Normativität und Gefühlen ist in der Philosophie nicht erst seit Kants Auseinandersetzung mit der Tradition der *moral sense*-Philosophie umstritten, die zu Kants Verdikt gegen sinnliche Neigungen als Motiv für Moral führte und damit indirekt zu seiner Konzeption des Kategorischen Imperativs beitrug. Die Kontroversen beziehen sich heute einerseits auf die Bedeutung einzelner, oft „moralisch" genannter Gefühle wie Scham, Schuldgefühl, Empörung und Achtung. Eine besondere Bedeutung kommt dem Mitleid in der Moralphilosophie zu, wenn auch weniger im Sinne eines akuten Gefühls als vielmehr in Form einer Disposition, anderen in Not zu helfen.[1] Andererseits geht es in der neueren Ethik aber auch prinzipieller und unabhängig von spezifischen Emotionen darum, ob Gefühle die Moral beeinflussen, sie motivieren oder gar in einem noch zu klärenden Sinne „begründen" können.

Die folgenden Überlegungen behandeln dieses Problem ausgehend von der rhetorischen Situation, in der moralische Normen zur Disposition stehen, angegriffen und verteidigt werden. Worin liegt die Überzeugungskraft von Argumenten, die moralische Normen in Frage stellen und begründen? Diese Frage führt zum Begriff der Normengeltung, der auf die sanktionierenden Gefühle Scham und Empörung bezogen wird. Aber nicht nur als Sanktionen, sondern auch als ein wichtiges, manchmal verborgenes Motiv für Handlungen und als Erkenntnismittel im weitesten Sinne sind Gefühle für die Moral von Belang. Denn um Situationen verstehen zu können, erschließen wir sie mithilfe von Gefühlen, und besonders in Konfliktfällen sind wir darauf angewiesen, die beteiligten

---

[*] Für Anregungen, Kritik und die Geduld zum Austragen langer Kontroversen danke ich Christoph Demmerling.

[1] Die Struktur und Funktion von Mitgefühlen, wobei paradigmatisch auf das Mitleid Bezug genommen wird, wird ausführlich in Demmerling/Landweer 2007, 167-193 untersucht. – Welche Rolle dem Mitleid in der Moral zukommt, wird in dem hier vorliegenden Beitrag nicht behandelt. Vgl. dazu den Text von Schiemann in diesem Band.

Emotionen – in diesem Zusammenhang ist es nicht nötig, zwischen „Gefühl" und „Emotion" zu unterscheiden – zu explizieren. Dies führt im letzten Abschnitt dieses Beitrages
zu Überlegungen zum Verhältnis von emotionalen und rationalen Vermögen.

1. Rhetorik

Nach dem Begriff von Moral, der die folgenden Überlegungen leitet, orientieren sich
Personen an Normen mit dem Anspruch, dass diese Normen nicht nur für sie selbst
gelten sollen, sondern auch für andere. Wie aber überzeugen wir *andere* im Falle eines
ethischen Konfliktes von unseren Normen und Werten?

Es gibt darauf eine Standardantwort: Die Anerkennung von Normen hängt davon ab,
ob die in Frage stehenden Werte und Normen gut begründet sind. Hier soll die Frage
untersucht werden, worin in alltäglichen moralischen Situationen die Überzeugungskraft von Argumenten liegt, wovon sie abhängt. Hinter dieser Frage steht die Vermutung, dass nicht nur die intrinsische Qualität der Argumente, ihre Konsistenz und richtige inferentielle Zusammenhänge dafür verantwortlich sind. Das Problem der Überzeugungskraft muss aber auch nicht ausschließlich als Frage nach „externen" Einflüssen
auf moralische Urteile aufgefasst werden und sollte nicht an die Psychologie und die
Soziologie delegiert werden. Dieses Problem hat vielmehr eine genuin philosophische
Dimension, die traditionellerweise in der alten philosophischen „Teildisziplin" der Rhetorik behandelt worden ist und heute in manchen Aspekten in der hermeneutischen
Sprachphilosophie unter dem Stichwort „Okkasionalität des Sprechens"[2] diskutiert
wird. Ich möchte im Folgenden dafür argumentieren, dass Fragen nach der rhetorischen
Situation, in der Normen thematisiert werden, der Ethik und Moral nicht äußerlich sind
und deshalb als moralphilosophische rehabilitiert werden sollten.

Der Kern der Rhetorik liegt in der Einsicht, dass sprachliche Äußerungen nicht nur
einen Sachbezug haben, sondern immer auch in einer Situation an jemanden gerichtet
sind, und dass diese Adressierung nichts zu der Sache bloß Hinzukommendes ist, sondern die Sache unmittelbar formt, sie beeinflusst und verändert. Die Grundfragen der
philosophischen Rhetorik lauten: Wer spricht? (1.) Auf dem Boden welcher geteilten
Selbstverständlichkeiten wird gesprochen? (2.) Worüber wird gesprochen, um welche
Sache geht es? (3.) und schließlich: zu wem wird gesprochen (4.)?

Die Rhetorik ermöglicht es, mithilfe dieser vier Elemente eine theoretische Einsicht
zu formulieren: Jede Sachaussage kann nur verständlich werden aus dem Kontext, genauer aus der Situation, in der sie artikuliert wird, und dazu gehört auch der Sprecher,
der Ort in dem jeweiligen Diskurs, von dem aus er spricht, und der Adressat. Wenn sich
jemand an jemand anderen sprechend richtet, so kann er eine Antwort nur in dem Hori-
zont der *von ihnen geteilten* Selbstverständlichkeiten erwarten. Zu diesen Selbstver-

---

2   So Gadamer bereits 1968, 178f. In diesem Zusammenhang spricht Gadamer auch davon, dass jede
    Aussage motiviert ist.

ständlichkeiten gehören mindestens eine gemeinsame Sprache, zumeist aber auch geteilte Werte und Normen. Als „Werte" bezeichne ich all das, was jemandem wichtig, was ihm ein Anliegen ist, als „Normen" dagegen Maßstäbe für richtiges Handeln, die entweder Konventionen oder genuin moralische Normen sind und sich im Grad ihrer Verbindlichkeit unterscheiden. Die – zweifellos häufige – Erwartung, dass die eigenen Werte von anderen geteilt werden, gehört nicht zum Begriff des Wertes. So kann ich beispielsweise an ästhetischen Werten orientiert sein, von denen ich sogar hoffen kann, dass niemand anderes sie teilt. Normen dagegen, etwa das Gebot der Aufrichtigkeit, werden notwendigerweise auch anderen abverlangt, sonst handelt es sich lediglich um Maximen für das eigene Verhalten.[3] Die Erwartung, dass andere ebenfalls die Norm teilen sollen, muss nicht unbedingt im Fokus des eigenen Bewusstseins liegen; oft handelt es sich um habitualisierte Verhaltenserwartungen, die demjenigen, der sich daran orientiert, erst bewusst werden, wenn andere oder er selbst dagegen verstoßen. Nicht in allen Fällen können Normen im weitesten Sinne als gebietende Sollenssätze formuliert werden; vor allem können sie nicht immer mit einem einzigen Imperativ benannt werden. Manche Normen werden erst bei ihrer Übertretung überhaupt artikulierbar, oft wird ihre Wichtigkeit erst dann erkannt.

Um auf die rhetorische Situation zurückzukommen, so muss für jede einzelne Situation erläutert werden, welche Werte oder Grundüberzeugungen in dem jeweils konkreten Fall geteilt werden. So ist beispielsweise die rhetorische Situation und deshalb auch der Inhalt verschieden, je nachdem, ob beispielsweise ein Vertreter von *Amnesty International* über Menschenrechtsverletzungen mit Opfern oder mit Tätern spricht oder ob Menschenrechtsverletzungen Gegenstand eines gerichtlichen Verfahrens oder einer Philosophie-Vorlesung sind. Auch wenn in allen diesen Fällen für den Sprecher klar ist, dass es sich um Verbrechen handelt, so wird er die Sache, um die es ihm geht, in jeweils unterschiedlicher Weise erläutern. In diesen verschiedenen rhetorischen Situationen liegt in der Thematisierung von Menschenrechten unterschiedlicher Konfliktstoff; sie stehen bei den verschiedenen Adressaten in unterschiedlicher Weise zur Disposition.

Im Konfliktfall ist es sinnvoll zu explizieren, welche Werte oder Normen man für gemeinsam und welche für verschieden hält. Der hier verwendete hermeneutisch-phänomenologische Begriff der „Explikation" ist nicht im Sinne des kausal-nomologischen Erklärungsbegriffs zu verstehen, sondern im Sinne von „Entfaltung". Damit ist gemeint, dass in einer Situation nicht nur jeweils unterschiedliche Sachverhalte hervorgehoben werden können, die von Beginn an eindeutig zu identifizieren sind, sondern dass in einer Situation mehr und anderes angelegt ist als bloß Sachverhalte, die man einzeln und nacheinander wahrnehmen würde.[4]

---

[3] Mein Normenverständnis habe ich genauer erläutert in Landweer 1999, 53-84.

[4] Christoph Demmerling spricht von einem „Raum des Verstehens", der nicht zur Gänze propositional verfasst ist. In diesem Zusammenhang erläutert er das Verhältnis von Nichtpropositionalem und Propositionalem mit folgendem Beispiel: „Wenn ich zum Beispiel in heiterer, gelöster Stimmung plötzlich auf einen bedrückten Menschen treffe, mag es sein, dass auch meine Stimmung sich ‚so-

Das Charakteristische einer Situation ist, dass sie ganzheitlich erfahren wird; oft kann erst nachträglich benannt werden, welche einzelnen Probleme oder Sachverhalte für sie wichtig waren. In der Situation ist oft vieles vermischt und unübersichtlich, und gerade dieses Vermischte kann als Benennung einzelner Sachverhalte nachträglich gleichsam ausgefaltet werden – so wie durch Kristallisation in einer chemischen Lösung einzelne Elemente isolierbar sind.[5] Der Vergleich mit dem Kristallisieren erfasst außer der Tätigkeit des Explizierens zugleich auch eine wichtige Beschaffenheit von Situationen, nämlich dass in Situationen bestimmte Sachverhalte zunächst ‚ungelöst' enthalten sind und erst durch die Explikation aus der vorher diffusen Masse des ‚Ungelösten' herausgehoben werden können; oft werden sie nur dadurch und nachträglich wahrnehmbar. Die Explikation einzelner Sachverhalte, Probleme, Normen, etc., ihre Ausfaltung gleichsam, kann als eine elementare Form der Auslegung oder Interpretation von Situationen aufgefasst werden. Um es noch einmal mit einer anderen Analogie zu erläutern: Wie beim Entwickeln einer Fotografie treten die einzelnen Bezüge der Situation erst beim Explizieren hervor, Verschwommenes wird scharf, und wie bei der Fotografie liegt in der Nachträglichkeit keine Fälschung, Verzerrung oder Beliebigkeit. Eine gute Explikation folgt der Analogie vom konturierten Hervortreten von vorher Verschwommenem, während eine schlechte Explikation dem Retuschieren ähnelt.

Im Folgenden möchte ich zeigen, dass für solche Explikationen Gefühle als Gegenstand und als Erkenntnismittel im weitesten Sinne eine zentrale Rolle spielen. Ausgangspunkt für diese Überlegungen ist die Erfahrung, dass mit rationalen Mitteln auf bestimmte Gefühle eingewirkt werden kann, aber bezeichnenderweise nicht auf alle. Das Verhältnis von Gefühl und Rationalität soll vom rhetorischen Modell her genauer aufgeklärt werden, da ich dieses Verhältnis für grundlegend für alle Formen von Normativität halte. Eine Neubestimmung dieses Verhältnisses kann vielleicht sogar zu besseren Lösungen von normativen Konflikten beitragen.

Für jede Auseinandersetzung um normative Orientierungen ist es zunächst wichtig zu klären, was es heißt, dass eine Norm „gilt".

---

fort' ändert, ohne dass dieser Umschwung und seine Gründe mir in Form all derjenigen Sachverhalte, die in dieser Situation eine Rolle spielen, präsent sein müssten. In einer nachträglichen Analyse der betreffenden Situation lassen sich einige dieser Sachverhalte gegebenenfalls vergegenwärtigen und in Sätzen ausdrücken, was aber eben nicht heißt, dass die betreffenden Sachverhalte auch in der Situation in thematischer Weise präsent gewesen wären." (Demmerling 2002, 161). – Dies gilt für jede Explikation von Situationen.

[5] Hermann Schmitz spricht an verschiedenen Stellen seines Werkes gelegentlich davon, dass manche Sachverhalte in bestimmten Situationen „gleichsam gelöst" sind „wie Salz und Zucker in einer Flüssigkeit", z. B. in Schmitz 1990, 69.

2. Zum Begriff der Normengeltung

In der Philosophie gibt es eine verbreitete Vorstellung von Normengeltung, die man „rationalistisch" nennen könnte und die vor allem in bestimmten Varianten einer kantianisch orientierten Diskursethik vorkommt, in etwas modifizierter Form auch in allen Versionen von utilitaristisch geprägten Ethiken. Nach rationalistischem Verständnis bemisst sich die ethische Gültigkeit von Normen an ihrer Begründbarkeit, und das setzt voraus, dass die Gründe nicht nur für denjenigen akzeptabel sind, der sie hat, sondern auch für andere, und zwar idealerweise für *alle* anderen. Dies wäre die diskursethische Position; beim Utilitarismus reicht oft die Zustimmung der meisten anderen aus, um sagen zu können, dass eine Norm gilt. Diejenigen Normen, für die Gründe angegeben werden können, sind rational; im engeren Sinne sind sie rational, wenn es sich um *gute* Gründe handelt.[6] Dieser Auffassung nach ist die Qualität von Begründungen objektiv erkennbar; sie wird nicht auf die rhetorische Situation bezogen.

Eine in diesem Sinne begründete Norm ist aus rationalistischer Sicht gültig. Hier wäre „Gültigkeit" von „faktischer Geltung" zu unterscheiden. „Gültigkeit" besagt für moralische Rationalisten nichts anderes, als dass alle die Gründe einsehen und die durch sie begründeten Rechte anderer achten *sollten*. Natürlich bestreiten Rationalisten nicht, dass universelle Normen wie beispielsweise die Menschenrechte faktisch nicht von allen respektiert werden, aber das tut aus ihrer Sicht der rational begründeten Gültigkeit keinen Abbruch. Die faktische Akzeptanz von Normen dagegen hängt aus ihrer Perspektive allein von der Einsicht des moralischen Subjekts ab, davon, ob jemand mehr oder weniger rational ist. Dies wird als eine empirische und zudem individuelle Frage betrachtet, für welche diese Art der Philosophie sich nicht für zuständig hält. Der Tendenz nach wird diese Auffassung von Autoren vertreten, die sich als Kantianer im weitesten Sinne verstehen, zum Beispiel von Rainer Forst[7] oder von Christine Korsgaard.[8]

Der Rationalitätsbegriff ist in den letzten Jahrzehnten von vielen Seiten relativiert worden, sei es hinsichtlich seines universellen Geltungsanspruchs, sei es hinsichtlich seiner verschiedenen inhaltlichen Bestimmungen, etwa als Erweiterungen in ästhetische Richtungen[9] oder im Sinne einer häufig an Aristoteles orientierten anthropologischen und in gewisser Weise ,naturalistischen' Einbettung des Rationalitätsbegriffs etwa bei Autorinnen und Autoren wie Philippa Foot oder John McDowell.[10] Auch manche emotionstheoretische Auffassung, etwa die von Ronald de Sousa, versucht den Rationalitätsbegriff auszudehnen, indem für eine intrinsische Rationalität der Gefühle argumentiert wird.[11]

---

[6] Zum Begriff des „guten Grundes" äußert sich auch Kettner in diesem Band.
[7] Vgl. Forst 1999.
[8] Korsgaard 1996.
[9] Vgl. Früchtl 1996, Menke 1988, Seel 1985.
[10] Foot 2004, McDowell 2002.
[11] Vgl. de Sousa 1987, ähnlich Damasio 1995. Kritisch dazu Elster 1999. Vgl. meine längere Auseinandersetzung mit der Debatte um die Rationalität der Emotionen in Landweer 2004a, 471-475.

Von diesen neueren Ausweitungen des Rationalitätsbegriffs ist das dominante Verständnis von Normengeltung bisher ganz unberührt geblieben; es ist noch stark kantianisch orientiert, nämlich an universeller Gültigkeit auf der Basis „guter Gründe". Von den allermeisten moralphilosophischen und ethischen Positionen wird die Frage nach der faktischen Akzeptanz von Normen entweder gar nicht erst als philosophische angesehen oder aber doch zumindest der rationalen Begründung einer Norm nachgeordnet.

Geht man stattdessen von der rhetorischen Sicht aus, so kehrt sich die Perspektive um: Was als rational gilt, kann nur von der Gesamtsituation her verstanden werden – denn je nachdem, welches der geteilte Boden von Werten und Normen ist, erscheinen Begründungen als mehr oder weniger rational.[12] Auch die Frage, was überhaupt der Rechtfertigung bedarf, ist von diesem Boden abhängig.

Aus rhetorischer Sicht liegt in der faktisch divergierenden Akzeptanz von moralischen Normen die philosophische Herausforderung, und deshalb ist für sie die Frage zentral, wodurch die Anerkennung von moralischen Normen motiviert ist, wie sie zustande kommt. Nach dieser Position kann eine moralische Norm nur dann eine Person wirklich binden, wenn die Person ihr zustimmen kann. Eine Person hat aber nur dann einen überzeugenden Grund, moralischen Anforderungen zu genügen, wenn dieser Grund in ihrer Einstellung verankert ist, und dazu gehören zweifellos Gefühle. Meine Ausgangsthese lautet: Ohne Verankerung in den Gefühlen kann es keine Selbstbindung an Normen geben. Rationale Einsicht allein führt noch nicht dazu, dass die entsprechenden Normen das Handeln anleiten, sondern zu einer eher theoretischen Zustimmung.

Das Problem der Normengeltung ist der Sache nach mit der Frage nach der Motivation zu Handlungen verbunden; ohne Bezug auf Handlungen bliebe der Normbegriff leer. Denn das, was in manchen moralischen Situationen zum Handeln nötigt, käme nicht mehr in den Blick, würde man die Frage der Handlungsmotivation ganz vom Normbegriff abtrennen. Zwischen Gründen für Normen und Gründen für Handlungen muss zwar unterschieden werden, wenn man die Frage stellen will, ob Normen manchmal Gründe für Handlungen sein können. Ich möchte die Rede von „Gründen" aber so weit wie irgend möglich vermeiden, da sie mir allzu stark durch die rationalistische Tradition vorbelastet erscheint, so als handelte es sich, zumindest bei „guten" Gründen, stets um ein Ergebnis von Reflexion ohne Beteiligung emotionaler Vermögen.

---

[12] Eine solche Sicht hat selbstverständlich Folgen für die Wahrheitsauffassung, da sie voraussetzt, dass etwas als „rational" gilt immer nur in Relation zu geteilten Hintergrundannahmen. Das sogenannte Relativismus-Problem kann hier nicht diskutiert werden. Nur so viel sei bemerkt: Ich gehe davon aus, dass es letztlich keinen übergeordneten Standpunkt gibt, von dem aus die Rationalität unterschiedlicher rhetorischer Situationen in neutraler Perspektive beurteilt werden könnte. Vielmehr ist jede Debatte über Rationalitätskriterien selbst wieder eine rhetorische Situation, deren ‚Rand'-Bedingungen zu untersuchen wären. Diese Sicht der Dinge liegt, wie unschwer zu erkennen ist, in der Traditionslinie von Martin Heidegger, Michel Foucault und Hermann Schmitz. Vgl. Heidegger 1927, bes. § 44, 212-230; Foucault 1979 (frz. zuerst 1976), bes. 113-124, Schmitz 1994, bes. 254-267, aber auch schon Schmitz 1968, 129-169.

Wenn im Folgenden von „faktischer Anerkennung einer Norm" die Rede ist, wird damit nicht positivistisch unterstellt, dass jemand tatsächlich in allen denkbaren Situationen im Sinne der Norm handelt, aber es ist mehr gemeint als ein folgenloses Für-gut-halten einer Norm aus dem Armsessel heraus. Auch wenn eine starke Motivation zum Handeln vorliegt, kann es immer Gründe geben, aufgrund derer die Norm doch nicht befolgt wird. Aber ohne Motivation ist jedes Handeln von vornherein ausgeschlossen. Deshalb schließt mein Wortgebrauch von „faktischer Anerkennung" die ernsthafte Motivation, aber nicht den faktischen Vollzug ein. In der Geschichte der Philosophie wie in der Gegenwart[13] gehen manche Positionen dagegen davon aus, dass Einsichten motivationale Kraft haben, etwa wenn Platons Sokrates der Überzeugung ist, dass, wer das Gute kennt, es auch tut.[14] Gegen eine solch uneingeschränkte Macht der Vernunft spricht bereits das Phänomen der Willenschwäche, und zwar vor allen moralphilosophischen Erwägungen. Für jegliches Handeln, aber auch für moralisches Handeln und die dafür unabdingbare Anerkennung von Normen, sind, so die hier vertretene These, Gefühle als Motivation erforderlich. Dies kann als „Motivationsthese" bezeichnet werden.

Die Behauptung über Gefühle als Motivation für moralisches Handeln lässt sich an einer einfachen Überlegung verdeutlichen: Jemand, der nicht in irgendeiner Weise affektiv ansprechbar ist, muss vollkommen gleichgültig gegen alles bleiben; nichts würde ihm nahe gehen, nichts wäre ihm wichtig. Ein Billigen oder Missbilligen von Normen setzt aber eine Stellungnahme oder Parteinahme in Bezug auf die zu bewertende Sache voraus. Eine solche Stellungnahme kann ihrerseits nicht in rein rational-instrumentellen Erwägungen begründet sein, denn danach wäre moralisch gutes Verhalten oft ebenso zweckrational wie moralisch schlechtes, sofern es nur dem eigenen Vorteil diente. Das ist bekanntlich das klassische Humesche Argument für die Berücksichtigung der Gefühle in der Moral: Ohne Gefühle keine Motivation, ohne Motivation kein Handeln.[15]

Unter dem Titel eines Belief-Desire-Modells des Handelns[16] wurde eine ähnliche Denkfigur, nicht zuletzt durch Davidson[17], zu einem zentralen Bestandteil der neueren Handlungstheorie. Danach ist zweierlei nötig, um eine Handlung zu erklären: Überzeugungen und Wünsche. Beispielsweise hat Erna Appetit auf ein Stück Kuchen. Sie glaubt, sie kann sich diesen Wunsch erfüllen, wenn sie zum Bäcker geht und ein Stück Kuchen kauft. Ihre Handlung des Zum-Bäcker-Gehens ist erklärt durch ihren Wunsch

---

[13] Vgl. z.B. Nagel 2005, 41-67.

[14] Platon, Protagoras, 352 bff.

[15] Dies ist die Position von David Hume. Er will beweisen, „*erstens*, daß die Vernunft allein niemals Motiv eines Willensaktes sein kann; *zweitens*, daß dieselbe auch niemals hinsichtlich der Richtung des Willens den Affekt bekämpfen kann." (Hume 1978 (engl. zuerst 1739/1740), 151). In demselben Abschnitt heißt es später: „Und da die Vernunft allein niemals eine Handlung erzeugen oder ein Wollen auslösen kann, so schließe ich, daß dieses Vermögen auch nicht imstande ist, das Wollen zu hindern oder mit irgend einem Affekt oder einem Gefühl um die Herrschaft zu streiten." (ebd. 152).

[16] Bratman 1987.

[17] Davidson 1985.

nach dem Kuchen und die Überzeugung, beim Bäcker sei ein Stück Kuchen zu kaufen. In diesem Modell nehmen Gefühle allerdings wie in den meisten Handlungstheorien keine systematisch bedeutsame Rolle ein. Zudem werden Emotionen in diesem Kontext zumeist nicht auf das Problem der Normengeltung bezogen.

An emotionstheoretische Positionen dagegen wird oft die Frage gerichtet, ob und wenn ja, in welcher Weise eine Gefühlsbasierung von Normen mit deren Anspruch auf intersubjektive Geltung zu vereinbaren ist. An dieser Stelle mag ein Hinweis genügen: Die Vorstellung, dass Gefühle hochgradig individuell sind, ist eine romantische Idee, die am Charakter von moralischen Gefühlen – um zunächst nur von diesen zu sprechen – vorbeigeht. Eine Rechtskultur wird vor allem durch den großen Bereich der selbstverständlich geteilten rechtlich-moralischen Gefühle zusammengehalten, auch wenn es außerdem in Bezug auf viele einzelne Rechtsfragen höchst unterschiedliche Gefühlsevidenzen und entsprechend verschiedene Normen geben mag.[18]

Alle Gefühle sind auf komplexe Weise in Prozesse der Interaktion eingebunden. Sie spielen eine zentrale Rolle für die Wahrnehmung von Situationen und anderen Personen, und wir reagieren unmittelbar mit Emotionen auf die Gefühle anderer. Eine solche Kommunikation mit Emotionen ist nur dann möglich, wenn diese ,Sprache' der Gefühle von allen wenigstens prinzipiell verstanden wird. Insofern können gegen die Annahme, Gefühle seien ausschließlich private und höchst idiosynkratische Ereignisse, alle Argumente angeführt werden, die gegen die Möglichkeit einer Privatsprache sprechen. Das schließt natürlich nicht aus, dass es individuell unterschiedliche Gefühlsevidenzen in Bezug auf einzelne moralische Normen geben kann. Solche Differenzen können aber nur auf dem Hintergrund einer breiten Übereinstimmung, in welchen Situationen welche Gefühle erwartbar und insofern ,angemessen' sind, überhaupt thematisch werden.

Die Frage nach der Motivation und den daran beteiligten Gefühlen muss also keineswegs individualistisch verstanden werden. Sie ist zentral für die rhetorische Analyse von Situationen, in denen Werte und Normen zur Disposition stehen, verteidigt und angegriffen werden. Ich möchte zur Klärung des Begriffs der Normengeltung ein pragmatisches Kriterium dafür vorstellen, wann man sinnvoller Weise davon sprechen kann, dass eine Norm faktisch gilt, und das heißt notwendigerweise: dass sie für jemanden zu einer bestimmten Zeit gilt. Eine Norm gilt dann, so das hier vertretene Normverständnis, wenn sie von jemandem in dem Sinne anerkannt wird, dass er oder sie sich an die

---

[18] Ich spreche von „Rechtskultur" in dem Sinne, dass in dem jeweiligen spezifischen kulturellen Kontext das dort geltende Recht für wenigstens prinzipiell legitim gehalten und deshalb von den meisten in dem Sinne anerkannt wird, dass sie sich daran gebunden fühlen. Dies schließt selbstverständlich keinesfalls aus, dass viele oder sogar die meisten Personen bestimmte Normen des positiven Rechts, beispielsweise die des Steuerrechts, scharf kritisieren. Die selbstverständlich geteilten rechtlich-moralischen Gefühle beziehen sich auf elementares Recht und Unrecht, und in Bezug auf diese kann von geteilten rechtlich-moralischen Gefühlen ausgegangen werden. Zum Begriff der Rechtskultur äußert sich ausführlich Hermann Schmitz, der Rechtskulturen des Zorns von Rechtskulturen der Scham unterscheidet (vgl. z. B. Schmitz 1990, 395ff.).

Norm gebunden fühlt. Ohne Selbstbindung kann keine Norm in Geltung sein, sondern allenfalls durch massiven äußeren Zwang aufrechterhalten werden.

Die Selbstbindung zeigt sich darin, dass eigene Übertretungen der Norm mit unterschiedlich intensiven Gefühlen der Peinlichkeit oder der Scham ‚sanktioniert' werden.[19] Dies gilt auch für Konventionen; bei genuin moralischen Normen dagegen ist die Selbstbindung deutlich stärker. Eine Norm gilt für eine Person in einem moralischen Sinn, wenn folgende vier Kriterien erfüllt sind:

1. Sie schämt sich, wenn sie selbst gegen die Norm verstoßen hat, und zugleich würde sie sich bei den entsprechenden Normübertretungen anderer empören.

2. Wenn es einen Geschädigten gibt, hat die Person außer Scham- auch Schuldgefühle.

3. Sie würde sich auch dann schämen, wenn niemand den Normverstoß bemerken würde (Scham vor sich selbst).

4. Es muss eine stabile Disposition zu Scham und Empörung bei entsprechenden Normverletzungen ausgebildet sein, da die Norm situationsübergreifend für die Person gelten muss.

Nicht jedes Auftreten von akuter Scham oder Empörung lässt also Rückschlüsse darauf zu, dass in moralischer Hinsicht relevante Normenverstöße vorliegen. Man schämt sich beispielsweise, wenn man in einer öffentlichen Situation ungeschickt stolpert, und würde sich sicherlich nicht empören, wenn anderen das Gleiche passieren würde. Wenn man sich dagegen über eine unlautere Vorteilsnahme empört, so handelt es sich nur dann um ein moralisches Gefühl, wenn man sich entsprechend schämen würde, verhielte man sich selbst genauso.

Insbesondere die ersten drei Bedingungen fasse ich als verschiedene Aspekte ein und desselben Sachzusammenhangs auf; wenn eine von ihnen vorliegt, gelten auch die anderen beiden. Die vierte Bedingung, wonach es sich um eine stabile Disposition handeln muss, hängt mit sozialer Verbindlichkeit zusammen, alle vier betreffen den Ernst des moralischen Gefühls. Sie müssen alle erfüllt sein; jede einzelne ist notwendig, und nur zusammen sind sie hinreichend, damit eine Norm im moralischen Sinne für jemanden gilt. Daraus folgt, dass ein Ausbleiben von Scham auf das Gegenteil hinweist: Wenn jemand auf eigene oder fremde Normverletzungen *nicht* mit Scham oder Empörung reagiert, so kann *nicht* davon ausgegangen werden, dass die entsprechende Norm in einem praktisch relevanten Sinn für diese Person Geltung besitzt. Wenn jemand sich bei

---

[19] Vgl. Landweer 1999, 55f. – Das übliche Verständnis von „Sanktion" setzt Absichtlichkeit voraus, etwa in Wendungen wie der, dass Sanktionen „verhängt" werden. Das ist bei Gefühlen als Sanktionen selbstverständlich nicht der Fall, man ist ihnen zunächst einmal ausgeliefert und kann allenfalls nach einer Distanzierung aus der Situation Einfluss auf die eigene Gefühlsdisposition nehmen. Das schließt aber nicht aus, dass Gefühle die Wirkung haben können, Handlungen positiv oder negativ zu sanktionieren und auch so erlebt werden können.

einem Normverstoß tatsächlich schämt, können die vier Bedingungen zwar nicht einzeln empirisch geprüft werden, doch kann jede Person im Gedankenexperiment überlegen, wie sie in den entsprechenden Situationen reagieren würde.

Die vier Bedingungen für moralische Normen buchstabieren eine Art anthropologischer ‚Grammatik' der Gefühle Scham und Empörung aus. In jedem beliebigen kulturellen Kontext kommen Normverstöße vor, auf die mit diesen Emotionen reagiert wird, und genau dann sind die entsprechenden Normen so tief im jeweiligen Habitus verankert, dass es plausibel erscheint, davon zu sprechen, dass sie moralisch verstanden werden müssen – und zwar auch dann, wenn „uns", den Angehörigen einer anderen Kultur, diese Normen „rational"[20] wenig einleuchten und unbegründet erscheinen. Aber an dem Faktum, dass jemand sich nicht nur über andere empört, wenn sie sich in einer bestimmten Weise verhalten, sondern sich auch selbst schämt, wenn ihm ein entsprechender Normverstoß unterläuft, und zwar auch dann, wenn dieser nicht entdeckt wird – dann handelt es sich um die sogenannte „Scham vor sich selbst" –, an diesem Faktum lässt sich ablesen, mit welch hoher Verbindlichkeit die Norm für diese Person gilt, welch starke innere Nötigung von dieser Norm für sie ausgeht. Welche andere Interpretation des Gefühls der Nötigung, sich in bestimmter Weise verhalten zu müssen (und sich und andere bei Normverstößen mit den entsprechenden Gefühlen der Scham und Empörung zu sanktionieren), einfach weil es für „gut"[21] gehalten wird, kann es geben – außer der, dass es sich dann um Moral handelt? Aber eben nicht um DIE Moral, sondern um EINE Moral.

Dass Scham und Empörung in einem Verhältnis der Reziprozität in dem Sinne stehen, dass man sich über eigene Normverstöße schämen und über die von anderen empören kann, wird innerhalb der Moralphilosophie, so weit ich sehe, nicht in Frage gestellt,[22] und aus diesem Grunde werde ich diese Bestimmung im Folgenden voraussetzen, ohne sie genauer zu erläutern.[23] Kritisch diskutiert wird allerdings die These, dass sich an der in der ersten Bedingung genannten Wechselseitigkeit von Scham bei

---

[20] Der Begriff „rational" wird in solchen Zusammenhängen oft nicht ganz eindeutig verwendet. Wenn uns etwa die moralischen Normen anderer auf der ganzen Linie falsch erscheinen und wir gefragt würden, warum dies so ist, würden wir sagen, „weil …", und damit würden wir Gründe formulieren. Dass man Gründe nennt, kann sicherlich als „rational" bezeichnet werden, aber damit ist noch nichts darüber ausgesagt, wie gut oder schlecht diese Gründe sind – und ob unsere Gründe besser sind als die der anderen, die ihre Gründe vielleicht einfach nicht benannt haben oder möglicherweise auch gar nicht benennen können. Aber das heißt nicht unbedingt, dass sie keine Gründe haben, sondern vielleicht nur, dass ihre rhetorische Kompetenz schwächer ist.

[21] Tugendhat spricht von dem grammatisch absoluten „gut" im Unterschied zu „gut für jemand", „gut zu etwas" etc. Vgl. Tugendhat 1993, bes. 49-64.

[22] Innerhalb der neueren Moralphilosophie vertrat, soweit ich sehe, zum ersten Mal Tugendhat 1993 diese These. Lange vorher hatte allerdings schon Hermann Schmitz auf die wechselseitige Beziehung von Scham und Empörung aufmerksam gemacht. Vgl. Schmitz 1973, § 172d, 44-47.

[23] Das habe ich an verschiedenen Stellen ausführlich getan. Dabei wird auch auf die Gemeinsamkeiten und Unterschiede von Empörung und Zorn eingegangen. Vgl. Landweer 1999, 43f., 65f; Demmerling/Landweer 2007, 301-310.

eigenen Normübertretungen und Empörung bei den Normverstößen anderer die Differenz zwischen genuin moralischer Scham und Scham aus anderen Anlässen gewinnen lasse. Die Annahme, dass Empörung immer ein moralisches Gefühl sei, bestreitet beispielsweise Andreas Wildt.[24] Er weist zu Recht darauf hin, dass Empörung nicht Moral definieren kann, wenn sie immer moralisch ist, da eine solche Bestimmung zirkulär wäre. Dies spricht aber nicht dagegen, auf der Basis des alltäglichen Sprachgebrauchs den Begriff der Empörung ausschließlich auf moralische Sachverhalte zu beziehen und das Gefühl als Indikator für moralische Scham anzusehen, nämlich so, dass derjenige, der sich aus moralischen Gründen schämt, sich empören würde, falls jemand anderes denselben Normverstoß begehe. Dieses Verständnis von Empörung setzt zwar einen Vorbegriff von Moral voraus, aber jedes Nachdenken über Moral unterstellt unvermeidlich irgendeinen Vorbegriff, der im Prozess der Auseinandersetzung modifiziert und weiterentwickelt wird; deshalb handelt es sich um keine *petitio principii*. In diesem Zusammenhang geht es nicht um eine Definition der Moral, sondern darum, deren Quellen zu bestimmen.

Wie ist die Beziehung von Moral und Scham und Empörung genauer zu fassen? In einer schwachen Version würde die These lauten, dass aufeinander bezogene Scham und Empörung auf moralische Normverstöße hinweisen. Dies kann als „Indikatoren-These" bezeichnet werden. Weitergehend noch ist die Behauptung, dass die entsprechende Norm nur dann in einem praktisch relevanten Sinne von einem Handelnden ernst genommen wird, wenn er auf ihre Übertretung mit diesen Gefühlen reagiert. Diese These ist deshalb weitergehend, weil sie ausschließt, dass Moralität sich ebenso zuverlässig in anderen Reaktionen wie in denen durch Gefühle zeigen könnte. Sie schließt aus, dass moralisches Handeln ohne Beteiligung von Gefühlen oder Gefühlsdispositionen überhaupt möglich ist, und sie impliziert, dass es ohne Gefühle die Institution der Moral nicht geben kann. Es handelt sich damit um eine deutlich stärkere Version als bei der Indikatorenthese; Gefühle werden zum Kriterium für Moralität, dies war in der Rede von den „notwendigen Bedingungen" bereits impliziert. Aber auch diese weitergehende These ist noch nicht gleichbedeutend damit, Moral letztlich auf Gefühle zurückzuführen und sie in irgendeinem Sinne als darin „begründet" oder dadurch „gerechtfertigt" anzusehen, denn Gefühlsreaktionen könnten, auch wenn sie das einzig sichere Anzeichen von moralischer Geltung der Norm wären, dennoch auch auf ein moralisches Urteil folgen. Wenn sie Folge eines Urteils sind, können sie nicht zugleich dessen Grund sein.[25]

---

[24] Wildt 1993, 188.

[25] Kant beispielsweise argumentiert in der *Kritik der praktischen Vernunft*, dass die Achtung als Gefühl durch Einsicht in das Sittengesetzt bewirkt werden kann, ja muss. Allerdings ist sie das einzige Gefühl, das auf diesem Wege entstehen kann, und sie wird ausdrücklich als intelligibel bezeichnet. Kant antwortet mit dieser Konstruktion auf das Problem der Motivation: Die bloße Vernunfteinsicht allein, so viel gesteht er David Hume zu, gegen dessen Sicht der Moral er argumentiert, führt noch nicht zum Handeln, sondern dazu bedarf es einer Motivation durch Gefüh-

Die Frage nach dem Verhältnis zwischen moralischen Urteilen und moralischen Gefühlen ist nicht einfach mit einem Blick auf die Phänomene zu beantworten, denn kaum ein moralisches Gefühl ist gänzlich von Urteilen losgelöst, und kaum ein moralisches Urteil kommt ganz ohne affektive Tönung aus. Urteile und Gefühle sind auf eine nahezu unentwirrbare Weise miteinander verwoben, und phänomenal liegt zumeist eine Gleichzeitigkeit und kein eindeutiges Nacheinander in der einen oder anderen Richtung vor. Die Frage nach dem Verhältnis von Gefühl und Urteil betrifft den Begriff der Rationalität; sie ist letztlich nur innerhalb einer Theorie des Geistes und der Sprache auf einer breiten anthropologischen Basis zu beantworten. Ich möchte abschließend nur einige Orientierungspunkte für das Verhältnis von Argumentation, Rationalität und Gefühlen skizzieren.

3. Erschließen von Situationen durch die Explikation von Gefühlen

Über die Indikatoren-These hinausgehend möchte ich in der von Hume ausgehenden Tradition die Annahme plausibel machen, dass Gefühle eine notwendige Bedingung für handlungsrelevante Überzeugungen über das moralisch Gebotene sind, dafür, dass für jemanden eine Norm faktisch gilt. Jede Reflexion auf eine rhetorische Situation, in der es um Normen und Werte geht, muss diese Gefühlsbindung berücksichtigen.

Wenn Gefühle eine notwendige Bedingung für faktisch geltende Normen sind, so folgt daraus noch nicht, dass diese Normen nicht auch argumentativ ausgewiesen werden könnten. Im Gegenteil: Gerade diejenigen Gefühle, welche die Autorität des Gewissens ausmachen, drängen auf Artikulation – insbesondere dann, wenn die Gefühle untereinander in Konflikt stehen, wenn also nicht nur eine Norm vorkommt, sondern mehrere, die sich widerstreiten. Und solche Explikationen, die im Wortsinne Entfaltungen dessen sind, was im Gefühl bereits angelegt ist, beschreiben anderen, was vorgeht, machen ihnen das eigene moralische Gefühl verständlich. In anderen Worten: Evidenzen über Recht und Unrecht, über Werte, Normen und Gefühle können beschrieben und auch begründet werden. Aber ihre Begründbarkeit allein verschafft ihnen keine Resonanz im Gefühl.

Aus dem Satz, dass Gefühlsevidenzen notwendige Bedingung für Evidenzen über Recht und Unrecht sind, folgt, dass es keine moralischen Evidenzen geben kann, die dem moralischen Gefühl *widersprechen*. Tatsächlich kann man selbstverständlich theoretisch Argumenten zustimmen, die zu dem eigenen Gefühl in einem klaren Gegensatz stehen. Diese Zustimmung gewinnt aber so lange keine Motivationskraft, so lange das gegenläufige Gefühl eindeutig und klar ist; denn keine noch so schlüssige Argumentation könnte bewirken, Evidenzen *gegen* das eigene moralisches Gefühl zu liefern –

---

le. Da aber Neigungen nach Kants Auffassung zufällig sind, darf die Moral nicht von ihnen abhängen. Deshalb muss die Achtung (vor dem Sittengesetz) ein „durch Vernunft gewirktes Gefühl" sein. Vgl. Landweer 2004b; Demmerling/Landweer 2007, 42-48.

jedenfalls dann nicht, wenn das Gefühl nicht schon vorher ambivalent gewesen ist. Wenn Argumentationen jemanden von einer *neuen* Sicht einer moralischen Norm zu überzeugen vermögen, dann deshalb, weil sie gegen ein vorher unsicheres Gefühl ein anderes moralisches Gefühl ansprechen und dadurch verstärken, ein Gefühl, das bereits in der Situation des Betreffenden angelegt war. Nur unter dieser Bedingung der Unsicherheit, so die am weitesten gehende These, können Argumente Evidenzen im Gefühl und damit moralische Überzeugungen neu strukturieren.[26] Explikationen sind nie rein deskriptiv, sondern selbst Bestandteil einer rhetorischen Situation; sie sind an jemanden gerichtet und können manchmal durch das Ansprechen und Ausgestalten von bestimmten Gefühlen zu gewissen langfristigen Modifikationen von moralischen Einstellungen beitragen.

Begrifflich sollte weder Gefühl auf Rationalität noch umgekehrt Rationalität auf Gefühl zurückgeführt, das heißt reduziert werden. Denn dabei ginge entweder das Gefühlsspezifische oder das für Rationalität Charakteristische verloren. Der gesuchte Rationalitätsbegriff soll zwei Bedingungen erfüllen: Erstens soll das rationale Vermögen auf einem Kontinuum mit dem emotionalen liegen, und zweitens soll der Rationalitätsbegriff nicht reduktionistisch sein, in anderen Worten: Er soll nicht im Gegenbegriff aufgehen, das heißt nicht als eine besondere Art von Gefühl bestimmt oder auf andere Weise vollständig ‚aufgeweicht‘[27] werden. Eine solche Position – die im Übrigen niemand in Reinform vertritt – könnte als „Emotivismus" im Unterschied zum „Kognitivismus" bezeichnet werden, der in vielen verschiedenen Versionen den Bereich der Gefühlstheorien dominiert; sehr bekannt ist etwa Nussbaums Variante.[28]

Veränderungen von Normen und Werten, das war meine oben skizzierte These, kommen nicht ausschließlich aufgrund von rationaler Argumentation zustande, sondern sie werden immer auch durch vorher verdeckte oder undeutliche gegenläufige Gefühle motiviert. Läuft dies nicht doch auf den Fehler des Reduktionismus hinaus, bedeutet es nicht, das rationale Vermögen vollständig von den Gefühlen abhängig zu machen? Wird

---

[26] Ähnlich argumentiert Heidegger, allerdings bezogen auf die Veränderbarkeit von Stimmungen, nicht von moralischen Urteilen, in § 29 in „Sein und Zeit" (vgl. Heidegger 1927, bes. 136). Vgl. dazu auch Slaby in diesem Band.

[27] Ohne dass in diesem Zusammenhang eine ausführliche Auseinandersetzung mit de Sousa möglich und sinnvoll wäre, sei hier zumindest angedeutet, dass de Sousas Vorstellung, das Passungsverhältnis von Emotion und Situation sei bereits in sich rational, meiner Auffassung nach zu einer Aufweichung des Rationalitätsbegriffs führen würde, denn danach wäre auch das Passen einer Pflanze in eine ökologische Nische intrinsisch rational – eine Sichtweise, die zumindest stark kontraintuitiv wäre. Jede Struktur müsste damit als „rational" bezeichnet werden, insofern sie für etwas gut, also funktional wäre. Das dürfte für fast alle Strukturen gelten. Vielleicht ist derjenige rational, der gezielt etwas funktional *macht* oder *herstellt*, und sicherlich kann seine Handlung als „rational" bezeichnet werden, weil sie Gründe hat. Aber Rationalität ist nicht dasselbe wie Funktionalität. Die von mir kritisierte Position vertritt de Sousa 1987.

[28] Vgl Nussbaum 2001 sowie die differenzierenden Perspektiven auf den Kognitivismus von Demmerling, Renz, Slaby und Weber-Guskar in diesem Band.

Rationalität dadurch nicht zu einem bloßen Anhängsel der Gefühle, etwas, das von ihnen abgeleitet, derivativ oder abkünftig ist und damit womöglich keine eigenständige Leistung mehr erbringt?

Dieser Fehler kann vermieden werden, wenn man den Rationalitätsbegriff auf den Begriff der Explikation bezieht. Wie kann der Begriff der Rationalität gefasst werden, wenn er nicht wie in der kantianischen Tradition mit einer Rechtfertigung durch „gute Gründe" identifiziert werden soll? Problematisch erscheint insbesondere die in diesem Begriff implizierte quasi-objektive Qualifizierung der Gründe; dass in rationalen Prozessen überhaupt Gründe angegeben werden können, sei hier nicht bestritten. Nur können diese Gründe nicht noch einmal aus einer neutralen Außenperspektive, gar „objektiv", bewertet werden.

Einige elementare Bedingungen von Rationalität können durch eine Gegenüberstellung mit kausalen Prozessen deutlicher werden. Kausale Prozesse lassen sich als Ursache-Wirkungs-Ketten beschreiben; sie laufen quasi automatisch ab. Dagegen können rationale Prozesse willentlich unterbrochen werden; sie setzen die Möglichkeit zur Verneinung voraus: Ich denke anders, wenn ich aus mir einsichtigen Gründen umgestimmt werde, ich handle anders, wenn ich sehe, dass meine Mittel untauglich für meine Ziele waren. Soll man sagen, rational geht es im „Raum der Gründe" zu, kausal im „Reich der Natur"? Der zweite Teil des Satzes mag gelten, aber das Entscheidende für rationale Prozesse scheinen mir weniger die Gründe zu sein, die oft erst nachträglich thematisch werden, sondern die Eigenschaft dieser Prozesse, durch einen Willensakt unterbrochen werden zu können.

Aber gilt das auch für Gefühle? Ich fühle schließlich nicht unbedingt und in allen Fällen anders, wenn mir eine Emotion nicht zuträglich ist oder wenn andere oder gar ich selbst sie für unangemessen halten. Kann ich ein akutes Gefühl, das ich habe, abbrechen und mich entschließen, anders zu fühlen? Nein, die Prozesse der Modifikation von Gefühlen sind offensichtlich komplizierter, und genau diese Komplexität, die zur Folge hat, dass Unterbrechungen und Umlenkungen von emotionalen Prozessen nur begrenzt möglich sind, war der Ausgangspunkt für meine Überlegungen. Deshalb kann nicht den Emotionen selbst Rationalität zugeschrieben werden, sondern, so meine These, nur dem Umgang mit Emotionen (in einem noch näher zu bestimmenden Sinne) sowie den Explikationen von Gefühlen, denn das sind Handlungen. Je genauer die Beschreibungen von Gefühlen sind, je besser sie einer emotionalen Situation gerecht werden, je mehr Ambivalenzen und an den Rand der Aufmerksamkeit geratene gegenläufige Gefühlsnuancen sie erfassen, um so eher kann man andere Gefühle erkennen, auf deren Basis Änderungen der eigenen emotionalen Situation und der längerfristigen Gefühlsdispositionen möglich sind.

Wenn Emotionen über ihre Explikationen mit rationalen Prozessen verbunden sind, so lässt sich leichter dafür argumentieren, dass es eine „reine", von Gefühlen gänzlich losgelöste Handlungsrationalität faktisch nicht gibt. Alles Zurückstellen, Verschieben und Unterdrücken von akuten Gefühlen zielt auf zukünftige bessere Gefühle oder auf das Vermeiden späterer negativer Gefühle ab, etwa im Rahmen des Selbstverhältnisses, wenn wir bemüht sind, uns gegen spontane Neigungen so zu verhalten, dass wir unsere Selbstachtung nicht verlieren. Damit vermeiden wir selbstdestruktive Emotionen in der Zukunft. Die eingangs skizzierten Positionen, die sich philosophisch ausschließlich für eine kontextfreie rationale Gültigkeit interessieren, verkennen, dass scheinbar neutrale Urteile auf Gefühlen basieren; beide sind, wie David Hume schreibt, „von derselben Art":

> „Was wir gewöhnlich unter *Affekt* verstehen, ist eine heftige und spürbare Gefühlserregung im Geiste (…). Unter Vernunft verstehen wir Gemütsbewegungen, die gleicher Art sind, wie die Affekte, die aber ruhiger wirken und keinen Aufruhr in der Gemütsverfassung hervorrufen. Diese Ruhe verleitet uns zu einem Irrtum über ihr Wesen, d. h. sie läßt uns dieselben als reine logische Leistungen unserer intellektuellen Vermögen erscheinen."[29]

Für das Verhältnis von Emotionalität und Rationalität, wie ich es verstehe, trifft am ehesten noch die phänomenologische Rede von der „Fundierung" der Rationalität in der Heideggerschen Trias von Befindlichkeit, Verstehen und Rede zu. Der Explikationsbegriff, den ich hier verwende, stammt auch aus eben dieser Tradition.[30]

Allerdings ist die Fundierungsmetapher für meine Zwecke insofern etwas missverständlich, als man unter einem Fundament zumeist eine stabile, nicht erschütterbare, fest gefügte Verankerung im Erdboden versteht. Diese Metapher passt für den allgemeinen Befindlichkeitsbegriff, nicht aber für den Prozesscharakter verschiedener, simultan oder sukzessiv verlaufender Gefühle, denen nicht jeweils genau eine rationale Überzeugung als „Überbau" entspricht. Statt eines solchen Schichtungsmodells von Basis und Überbau scheint es mir wichtig, an dieser Stelle das eingangs skizzierte Explikationsmodell aufzunehmen und es für die Analyse des Verhältnisses von Gefühl und Rationalität etwas zu modifizieren. Die Gefühle erschließen[31] eine Situation, die unter anderem aus noch nicht ganz ausdifferenzierten Sachverhalten und Problemen besteht, sie tragen dazu bei, dass manche der vorher noch nicht identifizierten Sachverhalte sich quasi „auskristallisieren". Die Gefühle strukturieren als Teil der Befindlichkeit die Situation aus der Perspektive des Subjekts.

Diese Erschließungsfunktion haben Gefühle nicht nur in den Fällen, wo Rationalität nicht möglich ist oder versagt; sie springen nicht bloß ersatzweise für eine rationale Sicht der Dinge ein.[32] Vielmehr möchte ich dafür argumentieren, dass die Befindlichkeit *jede* Situationswahrnehmung und -interpretation begleitet. Nur ist sie in den Fällen,

---

[29] Hume 1978, 176.

[30] Abgekürzt könnte man sagen, es handelt sich hier um die Traditionslinie, die durch Heidegger und Schmitz markiert ist. Schmitz zieht diese Linie aus bis hin zu Hegel, vgl. z. B. Schmitz 1994, 215-222.

[31] Den Terminus „Erschließen" benutze ich hier im Anschluss an Heidegger. Eine emotionstheoretisch versierte Heidegger-Interpretation stellt Slaby vor (in diesem Band). Davon, dass Gefühle Situationen erschließen, spricht auch Weber-Guskar in diesem Band.

[32] So kann Damasio 1995 verstanden werden. Kritisch dazu äußert sich Elster 1999.

wo sie unproblematisch mit einer distanzierten Sicht der Situation übereinstimmt, als Befindlichkeit nicht besonders auffällig; darauf weist bereits Hume im obigen Zitat hin. Die Alltagsauffassung, wonach Gefühle notwendigerweise intensiv erlebt und als massive Befindlichkeitsänderung aufgefasst werden, gar als heftige körperliche Reaktionen, steht einer unvoreingenommenen Sicht auf Gefühlsphänomene entgegen. Emotionen sind nicht notwendig eine Art überwältigende Explosion; ihre Intensität ist auf einer äußerst breiten Skala bis hin zu sehr leisen Varianten, den ruhigen Bewegungen des Gemüts, von denen Hume spricht, angesiedelt. Darüber hinaus nehmen wir ihren affektiven Charakter oft gar nicht wahr, wenn die Gefühle mit dem übereinstimmen, was wir für rational oder für „reine logische Leistungen unserer intellektuellen Vermögen", wie Hume es ausdrückt, halten. Es sind oft diese für rein rational gehaltenen Überzeugungen, die wir, insbesondere „wir Philosophen", mit Verve verteidigen – und dieses Pathos der Rationalität ist gefühlstheoretisch höchst verdächtig.

Wir können uns zwar von bestimmten Gefühlen distanzieren, und zur rationalen Beurteilung von konflikthaften Situationen ist eine solche Abstandnahme sicherlich eine wesentliche Voraussetzung. In diesem Erfordernis zeigt sich die Differenz von rationalen und emotionalen Vermögen; es bedarf spezieller Bedingungen, damit in Konflikten das rationale Vermögen zum Tragen kommen kann. Doch eine solche Distanzierung entfernt uns nicht vollständig von unserer leiblich-affektiven Gebundenheit an die Situation, wir bleiben weiterhin situierte, leibliche Wesen mit bestimmten Befindlichkeiten und den in ihr verankerten Überzeugungen und Werten. Insofern kann Rationalität tatsächlich als Distanzierung aus unmittelbarer leiblich-affektiver Befindlichkeit und damit auch von Emotionen verstanden werden, aber eine, die sich als eine quasi-theoretische Einstellung derivativ zu der Verstrickung in die Situation verhält. Die distanzierte Rationalität bewegt sich nicht in einem ortlosen Niemandsland; sie ist notwendigerweise an die Situation und damit an die sie fundierenden Selbstverständlichkeiten, in anderen Worten: an ihren kulturellen Kontext gebunden.

Fasst man Rationalität in dieser Weise auf, dann ist sie bezogen auf Explikationen von Situationen, die durch Befindlichkeit und Gefühle erschlossen werden. Sie kann dann in der theoretischen Einstellung, das heißt mit der Distanzierung aus Handlungszusammenhängen, in Widerspruch zu bestimmten Gefühlen geraten und *andere Gefühle* können gezielt eingesetzt werden, um dem gegenzusteuern. Alle psychotherapeutischen Verfahren und alle klügeren politischen Strategien der Lenkung der öffentlichen Meinung beruhen auf solchen gefühlsbasierten rationalen Prozessen einer Transformation des Gefühlsraumes.

Da, wo uns das rationale Vermögen als eigenständig erscheint, weil es bestimmte Gefühle zu korrigieren vermag, gerade da befindet es sich in Übereinstimmung mit gegenläufigen, aber zumeist weniger dramatischen anderen Befindlichkeiten und Gefühlen und kann durch diese Fundierung dann auch die Führung bei einer Neuinterpretation von Situationen und bei der Veränderung von bestimmten Gefühlsdispositionen übernehmen. Nie aber kann sich Rationalität vollständig von ihrer Verankerung in der Befindlichkeit losreißen.

Mit diesem Modell, wonach das rationale Vermögen nicht unmittelbar von den jeweiligen Gefühlen abgeleitet wird, sondern nur vermittelt über Explikationen, wird beiden eingangs formulierten Ansprüchen Rechnung getragen: dem Anspruch, dass emotionale und rationale Vermögen einander nicht entgegengesetzt, sondern auf einem Kontinuum angesiedelt werden sollen, und dem weiteren Anspruch, dass keines auf das andere reduziert werden soll. Gefühl und Rationalität werden in diesem Modell durch den Begriff der Explikation vermittelt; von ihr ist das rationale Urteilen unmittelbar abhängig. Bessere oder schlechtere Explikationen von Situationen können danach unterschieden werden, ob sie die Vielschichtigkeit einer Situation adäquat erfassen können, und ob sie die einzelnen gelösten und ungelösten Bestandteile der Situation zu integrieren vermögen: noch nicht Kristallisiertes und bereits Ausdifferenziertes, die Sachverhalte, Probleme, Wünsche und Gefühle der Beteiligten.

Einer rationalen Beurteilung einer Situation im Hinblick auf bestimmte Ziele oder Zwecke, die zu den Emotionen in Widerspruch geraten kann, wird damit eine integrative Vernunft gegenübergestellt, die auch jene Gefühle, die einander auf den ersten Blick zu widersprechen scheinen, zu integrieren vermag.

Literatur

Bratman, Michael E. (1987), *Intentions, Plans, and Practical Reason*, Cambridge/Mass.

Damasio, Antonio R. (1995), *Descartes' Irrtum. Fühlen, Denken und das menschliche Gehirn*, München/Leipzig.

Davidson, Donald (1985), „Handlungen, Gründe und Ursachen", in ders., *Handlung und Ereignis*, Frankfurt a. M., 19-42.

Demmerling, Christoph (2002), *Sinn, Bedeutung, Verstehen. Untersuchungen zu Sprachphilosophie und Hermeneutik*, Paderborn.

Demmerling, Christoph/Hilge Landweer (2007), *Philosophie der Gefühle. Von Achtung bis Zorn*, Stuttgart.

Elster, Jon (1999), *Alchemies of the Mind. Rationality and the Emotions*, Cambridge.

Foot, Philippa (2004), *Die Natur des Guten*, Frankfurt a. M.

Forst, Rainer (1999), „Praktische Vernunft und rechtfertigende Gründe. Zur Begründung der Moral", in Stefan Gosepath (Hg.), *Motive, Gründe, Zwecke*, Frankfurt a. M.

Foucault, Michel (1979, frz. zuerst 1976), *Sexualität und Wahrheit 1: Der Wille zum Wissen*, Frankfurt a. M.

Früchtl, Josef (1996), *Ästhetische Erfahrung und moralisches Urteil. Eine Rehabilitierung*, Frankfurt a. M.

Gadamer, Hans-Georg (^{2}1993, zuerst 1968), „Semantik und Hermeneutik", in ders., *Wahrheit und Methode. Ergänzungen*, Register, Ges. W. Bd. 2, Tübingen, 174-183.

Heidegger, Martin (1927), *Sein und Zeit*, Tübingen.

Hume, David (1978, engl. zuerst 1739/1740), *Ein Traktat über die menschliche Natur*, Bd. 2, *Über die Affekte. Über Moral*, Hamburg.

Korsgaard, Christine M. (1996), *Sources of Normativity*, Cambridge.

Landweer, Hilge (1999), *Scham und Macht. Phänomenologische Untersuchungen zur Sozialität eines Gefühls*, Tübingen.

Landweer, Hilge (2004a), „Phänomenologie und die Grenzen des Kognitivismus", in *Deutsche Zeitschrift für Philosophie* 52, 467-486

Landweer, Hilge (2004b), „Achtung, Anerkennung und der Nötigungscharakter der Moral", in Thomas Rentsch (Hg.), *Anthropologie, Ethik, Politik. Grundfragen der praktischen Philosophie der Gegenwart* (Dresdner Hefte für Philosophie 6), 34-67.

McDowell, John (2002), *Wert und Wirklichkeit. Aufsätze zur Moralphilosophie*, Frankfurt a. M.

Menke, Christoph (1988), *Die Souveränität der Kunst. Ästhetische Erfahrung nach Adorno und Derrida*, Frankfurt a. M.

Nagel, Thomas (2005), *Die Möglichkeit des Altruismus*, Berlin

Nussbaum, Martha C. (2001), *Upheavals of Thought. The Intelligence of Emotions*, Cambridge/New York.

Platon (1990), Protagoras, in: *Werke in acht Bänden Bd. 1*, hg. von Gunther Eigler, Darmstadt.

Schmitz, Hermann (1968), *Subjektivität*, Bonn.

Schmitz, Hermann (1973), *System der Philosophie. Der Rechtsraum. Praktische Philosophie*, Bd. 3.3, Bonn.

Schmitz, Hermann (1990), *Der unerschöpfliche Gegenstand*, Bonn.

Schmitz, Hermann (1994), *Neue Grundlagen der Erkenntnistheorie*, Bonn.

Seel, Martin (1985), *Die Kunst der Entzweiung. Zum Begriff der ästhetischen Rationalität*, Frankfurt a. M.

Sousa, Ronald de (1987), *The Rationality of Emotion*, Cambridge.

Tugendhat, Ernst (1993), *Vorlesungen über Ethik*, Frankfurt a. M.

Wildt, Andreas (1993), „Die Moralspezifizität von Affekten und der Moralbegriff", in Hinrich Fink-Eitel/Georg Lohmann (Hg.), *Zur Philosophie der Gefühle*, Frankfurt a. M., 188-217.

Zu den Autorinnen und Autoren

KAREN VAN DEN BERG, geb. 1963, studierte Kunstwissenschaft, Archäologie und Nordische Philologie in Saarbrücken und Basel und promovierte 1995 in Basel. Seit 1988 ist sie als Ausstellungskuratorin tätig und war von 1993-2003 Dozentin an der Privaten Universität Witten/Herdecke. Seit 2003 ist sie Inhaberin des Lehrstuhls für Kulturmanagement und inszenatorische Praxis an der Zeppelin University Friedrichshafen. Ihre Forschungsschwerpunkte sind Theorie des Inszenierens und Ausstellens, Visuelle Kultur und Bildtheorie, Kunst im öffentlichen Raum, Rollenmodelle von Künstlern, Alternde Künstler, Kunst und Gefühle (insbesondere Schmerz und Kitsch). Veröffentlichungen u. a.: *Der leibhafte Raum. Richard Serras Terminal in Bochum* (1995); *Die Passion zu malen. Zur Bildauffassung bei Matthias Grünewald* (1997); *Kein Ende. Skulpturenprojekte an jüdischen Friedhöfen von Christine Borland, Stefan Kern, Jörg Lenzlinger/Gerda Steiner, Thomas Locher und Richard Serra* (gem. mit Jörg van den Berg und Sebastian Manhart 2003).

ANNA BLUME, geb. 1967, studierte Jura, Politik und Philosophie in Hamburg, wo sie 2001 promovierte. Sie lehrt seit 1997 an verschiedenen deutschen Hochschulen Philosophie und arbeitet zurzeit an einem Habilitationsprojekt an der Universität Lüneburg zum Thema Phänomenologie der Kunst/Malerei. Sie hat ein Post-Doc-Stipendium der Universität Macerata/Italien erhalten. Ihre Forschungsschwerpunkte sind Subjektivitätstheorie/Bewusstseinstheorie, Emotionstheorie und Kunst der Gegenwart. Veröffentlichungen u. a.: *Scham und Selbstbewusstsein. Zur Phänomenologie konkreter Subjektivität bei Hermann Schmitz* (2003); *Zur Phänomenologie der ästhetischen Erfahrung* (Hg. 2005); *Was bleibt von Gott?* (Hg. 2007).

GÜNTER BURKART, geb. 1950, studierte Soziologie in Frankfurt a. M., promovierte dort 1981 und habilitierte sich 1994 an der Freien Universität Berlin. Er ist Professor an der Universität Lüneburg und lehrt dort Soziologie und Kulturtheorie. Seine Arbeitsschwerpunkte sind Familie, Paar- und Geschlechterbeziehungen, Individualismus, Kultursoziologie. Veröffentlichungen u. a.: *Lebensphasen – Liebesphasen. Vom Paar zur Ehe zum Single und zurück?* (1997); *Liebe am Ende des 20. Jahrhunderts. Studien zur Soziologie intimer Beziehungen* (Hg. mit Kornelia Hahn 1998); *Die Illusion der Eman-*

zipation. Zur Wirksamkeit latenter Normen im Milieuvergleich (gem. mit Cornelia Koppetsch 1998); *Die Ausweitung der Bekenntniskultur – neue Formen der Selbstthematisierung?* (Hg. 2006); *Handymania. Wie das Mobiltelefon unser Leben verändert hat* (2007).

CHRISTOPH DEMMERLING, geb. 1963, studierte Philosophie, Neuere Deutsche Literaturwissenschaft und Theoretische Linguistik in Konstanz und in Florenz. Er wurde 1992 in Konstanz promoviert und habilitierte sich 1998 in Dresden. Er lehrte und lehrt Philosophie in Berlin (FU), Dresden, Frankfurt a. M., Jena, Leipzig, Marburg und Osnabrück. Arbeitsgebiete: Anthropologie, Hermeneutik, Sprachphilosophie. Veröffentlichungen u. a.: *Sprache und Verdinglichung. Wittgenstein, Adorno und das Projekt einer Kritischen Theorie* (1992); *Grundprobleme der analytischen Sprachphilosophie. Von Frege zu Dummett* (gem. mit Th. Blume 1998); *Sinn, Bedeutung, Verstehen. Untersuchungen zu Sprachphilosophie und Hermeneutik* (2002); *Philosophie der Gefühle. Von Achtung bis Zorn* (gem. mit Hilge Landweer 2007).

MATTHIAS KETTNER, geb. 1955, studierte in Frankfurt a.M., Heidelberg und Madison/Wisconsin Philosophie und Psychologie (Diplom). Er ist Professor für Philosophie und seit 2004 Dekan an der Privaten Universität Witten/Herdecke. 2000-2003 leitete er am Kulturwissenschaftlichen Institut Essen (KWI) ein DFG-Forschungsprojekt über die Organisationsformen und den moralischen Anspruch klinischer Ethik-Komitees, war 2001-2004 zudem Ko-Leiter einer KWI-Forschungsgruppe über Neue Anthropologie zwischen Biologie und Kultur und 2004-2006 stellvertretender Sprecher des Forschungsverbundes „Was ist der Mensch? Natur, Sprache, Kultur". Seit 2003 ist er Vorstandsmitglied der Göttinger Akademie für Ethik in der Medizin. Seine Forschungsschwerpunkte sind Angewandte Ethik, Kulturphilosophie und Methodenprobleme der Psychoanalyse. Veröffentlichungen u. a.: *Beratung als Zwang* (Hg. 1998); *Angewandte Ethik als Politikum* (Hg. 2000); *Biomedizin und Menschwürde* (Hg. 2004).

HILGE LANDWEER, geb. 1956, studierte in Kiel und Bielefeld Philosophie, Germanistik und Geschichte und wurde 1989 in Bielefeld promoviert. Sie habilitierte sich 1998 an der Freien Universität Berlin, lehrte und lehrt Philosophie in Bielefeld, Wien, Hildesheim, Frankfurt a. M. und Berlin. Derzeit leitet sie ein Projekt über „Wissenschaftskulturen und Habitus" und eines über die „Frühe Phänomenologie und Sozialphilosophie" an der FU Berlin. Ihre Forschungsschwerpunkte umfassen Praktische Philosophie, Phänomenologie, Geschlechtertheorie. Veröffentlichungen u. a.: Mitherausgeberin und Redakteurin der *Feministischen Studien* (seit 1991); *Scham und Macht. Phänomenologische Untersuchungen zur Sozialität eines Gefühls* (1999); *Wege, Bilder, Spiele. Festschrift für Jürgen Frese* (Hg. 1999 mit Manfred Bauschulte und Volkhard Krech); *Berliner Debatte Initial* Jg. 17 Heft 1/ 2 (Hg. mit Hartwig Schmidt 2006); *Philosophie der Gefühle. Von Achtung bis Zorn* (gem. mit Christoph Demmerling 2007).

URSULA RENZ, geb. 1968, studierte Philosophie, Germanistik und Didaktik in Zürich und promovierte dort 2000. Seit 2004 ist sie wissenschaftliche Assistentin an der ETH Zürich. 2002-2003 verbrachte sie als Visiting Fellow an der Yale University, 2003-2004 an der École Normale Supérieur in Lyon. 2007 habilitierte sie sich an der Universität Zürich. Ihre Arbeitsgebiete umfassen Philosophiegeschichte (besonders im 17., späten 19. und frühen 20. Jahrhundert), Kulturphilosophie und philosophische Anthropologie, Philosophie des Geistes und Erkenntnistheorie. Veröffentlichungen u. a.: „Affektivität und Geschichtlichkeit", in Achim Engstler/Robert Schnepf (Hg.): *Affekte und Ethik. Spinozas Lehre im Kontext* (2002); *Die Rationalität der Kultur. Kulturphilosophie und ihre transzendentale Begründung bei Cohen, Natorp und Cassirer* (2002); „Die Definition des menschlichen Geistes und die numerische Differenz von Subjekten", in Michael Hampe/Robert Schnepf (Hg.), *Spinoza: Ethik in geometrischer Ordnung* (2006); *Die Erklärbarkeit von Erfahrung. Realismus und Subjektivität in Spinozas Theorie des menschlichen Geistes* (Habilitationsschrift Zürich 2007); *Zu wenig. Dimensionen der Armut* (Hg. mit Barbara Bleisch) 2007.

GREGOR SCHIEMANN, geb. 1954, studierte Maschinenbau, Physik und Philosophie in Kaiserslautern, Wien und Zürich, wurde 1995 in Darmstadt promoviert und habilitierte sich 2003 in Tübingen. Seit 2004 ist er Professor für Philosophie in Wuppertal. Forschungsschwerpunkte: Wissenschafts- und Naturphilosophie, Geschichte der Wissenschaften und der Philosophie. Veröffentlichungen u. a.: *Was ist Natur? Klassische Texte zur Naturphilosophie* (Hg. 1996); *Phänomenologie der Natur* (Hg. mit Gernot Böhme 1997); *Wahrheitsgewissheitsverlust. Hermann von Helmholtz' Mechanismus im Anbruch der Moderne* (1997); *Natur, Technik, Geist. Kontexte der Natur nach Aristoteles und Descartes in lebensweltlicher und subjektiver Erfahrung* (2005).

JAN SLABY, geb. 1976, studierte Philosophie, Soziologie und Anglistik in Berlin und wurde 2006 an der Universität Osnabrück promoviert. Er lehrt Philosophie am Institut für Kognitionswissenschaft der Universität Osnabrück und arbeitet derzeit vor allem zu den Themen Gefühle, Personalität sowie zum Verhältnis von Philosophie und Neurowissenschaften. Journalistische Tätigkeit als Sportkommentator beim TV-Sender „Eurosport". Veröffentlichungen u. a.: „Sklaven der Leidenschaft? Überlegungen zu den Affektlehren von Kant und Hume", in: Achim Stephan/Henrik Walter (Hg.): *Natur und Theorie der Emotion* (2003); *Affektive Intentionalität* (Hg. mit Achim Stephan 2008); *Gefühl und Weltbezug* (2008).

EVA WEBER-GUSKAR, geb. 1977, studierte Philosophie, Vergleichende Literaturwissenschaft und Politikwissenschaft in München, Berlin, Paris und Barcelona. Von
1999 bis 2002 arbeitete sie am Lehrstuhl für Deutschen Idealismus an der Humboldt
Universität zu Berlin mit. Sie wurde 2007 an der FU Berlin mit einer Dissertation über
„Die Klarheit der Gefühle. Was es heißt, Emotionen zu verstehen" promoviert. Sie ist
auch journalistisch tätig.

JEAN-PIERRE WILS, geb. 1957, studierte Philosophie und Katholische Theologie in
Leuven und Tübingen, wo er 1987 promoviert wurde und sich 1990 habilitierte. Nach
Professuren in Tübingen, Ulm und Freiburg ist er seit 1996 Ordinarius für Kulturtheorie
der Moral unter besonderer Berücksichtigung der Religion an der Universität Nijmwe-
gen, wo er bis 2006 Direktor des Interdisziplinären Zentrums für Ethik war. Veröffent-
lichungen u. a.: *Die Moral der Sinne* (1999); *Sterben. Zur Ethik der Euthanasie* (1999);
Handlungen und Bedeutungen (2002); *Versuche zu verstehen* (2004); *Nachsicht* (2006);
Gotteslästerung (2007); *Ars moriendi. Über das Sterben* (2007).

Personenregister

Bei den folgenden Einträgen werden nur Nennungen im Haupttext und in den Anmerkungen verzeichnet, nicht aber die in den Literaturverzeichnissen der Beiträge.

www.ingramcontent.com/pod-product-compliance
Lightning Source LLC
Chambersburg PA
CBHW081534190326
41458CB00015B/5550